农业部"十一五"规划教材

草坪
栽培与养护管理

● 龚束芳　主编

中国农业科学技术出版社

图书在版编目（CIP）数据

草坪栽培与养护管理／龚束芳主编．—北京：中国农业科学技术
出版社，2008.9
　ISBN 978－7－80233－592－9

　Ⅰ．草…　Ⅱ．龚…　Ⅲ．草坪－观赏园艺　Ⅳ．S688.4

　中国版本图书馆 CIP 数据核字（2008）第 085796 号

责任编辑	孟　磊
责任校对	贾晓红　康苗苗

出　版　者	中国农业科学技术出版社
	北京市中关村南大街 12 号　邮编：100081
电　　　话	（010）82106632（编辑室）
传　　　真	（010）62121228
网　　　址	http://www.castp.cn
经　销　者	新华书店北京发行所
印　刷　者	北京建宏印刷有限公司
开　　　本	787 mm×1 092 mm　1/16
印　　　张	22.5
字　　　数	540 千字
版　　　次	2008 年 9 月第 1 版　2018 年 3 月第 3 次印刷
定　　　价	36.00 元

《草坪栽培与养护管理》
编 委 会

主 编　龚束芳　东北农业大学

副主编　张玉玲　辽宁农业职业技术学院

　　　　杜兴臣　黑龙江农业经济职业学院

　　　　张 进　信阳农业高等专科学校

编 者（按姓氏笔画为序）

　　　　王志勇　信阳农业高等专科学校

　　　　刘永光　北京农学院

　　　　刘丽馥　辽宁林业职业技术学院

　　　　杨 涛　东北农业大学

　　　　胡红梅　青岛求实学院

　　　　徐 强　黑龙江农业经济职业学院

　　　　夏忠强　辽宁农业职业技术学院

　　　　盛 岩　中国人民大学

　　　　靳亚忠　八一农垦大学

前　言

自 20 世纪 90 年代以来，随着我国经济的健康发展、人民环境意识的增强和国家政策的鼓励，我国城市草坪建设发展迅速并在构建城市生态景观中发挥着重要的作用，目前，草坪建植的面积及质量已成为衡量城市园林绿化水平、环境质量、精神风貌和文化素质的标准之一。

伴随我国草坪业的飞速发展，我国许多高等农林大专院校的园林、草业及环境专业都开设了"草坪"方面的课程，并针对我国草坪业发展的需要，在多个层面上展开草坪资源、草坪工程、草坪养护等知识的普及，与此同时，草坪学相关教材和出版物也纷纷出版，我国草坪教学和研究得到了稳步的提升。

进入 21 世纪以来，我国草坪业与国际草坪业的交流日益广泛，草坪植被资源、草坪辅助产品、草坪建植技术与手段以及草坪应用领域都在不断地更新和发展，作为一门应用科学，草坪教材本身也应与时俱进，将草坪科学的新观念、新技术和新进展融会进来，使草坪教学更贴近接草坪科学发展前沿，草坪人才培养符合草坪业发展的需求，本教材正是基于这种需求而编写的，并以适合培养具备草坪专业理论和实践技能的专业技术应用型人才为最终编写目标。

本书可作为我国普通高等教育与职业技术教育院校园林专业的草坪课程的教材，本教材共分为理论和实训两大部分，内容涵盖了草坪与草坪草、草坪发展历史、草坪商品生产、草坪建植工程、草坪质量评价、常规草坪养护与管理技术、人造草坪及特殊用途草坪的建植与养护的关键理论与实践，重点在于加强理论和实践相结合，培养学生的动手能力和独立工作能力。

理论部分共十二章，龚束芳和杨涛老师共同编写了第二章和第三章，张玉玲和夏中强老师共同编写了第七章；杜兴臣老师编写了第五章；张进和王志勇老师共同编写了第八章和第九章；王志勇、胡红梅和盛岩老师共同编写了第四章和第六章；刘永光和刘丽馥老师共同编写了第一章；徐强老师编写了第十二章；靳亚忠老师编写了第十一章；第十章和实训部分由参编的全体老师共同参与编写。全书由龚束芳负责统稿和撰写前言。在本书的编写过程中提供帮助的还有姜琳琳、张翰丽、张晓莹，特别是杨涛为全书的编辑付出了大量的劳动，特向他们表示由衷的感谢。

本书凝聚了全体编写老师们多年的教学经验和辛勤付出，但在编写过程中也难免会有错误和疏漏之处，衷心希望在本教材的使用过程中能够得到来自教师和同学的反馈意见和同行们宝贵批评和帮助，以便再版时修正、更新、充实和提高。

编　者

2008 年 6 月

目　　录

第一章 草坪与草坪草

【教学目标】
- 了解草坪的功能
- 掌握草坪与草坪草的定义
- 熟悉草坪草的形态特征
- 掌握草坪草的分类方法与一般特性

随着科学技术的不断发展，人们在创造物质文明的同时，也追求良好的生存环境。但是，现在人们赖以生存的环境日益遭到破坏，如沙化严重、全球变暖、空气质量下降等。人们想改善生存环境，就得采取有效的措施，而草坪作为园林绿化中的重要部分深受人们的喜爱，同时草坪对生存环境起着美化、保护和改善的作用。它可以净化空气、减少噪声、保持水土、调节小气候等。草坪除了可以应用在园林中之外，还应用于运动场草坪、护坡草坪和工厂绿化等。

草坪与草坪草是两个不同的概念。草坪草只涉及植物群落，是指作为地面覆盖的草本植物。草坪则代表一个较高水平的生态有机体，它不仅包括草坪草，而且还包括草坪草生长的环境部分。

下面将分节重点阐述草坪的类型、草坪的功能、草坪草的分类及草坪草的特征等方面的内容。

第一节 草坪的类型与功能

一、草坪的概念

草坪，即由草坪草建植而形成的草地植被，通常是指以禾本科或其他质地纤细的植物为覆盖，经人工建植管理，具有绿化美化、观赏和护坡等作用的，可供人们游憩、活动或运动的坪状草地，这是由草坪草和表土组成的统一体。最早在《辞海》中，是这样注释草坪的："草坪是园林中用人工铺植草皮或播种草籽培养形成的整片绿色地面"。显然这一解释是不够完善的。首先，它没有恰当地区分草坪与一般草地的概念；其次，它不恰当地局限了草坪的应用范围，因为现代的草坪不只局限于园林，它有着像运动场、高尔夫球场、飞机场、水土保持地、校园、工厂、旅游区、政府办公大楼、住宅区等广阔的应用天地。有些学者根据各自的理解对草坪的概念进行了阐述，都或多或少地说明了草坪的上述三个方面的内容，但有些也不够完善。

园林建设、城市绿化都是离不开草坪的，如果把绿地中高大乔木和低矮的灌木说成是绿地的骨架或支柱，那么，草坪植被就是绿地的血和肉。一个比较良好的生态环境应该具备比较健全的植物群落层次，草和树木同样重要，两者缺一不可。从现在对植物材料的使用量和频率来看，草坪常常占多数，而乔、灌木的数量一般较少。因此，我们应该注重此学科，加强这门专业知识的学习。

二、草坪的类型

草坪与人类的生产生活有着密切的联系，随着人们对草坪需求的逐渐增大，对它应用的方法也多种多样，我们从不同标准和不同角度出发，可以将草坪分为以下类型。

（一）根据草坪用途分类

1. 观赏草坪　指专供人们欣赏景观的草坪，也称装饰草坪、造型草坪或构景草坪。一般情况，这种草坪不允许人们进入活动或踩踏，要求管理精细，草坪绿期长、色泽与质地好的高档草坪。绝大多数都是单播草坪。

2. 运动场草坪　指专供体育运动比赛的草坪，如网球场草坪、赛马场草坪、足球场草坪、高尔夫球场草坪等。这种类型草坪的主要特点是建植草坪时以耐践踏的草种为主外，草种还要具有较好的再生力、耐磨性、耐修剪性。

3. 游憩草坪　指供人们在休息时间游憩、散步及户外运动的草坪，如公园、住宅区绿地、广场和疗养院等。游憩草坪允许行人进入，近距离接触草坪，能够使人们缓解精神上的疲劳。这类草坪应具有耐践踏、无危害、色泽温和、软硬适中等优点，管理较为粗放。

4. 护坡草坪　指为了防止水土流失，在坡地建植的草坪。如公路两侧、河岸堤坝等。这类草坪应选用根系生长发达、耐贫瘠、抗旱、抗水湿、建植速度快、管理粗放、适应性强等优点。

5. 其他草坪　如停车场草坪、屋顶草坪、飞机场草坪、牧场草坪等。

（二）根据草坪的草种组合分类

1. 单一草坪　指由一种草坪草种或品种建成的草坪。这类草坪的优点是草坪的均一性、色泽、质感、高度等均匀一致，如高尔夫球场果领草坪和发球区的草坪，还包括一些观赏性草坪。一般暖季型草坪草多用在单一草坪上。由于草坪草种单一，对环境中逆境的抗性和适应性都比较弱。

2. 混合草坪　指由一种草种中的几个品种建成的草坪。虽然是一种草种的不同品种间的组合，但形成的草坪的均一性、质感、颜色等方面都比较均匀，比单一草坪具有较高的抗性和对环境的适应性。

3. 混播草坪　指由两种以上草坪草种建成的草坪。这类草坪的特点是当遇到不良环境时，各个草种显示出优势互补，增强了草坪对逆境的抗性和适应性。但缺点是不易获得均一的草坪。如护坡草坪、运动场草坪多采用混播，多采用高羊茅这种抗性强的草坪草种和发芽速度快，能迅速覆盖地面的多年生黑麦草。

4. 缀花草坪　以草坪为背景，配置一些开花华丽的多年生草本植物的草坪，称为缀花草坪。如在草坪上配置鸢尾、石蒜、紫花地丁、丛生福禄考、二月兰、红花酢浆草、葱兰等。这些植物的种植面积不能超过草坪总面积的 $1/4 \sim 1/3$。主要用于林下草坪、游憩草坪、观赏草坪。

（三）根据与树木的组合情况分类

1. 空旷草坪　指草坪上不栽植乔灌木，或在周边少量栽植一些。这类草坪地势平坦，视觉开阔，一览无余，在艺术效果上形成单纯而壮阔的气势，但是，这类草坪遮阳条件比较差。功能上主要供体育运动、休息娱乐。

2. 稀疏草坪　指草坪上稀疏的分布一些单株乔木，相互距离较大，而且乔灌木的覆盖面积（郁闭度）为草坪总面积的 20%～30%。稀树草坪的主要功能是提供游憩场所，又有一定的荫蔽作用，有的时候这类草坪也用作观赏草坪。

3. 疏林草坪　指草坪上布置一些孤植和丛植乔木，其株距在 10m 左右，树木覆盖面积为草坪总面积的 30%～60%。多布置在公园、风景区当中，主要功能是供人们游憩、玩耍、野餐、进行空气浴的活动场所。这类草坪有一定的遮阳作用，因此，在选择草种时应选择耐阴的草坪草品种。

4. 林下草坪　指草坪上栽植较多的乔木，其覆盖面积为草坪总面积的 70% 以上。这类草坪由于处于密林下，透光系数很小，应选择耐阴性极强的草种。一般情况下，不建议在密林下种植草坪。这类草坪的功能主要是以观赏和保持水土流失为主，同时林下的荫性草本植物组织含水量较高，不耐践踏，一般游人不允许进入。

5. 闭锁型草坪　指空旷草坪四周被其他乔木、建筑等高于视平线的景物连续或间断地包围，其占地面积不超过草坪的 3/5 以上，屏障物的高度在视平线以上，其高度大于草坪长轴的平均长度的 1/10 时（即仰角超过 5°～6°时）。

6. 开朗型草坪　指草坪四周边界的 3/5 范围内没有高于视平线的障碍物。

（四）根据规划形式分类

1. 规则式草坪　指草坪的外形平整、整齐，或具有整齐的几何形状。多用于规则式园林，与道路、水体、树木等布置均为规则式，大多数都起衬托主景的作用。如足球场草坪、飞机场草坪、规则式广场草坪、公路隔离带草坪等。

2. 自然式草坪　指地形自然起伏、草坪上及周围布置的植物是自然式的，周围的景物、道路、水体和草坪轮廓线均为自然式的。这类草坪充分利用自然地形或模拟自然地形起伏，创造原野草地风光。

三、草坪的功能

草坪作为美化环境、净化空气、调节气温、消减噪声、提供休闲和运动场所，以及保持水土等多种功能的公共绿地，在维护生态平衡、美化生活环境、发展体育运动和交通运输等方面，具有不可替代的重要作用。

（一）草坪的生态功能

1. 环境保护方面　在园林绿地中草坪和树木都起着净化空气、防暑降温、吸附尘土、减弱噪声的作用，能保护环境，维持生态平衡。草坪的草个体小，数量多，占据空间小，生长迅速，适应性强，容易成活，绿化效果快。草紧贴地面生长，其防止尘土飞扬和水土流失功能显著。草坪在绿地中形成通风道，可以改善热带地区生活环境。城市草坪可以净化空气，吸收大气中的二氧化碳、二氧化硫、氟化氢、氨、氯等有毒有害气体。100m^2 草地，10h 可吸收二氧化碳 1 500g，同时释放出氧气 100g。草坪可以调节大气温度和湿度，1hm² 草坪每天约蒸发水分 6 300kg，增加空气中的相对湿度 5%～9%。草坪能吸尘杀菌，草地比光地的吸尘能力大 70 倍。草坪可以降低噪声污染，草坪较大的广场能使噪声降低。草坪还可以保水抗旱，美化环境、调节气候、改善土壤结构、沉降粉尘。

2. 园林艺术方面　草坪具有整齐、色泽均一、质地良好等特点，是园林景观中必要元素。它在空间同水域空间、广场空间等相似，能开辟宽广的视线，引导视线，增加景深和层次，并能充分表现地形美。

（二）对人类活动的作用

绿色是生命的象征。绿色的草坪给人以生机盎然的感觉，同时也为人们的活动提供了良好的场所。而且在草坪上活动对陶冶人们的情操、增进身心健康都有良好的效果。

（三）其他方面的作用

草坪常用于现代化城市需要低矮的绿地的地方，如道路沿线，强电力网线下方，地下设施上面土层较薄的地方等。草坪也是体育竞技的场所。另外，大面积的草坪，可以在紧急时刻，如火灾、地震时起到集散人群的作用。例如，1923 年日本关东大地震，震中心级 8.3 级，死亡人数很多，由于成群的人流疏散到上野、日比谷等公园草坪上，许多人得以幸免，草坪被誉为城市的安全岛。

第二节　草坪草分类与特性

凡是适合用于建植草坪的植物都可称为草坪草（Turf grass）。草坪草是草坪的基本组成和功能单位，其物种的生物学特性构成了草坪的生物学基础。草坪植物在特定的环境下经自然长期选择和进化而形成了一些适宜用作草坪的性状。这些植物被人类选择出来，经进一步人工培育和驯化形成了现今的草坪植物群体。这些植物主要由禾本科的一些物种组成。目前世界各地使用的草坪草可达 100 种左右。在草坪植物群落中，草坪草一般处于营养生长状态，植物体由根、茎、叶组成；在某些条件下，草坪草也会进行生殖生长，形成花、果实和种子。这些器官的生长方式和发育规律，是管理和养护草坪的重要依据。学习掌握草坪草的种类、形态特征和生长发育规律对维持草坪植物群落的动态平衡，保证复杂的草坪群落良好发展，获得质量满意的草坪是十分必要的。

一、草坪草的一般特征

绝大部分草坪草种类属于禾本科的草本植物，只有少数种类为其他单子叶与双子叶草本植物。这些植物大都具有以下共同特点。

1）植株低矮，分枝（蘖）力强，有强大的根系。营养生长旺盛，营养体主要由叶组成，易形成一个以叶为主体的草坪层面。

2）地上生长点位于茎基部，而且大部分种类有坚韧的叶鞘保护，埋于表土或土中，因而修剪、滚压、践踏对草造成的伤害较小，利于分枝（蘖）和不定根的生长。

3）一般为多年生，寿命在 3 年以上。若为一、二年生，则具有较强的自繁能力。

4）繁殖力强。种子产量高，发芽率高，或具有匍匐茎、根状茎等强大的营养繁殖器官，或两者兼而有之，易于成坪，受损后自我修复能力强。

5）大部分种类生态适应性强，具有很强的抗逆性，易于栽培管理。

6）软硬适度，有一定的弹性，对人畜无害，无不良气味和弄脏衣物的汁液等不良物质。

对于一些双子叶草坪草，如豆科植物，不完全具备以上特征，但它们的再生能力强，有些种类具匍匐茎，具有耐土壤瘠薄的特点，这是它们能作为草坪草使用的主要原因。

二、草坪草的分类

随着园林绿化行业的迅速发展，草坪在园林中的应用越来越方泛。但是，草坪草种类繁多，分布范围广，形态习性各异，应用起来很麻烦。因此，我们将草坪按照不同的标准或不同角度分为以下几类。

（一）按植物系统学分类

在植物系统学分类中，每一种植物有各自的分类从属地位，代表它所归属的类群及进化等级，表明它们与其他植物亲缘关系的远近。同时，每一种植物都有一个拉丁文的学名，由两个词组成，前一个为属名，后一个为种加词，以斜体表示。在属名和种名词后常跟命名者姓名的缩写。如草地早熟禾的学名为 Poa pratensis L.。它的分类从属地位如下。

植物界 Plantae

种子植物门 Spermatphyta

被子植物亚门 Angiospermae

单子叶植物纲 Monocotyledoneae

颖花亚纲 Glumiflorae

禾本目 Poales

禾本科 Poaceae

早熟禾亚科 Pooideae

早熟禾族 Poeae

早熟禾属 Poa

草地早熟禾 *Poa pratensis* L.

一种植物在不同的地区有不同的名字，甚至在同一地区就有几个不同的名字，或者不同的植物叫同一个名字，这些都容易造成混乱。但每一种植物的学名（拉丁名）只有一个。每个草坪工作者都必须掌握这种分类方法，以便利用各种文献资料，获得关于草坪草的最基本的植物学知识。

1. 禾本科草坪草　按植物系统分类法，大部分草坪草属于禾本科（Poaceae）。禾本科草坪草占草坪植物的 90% 以上，分属于早熟禾亚科（Pooideae）、黍亚科（Panicoideae）、画眉草亚科（Eragrostoideae）约几十个种。

早熟禾亚科草坪草为冷季型草，绝大多数分布于温带和亚寒带地区，亚热带地区偶有分布。一般为长日照植物，花的产生须具备春化作用和凉爽的夜晚。花有 1～12 个小穗，脱节于颖片之上。花序为圆锥花序，偶有总状花序和穗状花序。花的苞片纵生而折叠，花序侧向压缩，主要草坪草种有高羊茅、草地早熟禾、多年生黑麦草、匍匐翦股颖等。光合作用中，主要通过卡尔文循环（C3）固定碳。

画眉草亚科草坪草属暖季型草，主要分布于热带、亚热带和温带地区，有些种完全适应这些气候带的半干旱地区。一般为短日照和中日照植物，须通过春化作用和温暖夜晚才能形成花。大多数的小穗类似早熟禾亚科，染色体数量、大小以及大部分的胚、根、茎和叶的特征与黍亚科相近，常见草坪草有狗牙根和结缕草等。光合作用中碳的固定主要是C4途径。

黍亚科的草坪草也为暖季型草，大多数生长在热带和亚热带。常为短日照或中日照植物，花形成期需温暖夜晚而不需春化作用。小穗是典型的单花小穗，小花脱落时，脱节发生在颖片之下。一般为圆锥花序，偶见小穗近轴压缩的总状花序。光合作用中碳固定主要通过C4途径。主要草坪草种有美洲雀稗、钝叶草、假俭草等。

三个亚科的草坪草的形态特征和解剖特征见表1-2-1。

表1-2-1 早熟禾亚科、画眉草亚科、黍亚科形态和解剖特征的区别

器官	早熟禾亚科	画眉草亚科	黍亚科
根	长和短的表皮细胞交替存在，只有短的细胞长出根毛	所有的表皮细胞相似，每一个都能长出根毛	所有的表皮细胞相似，每一个都能长出根毛
茎	茎的节间中空，被维管束包围，在节间基部没有分生组织隆起，隆起位于叶鞘基部	茎的节间实心，在髓内分散着维管束，节间基部具分生组织隆起，在叶鞘的基部有很小的或没有隆起	茎的节间实心，在髓内分散着维管束，节间基部分生组织隆起，在叶鞘基部有很小的或没有隆起
叶	具双层维管束鞘，鞘的细胞小而壁厚，外层鞘的细胞大，叶肉组织排列松散，细胞间隙大，没有小纤毛，叶舌膜状	维管束鞘外层具有大细胞，在某些禾草中，内鞘的细胞小而壁厚，叶肉细胞围着维管束放射状排列，具有细小纤毛，叶舌通常具有纤毛边缘	维管束鞘是典型的大细胞单层鞘，叶肉细胞间隙小，具有两细胞小纤毛，叶舌膜状
花序	小穗具一个或几个能孕的小花，浆片伸长，顶端尖	小穗具一个或几个能孕小花，浆片小	小穗具一个能孕小花，下面有一退化小花，浆片短而平截
胚	中胚轴无节间，有外胚叶，胚小，大约是颖果的1/5	中胚轴具有节间，有外胚叶，胚大，大约为颖果的1/2或更大	中胚轴具节间，无外胚叶，胚大，大约是颖果的1/2或更大
染色体	染色体基数 $x=7$，染色体大	染色体基数 $x=9$ 或10，染色体小	染色体基数 $x=9$ 或10，染色体小到中等

2. 非禾本科草坪草 按不同科属分类以前草坪植物的主要组成是禾本科草类，近年已发展到莎草科、豆科及旋花科等。凡是具有发达的匍匐茎，低矮细密，耐粗放管理、耐

践踏、绿期长，易于形成低矮草皮的植物都可以用来铺设草坪。莎草科草坪草，如白颖苔草、细叶苔、异穗苔和卵穗苔草等；豆科车轴草属的白三叶和红三叶、多变小冠花等，都可用作观花草坪植物；其次，还有其他一些草，如匍匐马蹄金、沿阶草、百里香、匍匐委陵菜等也可用做建植园林花坛、造型和观赏性草坪植物。

（二）按地理分布与温度的生态适应性分类

不同类型的草坪草起源、分布于不同的气候带，具有各自特定的生态适应性。了解各种类型草坪草的地理分布和生态适应性，有助于草坪草种的选择和养护管理措施的制定，这是草坪建植成功的关键。

按草坪草生长的适宜气候条件和地域分布范围可将草坪草分为暖季型草坪草和冷季型草坪草。

1. 暖季型草坪草（Warm-season turfgrass）　也称为夏型草，主要属于禾本科，画眉亚科的一些植物。最适生长温度为 25～30℃，主要分布在长江流域及以南较低海拔地区。它的主要特点是冬季呈休眠状态，早春开始返青，复苏后生长旺盛。进入晚秋，一经霜害，其茎叶枯萎褪绿。在暖季型草坪植物中，大多数只适应于华南栽培，只有少数几种，可在北方地区良好生长。例如：狗牙根（*Cynodon dactylon*（L.）Pers.）、结缕草（*Zoysia japonica* Steud.）、马蹄金（*Dichondra repens* Forst）等。

2. 冷季型草坪草（Cool-season turfgrass）　也称为冬型草，主要属于早熟禾亚科。最适生长温度 15～25℃，主要分布于我国华北、东北和西北等长江以北的地区。它的主要特征是耐寒性较强，在夏季不耐炎热，春、秋两季生长旺盛。适合于我国北方地区栽培。其中也有一部分品种，由于适应性较强，亦可在我国中南及西南地区栽培。例如：草地早熟禾（*Poa pratensis* L.）、紫羊茅（*Festuca rubra* L.）、白三叶（*Trifolium repens* L.）等。在两类草坪草之间有一些中间类型，如高羊茅属于冷季型草，但它具有相当的抗热性；而马蹄金属于暖季型草，但在冷热过渡地带，冬季以绿期过冬。

（三）依草叶宽度分类

根据草叶宽度可分成宽叶草坪草和细叶草坪草。

1. 宽叶型草坪草　一般把正常生长情况下，叶片最宽处大于 5mm 的草坪草称为宽叶草。叶宽茎粗，生长强健，适应性强，适于较粗放管理的草坪，同时适用于较大面积的草坪。如高羊茅、结缕草、地毯草、假俭草、竹节草等。

2. 细叶型草坪草　小于 5mm 的称为窄叶草。茎叶纤细，可形成平坦、均一致密的草坪，但生长势较弱，要求土质良好的条件，要求较好的环境条件与管理水平。如翦股颖、细叶结缕草、早熟禾、细叶羊茅及野牛草等。

（四）按株体高度来分类

1. 低矮型草坪草　株高 20cm 以下，低矮致密，匍匐茎和根茎发达，耐践踏，管理方便，大多数适于高温多雨的气候条件；多为无性繁殖，形成草坪所需时间长，若铺装建坪则成本较高，不适于大面积和短期形成的草坪；常见种有结缕草、细叶结缕草、狗牙根、野牛草、地毯草、假俭草。

2. 高型草坪草　株高通常 20cm 以上，一般用播种繁殖，生长较快，能在短期内形成草坪，适用于建植大面积的草坪，其缺点是必须经常刈剪才能形成平整的草坪。如高羊茅、黑麦草、早熟禾、翦股颖类等。

（五）按草坪草的用途来分类

1. 观赏性草坪草 多用于观赏草坪。草种要求平整、低矮、绿色期长、茎叶密集，一般以细叶草类为宜。或具有特殊优美的叶丛、叶面或叶片上具有美丽的斑点、条纹和颜色以及具有美丽的花色和香味的一些植物。如白三叶、多变小冠花、百里香、匍匐萎陵菜。

2. 普通绿地草坪草 大多数草坪草都可作为普通绿地草坪草，适应性强，具有优良的坪用性和生长势，推广范围广，种植面积大，成为该地区的主体草种。多用于休闲性质草坪，没有固定的形状，管理粗放，允许人们入内游憩活动。如我国南方的细叶结缕草、地毯草、狗牙根，北方的草地早熟禾、白三叶、野牛草。

3. 固土护坡草坪草 为一些根茎和匍匐茎十分发达的具有很强的固土作用和适应性强的一些草坪草，如结缕草、假俭草、竹节草、无芒雀麦、根茎型偃麦草等。

4. 点缀草坪草 指具有美丽的色彩，散植于草坪中用来陪衬和点缀的草坪植物，多用于观赏草坪，如小冠花、百脉根等。

复习思考题

1. 什么是草坪？草坪和草坪草之间有何的区别？
2. 草坪依据不同标准和不同角度可分为哪些类型？
3. 暖季型草坪草和冷季型草坪草的主要区别是什么？
4. 简述草坪的主要功能。
5. 举例说明宽叶草坪草和窄叶草坪草的形态与应用特点。
6. 举例说明高型草坪草和矮型草坪草的形态与应用特点。
7. 论述不同用途草坪在选择草种上的主要依据。

第二章　草坪业的发展

【教学目标】
- 了解中国草坪业是如何兴起的
- 掌握中国草坪业的发展过程
- 熟悉世界草坪业的发展动态

　　草坪是历史发展的产物，它的发生和发展，总是与科学技术的进步、工农业生产的发展和人民生活水平的提高相一致的。早在公元前 500 年，人们就开始注意对庭院绿化的建设。到 13 世纪，草坪植物已成为名门贵族的庭院中不可缺少的花草，并逐步普及到民间。到 14 世纪，已从庭院越过院墙，进入公园、游乐场所、运动场院和休养地等处。人类利用草坪最早开始于天然草地，人工草坪起源于天然草地，草坪植物起源于天然牧草。人与草、人与草地有着不解之缘，草为地球创造了良好的自然环境，为人类、动物和一切生命的成长，作出了极大的贡献，人类依赖于草地而取得自身的发展。草坪作为现代文明的象征，经济发展水平的标志，受到各国政府的重视和支持，投入大量人力、财力加以研究，草坪业作为新兴产业发展迅猛。

第一节　世界草坪业的发展动态

一、世界草坪业的发展史

　　根据文字记载，草坪开始于公元前。众所周知，《圣经》是一部宗教的法典，但是，它在一定程度上也反映了当时的自然状况，其中也不乏作为研究草坪及草坪草历史的依据。《圣经》中有关草和庭院的记载中，草主要指饲养家畜的饲料，同时也将草与庭院加以论述，足见其中已孕育着草坪的含义。

　　公元前 631 ~ 579 年，古波斯（即今伊朗）用草坪配合花木装饰宫廷院落，出现了装饰性绿色草坪。

　　公元前 354 年，古罗马帝国在有关草坪的简短记述中提到了庭院里的小块草坪，由此可见罗马应用草坪的历史比较悠久。因此，在古罗马时代，伴随十字军东征，欧洲社会各阶层开始了与东方的接触，拜鲁夏庭园主就深刻影响了欧洲各国。公元前 354 年，罗马就以后关于草坪的简短描述，并指出草坪是公园中的小块草地，可见这时小块草地是用于美化的草坪而不是用于放牧的草地。

　　由于古罗马入侵英国，使草坪随罗马骑士的刀剑及古罗马的文化在英国出现。例如：英语中 "Lawn" 一词就来源于日耳曼语 "Lann"，因为它是指围起来的地方，来源于荒废地，因此，初时的"Lawn"是指果园，后来主要是指修道院中的矮草地，中世纪英国文献中有"草园"的记载。而另一种说法认为"Lawn"最初是指野生动物栖身的森林，后来专用于人类放牧的林间地。

欧洲是利用草坪悠久的地区，是因为草坪与这里的人民生活密切相关。尤其英国人十分喜欢草坪，因此，从古代起，在英国的一些诗歌、小说、日记中就有很多有关草坪应用的记载与描述。当时在欧洲盛行用家畜低茬采食禾本科植物，以建立今天用于园艺装饰及青少年比赛的场地，而用修剪方法管理草坪则是较近代的事情。中世纪英国的文献中就有关于"草园"的记载，英国到13世纪才产生了用禾草单播进行草坪的建植，英国对草坪的建造非常重视，绅士、贵族们对草坪的养护十分讲究。把居住地铺设草坪，看成是一个家族的声望和有气派的标志，他们在草坪上跳舞、游戏和进行球类活动，把修剪平整的草坪称为"绿色的羊毛"。13世纪，英国有一种叫做庭木球（Lawn Bowling）的运动是最早在草坪上举行的运动项目，足球运动在草坪上进行则要到17世纪，在英国已有了公共足球场草坪。到18世纪，除英国之外，德国、法国、澳大利亚等国草坪足球场也有很大的普及。

滚木球场草坪是现代高尔夫球场草坪的先驱。滚木球场于公元1300年在英军和法军中普及，后因这种竞赛影响了弓术的练习而被禁止，这种竞赛在公有的草地上比赛是于公元1599年第一次纳入运动比赛的。高尔夫球起源于苏格兰，到15世纪英国就建成了草坪铺设的高尔夫球场，它是在高地丘陵地带和海岸的草地上兴起的；这种草地主要以翦股颖和羊茅草构成，草地的修剪由绵羊放牧采食来达到。板球是从14世纪开始比赛的项目，后来在英国统治的所有殖民地、保护领地推行。因而在所有重要的场地中人们对草坪覆盖的场地要求比沥青表面场地的要求强烈得多。

"草皮"用于运动场草坪中，对近代高品质的草坪的发展起了重要作用。16～17世纪，古罗马、英国、德国、法国、荷兰、澳大利亚和欧洲其他诸国先后都普及了草坪，大多数的城市、村镇都拥有了一定面积的草坪。17～18世纪，草坪在庭园中发挥了较大的作用，此时，在有关庭园的专著中，出现了关于草坪建立和管理的内容。18世纪就有了从低草种的翦股颖和羊茅草中收获草坪草种子及不能用高草建植草坪的记录。到19世纪，特别是1830年英国的依德威·布丁发明了世界上第一台内燃收割机，1832年被用于草地剪草，从而结束了用绵羊"剪割"草坪的时代。这一发明不仅使草坪的养护技术突飞猛进，也极大地推动了草坪上进行的运动项目的发展，如足球、高尔夫球、棒球、橄榄球、赛马等。

美国是世界上草坪业最发达的国家。在美国，以前草坪是以所谓村草坪的形式存在，多分布在市镇的广场或公园内，草坪草为绵羊和山羊所喜食，致密的草坪为孩子及母亲所喜爱，可供儿童们散步、日光浴等。用草坪美化房屋四周，形成所谓草坪带是中世纪的事。第二次世界大战后，现代草坪在美国诞生。由于美国经济发展迅速，草坪的用途进一步扩大，草坪面积急剧上升，养护水平越来越高。进入20世纪90年代，草坪业每年可供50亿美元的产值，并以18％速度递增，从未因经济衰退而停滞，吸纳近50万人就业，号称美国十大支柱产业之一。据1994年统计，全美草坪业年收入约为84亿美元。全美国有大约5 000万块庭院草坪和14 000座高尔夫球场，草坪草的种植面积约3 000万英亩（其中庭院草坪2 300万英亩）。打高尔夫球的人口约2 500万。美国的草坪业已与航空航天、汽车制造、石油、电子和化工等一起被列为十大产业。

德国近10年来草坪从业人数由65万人猛增到近200万人，约占人口总数的3%。

澳大利亚政府对发展草坪非常重视，提出了"不见寸土主义"，悉尼的草坪占城市总面积的1/4，墨尔本占1/3。

日本是草坪开发较迟的国家，然而在草坪的利用上，却有它的独到之处。根据日本草坪学家的研究，日本的草坪利用大体上经历了四个阶段：一是草坪利用的摇篮时代；二是把草坪在庭院中的利用作为利用基础时代；三是确立草坪利用形态时期；四是草坪利用成熟、发展时期。

自20世纪60年代起，现代新加坡的创建人前总理李光耀把植树种草作为新加坡吸引投资者的秘密武器，使这座世界上享有"花园之国"美誉且资源匮乏的岛国，成为亚洲仅次于日本的富国。

亚洲殖民地时期受西欧文化的强烈影响，最初在印度及亚洲热带地区存在着较古老的西欧型草坪利用方式，而在阔叶林带和包含中国在内的大量的东亚诸国，由于森林型气候而使亚洲草坪利用方式成为主流。亚洲型草坪利用方式的充分发展，使草原的存在更加稀少。对草坪的重视促进了其利用，利用的一般形态是观赏、装饰、点缀风景等小规模的利用。中国草坪概念表示的是草坪的实体，相对于欧美来说，利用较积极，大面积利用型较多。而东亚草坪利用较消极，是小面积利用型。另外，以中国为首，草坪草常常用于小面积的堤防栽植，这可称得上是东亚草坪利用的一个特色。但是，近代以来，这种各地域草坪利用的特殊性逐渐消失，取而代之的是欧美草坪利用方式的普及。现在，东西方草坪利用方式的差异几乎不存在了，欧美型草坪利用方式大大扩大。今天，全世界草坪利用大体上都可视为欧美型的利用方式。

二、世界草坪研究的动态

在若干世代的长期实践中，伴随草坪对人类生活渐渐地渗入，人类加深了对草坪的认识，并逐渐掌握其发生、发展的规律性，积累了有关草坪的丰富经验。为了建好草坪，养护管理好草坪，人类在生产应用的基础上，逐渐开始了对草坪的科学研究。

早在公元500年前，人们已开始注意庭院中的绿色草地——草坪。随着造园技术的发展，到13世纪草坪在庭院中已占有相当重要地位。到14世纪草坪跨出了庭院的围墙，进入户外运动场和娱乐、休养地的行列。到18世纪几乎在欧洲出现了人工草地的同时，就产生了用种子繁殖建立草坪的技术。1870年，在实用园艺大全（Complete Dictionary of Practical Gardening）中有这样的论述："9月到4月是种植草坪草的最适宜时期，种子应无杂草混杂，草坪草应为多年生、根系深、匍匐、耐热的品种……"（英格兰，Modonald）。足见当时草坪建植技术业已成熟。

内燃机的发明把草坪业推到一个新的历史阶段，从而导致了现代美国纤细草坪生产的诞生。

由于生产的发展，工具的改进，人类生活水平的提高，对草坪进行研究的需求日趋强烈，因而以英、美等国家为先导的草坪研究逐渐形成和高涨。

1880年，在美国密西根农业实验站著名的植物学家Beal开始对不同种类草坪草及混播草坪的评价研究。其后，1885 年在美国康涅狄格州的奥尔科特草坪公园开始了定位研究，研究的内容是选育优良草坪草种，他们从若干个个体中选出了约 500 个品系，从而发现和肯定了翦股颖属和羊茅属中的最优品种。为冷季型草坪草推广种植打下了基础。他们的草种选育研究，直到今天还在继续进行。

1890 年，罗得岛大学开始了草坪的综合研究，到 1905 年取得了很多成绩，成为美国草坪技术研究的良好开端。从此，在农业部饲料作物学者 Piper 和 Oakley 等的努力推动下，许多大学和试验站开始了草坪草的研究。

1920 年，美国高尔夫球协会在 J. Monteith 博士的倡导下设立了草坪部。开展对草坪的研究，为研究运动场草坪奠定了基础，后改为草坪研究所，有 1.4ha 草坪试验地和人工气候室等试验设备，已成为美国草坪研究中心，对草坪建植与管理水平的提高起到了重要作用。

由于天时地利的因素，美国冷季型草坪草种的生产集中在俄勒冈州 Willamette Valley 几百英里左右的地带，大部分草种公司的总部及试验基地亦设于此。该地区因而被称为"世界草种之都"，1997 年在俄勒冈州验收通过的草种田面积，高羊茅 80 033 英亩；多年生黑麦草 74 335 英亩；早熟禾类 14 864 英亩；细羊茅类 12 408 英亩；翦股颖类 10 707 英亩；其中高羊茅产量约为 1 500 磅/英亩，多年生黑麦草约在 1 200 磅/英亩。依此推算，这 2 种草的草籽年产量约在一亿磅左右，其余几种也多在千万磅水平以上。据 1994 年统计，总的草籽销售额为 8 亿美元。

暖季型草多用营养繁殖，但假俭草和一些普通狗牙根的新品种则用种子繁殖。草坪草的研究主要包括管理和育种。后者原来主要在大学进行，但自从 1970 年后美国国会通过了植物品种保护法案（PVP）后，不少草籽公司开始了自己的育种项目，近年推出许多新品种，几乎已成为草坪草育种的主力军。大学草坪草的研究主要由各州的草坪草基金会及一些全国性组织，如美国高尔夫协会（USGA）等资助。USGA 每年用其高尔夫球赛电视转播营收的一部分资助与高尔夫球场有关的草坪草研究。一些公司也资助大学的研究。美国"作物科学"杂志设有草坪草栏目，草坪草研究的不少文章都在这个杂志上发表。重要的会议则有美国农学会年会，美国高球场主管协会（GCSAA）年会等。其他则有一些种子公司每年夏季举办的"田间日"活动等。

目前，在美国至少有 16 个私营机构和 9 所大学从事草坪育种研究。主要育种目标以选育植株低矮、抗病、抗热、耐寒、生长迅速和整齐的草坪用种为主。

在英国，草坪科学研究任务是由皇家古代高尔夫球俱乐部草坪委员会下达的。1914 年英国皇家古代高尔夫球俱乐部草坪委员会召集会议，通过了对草坪研究调查的决定。1928 年根据该委员会的要求，成立全英高尔夫球联盟咨询委员会和国际高尔夫球联盟，1929 年在此基础上组建了国际草坪研究会。高尔夫球运动的开展，对草坪科学和技术的发展起了积极的推动作用。由于对高尔夫球场草坪改良技术的开发和实际问题的研究，导致了全球性草坪研究机构的设立及研究工作的开展。1969 年国际草坪学会成立，并在英国运动场草坪研究所召开了第一次草坪学术讨论会，决定此后每四年举行一次会议。一系列的草坪学术会议的召开标志着现代草坪事业在世界范围内的发展。

日本在很早以前，科学工作者就开始了草坪和草坪草的研究，1928 年即有《花坛和草坪》的著作，在此以前就进行了草坪建立和养护管理等方面的工作。从 19 世纪至 20 世纪初，主要对结缕草从植物分类学角度进行了较深入的采集、调查和形态描写工作。1957年成立日本草坪养护协会，目的在于交流草坪养护管理经验，推动草坪建设的发展。1962年成立高尔夫球研究所。1972年5月成立了日本草坪研究会，每年进行大型学术活动。

其他国家，如法国、新西兰、德国、瑞士、丹麦、波兰、加拿大、肯尼亚和南非等，都先后开展了草坪的研究和设立了研究机构。对草坪做了大量、系统地研究，为推动草坪业的发展起了重要的促进作用。在经济飞速发展的今天，草坪业的发展，已成为高度精神文明和物质文明的重要标质。

第二节　中国草坪业的发展历史

一、中国草坪业的历史及兴起

我国是世界上草坪发展最早的国家之一，早在春秋时代，《诗经》就有对草地的描写"绿草茵茵，芳草萋萋"。秦汉时期，我国政治、文化、经济有了新的发展，种植花草已为皇室贵族所追求，"上林苑"就是供皇家游憩玩乐的园圃。在阿房宫"五步一亭，十步一阁"的宫廷中，几乎"亭亭有花，阁阁有草"；汉朝司马相如《上林赋》中"布结缕，攒戾莎"的描写，表明在汉武帝的林苑中，已开始栽种结缕草。到公元5世纪末，在《南史齐东昏侯本纪》中有"帝为芳乐苑，划取细草，来植阶庭，烈日之中，便至焦躁"的栽植草坪的记载。到6世纪南北朝梁元帝时，有"依阶疑绿藓，傍诸若青苔，漫生虽欲遍，人迹会应开"的吟咏细草的诗，表明当时已有如绿毯一样的草坪，并把草坪作为观赏的主体来看待。宋代李格非撰写的《洛阳名园记》，详细描写了古都洛阳在隋、唐、宋三朝代所建的19处私家名园中植树、栽花、种草药的情况。13世纪中叶，元朝开国君主为了不忘蒙古的草地，因而在宫殿内院种植草坪。

18世纪，草坪在园林中的应用已具相当的水平与规模，举世闻名的承德避暑山庄有布局独特的疏林草坪地数百亩，当时的清朝皇帝乾隆的诗句"绿毯试云何处最，最惟避暑此山庄，却非西旅织裘物，本是北人牧马场"说明了当时草地为大面积的自然式草地，主要是为皇家贵族服务的。据《清宫十三朝》一书中对圆明园的记载："这圆明园是全国著名的灵囿，园中一切布置，没有一件不玲珑，豁目赏心……如青松翠柏，瑶草奇花，碧涧清溪，假山幻嶂"。其中瑶草乃为美丽如玉一般的草，说明我国园林之最的圆明园，也是十分重视草的应用。

1840年鸦片战争以后，我国门户开放，欧美式的公园草坪、运动草坪、游憩草坪相继进入我国上海、广州、南京、青岛等地，栽培技术也随之进入我国。据考察，最早是在上海的吴淞江（即今日的黄浦江）与苏州河交汇处种植草坪，面积约20亩左右，专供外国侨民散步休息之用。它的特点是采用施肥、浇水和人工修剪等比较精细的养护与管理，所以，人们习惯称它为"修剪式的草坪"，以便与我国已有的自然式草坪有所区别。1949年，新中国成立后，把大多数草坪改造为供居民休息和儿童活动的场所，并在许多公园、机关和宾馆建植了新的草坪。在"十年动乱"中，将种草养花作为资产阶级的生活方式进行批判，使已经启动的草坪业也再次处于停滞状态，直至1979年以后，我国的草坪业才进入一个发展的昌盛时期。

二、中国草坪科学研究与推广应用

我国较为系统的草坪研究和应用推广工作开始于 20 世纪 50 年代。60 年代初中国科学院北京植物园胡叔良先生最早将原产北美洲的野牛草引种栽培成功,在我国长城内外广泛推广,使野牛草成为北方地区草坪的当家草种,对早期草坪在园林绿化的应用方面起了奠基作用。

20 世纪 70 年代初,我国著名草业学家任继周教授率先在国内开始草坪教学和科研,并开设《草坪学》课程,同时,甘肃草原生态研究所将冷季型草坪草引入我国,开始进行区域化引种试验,开创了我国引进冷季型草坪草建植草坪的新纪元。

1983 年,中国草原学会草坪学术委员会成立,把我国的草坪研究工作推向了新的高潮。自 1984 年中共中央、国务院 "关于深入扎实地开展绿化祖国运动的指示" 明确 "社会主义现代化建设要有一个良好的生态环境,把生态系统的恶性循环转化为良性循环,根本出路在于大力种草" 之后,草坪业有了较大发展。在中国工程院院士任继周教授大力倡导下,草坪学也于 1985 年纳入我国高等农业教育计划,甘肃农业大学在国内率先开展了正规的草坪学教育。

1984 年,甘肃草坪生态研究所首次用直播冷季型草坪草的方法在甘肃兰州市七里河体育场成功建成大面积足球运动场。同年,新中国第一个高尔夫球场——广东中山温泉高尔夫球场建成并开业。1990 年成功地完成了第十一届亚洲运动会奥林匹克中心田径草坪的建植,标志着我国草坪建植达到国际水平。随后不少城市在园林研究所和上海园林科研所与花木公司合作,分别开展草坪植生带生产技术研究和草坪工厂化的研究。青岛市园林部门对胶东半岛的结缕草进行了资源调查与开发,发现胶州湾海滨储存有大量的大穗结缕草种质资源,并首次将精选合格的日本结缕草和中华结缕草种子打进国际市场,开辟了我国草坪草种子出口的渠道。

随着草坪业的发展,特别是进入 20 世纪 90 年代,人们对生态建设和生活环境质量有了新的认识,环境绿化意识也日益增强,城市草坪绿地建设的规模和水平不断提高,草坪已成为城市绿化、环保工程的必不可少的部分。目前,我国各大城市的草坪绿化,已初具规模。尤其是首都北京,草坪已遍布于每个角落,其面积之大,草种之多和草坪之美均为全国之冠。已故作家江南先生,在《东行散记》一书中写道:"东西长安街大道两边铺上草皮,培植花草,平添园林景色,则为首都杰作"。但总的来说,我国草坪业与发达国家相比还很落后。

从上面的简述,我们不难得出结论:草坪和草坪科学具有悠久而丰富的发展历史,然而它真正被人类所重视则是在资本主义兴起之后的近代社会,因而它在农业科学中也还是一门新兴的、历史较短的但极有发展前途的科学。

第三节　我国草坪业的现状与展望

草坪业在我国虽然处于起步阶段,基础相对薄弱、产业化程度低,但它是一个新兴的朝阳产业，具有巨大的市场潜力和广阔的发展前景，2008 年奥运会的成功举办和我国城市现代化建设的加快，极大地推动了我国草坪业更加快速、健康的发展。

一、在我国草坪的作用越来越受到人们的重视

（一）对草的认识与草坪文化观念的生态化

随着绿色草坪在生活环境中的频繁展现，人们在享受和领略它无穷魅力的同时，也对草坪有了正确的认识。

首先，由于草坪在城市绿化、交通建设和体育运动中的基础地位与独特作用，越来越受到各级政府及广大人民群众的重视，并把美化城市、绿化生活环境提高到实现自然生态平衡和可持续发展的高度来认识。国务院颁布的《全国生态环境建设规划》和国家《"十五"计划纲要》中指出，要在 2010 年前新增人工草地和改良草地 50 011 万公顷，治理"三化"草地 3 300 万公顷；新增治理荒漠化土地 2 200 万公顷；新增治理水土流失面积 60 万平方公里。2001 年 2 月国务院召开的全国绿化工作会议，把绿化国土作为保护和改善生态环境的根本措施，要求力争用 5~10 年的时间，使全国城市的绿化水平得到显著提高。

其次，在城市园林建设中，设计师们突破了传统的古典园林模式，发展开敞式的现代园林，引入大面积草坪作为园林绿化的先锋和主体，再相应地配置一些乔木、花灌木和野花等，从而形成乔、灌、花、草相辉映的立体园林景观，使人们在车水马龙、高楼林立的闹市中，感受到平坦广阔、敞亮明快的草坪绿地带给人们的一种自然轻松、恬静舒畅的惬意，真正体现出园林绿化景观的艺术性和色彩感，烘托出现代城市的宏大气魄和优雅风韵。

此外，随着草坪业的发展，草坪绿地及草坪上设计新颖是宣传牌和艺术小品，引起人们的特别关注，并在社会上逐渐形成了人们普遍认同的"草坪文化"，增强了人们爱护生物、保护环境、讲究卫生、崇尚文明的自觉性，全民关注草坪、爱护草坪的意识得到很大的增强，草坪是城市的天然氧吧，除了美化环境、减少噪声外，还是天然的净化器。同时，深化了人们对"草"的客观认识，"草"不再仅是"野火烧不尽，春风吹又生"；危害作物的杂草，也不是可怕的毒草，对于"草"不能只是一概地"斩草除根，除草务尽"，而是要充分利用"草"的优良特性，给大地披上绿装，让生活更加美好，用"草"美化我们的环境，净化我们的心灵。

（二）城市草坪利用的多样化与快速发展

近年来，我国加快发展经济和城市化的进程，城市草坪伴随绿化事业有了迅速的发展，使全国许多城市面貌焕然一新，特别是北京、上海、大连、青岛、成都等城市，草坪发展已具规模，成效十分显著，全国绿化委员会办公室发布的《2006 年中国国土绿化状况公报》显示，目前全国城市建成区绿化覆盖率 32.54%，绿地率 28.51%，人均公共绿地 7.89m^2，由 20 年前的不足 3m^2，增长到现在的 7m^2，城市总体绿地面积从 15.3 万公顷增加到 121.2 万公顷，增长近 8 倍。据 2008 年最新报道，北京市人均公共绿地面积已达到 12.6m^2。

草坪业的兴起和发展，有力地促进了专用草坪的建设。按照《高尔夫》杂志 2006 年

15

公布的球场名录，我国已经保守拥有 229 个高尔夫球场，目前全国已建、在建和拟建的高尔夫球场共 300 多个，主要集中于珠三角、长三角、京津唐三大经济圈，会员超过 50 万，对我国市民来讲，曾经被当作贵族运动的高尔夫球，已不再是高深莫测，可望而不可及的事。足球场草坪的建设和足球运动的发展相得益彰，互相促进，其他专用草坪建设，如像飞机场草坪、高速公路护坡草坪、广场观赏草坪、江河水库堤岸护坡草坪等都得到长足的发展。另外，旅游休闲草坪、草地跑马场、草地网球场、草地排球场和滑草场也进入我国人民的生活。

（三）草种与草皮的市场需求量迅速增加

草种和草皮是建植草坪的物质基础，目前我国对草坪种子的年需要量约 8 000 吨，但除了结缕草和少量的黑麦草、高羊茅外，剪股颖、三叶草、早熟禾、狗牙根、紫羊茅，高羊茅，黑麦草和百喜草等草种，几乎全部依赖进口。1997 年我国草坪草种的进口量达到 2 000 多吨，到 2000 年度进口各类草坪草种 7 000 多吨，主要来自美国、丹麦、荷兰、德国、新西兰、澳大利亚、加拿大等国。由于我国草种生产的现有基础条件较差，草种加工设备落后，虽然我国草种生产田约有 30 万 hm^2，年产各类草种约 9 万吨，但生产的主要草种是紫花苜蓿、沙打旺、草木樨、老芒麦、无芒雀麦、羊草和黑麦草等普通牧草，很难生产高品质的草坪草种。在今后几年，我国对草坪种子的需求量将会继续增大，此外，国内草坪业只是刚刚起步，仅仅处于对草坪草的利用阶段，就现有的基础条件来看，要完全解决草坪草种子依赖进口的问题，一是不现实，二是不经济。

草皮直铺建植草坪绿地，具有快速成坪、立竿见影的功效，草皮生产因而一时火暴，势不可挡，就保守的估计，仅北京郊区就有 2 000 多处生产草皮的公司或个体农户。特别是个体经营的草皮苗圃，他们的生产成本低廉，经营形式灵活多样，虽然生产的草皮质量较差，但常以低于大公司 1/3 的价格进入市场，因而草皮生产、销售市场上显得非常活跃，在一定程度上，有力地推动了草皮生产和草坪业的迅猛发展。

（四）科研与教育的普及与推广

中国古典园林的历史悠久，具有深厚的文化底蕴和研究价值，在世界园林界独享盛誉。虽然相对现代草坪业迅速发展，我国对草坪草和草坪业的研究与世界先进水平，与我国经济发展，以及人民对生活环境质量的要求，还存在着很大的差距。但是，近几十年来，我国草坪科学和草坪业已获得了令人瞩目的发展，展现出草坪生态、草坪工程、草坪经济、草坪艺术、草坪文化多个发展方向和工作领域。

我们的草业学术团体，专家学者和企业家，为我国草坪业的大发展做了大量的科学研究与技术推广工作。

在我国草坪科学的发展历程中，出现了一批对推动我国草坪科学发展起到重要作用的著名草坪学家，如中国工程院院士任继周先生，编著了我国第一本《草坪学》专著的甘肃农业大学草业学院的孙吉雄教授，中国草学会草坪学术委员会理事长陈佐忠研究员等。

我国先后成立了"中国草原学会"、"中国草原学会草坪学术委员会"、"中国草原学会种子科学与技术委员会"，在这些学术团体的组织下，我们与国际草坪界的交往日益频繁，学术交流不断扩大。各种农业科研机构和草坪公司，在不同海拔高度和生态气候条件下，开展草坪植物的生态适应性与生活习性；草坪草对水肥、光热等生理需求；草坪建植与管理科学化、标准化，以及草坪的抗逆性与无害化管理的研究。这些都预示着我国草坪业的美好前景，也体现了当代科技进步和经济发展的成就。

随着草坪科学和草坪业的繁荣发展，介绍草坪研究成果的学术期刊相继出现，主要有《中国草地》《草业学报》《草业科学》《草原与草坪》《四川草原》《中国园林》《草地学报》等。另外，普及草坪知识的专业报刊、杂志也大量涌现，如中国花卉报、中国绿色时报 - 花草园林、高尔夫周刊、高尔夫、中国花卉园艺等。同时，草坪业的繁荣发展，也使一大批图文并茂、内容丰富、理论与实践相结合的草坪学专业书籍出版发行。从而使人们认识草坪、热爱草坪业，逐步形成爱护花草，保护生活环境的社会风范。

二、中国草坪业发展过程中还存一定的问题

中国的草坪业借着改革开放和现代化建设的东风而迅猛发展，目前全国园林工程公司和草坪经营企业数以万计，草坪业呈现出一片欣欣向荣、蓬勃发展的大好形势。但我们要清楚看到，我国的草坪业与草坪科学的发展仍存在着很多问题，需要我们在今后的工作中认真克服。

（一）草坪业市场不规范

据不完全统计，仅 1999 年，我国进口草坪草种已达 3 000 t左右，为此国家每年至少要花数百万美元的外汇，造成草坪业经费总额的 1/3 资金外流。另外，由于这些草种并没有进行过系统的引种试验、适应性评价和植物学特性鉴定，就直接投入使用，给草坪管理带来了许多麻烦，也留下了生物学安全性的潜在危险。以目前北方地区广泛种植的冷季型草坪草草地早熟禾为例，其耐旱性差，在北方春旱冬寒，风多雨少，需要耗费大量的水去浇灌，从而使许多原本就是严重缺水的城市，水资源更加短缺。

草种业除了生产体系薄弱外，服务体系也很差，大部分公司只卖种子不提供售后服务，使不少草坪质量不佳，甚至很快衰退和报废，给草坪建设带来了严重的损失。草坪业市场急需相应的行业规范、行业标准以及市场约束机制，用以规范无序的市场。

（二）草坪草育种科研与草坪业的蓬勃发展不相称

20 世纪 90 年代以来，我国草坪业发展速度呈现蓬勃之势，但与之不相符合的是我国大部分地区草坪草种质资源的开发和育种研究明显滞后。从高起点、快发展、赶超世界先进水平，发展独具中国特色的现代草坪业的观点来看，在草坪业起点之初，引进国外优良草种，吸收国外先进草坪建植管理技术是正确的。但从发展的角度看，我国具备了发展草坪草的最优条件，草坪种子国产化才是我国草坪业发展的最终方向。

首先，我国幅员辽阔，地理纬度跨度大，各地气候、土壤等生态环境复杂多样，野生草种质资源十分丰富，现今世界上流行的多年生草地早熟禾、羊茅、黑麦草、假俭草、狗牙根、结缕草等优良草种，在我国均有天然分布。

此外，我国还有育种和制种的良好条件，草业科学的发展为我国造就一大批高水平的草坪专家队伍和完善的种子科研、生产体系；海南岛、西北河西走廊、新疆等地都是建立种子生产基地的理想场所。同时，我们拥有世界上最庞大的草坪草种子市场，辽阔的土地等待绿化，西部大开发，荒漠化防治等均需大量的草种投入，这潜在的巨大市场为独具中国特色草坪业的发展提供了千载难逢的机遇。这就要求我们摒弃"生产草籽不如进口草籽"的短见，提高对草坪草种子国产化重要性的认识，加强对国内草坪草种质资源的开

发利用，组织专业人员进行育种科技攻关，强化草坪草优良品种的选育工作。在多色草坪、图案花草坪、立体草坪和室内草坪的研究方面，我国还刚刚起步。

（三）草坪科学种植和养护管理意识滞后

进入 21 世纪，旅游业的发展要求城市绿化美化，体育事业的发展要求各类高标准草坪运动场，城市环保、水土保持、公路护坡等都对草坪业提出了更高更迫切的要求。但就我国草坪业目前发展现状来看，各地多注重草坪建植的数量，在草种选择上一刀切，而忽视草坪功能、草坪养护条件与草坪草种的科学搭配；草坪建植后的管理也相当粗放，使不少草坪质量不佳，很快衰退甚至死亡，造成不必要的损失。究其原因，人们对草坪科学种植和养护管理的意识还比较落后，草坪建植和养护管理技术的研究成果还没有得到很好的转化，而且各地也没有形成一套适于当地发展的草坪管理技术规范，如草坪草种与环境条件的适配，草坪草修剪频率和高度、草坪灌溉、施肥、草坪草生长调节手段、草坪病虫害及草坪杂草防治等等。

三、中国草坪业开发具有广阔的市场前景

（一）我国正处在城市现代化的加速发展阶段，城市草坪业拥有巨大的发展空间

草坪是城市现代化的重要标志，草坪绿地的面积及质量反映了城市的环境质量和文明程度，国际上的一些发达城市都十分重视草坪绿地建设。如美国、欧盟各国的草坪业都已进入了产业化阶段，成为了本国的支柱产业。中国要进入现代化国家行列，必须加速城市化进程。中国的城市化进程目前出现了两个趋势：一是大城市由主要进行规模扩张转向重点提高人们的生活环境质量；二是中小城市开始进入加速发展的阶段，规模扩张比较迅速。这两个趋势还将延续几十年甚至更长的时期，这意味着中国草坪业的发展至少在量的扩张上仍要持续相当长的时期。

（二）国家的可持续发展战略、西部大开发战略和扩大内需的方针为我国草坪业的发展提供了前所未有的新机遇

改善生态环境是我国的一项基本国策。国务院制定的《全国生态环境建设规划》中，明确了我国生态环境建设的总目标，提出要用大约 50 年的时间，完成一批重要的环境工程，通过植树种草使"三化"（沙化、碱化、退化）地区基本得到整治。并且在《走向21 世纪的中国城市规划宣言》中提出，要把活力、绿色带给中国城市，不仅使城市更高效、舒适、方便、安全，而且要使城市清新舒畅、优美宜人。可见，国家对发展坪业将给予高度重视和扶持。

另外，目前在国家扩大内需方针的带动下，已开始建设大量的高速公路、铁路、江河堤坝、水库，大中城市也掀起了新一轮城市改造和市政建设高潮，大量道路、立交桥、公园、小区改造和绿化项目正在建设或已被列入规划。这些都需要种植大量的草坪与之形成配套工程。因此，草坪业面临了极好的发展机遇。

（三）我国草坪业具有巨大的市场需求和发展潜力

无论从目前城市化的水平来看，还是从城市化的发展前景来看，我国草坪业的发展都显得严重不足。目前，中国的草坪业市场占有率只相当于美国的 1%、欧盟国家的 1.5%。专家认为，中国每年可有 15 万～30 万 t 的草种市场潜力，而目前我国只有 8 000t 的用量。

20 世纪 80 年代，许多发达国家人均绿地面积都超过了 20m²，美国 20 世纪 90 年代初的草坪总面积为 166 万～200 万公顷，建设养护费用超过 250 亿美元。依此为参考，专家预测，我国草坪业的总产值每年将以 30%～50% 的速度增长，成为一个新的经济增长点。

（四）人们生态环境意识的不断增加，给绿色产业注入了强劲的发展动力

目前，中国人对绿色的需求比以往任何时候都更加强烈。近几年，北京、上海、大连、青岛、威海等大中城市种草的积极性很高，拆房植绿、破墙引绿、见缝插绿的政策和举动频频推出。尤其是北京西单文化广场、上海人民广场用大片的"黄金"土地来种草铺绿；郑州市把遮挡人民公园、动物园等单位的高档饭店或其他门面统一拆除，增加绿化用地；合肥还出现了"租地造绿"的新鲜事物。这充分体现了人们"绿色意识"的升华，预示着我国城市草坪建设的春天即将到来。

复习思考题

1. 试论述我国草坪业发展的过程。
2. 简述世界草坪业的历史发展及现状。
3. 我国草坪业的发展现状怎样？
4. 我国草坪业在发展过程中存在的问题及解决方法。

第三章　草坪建植植物资源

【教学目标】
- 掌握主要冷季型与暖季型草坪草的种类，习性与养护管理要点
- 掌握特殊环境应用的草坪草主要科属及栽培种（品种）的形态特征、生态习性、栽培管理和使用特点
- 掌握观赏草的主要类型与使用特点

第一节　修剪草坪常用的草坪植物

传统意义上禾本科草坪草生长点位置通常位于地表或地表附近，不易受干扰，因此，能够忍耐频繁的修剪和践踏。在一定条件下，草坪草通过修剪可维持在一定的高度下生长，增加分蘖，促进横向的匍匐茎和根茎的发育，增加草坪密度，使草坪草叶片变窄，提高草坪的观赏性和运动性，同时可以保持草坪整齐美观、具有吸引力的外观以及充分发挥草坪的坪用功能。此外，通过草坪草的修剪能够限制不抗修剪的杂草生长，抑制草坪草的生殖生长。

从某种意义上说，没有修剪就没有草坪，因此，草坪的修剪是草坪管理中最基本的措施之一。草坪修剪是指去掉一部分草坪草生长的茎叶。修剪高度适中、修剪及时的草坪，对杂草、病虫害具有较强的抗性，草坪色调鲜绿健壮。

以下对我国常用的需要修剪的草坪草进行介绍。

一、暖季型草坪草

（一）狗牙根属 *Cynodon* Rich.

狗牙根属约 10 个种，分布于欧洲、亚洲的亚热带及热带。我国产 2 个种及 1 个变种。用作草坪草的一般指狗牙根，近年来常用的还有杂交狗牙根。

狗牙根 *C. dactylon*（L.）Pers.

是最重要的，也是分布最广的暖季型草坪草之一，别名百慕大草、绊根草、爬根草、行仪芝、铁线草。英文名为 Common Bermudagrass，Dog's tooth grass，wire-grass 广布于温带地区。我国黄河流域以南各地均有野生。新疆的伊犁、喀什、和田也有分布。多生于村庄附近、道旁河岸、荒地山坡。欧洲和非洲也有广泛分布。

1. 形态特征　多年生草本，具根茎和匍匐茎（图 3 - 1 - 1）。秆细而坚韧，下部匍匐地面蔓延甚长，节上常生不定根，直立部分高 10~30cm，直径 1.0~1.5mm，秆壁厚，光滑无毛，有时略两侧压扁。叶片线条形，长 1~12cm，宽 1~3mm，先端渐尖，通常两面无毛。叶鞘微具脊，无毛或有疏柔毛，鞘口常具柔毛；叶舌为纤毛状。穗状花序，小穗灰

20

绿色或带紫色。

2. 生态习性 狗牙根一般包括普通狗牙根和改良后的草坪型的狗牙根。普通狗牙根是最初从狗牙根属中选择出来并被广泛应用的草坪型狗牙根。质地较粗，颜色、生长速度、密度均中等，耐阴性很差，耐践踏；改良后的草坪型的狗牙根可形成苗壮的、侵袭性强、高密度的草坪，叶宽由中等质地到很细的质地不等。某些狗牙根品种具有多叶的节，草坪的颜色从浅绿色到深绿色，具有强大的根状茎、匍匐茎，可以形成致密的草皮，须根系分布广而深。

图 3 - 1 - 1 狗牙根

狗牙根是适于世界各温暖潮湿和温暖半干旱地区长寿命的多年生草，极耐热和抗旱，但不抗寒也不耐阴。狗牙根随着秋季寒冷温度的到来而褪色，并在整个冬季进入休眠状态。叶和茎内色素的损失使狗牙根呈浅褐色。当土壤温度低于10℃，狗牙根便开始褪色，并且直到春天高于这个温度时才逐渐恢复。引种到过渡气候带的较冷地区的狗牙根，易受寒冷的威胁，4～5年就会死于低温。狗牙根适应的土壤范围很广，但最适于生长在排水较好、肥沃、较细的土壤上，要求土壤 pH 值为 5.5～7.5。狗牙根较耐淹，水淹下生长变慢；耐盐性也较好。

3. 栽培管理 主要通过短枝、草皮来建坪。普通狗牙根是唯一的可用种子来建坪的狗牙根。狗牙根是生长最快，建坪最快的暖季型草坪草。再生力很强，耐践踏。需要中等到较高的养护水平。耐低修剪，用作一般草坪时的修剪高度为 1.3～2.5cm。为保持草坪的质量，需频繁的修剪。修剪高度高于 3.8cm 会使植株直立，茎干生长，引起芜枝层的形成。狗牙根需要施肥和浇灌，故要得到最优草坪必须提高管理水平。氮肥需要量为每个生长月纯氮 2.43～7.30g/m²。由于狗牙根生长快，故易结芜枝层。为避免芜枝层的积累，周期性的施肥和频繁垂直修剪是很重要的，垂直修剪也可提高狗牙根的低温保绿性。

狗牙根常见的病有长蠕孢菌病、褐斑病、币斑病、穗赤霉病、腐霉枯萎病、锈病和春季死斑病等。常见的昆虫有草皮蛴螬、粘虫、蝼蛄、狗牙根螨类、无茎虎尾草介壳虫、狗牙根介壳虫和线虫。狗牙根不耐去莠津除草剂。

4. 应用特点 改良狗牙根在适宜的气候和栽培条件下，能形成致密、整齐的优质草坪，它用于温暖潮湿和温暖半干旱地区的草地、公园、墓地、公共场所、高尔夫球道、果领、发球台、高草区及路旁、机场、运动场和其他比较普通的草坪。狗牙根极耐践踏，再生力极强，所以很适宜建植运动场草坪。许多大型的暖季型球场都是采用狗牙根来建植的。进入晚秋狗牙根足球场很容易由于过度践踏而稀疏，这时可通过覆播冷季型草来弥补。由于狗牙根具有强大的匍匐茎，所以，能在翌年春天重新生长形成一个完善的草坪。在用作果领时，形成的运动表面不如翦股颖。普通狗牙根有时与高羊茅混播作一般的球场和运动场。

休眠的狗牙根冬季褪色可以通过使用草坪着色剂来缓和，也可在狗牙根草坪中覆播冷季型草坪草如黑麦草、紫羊茅和粗茎早熟禾等。由于狗牙根既有根茎，又可不断地匍匐生长，故在某些草坪中狗牙根会成为杂草，例如，当狗牙根用作翦股颖果领四周的缓冲地带时，它会侵入到果领里，影响草坪的表面，它也能成为苗圃、灌丛和停车场中的杂草。

（二）结缕草属*Zoysia* Willd.

结缕草属约10个种，分布于非洲、亚洲和大洋洲的热带和亚热带地区。美洲有引种。我国有5个种和变种。本属的大部分种类是优秀的草坪草种，有结缕草、沟叶结缕草（马尼拉）、中华结缕草、细叶结缕草（天鹅绒草）和大穗结缕草。其中大穗结缕草较少使用。

结缕草 *Z. japonica* Steud.

结缕草又称锥子草、日本结缕草。英文名为 Zoysia Japanese。分布于我国东北、山东、华中、华东与华南的广大地区，生于平原、山坡或海滨草地上。日本和朝鲜也有广泛分布，北美有引种栽培。

图3-1-2　结缕草

1. 形态特征　近无毛；叶鞘无毛，下部松弛而互相跨覆，最常用的水体景观植物之一多年生草本，具横走根茎和匍匐枝（图3-1-2），须根细弱。茎叶密集，植株高 15~20cm，基部常有宿存枯萎的叶鞘。叶片扁平或稍内卷，长 2.5~5.0cm，宽 2~4mm，表面疏生柔毛，背面近无毛；叶鞘无毛，下部松弛而互相跨覆，上部紧密裹茎；叶舌纤毛状，长约 1.5mm；总状花序呈穗状，小穗柄通常弯曲；小穗卵形黄绿色或带紫褐色。

2. 生态习性　结缕草广泛用于温暖潮湿、温暖半干旱和过渡地带。它靠强大的匍匐茎和根茎蔓生，形成致密的草坪。抗杂草侵入。结缕草比其他暖季型草坪草耐寒。低温保绿性比大多数暖季型草坪草强。在气温降到 10~12.8℃之间时开始褪色，整个冬季保持休眠。

结缕草的抗旱性和抗热性极好。虽然较耐寒，但它不能在夏季短或太冷的地方生存。它最适合于温暖潮湿地区，耐阴性很好。由于结缕草有强大的根茎，粗糙、坚硬的叶子，故很耐践踏。结缕草适应的土壤范围很广，耐盐。最适于生长在排水好、较细、肥沃、pH 值为 6~7 的土壤上。不适应排水不好、水渍的土壤条件。

3. 栽培管理　所有结缕草的栽培种均可靠短枝、草皮建坪。结缕草所生产的种子数目不多，且硬实率高，为避免其低的发芽率，需对种子进行处理。由于植株尤其是侧枝生长缓慢，结缕草建坪速度很慢。

结缕草需要中等养护水平。作庭园草坪时修剪高度为 1.3~2.5cm。由于低矮、匍匐的生长习性，使它耐低修剪。0.8cm 的频繁修剪有利于阻止芜枝层的积累和不整齐草坪表面的形成。叶片坚硬，很难修剪。锐利、可调的轮式剪草机可提高修剪质量。结缕草需要施肥和灌溉，尤其当生长在粗壤上或半干旱地区时。氮肥需要量每个生长月纯氮 1.0~2.5g/m²。

结缕草不易染病。但在某些条件下，如高温潮湿，可能染上锈病、褐斑病和币斑病。线虫对草坪的危害也很大。粘虫、草皮蛴螬、蝼蛄也能引起病症，但结缕草比大多数暖季型草坪更抗这些害虫的伤害。同时结缕草也耐大多数草坪除草剂，包括西玛通和阿特拉津等。

4. 应用特点　在适宜的土壤和气候条件下,结缕草形成致密、整齐的优质草坪。广泛用于温暖潮湿和过渡地带的庭园草坪、操场、运动场和高尔夫球场、发球台、球道及机场等使用强度大的地方。结缕草生长慢,可用于翦股颖果领和狗牙根球道的缓冲带,也可种在沙坑附近阻止狗牙根的侵入。在日本,结缕草用作高尔夫球道,而细叶结缕草(天鹅绒)用作果领。上海市也有用沟叶结缕草作高尔夫球道和果领的。由于结缕草具有极好的弹性和管理粗放的特点,在我国大部分地区是一种极佳的运动场草坪草种,在某种程度上无与伦比。结缕草冬季枯黄的颜色可以通过应用草坪草着色剂或覆播冷季型草坪草来改善。

细叶结缕草 *Z. tenuifolia* Willd. ex Thiele.

俗称天鹅绒草或台湾草,英文名 Mascarene-grass。产于我国南部地区,分布于亚洲热带,现欧美各国已普遍引种,其他地区亦有引种栽培。是铺建草坪的优良禾草。因草质柔软,尤宜铺建儿童公园,是我国南方应用较广的细叶型草坪草种。

1. 形态特征　多年生草本。具匍匐茎(图 3 - 1 - 3)。秆纤细,高 5～10cm。叶鞘无毛,紧密裹茎;叶舌膜质,长约 0.3mm,顶端碎裂为纤毛状,鞘口具丝状长毛;总状花序顶生,小穗窄狭,黄绿色,有时略带紫色。

2. 生态习性　细叶结缕草喜光,不耐阴,耐湿。耐寒能力较结缕草差。与杂草竞争力极强,夏秋生长旺盛,油绿色,能形成单一草坪,且在华南地区夏、冬季不枯黄。比结缕草易发生病害。其他生态习性基本与结缕草相同。

3. 栽培管理　细叶结缕草利用营养体建坪。方法是将取自草皮切断的匍匐茎,置于疏松泥土上,保持一定湿度,约 7 天即能生根出芽,达到繁殖建坪的目的。此外,也可行种子直播建坪,但由于种子采收不易,故一般不采取此法。细

图 3 - 1 - 3　细叶结缕草

叶结缕草的养护管理与一般草稍有差异。该草较为低矮,茎密集生长,杂草较少,因而剪草次数可大大减少,但必须修剪,若不修剪,将产生球状坪面凸起,降低草坪质量。因此,在生长旺盛的夏秋应适当修剪 1 次,以草坪高度不超过 6cm 为宜。初春萌发幼嫩时期,不宜重踏。该草易感锈病,应注意使用石硫合剂、波尔多液进行防治。干旱时应经常浇水,春夏应各施氮肥 1 次,每个生长月施用量纯氮 1～3g/m²。

4. 应用特点　该草茎叶细柔,低矮平整,杂草少,具一定弹性,易形成草皮,故常栽培于花坛内作封闭式花坛草坪或塑造草坪造型供人观赏。又因耐践踏,也用于医院、学校、公园、宾馆、工厂的专用绿地,作开放型草坪。细叶结缕草除用来建专用草坪外,也常植于堤坡、水池边、假山石缝等处,用于绿化、固土护坡,防止水土流失。

沟叶结缕草 *Z. matrella*(L.)Merr.

俗名马尼拉草,英文名 Manila grass。产于我国台湾、广东、海南省等地;生于海岸沙地上。亚洲和大洋洲的热带地区亦有分布,它的叶子质地、植株密度、耐寒性介于结缕草和细叶结缕草之间,是一种优良的草坪草。

1. 形态特征　多年生草本。具横走根茎,须根细弱。直立茎高 12～20cm,基部节间短,每节具一至数个分枝。叶片质硬,内卷,上面具沟,无毛,长可达 3cm,宽 1～2mm,

顶端尖锐。叶鞘长于节间，除鞘口具长柔毛外，其余部位无毛；叶舌短而不明显，顶端撕裂为短柔毛状；总状花序呈细柱形，小穗卵状披针形，黄褐色或略带紫褐色。

2. 生态习性　沟叶结缕草的耐寒性介于日本结缕草和细叶结缕草之间。分布的北界比细叶结缕草更靠北。可适用于山东、济南、天津等地。在北京地区也有冻害发生。其他生态习性基本与细叶结缕草相同。

3. 栽培管理　基本与细叶结缕草相同。

4. 应用特点　沟叶结缕草比细叶结缕草抗病性更强，生长更为低矮，叶片弹性和耐践踏性更强，质地比日本结缕草细，因而得到了广泛的应用。沟叶结缕草草坪质地适中，颜色深绿，对杂草有极强的竞争能力。可用于温暖潮湿和过渡地带的专用绿地、庭园草坪、操场、运动场和高尔夫球场的发球台、球道、果领及机场等使用强度大的地方。也常植于堤坡、水池边、用于绿化、固土护坡，防止水土流失。

图 3 - 1 - 4　中华结缕草

中华结缕草 *Z. sinica* Hance.

英文名 Zoysia Chinese。产于辽宁、河北、山东、江苏、安徽、浙江、福建广东、台湾等省；生于海边沙滩、河岸、路旁的草丛中，日本也有分布。在野生状态下，与日本结缕草共生。

1. 形态特征　多年生草本。具横走根茎（图 3 - 1 - 4）。茎秆直立，高 13 ~ 30cm，茎部常具宿存枯萎的叶鞘。叶片淡绿或灰绿色，背面色较淡，长可达 10cm，宽 1 ~ 3mm，无毛。质地鞘坚硬，扁平或边缘内卷。叶鞘无毛，长于或上部者短于节间，鞘口具长柔毛；叶舌短而不明显；总状花序穗形，小穗排列稍疏，黄褐色或略带紫色。

2. 生态习性　基本与结缕草相同，比结缕草更耐热，分布较靠南。

3. 栽培管理　可参照结缕草，注意应经常修剪。

4. 应用特点　中华结缕草较结缕草密度大。叶片也较窄，耐践踏性好，可作为运动场、庭园、宅园草坪。在生产中，由于采收时，很难区分结缕草和中华结缕草，因此，使用时大多是这两个种混在一起。

（三）野牛草属 *Buchloë* Engelm.

野牛草属原产美洲，本属仅有 1 种，即野牛草，我国有引种。

图 3 - 1 - 5　野牛草
1. 雄株　2. 雌株　3. 雌花花序

野牛草 *B. dactyloides*（Nutt.）Engelm.

英文名为 buffalo grass。生长于北美大平原的半干旱、半潮湿地区。以前作为牧草，是草原上的优势种之一，它常与格兰马草、侧穗格兰马草长在一起，构成草原景观。

1. 形态特征　多年生草本，具匍匐茎（图 3 - 1 - 5）。植株纤细，高 5 ~ 25cm。幼叶卷叠式，叶鞘疏生柔毛，叶舌短小，具细柔毛；叶片线形，粗糙，长 3～10cm，宽 1～2mm，两面疏生白柔毛。雌雄同株或异株，雄花序有 2～3 枚总状排列的穗状花序，长 5～15mm，宽约 5mm，草黄色；雌花序常呈头状，长 6～9mm，宽 3～4mm。

2. 生态习性 野牛草适于生长在过渡地带、温暖半干旱和温暖半湿润地区。极耐热，与大多数暖季型草坪草相比较耐寒，春季返青和低温保绿性较好。野牛草的强抗旱性是它最突出的特征之一。它生长最适宜的地区每年降水量为 256～266mm。野牛草能利用充足的光照和降雨迅速水平蔓生，在极端干旱时休眠。过了干旱期后，它又很快重新生长。野牛草适宜的土壤范围较广，但最适宜的土壤为细壤。它耐碱，耐水淹，但不耐阴。

3. 栽培管理 通过营养体或种子直播建坪。由于种子缺乏和昂贵，故常以营养体建坪为主要方式；种子硬实率较高，常通过冷冻和去壳来提高发芽率。修剪高度为 1.3～3.0cm；由于垂直生长慢，故修剪间隔略长。野牛草植株稠密，需肥和需水量都较小，很少结芜枝层。建坪速度中等，浇水可提高成坪速度。

4. 应用特点 野牛草最适合用于温暖和过渡地区的半干旱、半潮湿地带的公园、墓地、运动场、路边和体育场，是管理最为粗放的一种草坪草，非常适宜作固土护坡材料。

（四）地毯草属 Axonopus Beauv.

地毯草属约 40 个种，大都产于热带美洲。我国有 2 个种，其中用于草坪草最广泛的为地毯草［A. compress（Sw.）Beauv.］。它在我国南方有一定的分布面积，但不如狗牙根和结缕草分布广，坪用性状一般。

地毯草 A. compress（Sw.）Beauv.

别名大油草（广州），英文名为 Carpetgrass，原产热带美洲，世界各热带、亚热带地区有引种栽培。我国台湾省、广东省、广西壮族自治区、云南省有分布。常生于荒野、路旁较潮湿处。经过引种驯化后坪用性状有所提高。该种的匍匐枝蔓延迅速，每节上都生根和抽出新植株，植物平铺地面成毯状，故称地毯草。

1. 形态特征 多年生草本，具长匍匐枝（图 3－1－6）。秆压扁，高 8～60cm，节密生灰白色柔毛。叶片扁平，质地柔薄，长 5～10cm，宽 6～12mm，两面无毛或上面被柔毛，近基部边缘疏生纤毛。叶鞘松弛，压扁呈脊状，边缘较薄，近鞘口处常疏生毛；叶舌长约 0.5mm；总状花序 2～5 枚，长 4～8cm，最长 2 枚成对而生，呈指状排列在主轴上。

2. 生态习性 地毯草适于热带、亚热带地区较温暖地方。不耐寒，抗旱性比大多数暖季型草坪草差，耐阴性不如钝叶草和结缕草，而与假俭草类似。不耐践踏。地毯草适于潮湿、沙质或低肥沙壤上。最适宜的 pH 值为 4.5～5.5。它喜欢潮湿土壤，但在水淹条件下生长不好且不耐盐。

3. 栽培管理 地毯草靠种子直播或匍匐茎建坪，建坪速度中等。由于种子建坪容易，且花费少，较倾

图 3－1－6 地毯草

向于种子建坪。地毯草不利的特征是在整个夏天能产生许多种子，因此，要低修剪。

地毯草耐低养护，庭园草坪的修剪高度为 2.5～5.0cm。由于垂直生长慢，故修剪频率比狗牙根和结缕草低。但需用剪草机来去掉整个夏季令人讨厌的种穗。氮肥需为每生长月纯氮 1～2g/m²，应避免使用过多的肥料。芜枝层较少。

4. 应用特点　地毯草形成很粗糙、密、生长低矮、淡绿色的草坪，在外观上与钝叶草相似，但颜色比它浅。用于庭园草坪和类似不践踏的草坪。由于它能耐酸性土壤及较贫瘠的土地环境，常把它作为控制水土流失及路边草坪的材料。在我国南方常用作运动场和遮阳地草坪，这是因为它叶宽，弹性好，耐阴性强。

（五）钝叶草属 *Stenotaphrum* Trin.

钝叶草属约 8 个种。我国有钝叶草 *S. helferi* Munro 和锥穗钝叶草 *S. subulatum* Trin. 两种，产于广东、云南和海南的海岸砂地上、林缘或疏林中。

偏穗钝叶草 *S. secundatum*（Walt.）Kuntze

原产印度，又名钝叶草或圣·奥古斯丁草、奥古斯丁草、羊草。英文名称为 St. Augustine-grass，是一种使用较广泛的暖季型草坪草，近几年来在我国南方已有引种，坪用性状良好。

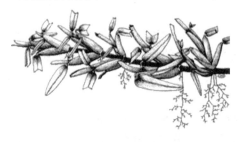

图 3-1-7　偏穗钝叶草

1. 形态特征　多年生草本，直立茎和匍匐茎扁平（图 3-1-7）。幼叶折叠式，叶片常扁平，4～10mm 宽，长 5～17cm，顶端微钝，具短尖头，基部截平或近圆形，两面无毛。叶鞘压缩，有突起，疏松，顶端和边缘处有纤毛。叶舌极短，顶端有白色短纤毛。无叶耳。叶片和叶鞘相交处有一个明显的缢痕及扭转角度。花序主轴扁平呈叶状，具翼，穗状花序嵌于主轴的凹穴内。

2. 生态习性　钝叶草适于温暖潮湿、气候较热的地方生长，它是常用的暖季型草坪草中最不抗旱的。

它在低温下褪色，变成棕黄色，休眠以渡过整个冬天。冬天保绿性能和春季返青性能不如结缕草。在温暖潮湿气候较热的地方，它可以全年保持绿色。抗旱性较好，但不如狗牙根、结缕草和巴哈雀稗。就其耐阴性而言，它是很优秀的暖季型草坪草。它适宜的土壤范围很广，但最适于在温暖潮湿、有机质含量高的土壤上生长。它适宜的土壤 pH 值为 6.5～7.5。喜排水好、潮湿、肥沃、沙质的土壤。耐盐性好。

3. 栽培管理　可用种子直播和营养体建坪，但主要依靠营养体建坪。钝叶草有很强的蔓生能力，建坪较快。虽然耐践踏性不如狗牙根和结缕草，但再生性很好。钝叶草需要中等到中等偏下的养护水平。作为庭园草坪的修剪高度为 3.8～6.3cm。为保持合适的草坪质量，频繁修剪是很必要的。但低于 2.5cm 的修剪易于造成杂草的侵入。需要施肥和浇灌，尤其在沙壤和干旱气候下。氮肥需要量为每个生长月纯氮 2.50～5.08g/m²。钝叶草常缺铁，使叶子失绿变成黄色，可通过施用硫酸铁和铁的混合物来调整。芜枝层是一个严重的问题。为保持草坪的质量，应经常修剪和施肥。

钝叶草尤其易染褐斑病、灰叶斑病、币斑病。在温暖潮湿地区它不耐含砷的和含苯氧烃的有机除草剂，如 2，4-D。但它耐西玛通和阿特拉津。钝叶草对长蝽有很强的抗性。

4. 应用特点　钝叶草主要用于温暖潮湿地区的庭园草坪和不要求细质地的草坪，可广泛用于遮阳地。钝叶草还是用于商品草皮生产的最主要的暖季型草坪草之一。不常用于操场或运动场。

（六）蜈蚣草属 *Eremochloa* Beuse.

蜈蚣草属约 10 个种，仅假俭草用于草坪。主要分布于热带和亚热带。

假俭草 *E. Ophiuroides*（Munro）Hack.

别名蜈蚣草，英文名为 Chinese Lawngrass，centipedegrass。原产于中国南部，被称为中国草坪草，1916 年引入美国。现在世界其他各地已广泛引种。

1. 形态特征　多年生草本，茎直立，匍匐茎压缩较短，厚实，多叶（图 3 - 1 - 8）。叶片扁平，3～5mm 宽，光滑，基部边缘具绒毛，顶端钝形；叶鞘压缩，并略突起，光滑，在基部有灰色纤毛；叶舌膜状且有纤毛，纤毛比膜长，总长 0.5mm；叶环连续，较宽；无叶耳。总状花序穗状。

2. 生态习性　假俭草与钝叶草一样，适于温暖潮湿气候的地区。它的耐寒性很差，介于狗牙根和钝叶草之间。它适应于海滨平原地区，低温下保绿性不如钝叶草。抗旱性比狗牙根和钝叶草差，这与它有限的根系有关。它的耐阴性介于钝叶草和狗牙根之间。由于根系较少，因此与狗牙根、结缕草相比耐践踏性也较弱。

除了粗质的沙壤外，假俭草适应的土壤范围相对较广。尤其适于生长在中等酸性、低肥的细壤上，土壤 pH 值为 4.5～5.5 但其耐淹性、耐盐性和耐碱性很差。

3. 栽培管理　假俭草能够利用种子直播或营养体建坪。由于种子直播建坪速度慢，主要靠短枝、草塞和草皮建坪。除了结缕草外，它的建坪速度和再生力比大多数暖季型草坪草慢。假俭草需要低强度的管理，作为庭园草坪的修剪高度为

图 3 - 1 - 8　假俭草

2.5～5.0cm。低于 2.5cm 的修剪会使植株密度变小。由于垂直生长缓慢，故其修剪的频率比大多数暖季型草坪草少，但也应保证一定修剪次数，因为假俭草很易结芜枝层。假俭草能在肥力较低的酸性土壤上生长。在肥力高或 pH 过高的土壤上，假俭草会死亡。氮肥需要量为每个生长月纯氮 0.10～1.94g/m^2。假俭草缺铁症比钝叶草更明显，叶片常为黄色，尤其施过氮后更明显，应施用铁元素来调整。

假俭草与大多数暖季型草坪草相比，不易受到昆虫和疾病的侵袭。但在一定条件下，褐斑病、币斑病可以引起很大的伤害。线虫和棉蚜也可能造成很大危害。假俭草不耐有机砷，但它耐西玛通、阿特拉津和苯辛型除草剂。

4. 应用特点　假俭草适于用作庭园草坪和其他类似的践踏少、管理水平较低的草坪。在最少管理的情况下，可收到令人满意的质量。不常用作运动场、操场和类似的高频度使用用的草坪。

二、冷季型草坪草

（一）早熟禾属 *Poa* L.

早熟禾属植物约有 200 多种，分布广泛，是应用最多的冷地型草坪草。最常用的有草

地早熟禾、加拿大早熟禾、普通早熟禾、一年生早熟禾和林地早熟禾。从营养体上鉴别早熟禾属的最明显的特征是叶尖船型以及叶片主脉两侧的平行细脉浅绿色。

草地早熟禾 *P. pratensis* L.

草地早熟禾原产欧洲、亚洲北部及非洲北部，后引种到北美洲，现遍及全球温带地区。我国华北、西北、东北地区及长江中下游冷湿地带有野生分布。草地早熟禾又名六月禾、肯塔基早熟禾、光茎蓝草、草原莓系、肯塔基蓝草等，英文名称 Kentuchy bluegrass，bluegrass，smooth stalked，meadowgrass。

1. 形态特征　多年生草本，具细长根状茎，多分枝（图 3 - 1 - 9）。叶片"V"形偏扁平，宽 2～4mm，柔软，多光滑，两侧平行，顶部为船形，中脉两侧各脉透明，边缘较粗糙。叶舌膜状 0.2～1.0mm 长，截形。叶环中等宽度，分离，光滑，黄绿色，无叶耳。圆锥花序开展，长 13～20cm，分枝下部裸露。

图 3 - 1 - 9　草地早熟禾

2. 生态习性　草地早熟禾广泛适应于寒冷潮湿带和过渡带，在灌溉条件下，它也可在寒冷半干旱区和干旱区生长。较高温度和水分缺乏的逆境条件下，它的生长会渐变缓慢，夏季休眠。当温度过高时会引起地面部分叶子发黄，没有生活力，但当温度、水分适宜时，它又会从地下根茎的节上长出新的枝条。

草地早熟禾的根茎具有强大生命力，能形成茂盛的草皮。在 6 月中旬到 11 月中旬的 5 个月内，草地早熟禾能长出 50～75cm 的根茎，根茎能从每一个茎节上再长出茎和根，扩大的根系主要分布在土壤表层 15～25cm 处，在经常修剪的情况下，有些根可深入到 40～60cm，根系常为多年生。

草地早熟禾的抗寒性、秋季保绿性和春季返青性能较好，在全日照或轻微遮荫的条件下能正常生长，但当遮阳程度较强时生长不良，特别是寒冷潮湿条件下的严重遮阳会使其患白粉病。虽然草地早熟禾能够适应广大的温带地区，但它对这些地区土壤的适应性也是有限度的，潮湿、排水良好、肥沃、pH 值为 6～7，中等质地的土壤最为合适。草地早熟禾不耐酸碱，在酸性贫瘠的土壤上形成的草皮质量很差，但能忍受潮湿、中等水淹的土壤条件和含磷很高的土壤。

3. 栽培管理　草地早熟禾可以通过根茎来繁殖，但主要还是种子直播建坪。它具有兼性无融合生殖的特性。它的建坪速度比黑麦草和高羊茅慢，但再生能力强。

草地早熟禾需要中等至中等偏高的栽植密度，成坪后应进行合理的修剪，高度一般为 2.5～5.0cm。生长点低的草地早熟禾品种能够忍受更低修剪高度，当修剪高度低于 1.8cm 时，大多数品种都能形成永久的高质量的草坪。

在草坪建植的过程中要注意肥料的施用，主要是氮、磷、钾三种肥料，施入量可根据具体情况而定。在水分不足的条件下要经常灌溉。草地早熟禾生长的时间达 4～5 年或更长，便会形成坚实的草皮层，阻碍返青萌发，这时应用切断根茎、穿刺土壤的方法进行更新，或重新补播，以避免草坪的退化。

草地早熟禾对病虫害有一定抗性，但也易染病。主要病害有长蠕孢菌病、锈病、条黑粉病、白粉病、币斑病和褐斑病等。

4. 应用特点　草地早熟禾可用作绿地、公园、墓地、公共场所、高尔夫球道和发球台、高草区、路边、机场、运动场以及对草坪质量要求中等的各种用途的草坪。草地早熟禾强大的根系以及较强的再生能力使得它特别适应于运动场和一些过度使用的场地。

草地早熟禾常与紫羊茅混合使用。它的建坪速度要比紫羊茅慢。紫羊茅作为一个建坪快的成分不会在建坪时与草地早熟禾过分竞争，但在遮荫、干旱环境下，尤其在栽培水平较低时，紫羊茅会占主导地位；而在全日照和土壤潮湿条件下草地早熟禾会占主导地位，两者混播对环境的适应性更强。草地早熟禾也可以与其他冷季型草坪草混播，如高羊茅和多年生黑麦草等。

加拿大早熟禾 *P. compressa* L.

英文名为 Blue grass Canada。生长于欧亚大陆的西部，广泛分布于寒冷潮湿气候带中更冷的地区，是良好的冷季型草坪草。

1. 形态特征　多年生草本，具根茎（图 3-1-10）。叶片扁平或边缘稍内卷，长 3～12cm，宽 1～4mm，蓝色到灰绿色不等，顶部呈船形；叶舌膜质，0.5～1.5mm，截形，全缘，无叶耳；圆锥花序狭窄，分枝粗糙。

2. 生态习性　加拿大早熟禾为长寿命的多年生草坪草，主要适于寒冷潮湿气候下更冷一些地区生长。其抗旱、耐阴性均比大多数草地早熟禾品种好，耐践踏性也很好；能在草地早熟禾不能适应的贫瘠、干旱土壤上很好地生长；能适应在排水不完善的黏土到排水条件好的石灰土等多种土壤上生长。它比草地早熟禾的抗酸性强，能适应的土壤 pH 值为5.5～6.5。

图 3-1-10　加拿大早熟禾

3. 栽培管理　主要利用种子直播建坪。加拿大草地早熟禾很耐贫瘠土壤，但它更喜欢肥沃的土壤，氮的需求量为每个生长月纯氮 1～3g/m²。当与草地早熟禾在酸性、干旱、贫瘠的土壤上混播时，加拿大早熟禾会成为优势植物；而在 pH 值高于 6.0 且肥沃、潮湿的土壤上时，草地早熟禾会成为优势植物。加拿大早熟禾易感的病有长蠕孢菌病、锈病、条黑粉病、褐斑病和腐霉枯萎病。

4. 应用特点　加拿大草地早熟禾不能形成一个植株密度和质量都相当好的草坪，因此，它的使用限于低质量、低养护水平的草坪。它常与羊茅混播使用。在不用频繁修剪地方，如路旁及其他低养护的地方，修剪高度为 7.5～10cm 时生长良好。目前使用的品种不是很多，国内大多使用野生种。

一年生早熟禾 *P. annua* L.

又名小鸡草，英文名 Annual Bluegrass。原产欧洲，为北半球广布种，我国大多数地区及亚洲其他国家、欧洲、美洲的一些国家均有分布。一年生早熟禾常被当作草坪杂草，很少与其他草坪草混播。它常在养护管理水平高的草坪上侵入生长，成为优势种。

1. 形态特征　一年生或越年生，具纤细横走的根状茎（图 3-1-11）。叶舌膜状，长 0.8～3.0mm，光滑；无叶耳；叶环宽，分离；叶片扁平或 "V" 字形，宽 2～3mm；

叶边平行或沿船形叶尖逐渐变细，两面光滑，在生长季或冬季为浅绿色，许多浅色细脉平行于主叶脉；圆锥花序小而疏松，整个生长季均可生成花序，在早春和仲春花序特别多。

图 3 - 1 - 11 一年生早熟禾

2. 生态习性 一年生早熟禾抗热性、抗寒性、抗旱性均差，在严寒、炎热、干旱条件下不能生存。含有大量一年生早熟禾的草坪常在环境条件不适宜时易受伤害，这是一年生早熟禾被当作草坪杂草的一个主要原因。在温暖潮湿地区，一年生早熟禾表现冬季一年生性。而在寒冷潮湿地区，它又表现夏季一年生性；通过这种方式，一年生早熟禾也可以躲过不适应期。一年生早熟禾适宜于潮湿、遮荫的环境，在潮湿、细质、肥沃、pH 值为 5.5～6.5 的土壤上生长良好。如果灌溉条件好的话，也可在干燥、粗质的土壤上生长。在紧实的土壤上也能很好地生长。一年生早熟禾不耐水渍，当温度高时更是如此，耐盐性也较差。

3. 栽培管理 多为种子直播建坪。即使在修剪高度为 0.6cm 的情况下，产种子的能力仍很强，一个植株可产种子 360 粒。授粉后不久，种子便可在其花序上成熟。要保持良好草坪质量，应经常修剪。一年生早熟禾无性繁殖力差，但它可以利用散落在土壤中的种子得以重建草坪。

一年生早熟禾需要高水平管理，在修剪高度为 2.5cm 或更低时，它具有很强的侵占性和竞争力。修剪高度为 0.5cm 时能形成质量高的草坪，并且易于修剪。氮肥需要量为每生长月纯氮 1.95～4.87g/m^2。在潮湿土壤条件和经常灌溉的条件下，生长旺盛。一年生早熟禾易于形成芜枝层，尤其在修剪次数少或修剪高度不够低时。高氮肥和灌溉条件下，易染病。

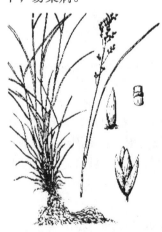

图 3 - 1 - 12 林地早熟禾

4. 应用特点 一年生早熟禾虽然不能作为专门的草坪草，但能在 3～5 年内侵占一块高强度管理的草坪，并且可能成为优势种。高尔夫球道、发球区、运动场和类似的一些高强度管理的草坪很易被一年生早熟禾侵入。但很少侵入修剪高度为 3.8cm 或更高的草坪。一年生早熟禾的生长习性、叶片质地、颜色及对不良环境的抗性在种内有很大变异。没有商用品种，生产中大多数使用一年生早熟禾的 2 个变种：*P. annua* var. *annua* 和 *P. annua* var. *reptans*。

林地早熟禾 *P. nemoralis* L.

俗称林地禾草，英文名为 wood meadow grass。广泛分布于世界温带山地。我国分布于东北、华北、西北，是优良的冷季型草坪草。

1. 形态特征 多年生弱匍匐茎型草本（图 3 - 1 - 12）。叶片扁平，对折式，长 10～20cm，宽 2mm 左右，黄绿色。叶鞘短于其节间，顶生者长 6～10cm；叶舌短，长 0.5～1.0mm；无叶耳。圆锥花序较开展。

2. 生态习性 林地早熟禾侵占性弱，它适于寒冷潮湿气候，是一种长命的多年生草坪草，耐阴性极强。

适于各种土壤，但在 pH 值为 6.0~7.0 的沙壤土、壤土上生长最好。抗盐碱能力中等。对病虫害有较强抗性，但有时也易染锈病及褐斑病。

3. 栽培管理 多为种子直播建坪，管理较为粗放。氮肥需要量每生长月纯氮 1.95~4.87g/m²。

4. 应用特点 可以和其他冷地型草坪草混播，用作公园、庭院草坪草种，林地早熟禾耐阴能力比草地早熟禾强，因此，可用作遮阳环境下的草坪。

（二）羊茅属 Festuca L.

羊茅属约 100 个种，分布于全世界的寒、温带和热带的高山区域。我国有 14 种，用作草坪草的仅少数几个种。各个草种在生长习性、叶子质地和寿命等方面有很大差异。一年生种类常常被认作杂草，但不少多年生种类具有草坪草的优良特性。羊茅属适宜于生长在寒冷潮湿地区，但也能在干燥、贫瘠、pH 值为 5.5~6.5 的酸性土壤上生长。此属中也包括了一些很耐践踏的冷季型草坪草种。常用作草坪草的有 6 个种（或变种）：高羊茅、紫羊茅、硬羊茅、羊茅、草地羊茅和细羊茅。高羊茅和草地羊茅是粗叶型的，其他则属细叶型。

高羊茅 *F. arundinacea* Schreb.

又称苇状羊茅，苇状狐茅，英文名 tall fescue，原产欧洲，草坪性状非常优秀，可适应于多种土壤和气候条件，是应用非常广泛的草坪草。在我国主要分布于华北、华中、中南和西南。

1. 形态特征 多年生丛生型草本（图 3-1-13）。茎圆形，直立，粗壮，簇生。叶鞘圆形，光滑或有时粗糙，开裂，边缘透明，基部红色；叶舌膜质，0.2~0.8mm 长，截平；叶环显著，宽大，分开，常在边缘有短毛，黄绿色；叶耳小而狭窄；叶片扁平，坚硬，5~10mm 宽，上面接近顶端处粗糙，叶脉不鲜明，但光滑，有小突起，中脉明显，顶端渐尖，边缘粗糙透明。花序为圆锥花序，直立或下垂，披针形到卵圆形，有时收缩；花序轴和分枝粗糙，每一小穗上有 4~5 朵小花。

2. 生态习性 高羊茅适宜于寒冷潮湿和温暖潮湿过渡地带生长。由于抗低温性差，在寒冷潮湿气候带的较冷地区，高羊茅易受到低温的伤害，其草坪的密度逐渐降低，直至最后变成零星的粗质杂草。高羊茅对高温有一定的抵抗能力。高温下叶子的生长会受到限制，但仍能暂时保持颜色和外观的一致性。高羊茅是最耐旱和最耐践踏的冷季型草坪草之一，其耐阴性中等。适应的土壤范围肥沃、潮湿、富有机质的细壤中生长最好，对肥料反应明显。pH

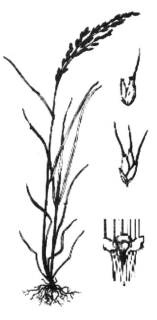

图 3-1-13 高羊茅

值的适应范围是 4.7~8.5，最适 pH 值为 5.5~7.5。与大多数冷季型草坪草相比，高羊茅更耐盐碱，尤其在灌溉的条件下；高羊茅耐土壤潮湿，并可忍受较长时间的水淹。

3. 栽培管理　高羊茅一般采用种子直播建坪，建坪速度较快，介于多年生黑麦草和草地早熟禾之间。冬季有冻害的地区，春播比秋播好。高羊茅再生性较差，修剪高度为 4.3~5.6cm，叶子质地和性状一般，在修剪高度小于 3.0cm 时，不能保持均一的植株密度，故不能用于需低修剪的草坪。氮的需要量为每个生长月纯氮 2~5g/m²。在寒冷潮湿地区的较冷地带，高氮水平会使高羊茅更易受到低温的伤害。高羊茅一般不产生芜枝层，耐旱，但适当浇灌更有利于其生长。它对冠锈病和长蠕孢菌病有较强抗性，但易染褐斑病、灰雪霉病和镰刀菌枯萎病。

4. 应用特点　高羊茅适于生长在寒冷潮湿和温暖潮湿的过渡地带，耐践踏，适应的范围很广，然而叶片质地比较粗糙的特性使它不能成为高质量的优质草坪草，它一般用作运动场、绿地、路旁、小道、机场以及其他中、低质量的草坪。由于其建坪快，根系深，耐贫瘠的土壤，所以能有效地用于斜坡防护。高羊茅与草地早熟禾的混播产生的草坪质量比单播高羊茅的高，高羊茅与其他冷季型草坪草种子混播时，其重量比不应低于 60%~70%。高羊茅有时用作寒冷潮湿气候较冷地区的运动场的覆播，因为在那些地区，草地早熟禾等冷季型草不能忍受过度践踏，而高羊茅的耐践踏性比它们要好。在温暖潮湿地带，

图 3-1-14　紫羊茅

高羊茅常与狗牙根的栽培种混播用作一般的草坪。在这一地区，高羊茅与巴哈雀稗的混播也用作运动场和操场。

紫羊茅 *F. rubra L.*

别名红狐茅，英文名 red fescue，是羊茅属中作草坪草应用最广泛的草种之一，有时也称作匍匐紫羊茅。国外开发出了可以在整个寒冷潮湿地区使用的许多草坪型紫羊茅的品种。紫羊茅产于欧洲，但在那里用作草坪草的历史并不长。在我国紫羊茅一般作为牧草，用作草坪草是近十来年的事。

1. 形态特征　多年生草本，具横走根茎（图 3-1-14）。茎秆基部斜升或膝曲，红色或紫色。叶鞘卵圆形至圆形，无毛至被细柔毛，基部红棕色并破碎成纤维状，分蘖的叶鞘闭合；叶片光滑柔软，对折或内卷，宽 1.5~2.0mm；叶舌膜质，长 0.2~0.5mm，平截；叶环窄，不清晰，无毛；叶耳缺或仅为延长的短边。圆锥花序，紧缩，成熟时紫红色。

2. 生态习性　紫羊茅广泛分布于北美洲、欧亚大陆、北非和澳大利亚的寒冷潮湿地区以及我国的东北、西南等地。抗低温的能力较强，但由于抗热性差，紫羊茅不能生长在温暖潮湿地区，因此，适应范围不如草地早熟禾和翦股颖那么广。

然而紫羊茅的耐阴性比大多数冷季型草坪草强。在较弱的光强度下，它比其他草坪草生长速度快。但在遮荫条件下的质量与光照充足时相比会有所下降。紫羊茅需水量要比其他草少，抗旱性比草地早熟禾和匍匐剪股颖强。耐践踏性中等。它能很好地适应于干旱、pH 值为 5.5~6.5 的沙壤，不能在水渍地或盐碱地上生长。

3. 栽培管理　种子直播建坪，建坪速度比草地早熟禾快，但比多年生黑麦草慢。再生性较强。紫羊茅对肥水要求不高，因此，养护管理中，采用最低水平的氮肥和灌水量即

可。管理适当，能形成优质草坪。修剪高度为 2.5~6.3cm，在遮荫条件下留茬应高一些。用作球道时修剪高度为 1.3~2.5cm，用于果领时修剪高度为 0.8cm 比较适宜。

氮肥需要量为每个生长月纯氮 0.94~2.92g/m²，比大多数草坪草日常需求量都少。过多施用氮肥和浇灌，会引起草坪质量下降。紫羊茅极不耐水淹。可在磷含量较高的土壤中正常生长。它的芜枝层不如翦股颖和草地早熟禾那么严重，但是，一旦芜枝层形成，由于其叶鞘中的木质素含量高，所以，腐烂速度很慢。紫羊茅不如草地早熟禾耐常用的除草剂，且较易感病如长蠕孢菌病，紫羊茅比草地早熟禾更易受到镰刀菌枯萎病和灰雪霉病的伤害。

4. 应用特点　紫羊茅是用途最广的冷季型草坪草之一。它广泛用于绿地、公园、墓地、广场、高尔夫球道、高草区、路旁、机场和其他一般用途的草坪。在欧洲，它与翦股颖混播用于高尔夫果领和滚木球场。

在寒冷潮湿地区，紫羊茅与草地早熟禾混合使用可大大提高草地早熟禾的建坪速度，而在建坪期间，又没有过分的竞争，能够共存。一旦紫羊茅—草地早熟禾草坪建立起来，紫羊茅在遮荫处、干燥的沙壤上和管理水平低的地方能够成为优势种，而草地早熟禾在潮湿、排水条件良好、管理水平高和全日光的地方成为优势种。

紫羊茅由于根茎弱、再生力差而较少用作运动场和高尔夫发球台，用作商品生产的紫羊茅草皮也是很少的。

紫羊茅可用于温暖潮湿地区狗牙根占优势种的草坪的冬季覆播材料。也用于覆播损坏的翦股颖果领。与多年生黑麦草和粗茎早熟禾相比，紫羊茅在秋季和春季的过渡时期内性状较好。

羊茅 *F. ovina* L.

别名羊狐茅、绵羊茅、酥油草，英文名 sheep's fescue，生于山地林缘草甸，广泛分布欧亚大陆温带和寒带地区。我国主要分布在东北、西北和西南。它形成的草坪质量较低，没有广泛地用于草坪。

1. 形态特征　多年生密丛型草本，秆具条棱（图 3-1-15）。叶鞘光滑；叶片内卷成针状，脆涩，宽约 0.3cm，常具稀疏的短刺毛；叶舌膜质，长 0.5mm，平截，有时缺；叶环窄，不清晰，无毛；叶耳缺或仅为延长的短边。圆锥花序较紧密，有时几乎呈穗状，分枝常偏向一侧，小穗淡绿色，有时淡紫色。

图 3-1-15　羊茅

2. 生态习性　羊茅与紫羊茅一样是适于寒冷潮湿气候的多年生草，不耐热，相当抗旱，在沙壤和石灰壤上生长最好。很耐践踏，在酸性、贫瘠的粗质土壤上也生长良好。

3. 栽培管理　种子直播建坪。羊茅的栽培要求比紫羊茅低。叶子较粗糙，较难修剪，低于 1.3cm 的低刈不利于羊茅生存，一般修剪高度为 1.5~2.5cm。氮需要量每生长月纯氮 1.95~4.87g/m²。易染红丝病、镰刀菌枯萎病和褐斑病。

4. 应用特点　由于羊茅种子有限，故仅少量地用于草坪。商品种子主要产于欧洲。羊茅常用作低质量的草坪，如路旁、高尔夫球场的高草区和寒冷潮湿气候更冷一些的地区。

草地羊茅 *F. elatior* L.

草地羊茅又称牛尾草，英文名 Meadow fescue 原产欧亚大陆温带地区。有时被称作英国兰草，外部形态与高羊茅相似。

1. 形态特征 丛生型草本，具短而粗壮的根茎。叶鞘圆形，光滑，透明，边缘开裂或覆盖，基部为红色；叶舌膜质，0.2～0.6mm宽，截形到钝形，白绿色；叶耳小而钝圆；叶环边缘宽大、光滑，浅黄色到黄绿色且厚实，并常曲折；叶片扁平，3～8mm宽，上表面光滑，叶脉明显，下表面较粗糙，叶片顶端渐尖，边缘粗糙。圆锥花序，直立或下垂，有时收缩。

2. 生态习性 草地羊茅是多年生草，其寿命的长短决定于低温程度，比高羊茅的活力弱。适应于世界的寒冷潮湿地区，也可延伸到温暖潮湿地区的较冷地带。它的耐热性和抗旱性比梯牧草强，但比高羊茅弱，在寒冷潮湿的稍冷地区，易于死亡。在温带，耐阴性很好，与其他冷季型草坪草相比，很耐践踏。最适于生长在肥沃、湿润的土壤上，但在有一定水分的情况下，在沙壤上也可以生长，对潮湿或水渍的土壤条件适应良好。

3. 栽培管理 种子直播建坪，建坪速度较快，介于草地早熟禾与多年生黑麦草之间，栽培要求与高羊茅相类似。修剪高度为3.8～5cm，不耐低于2.5cm的低修剪。垂直生长比高羊茅慢，氮肥需求量为每个生长月纯氮2～5g/m²，需要浇灌，尤其是在沙质、干燥的土壤上。草地羊茅较易染冠锈病和长蠕孢菌病，偶尔发生有条黑粉病、褐斑病、镰刀菌枯萎病和腐霉枯萎病。

4. 应用特点 草地羊茅常与其他草坪草种子混播用作一般用途的草坪，尤其在肥沃、湿润、遮荫地区，草地羊茅比高羊茅更易与草地早熟禾和黑麦草共存。品种目前不多，常用野生种。

（三）黑麦草属 *Lolium* L.

黑麦草属有10个种，主要分布在世界温暖湿润的地区。其中可用作草坪草的只有多年生黑麦草和一年生黑麦草，在我国属于引种栽培。由于多年生黑麦草和一年生黑麦草种间杂交十分频繁，在二者之间存在很多中间类型，选育出的商用品种也比较多。混播建坪时，黑麦草通常用作速生保护草种。随着现代草坪品种改良的发展，黑麦草在草坪中所扮演的角色也在不断改变。

多年生黑麦草 *L. perenne* L.

多年生黑麦草又称宿根黑麦草，英文名 Perennial ryegrass, common ryegrass。原产于亚洲和北非的温带地区，广泛分布于世界各地的温带地区。它是黑麦草属中应用最广泛的草坪草，也是最早的草坪栽培种之一。

1. 形态特征 多年生丛生型草本（图3-1-16）。叶鞘疏松，开裂或封闭，无毛；叶片质软，扁平，长9～20cm，宽3～6mm，上表面被微毛，下表面平滑，边缘粗糙。叶舌小而钝，长0.5～1.0mm；叶耳小。扁穗状花序直立，微弯曲，小穗无芒。

图3-1-16 多年生黑麦草

2. 生态习性 一般认为多年生黑麦草为短命的多年生草，抗寒性不及草地早熟禾，抗热性不及结缕草。它最适生长于冬季温和，夏季凉爽潮湿的寒冷潮湿地区，不能忍受极端的冷、热、干旱气候。一些改良的多年生黑麦草品种的抗低温性有所提高。耐部分遮荫，较耐践踏。

多年生黑麦草适应土壤范围很广，最好的是中性偏酸、含肥较多的土壤。但是，只要有较好灌溉条件，在贫瘠的土壤上也可长出较好草坪。它对土壤的耐湿性中到差，耐盐碱性中等。

3. 栽培管理　种子直播建坪。多年生黑麦草种子较大，发芽率高，建坪快。需中等到中等偏低的管理水平，修剪高度为 3.8 ~ 5.0cm，不耐低于 2.3cm 的修剪。叶子质地硬，且多是纤维状，因此，较难修剪。氮肥需要量是每个生长月纯氮 $2 ~ 5g/m^2$。较多施用肥料不利于抵抗外界不利环境。在干旱期为保证多年生黑麦草的存活，浇灌是很必要的。芜枝层较少。

多年生黑麦草在作为暖季型草坪的冬季覆播种时，存在一个很大的问题是它的幼苗易染腐霉枯萎病。还常受到锈病、镰刀菌枯萎病、褐斑病、红丝病、条黑粉病和长蠕孢菌病的伤害。

4. 应用特点　多年生黑麦草可用于庭院草坪、公园、墓地、高尔夫场球道、高草区、公路旁、机场和其他公用草坪。还可用作快速建坪及暖季型草坪冬季覆播的材料。除了作为短期临时植被覆盖外，多年生黑麦草很少单独种植，主要与其他草坪草如草地早熟禾混播使用。一般来讲，多年生黑麦草在混播中其种子用量不应超过总用量的 20% ~ 25%，否则会引起它与主体草坪草过度竞争，破坏草坪的建植。

习惯上，人们认为应发展垂直生长缓慢的多年生黑麦草的栽培种。改进的黑麦草栽培种能与草地早熟禾很好地混播，尤其用在较温暖地区的运动场草坪。在欧洲气候温和、土壤较干旱的地区多将多年生黑麦草作为建坪的一个主要成分。在英国被广泛地用于冬季的足球、橄榄球和曲棍球场地。

一年生黑麦草 *L. multiflorum* Lam.

也称多花黑麦草或意大利黑麦草，英文名 italian ryegrass，annual ryegrass，domestic ryegrass。生长在欧洲南部的地中海地区，北非和亚洲部分地区。由于生命期短，所以，用作草坪的范围很有限。

1. 形态特征　一年生或短命多年生丛生型草本植物（图 3 - 1 - 17）。叶舌膜状，长 0.5 ~ 2mm，圆形；叶耳似爪状；叶环宽，连续；叶片扁平，宽 3 ~ 7mm，近轴面有脊，光滑具光泽；有芒小穗构成扁平穗状花序。

图 3 - 1 - 17　一年生黑麦草

2. 生态习性　适应性与多年生黑麦草相似。一年生黑麦草在所有冷季型草坪草中最不耐低温。抗潮湿和抗热性甚至比多年生黑麦草还差。它最适于肥沃、pH 值为 6.0 ~ 7.0 的土壤。在低肥力条件下，也可形成适当的草坪。

3. 栽培管理　种子直播建坪，建坪速度快，再生能力很差。栽培要求与多年生黑麦草相类似，修剪高度 3.8 ~ 5.0cm，修剪质量和多年生黑麦草一样差。氮肥需求量为每个生长月纯氮 $2 ~ 5g/m^2$，过高的氮肥会降低其耐低温能力。

一年生黑麦草不存在结芜枝层的问题。

4. 应用特点　一年生黑麦草主要用于一般用途的草坪，它能快速建坪形成临时植被。

晚春或夏天种下一年生黑麦草，很快就长出绿色覆盖面。也可用作混播材料，但是混播材料中最差的。一年生黑麦草消失后形成斑秃，常有杂草侵入。因此，除对草坪质量要求不高的地方，通常不采用这种混播种子。另外，它可用作温暖潮湿地区暖季型草坪的冬季覆播。易受到长蠕孢菌病的伤害。

（四）翦股颖属*Agrostis* L.

翦股颖属约 200 个种，分布于寒温带，适于寒冷、潮湿和过渡性气候，尤以北半球为多。属内各个种的生长习性不同，包括丛生型到强匍匐型的各个种类。翦股颖在所有冷季型草坪草中最能忍受频繁低修剪，其修剪高度可达 0.5cm，甚至更低。当强低修剪时，它可以形成相当细质、稠密、均一的高质量草坪。大多数多年生种具有很强的抗寒能力，它们春季返青比草地早熟禾慢，最适宜的土壤条件是潮湿、肥沃、pH 值为 5.5～6.5。常用于草坪的翦股颖有 3 种：匍匐翦股颖、细弱翦股颖、绒毛翦股颖。绒毛翦股颖不像其他两种使用那么广泛。在匍匐翦股颖、细弱翦股颖和绒毛翦股颖之间有趋异型和中间类型。小糠草作为翦股颖属的一个种，有许多与翦股颖相似的性质，但也有许多差异，也是优良的草坪草种。

匍匐翦股颖 *A. stolonifera* L.

也叫匍茎翦股颖，英文名 creeping bentgrass，原产于欧亚大陆，广泛用于低修剪、细质的草坪。其名字来源于其生于地表面上的、能从节上长出新根和茎的强壮匍匐茎。我国东北、华北、西北及江西、浙江等省区均有分布。多见于湿草地。

1. 形态特征 多年生草本（图 3－1－18），具长的匍匐枝，直立茎基部膝曲或平卧。叶鞘无毛，下部的长于节间，上部的短于节间；叶舌膜质，长圆形，长 2～3mm，先端近圆形，微裂；叶片线形，长 7～9cm，扁平，宽达 5mm，干后边缘内卷，边缘和脉上微粗糙。圆锥花序开展，卵形，长 7～12cm，宽 3～8cm，分枝一般 2 枚，近水平开展，下部裸露；小穗暗紫色。

2. 生态习性 匍匐翦股颖用于世界大多数寒冷潮湿地区。它也被引种到了过渡气候带和温暖潮湿地区稍冷的一些地方。是最抗寒的冷地型草坪草之一。春季返青慢，而秋季变冷时叶子又比草地早熟禾早变黄，一般能度过盛夏时的高温期，但茎

图 3－1－18 匍匐翦股颖

和根系可能会严重损伤。养护管理中，适宜的排水、浇灌和疾病防治在土壤温度很高时尤其重要。匍匐翦股颖能够忍受部分遮阳，但在光照充足时生长最好。耐践踏性中等。可适应多种土壤，但最适宜于肥沃、中等酸度、保水力好的细壤中生长，最适土壤 pH 值为 5.5～6.5。它的抗盐性和耐淹性比一般冷季型草坪草好，但对紧实土壤的适应性很差。

3. 栽培管理 匍匐翦股颖可以通过匍匐茎繁殖建坪，也可用种子直播建坪。在修剪高度为 1.8cm 或更低时能形成优质的草坪，过高的修剪高度，匍匐生长习性会引起过多的芜枝层的形成和草坪质量的下降。定期施肥会使芜枝层生成达到最小，垂直修剪可加速幼茎的生成和匍匐茎节上根的生成。氮肥的需要量：在果领上，每生长月纯氮 2.5～5.0g/m²；修剪高度高的草坪 2.0～3.5g/m²。匍匐翦股颖的长势与灌溉有很大关系，在干燥、粗质土壤上充分灌溉是非常必要的。匍匐翦股颖较易染病害，应经常在易发病的地方

使用杀菌剂。匍匐翦股颖要比草地早熟禾更易受到除草剂的伤害，2，4-D 和 2，4，5-TP 易引起根和叶的伤害。

4. 应用特点　低修剪时，匍匐翦股颖能产生最美丽、细致的草坪，在修剪高度为 0.50 ~ 0.75cm 时，匍匐翦股颖是适用于保龄球场的优秀冷季型草坪草，它也用于高尔夫球道、发球区和果领等高质量、高强度管理的草坪。也可作为观赏草坪。由于其具有侵占性很强的匍匐茎，故很少与草地早熟禾这些直立生长的冷季型草坪草混播。匍匐翦股颖也用于暖季型草坪草占主导的草坪地的冬季覆播，用于这一目的时，它常与其他一些建坪快的冷季型草坪草混播。

小糠草 *A. alba* L.

又名红顶草，英文名 redtop grass，fioring grass，原产于欧洲。分布于欧洲、亚洲和北美洲的温带地区。在我国华北、长江流域和西南均有分布。

1. 形态特征　多年生草本，具根状茎（图 3 - 1 - 19）。茎直立，常簇生。叶鞘圆形，光滑，开裂，边缘透明；叶舌膜质，长 2 ~ 5mm，锐尖到钝形，为撕裂状；叶片浅绿色，扁平，宽 3 ~ 5mm，叶面粗糙，叶脉明显，边缘粗糙、透明，顶端渐尖；无叶耳；叶环明显，中等宽度，呈分开状。花序为红色，金字塔形的圆锥花序，花期分枝开放，有时后期收缩。

2. 生态习性　小糠草主要生长在寒冷潮湿的气候条件下，偶尔也生长在过渡地带和温暖潮湿的地带。它不耐高温。高温下，小糠草枯萎变黄。不耐践踏。它适应潮湿条件和很广的土壤范围，甚至可以在干燥的粗壤上生长。小糠草比较适宜生长在肥力较低的酸性黏质土壤上，适应的土壤 pH 值比其他翦股颖要高一些。

3. 栽培管理　小糠草几乎全靠种子直播建坪，建坪速度中等。小糠草最适于中等或低水平的管理，但在频繁低修剪下，不能生存。修剪高度为 3.0 ~ 5.0cm，植株密度可以保持相当长的一段时间。氮肥需求量每个生长月纯氮 2.5 ~ 5.0g/m² 。虽然小糠草能适应酸性和贫瘠土壤，但在 pH 值较高，肥沃的土壤上可更好地生长。如有灌溉条件，沙壤上生长最好。小糠草较易

图 3 - 1 - 19　小糠草

染镰刀菌枯萎病及其他病害，包括长蠕孢菌病，红丝病，条黑粉病，币斑病和褐斑病。

4. 应用特点　小糠草形成的草坪质量不是很高，因此限制了其广泛使用。但由于它对土壤 pH 值、土壤质地和气候条件有较大范围的适应性，使得它常与其他种子混播用作路旁、河渠堤坝防止水土流失的材料。小糠草以前用于优质草坪的混播，但随着草地早熟禾、羊茅和翦股颖的进一步发展，用于这一目的小糠草正在逐渐减少。

细弱翦股颖 *A. tenuis* Sibth.

英文名 colonial bentgrass，最初生长于欧洲，后来作为草坪草被引种于世界各地的寒冷潮湿地区，现已完全适合生长于新西兰、太平洋的西北部和北美洲的新英格兰地区。我国北方湿润带和西南一部分地区也适宜其生长。它和匍匐翦股颖是使用最广泛的 2 种翦股颖。

1. 形态特征　多年生草本，具短的根状茎。叶鞘一般长于节间，平滑；叶舌干膜质，

长约 1mm，先端平；叶片窄线形，质厚，长 2～4cm，宽 1.0～1.5mm，干时内卷，边缘和脉上粗糙，先端渐尖。圆锥花序近椭圆形，开展。

2. 生态习性 细弱翦股颖抗低温性较好，但不如匍匐翦股颖，春季返青相对慢些，耐热和耐旱性较差，耐阴性一般，不耐践踏。细弱翦股颖适应的土壤范围较广，在肥沃、潮湿、pH 值 5.5～6.5 的细壤上生长最好。它能在 pH 值较小的土壤上利用氮肥，并能在酸性土壤上正常生长。

3. 栽培管理 由于某些细弱翦股颖品种的不均匀性，使得草坪成熟时，很可能将它们分离出来。因此，草坪的均一性和质量时常下降。细弱翦股颖主要为种子直播建坪。建坪速度快，但再生性较差。为产生一个高质量的草坪，细弱翦股颖需要较高水平的管理，修剪高度一般为 0.75～2.00cm。在留茬较高时，很易产生芜枝层，如果不定期施肥，即使修剪高度低，也很易产生芜枝层。细弱翦股颖比草地早熟禾对肥料的适应性强，但它需要高水平的氮肥。氮肥需要量为每个生长月纯氮 1.95～4.87g/m²。需水量比匍匐翦股颖少。细弱翦股颖易染病，比大多数冷季型草坪草更易受到除草剂的伤害，施用 2,4-D 和 2,4,5-TP 时，根易受到严重伤害。

4. 应用特点 细弱翦股颖与其他一些冷季型草坪草混播，用作高尔夫球道、发球台等高质量的草坪。它侵占性强，当它与草地早熟禾这样一些直立生长的冷地型草坪草混播时，它会最后成为优势种。如果细弱翦股颖中有匍匐型的翦股颖，并且修剪高度小于 2.5cm 时，频繁灌溉，多加施肥，细弱翦股颖的这种优势性会发生的更快；虽然它不像匍匐翦股颖那样广泛地用于果领，但有时也用。

第二节　低矮草坪地被植物

地被植物是指铺设于大面积裸地或坡地，或适于在阴湿林下和林间等各种环境覆盖地面的多年生草本和低矮丛生、枝叶密集或偃伏性或半蔓生性的灌木及藤本。

地被植物可用于防止水土流失，能吸附尘土、净化空气、减弱噪音、消除污染，并具有一定的观赏价值和经济价值。

草坪草是草本地被植物的一种类型，本节所指的草本地被植物为非禾本科草本植物，它们具有和草坪草一样的覆盖地面的功能，有些则与草坪草或其他地被植物混合种植，对改善园林绿化景观具有重要作用。

一、耐阴草坪植被

（一）白三叶 Trifolium repens L.

又称白轴草、荷兰翘摇，原产欧洲，并广泛分布于亚、非、澳、美各洲。在前苏联、英国、澳大利亚、新西兰、荷兰、日本、美国等均有大面积栽培。白三叶草在我国中亚热带及暖温带地区分布较广泛。在四川、贵州、云南、湖南、湖北、广西、福建、吉林、黑龙江等省区均有野生种发现。在东北、华北、华中、西南、华南各省区均有栽培种；在新疆、甘肃等省区栽培后表现也较好。白三叶在我国一直作为牧草，近几年才用作草坪草，并逐渐得到人们的认可，它形成的草坪美观、整洁，具有很好的观赏价值。

1. 形态特征　多年生草本（图 3-2-1），叶层一般高 15～25cm，高的可达 30～45cm。主根较短，但侧根和不定根发育旺盛。株丛基部分枝较多，通常可分枝 5～10 个，茎匍匐，长 30～60cm，一般长 30cm 左右，多节，无毛。掌状复叶，叶互生，具长 10～25cm 的叶柄，三出复叶，小叶宽椭圆形、倒卵形至近倒心脏形，长 1.2～3cm，宽 0.4～1.5 厘米，先端圆或凹，基部楔形，边缘具钢锯齿，两面几乎无毛；小叶无柄或极短；叶面具 "V" 字形斑纹或无；托叶椭圆形，抱茎。全株光滑无毛；花多数，密集成头状花序，生于叶腋，有较长的总花梗，高出叶面，含花 40～100 余朵，总花梗长；花萼筒状，花冠蝶形，白色，有时带粉红色。荚果倒卵状长形，含种子 1～7 粒，常为 3～4 粒；种子肾形，黄色或棕色。花期 5 月。

图 3-2-1　白三叶

2. 生态习性　白三叶草性喜温暖湿润的气候，不耐干旱和长期积水，最适于生长在年降雨量为 800～1 200mm 的地区。耐热耐寒性比红三叶、杂三叶强，也耐阴，在部分遮荫的条件下生长良好。种子在 1～5℃ 时开始萌发，最适气温为 19～24℃ 在冬季积雪厚度达 20 厘米，积雪时间长达 1 个月，气温在 -15℃ 的条件下，能安全过冬。在 7 月份平均温度 ≥35℃，短暂极端高温达 39℃ 时，仍能安全越夏。喜阳光充足的旷地，在荫蔽条件下，叶小而少，开花亦不多，其产草量及种子产量均低。白三叶草适应的 pH 值 4.5～8.0。pH 值在 6～6.5 时，对根瘤形成有利。白三叶为簇生草坪草，靠匍匐茎蔓延，它也常表现为温暖潮湿气候的冬季一年生草。对土壤要求不严，耐贫瘠，耐酸，最适排水良好、富含钙质及腐殖质的黏质土壤，不耐盐碱。

白三叶需水量和需肥量均较大，不仅生长盛期要供给充足的水肥，在越冬和种子发芽时也需要充足的水肥。水肥不足，生长缓慢，叶小而稀疏，匍匐枝减少，颜色不绿。

3. 栽培管理　主要为种子繁殖，草春秋均可播种，但秋播易早，迟则难以越冬；春播稍迟则易受杂草侵害。种子细小，播前务须精细整地，并且要选择水肥充足而且肥沃的土壤进行种植，并要保持一定的土壤湿度。播种量 15～20g/m²，播深 1～2cm。生长期间需供应充足的肥水，并注意防除杂草。白三叶根部具有较强的分蘖能力和再生能力，根茎遇土蔓延，由茎节上长出匍匐茎，节上向下产生不定根，向上长具有很强的侵占性，成坪迅速。白三叶可以进行根瘤固氮，因此成株可不施肥或少施氮肥，应以施磷钾肥为主。白三叶不耐践踏，应以观赏为主；白三叶再生能力强，较耐修剪。修剪高度一般为 7.5～10cm。易染锈病。

4. 应用特点　白三叶管理简便粗放，繁殖快，造价低，可栽种在公园、绿地、道路两侧、机关单位、居住区、林荫下。因其与杂草有很强的竞争力，因而被广泛地应用运动场、飞机场的草皮植物及美化环境铺设草坪等、高速公路、铁路沿线、江堤湖岸等固土护坡园林绿化中，起到良好的地面覆盖和绿化美化效果，是防止水土流失的良好草种。

5. 常见品种　海发（Hafa）、那努克（Nanouk）、瑞文德（Rivendel）、奥博（Ombu）、考拉（Koala）等。

（二）绛三叶 *Trifolium incarnatum* L.

绛三叶原产地中海沿岸的撒丁岛、巴利阿里群岛以及北非的阿尔及利亚和其他地中海沿岸的欧洲国家，是美国南方冬季放牧场的重要牧草。中国主要分布在长江中下游地区。在我国一般作为牧草，近几年才开始用作观赏草坪，又称绛车轴草。

图 3 - 2 - 2　绛三叶

1. 形态特征　一年生草本（图 3 - 2 - 2）。茎直立，丛生，高 30 ~ 100cm，有黄色柔毛。掌状复叶，具长柄；小叶 3，宽倒卵形至近圆形，膜质长 2 ~ 3.5cm，宽 1.2 ~ 3cm，先端圆形，有时微凹，基部宽楔形，边缘有钝刺，两面均生短毛，叶柄大，托叶圆而大。头状花序圆筒状，生于分枝顶端，花近无梗；花萼筒状，长约 5mm，萼齿三角状披针形，先端锐尖，均有黄色长柔毛，花深红色。荚果倒卵形，内含种子 1 粒。种子圆形或肾形，黄或褐色。

2. 生态习性　喜温暖湿润气候，不抗寒，不耐热，根系浅，不耐干旱，耐瘠、耐阴，对土壤要求不严，在黏土、沙土以及微酸、微碱性土壤均可生长，但要求排水良好。

3. 栽培管理　一般为种子繁殖，宜秋播或早春播，播种量 15 ~ 20g/m²，除单播外，可与黑麦草等混播。播前要精细整地，出苗较慢，易受杂草侵害，所以，苗期注意杂草防除。成坪速度较慢，但是，成坪后很美观。耐践踏性较差，不耐修剪。易得锈病、褐斑病和霜霉病。

4. 应用特点　一般可用作观赏草坪。用作公园、庭院绿化，因不耐践踏，应加围栏。

（三）杂三叶 *Trifolium hybridum*

又名瑞典三叶草、杂车轴草。原产瑞典，现在欧洲中北部、亚种北部、北美、澳大利亚、前苏联、美国、加拿大均有栽培。我国于 20 世纪 70 年代先后从美国、澳大利亚引种，在华北，东北及南方高海拔地区种植表现良好。

图 3 - 2 - 3　杂三叶

1. 形态特征　豆科三叶草属，多年生草本（图 3 - 2 - 3）。主根、侧根发达，根茎粗壮，根入土较浅，支根较多。茎多分枝，平卧或半匍匐，有毛或近无毛，细软、中空、半直立，高 60 ~ 90cm。三出掌状复叶，小叶卵形或倒卵形，先端钝圆，基部宽楔形，边缘具细锯齿，叶面光滑。托叶斜卵形，膜质，先端长渐尖。为密集的头状花序，有小花 30 ~ 70 朵，直径 2.5cm 左右，萼筒状，钟形，萼齿条状，披针形，花冠蝶形，红、粉红、紫红色，有时白色。旗瓣椭圆形，比翼瓣、龙骨瓣显著长；子房条形。异花授粉，荚果狭长，内有种子1~3粒，种子椭圆形或心脏形，细小，略扁，深绿，绿或黄色。

2. 生态习性　喜温暖湿润的气候条件。比红三叶耐寒。要求降水量在600~1000mm左右，如低洼积水，短期淹水也可生长。根系浅，不耐干旱。对土壤要求不严，黏重、疏松、微碱、微酸都可生长。最适的土壤pH 6.5~7.5。种子发芽温度为5℃，最适生长温度为22~25℃。返青后，能耐 -5~6℃的低温。生长期较长，在北京地区4月中旬播种，5中旬开花，6月上旬种子成熟，花期可到9月下旬，10月下旬至11月上旬枯黄，翌春4月中旬返青，生长期200天左右。在乌鲁木齐种植，4月中旬播种，6月中旬分枝，7月上旬开花，8月上旬种子成熟。较抗热，在我国南方越夏良好。较耐阴蔽，能在疏林下生长。春秋生长快，再生性差。

3. 栽培管理　一般为种子繁殖。种子小，播前要精细整地，施足底肥。播种期：春、夏、秋均可，以秋播为好。播量15~20g/m²，行距30~40cm，播后覆土1~2cm，然后镇压。可与红三叶、猫尾草等牧草混种，亦可与苜蓿、白三叶、黑麦草、鸡脚草、苇状羊茅、无芒雀麦、红顶草等混种。苗期生长慢，要防除杂草。再生较慢，修剪次数要比白三叶少，修剪高度8~10cm。每次刈割后，要施肥，宜少施氮肥，以施磷钾肥为主。干旱时应灌水。单播时应增施磷、钾肥。

4. 应用特点　极适用于公园、居民区作为观赏草坪，用于坡地、路旁以防风固土，作为水土保持植被，也可以用于疏林下绿地建植。也可以用于草坪的混播，可以固氮，为与其一起生长的草坪草提供氮肥。

（四）卵穗苔草*Carex duriuscula* C. A. Mey.

卵穗苔草俗称寸草，属于广布种，莎草科苔草属多年生草本植物，主要分布在温带草原区。分布于前苏联、我国内蒙古部分地区，黑龙江、吉林、辽宁、河北、内蒙古、甘肃、陕西、山西、宁夏、新疆等省（区）均有分布；常见于干燥草地、沙地、路旁、湖边草地和山坡地，是一种较为优良的草坪草。在国外主要分布在蒙古、俄罗斯的东部西伯利亚及远东地区和朝鲜等地。

1. 形态特征　多年生草本（图3-2-4）。根状茎细长而匍匐。秆疏丛生，高5~20cm，纤细，平滑，基部具灰黑色呈纤维状分裂的旧叶鞘，植株淡黄绿色。叶短于秆，宽约2~3mm，内卷成针状。穗状花序，卵形或宽卵形，长7~12mm，直径5~8mm，褐色；小穗3~6个，密生，卵形，长约5mm，雄雌顺序，具少数花；苞片鳞片状；雌花鳞片宽卵形，长3~3.2mm，褐色，具狭的白色膜质边缘，顶端锐尖，具短尖；花柱短，基部鞘增大，柱头2；果囊宽卵形或近圆形，鞘长于鳞片，长约3.5mm，平凸状，革质，褐色或暗褐色，基部具海绵状组织，边缘无翅，上部急缩为短喙，喙口斜形。小坚果，宽卵形，长约2mm。花期4~5月，果期6~7月。

图3-2-4　卵穗苔草

2. 生态习性　茎秆纤细，低矮，具有匍匐茎，竞争力强。适于寒冷潮湿区、寒冷半干旱区及过渡地带，喜生于干草原和山地草原的路旁、沙地、干山坡，为表层沙质化土壤上的植物，并经常混生在以禾草为主的干草原草群间。对土壤肥力的要求较低，适宜的土壤pH值为6.0~7.5，耐旱、耐寒、耐阴等特点，适应性强，返青较早，绿期约190天。生长低矮，营养繁殖能力强，丛生，耐践踏。

3. 栽培管理 利用种子繁殖，春夏均可播种，种子千粒重为1.3g，播种量1.5~2.0g/m²；或分根种植，在生产中通常用匍匐性茎分根繁殖和建坪。管理较为粗放，对病虫害的抵御力很强。氮肥需要量每生长月0.94~2.92g/m²，修剪高度2.5~5cm，，营养繁殖比例1：4。

4. 应用特点 卵穗苔草生长低矮，营养繁殖能力强，丛生，耐践踏，因此，是北方绿化城市的草皮植物，在干旱地区是良好的细叶型观赏草坪，也是干旱坡地理想的护坡植物。耐阴性极佳。

（五）异穗苔草*Carex heterostachya* Bge.

异穗苔草又称黑穗草、大羊胡子草，莎草科苔草属多年生草本植物，分布于东北、华北、河南、陕西、甘肃等地，朝鲜也有分布。常见于干燥的草地、山坡、林下和河滩等。与卵穗苔草相似，是一种较好的观赏草坪，在我国北方应用较广。

1. 形态特征 多年生草本，具长的横走根状茎。秆高15~33cm，多少突出叶层，三棱形，纤细。基生叶线形，长5~35cm，宽2~3mm，边缘常外卷，具细锯齿，基部包有棕色鞘状叶。穗状花序，卵形，小穗3~4个；小穗雄性顶生，线形，背部黑褐色（稀为褐黄色）；雌小穗侧生，长卵形或卵球形，花密，长1~1.5cm，具短苞；雌花鳞片卵形，锐尖，背部黑色，中脉和两侧具1条线形赤褐色条纹，先端锐尖，有时突出成小尖头，边缘微具膜质；果囊卵形至椭圆形，上下两端渐尖，革质，有光泽，无脉；柱头3个，花柱和柱头密生短柔毛。小坚果倒卵状三棱形，长2.5~3.6mm，基部无柄，不脱落。

2. 生态习性 喜冷凉气候，生长旺季为春末夏初和仲秋。茎秆纤细，低矮，是树荫下常用绿化植物。具有匍匐根茎，但竞争性一般。适应性较强，一般土壤均能生长。喜光，耐阴，在正常日照1/5的弱光下，仍能正常生长。耐旱，又极耐寒，在-25℃下能顺利越冬，暑天炎热时生长势弱，其耐寒、耐阴性、耐热性较小羊胡子草强，在郁闭度80%的乔木下仍能正常生长。耐旱性和抗盐碱性均较强，特别是抗盐碱，能在含盐量1.36%，pH值为7.5的土壤中良好生长；适宜在年降雨量500~700mm的地区生长，水分充足时，其叶多而细长，色绿，干旱时叶短而色黄，过旱时则停止生长进入休眠状态，充足水分时迅速恢复生长。防尘能力强，耐潮湿，不耐践踏，踩踏后不易再生，忌低修剪。春季地温7~8℃时返青，在北京绿期200天左右。最适气温是18~22℃。

3. 栽培管理 种子和无性繁殖均可，但多以无性繁殖（穴植或根茎压埋）为主，以分株移栽方法建坪。春秋两季均可进行繁殖，种子繁殖生产成本低。匍匐茎生长较慢，没有卵穗苔草成坪快。由于生长慢，覆盖性差，无论播种或营养繁殖，都必须勤灌溉、勤除草，生长期内应根据其颜色变化需适当灌水施肥，以促进叶色美观。每年追肥2~3次，每次追施尿素4.5~6.0g/m²，不仅颜色变绿，还可延长绿期。该草茎秆纤细，低矮，叶片较长并且生长较快，形成的坪面较美观，应适当高剪，修剪以2~3次为宜，以免茎基部褐色叶鞘暴露，影响观赏效果。

4. 应用特点 该草适应性强，伸展蔓延快，利用时间长，一直是北京地区主要绿化草种，作为封闭式观赏草坪广泛应用，并栽植于树下、建筑物背荫处及花坛、花径边缘。由于根茎发达，能形成坚实的草皮，也可用作河边、湖坡、池塘等阴湿处的护坡植物。防尘作用强，亦是工矿区极好的防尘植物。

（六）马蹄金 *Dichondra repens* Forst.

马蹄金别名马蹄草、黄胆草、九连环、金钱草、小霸王等，属旋花科马蹄金属多年生匍匐型双子叶草本植物。世界各地均由生长，主产于美洲。在我国主要分布南方各省，陕西、山西等省已引种栽培。

1. 形态特征 植株低矮，茎纤细，匍匐，被白色柔毛，节上生不定根（图 3－2－5）。单叶互生，叶小，全缘，圆形或肾形，长 4～11mm，宽 4～25mm，先端钝圆或微凹，基部心形，形似马蹄；叶柄细长，被白毛。花单生于叶腋，黄色，花冠钟状，5 深裂，裂片长圆状披针形；蒴果近球形，分离成两个直立果瓣，果皮薄，披柔毛；种子 1～2 粒，近球形，黄色至黄褐色，外被毛茸。花期 5～8 月，果期 9 月。

图 3－2－5 马蹄金

2. 生态习性 喜温暖潮湿气候环境，不耐寒，抗旱性一般，适宜性、扩展性、耐阴性强，适应细质、偏酸、潮湿、肥力低的沙质土壤，不耐紧实潮湿的土壤，不耐碱；具有匍匐茎可形成致密的草皮，生长有侵占性，耐一定践踏；耐潮湿土壤。多生于海拔 180～1 850m 的田边、路边和山坡阴湿处，在美国加利福尼亚南部的温暖潮湿地带有野生种。

3. 栽培管理 种子繁殖和营养繁殖都可，但需要中等偏高的栽培管理水平。如果在其适应范围和合理栽培条件下，它可以形成致密整齐的草坪。宜低修剪，适宜的留茬高度为 1.3～3.3cm。由于易形成有机质层，适当增加修剪强度可起到调节的作用。需氮量为每个生长月 2.5～5g/m²，仲夏用量少些。马蹄金在某些低修剪的草坪上，易感叶斑病。尤其在潮湿气候下，可能引起的虫害有跳甲、苜蓿蠹、蠕虫、线虫和刺蛾。

4. 应用特点 适宜作多种草坪。既可以用于花坛内作低层的覆盖材料，也可作盆栽花卉或盆景盆面的覆盖层。在美国南部、欧洲和新西兰均被广泛利用，主要用于观赏草坪，如建筑物周围、道路中央的分离带等。

（七）沿阶草 *Ophiopogon japonicus* (L.f.)

沿阶草又名麦冬、书带草、绣墩草，是多年生常绿草本植物，为中药"麦冬"的主要来源，原产亚洲东部，我国广东、广西、福建、台湾、浙江、江苏、江西、湖南、湖北、四川、云南、贵州、安徽、河南、陕西（南部）和河北（北京以南）等省区多有分布，也分布于越南、日本、印度。多生于栎林或云杉林下、灌丛中或水边，是一种较好的观赏草坪植物。

1. 形态特征 沿阶草属于百合科沿阶草属多年生草本地被植物（图 3－2－6），根纤细，在近末端或中部常膨大成为纺锤形肉质小块根；地下根茎细，粗 1～2mm；茎短，包于叶基中；叶丛生于基部，禾叶状，下垂，常绿，长 10～30cm，宽 2～4mm，具 3～7 条脉；花葶较叶鞘短或更长，长 6～30cm；总状花序，花期 5～8 月，花白色或淡紫色，具 20～50 朵花，常 2～4

图 3－2－6 沿阶草

朵簇生于苞片腋内，花被片6，分离，两轮排列，长4～6mm，雄蕊6枚，生于花被片基部；种子球形，径约5～8mm，成熟时浆果蓝黑色，果期8～10月。

2. 生态习性　喜温暖气候条件，适于长江中下游以南广大地区生长。沿阶草具有较强的耐寒和耐热性，能耐受−9℃的低温和46℃的高温，即使寒冬季节也能保持常绿。抵抗外界因素干扰的能力较强，耐修剪、耐践踏；沿阶草最适生长于多肥、多水的地方，适宜的年降水量在800mm以上。但耐旱、耐阴和耐瘠性也较强，因此可在各种土壤上生长。较耐酸，但抗盐碱性较差。

3. 栽培管理　种子和营养繁殖均可，种子萌发时易受杂草侵害，要注意除杂草。沿阶草适宜育苗移栽。移栽后应注意灌水，保持湿润，以迅速恢复生长。沿阶草再生能力强，耐修剪，修剪后要注意追肥和灌水。

4. 应用特点　沿阶草是一种应用较广、园林价值较高的草坪植物。主要供草坪、花圃和园林镶边等用途。该草还能滞尘，抗有害气体，并可作药用。沿阶草适宜种植的范围比较广，不仅可在全光照下生长，还可以种植在灌木林及高大的乔木下；由于其纵向生长速度慢、耐粗放管理、具有保水固土的能力，故可以用于公路护坡及施工难度较大的边坡绿化。

（八）垂盆草*Sedum sarmentosum* Bunge

垂盆草别名卧景天、爬景天（*Sedum sarmentosum* Bunge）。景天科景天属的多年生草本植物。分布于我国吉林、辽宁、华北、华东等地。辽宁省的辽南、辽西地区常生于山坡岩石缝隙中。朝鲜、日本也有分布。

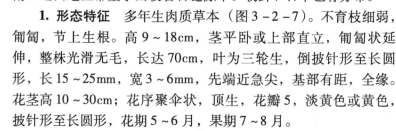
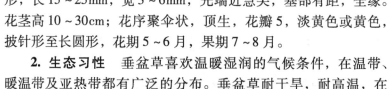

1. 形态特征　多年生肉质草本（图3-2-7）。不育枝细弱，匍匐，节上生根。高9～18cm，茎平卧或上部直立，匍匐状延伸，整株光滑无毛，长达70cm，叶为三轮生，倒披针形至长圆形，长15～25mm，宽3～6mm，先端近急尖，基部有距，全缘。花茎高10～30cm；花序聚伞状，顶生，花瓣5，淡黄色或黄色，披针形至长圆形，花期5～6月，果期7～8月。

2. 生态习性　垂盆草喜欢温暖湿润的气候条件，在温带、暖温带及亚热带都有广泛的分布。垂盆草耐干旱，耐高温，在45℃左右的高温，也能旺盛生长；抗寒性强，在沈阳最低气温达

图3-2-7　垂盆草

−32℃时，能安全越冬，毫无冻害。对早霜和晚霜袭击也无不良反应；耐湿、耐阴、更耐瘠薄，能常年生长在山坡岩石缝隙之间；绿期长，观赏价值高，在沈阳绿叶观赏期达8～9个月，一般3月底返青，11月底枯黄。草姿美，色绿如翡翠，颇为整齐壮观；花色金黄鲜艳，观赏价值高。无病虫害，可粗放管理。

3. 栽培管理　可采用种子繁殖，也可采用无性繁殖，即采用枝条扦插法、分株繁殖法或压条繁殖法，极易成活。通常采用分株或扦插繁殖。分株宜在早春进行，扦插随时皆可。在春季或秋季从成年植株上采集垂盆草匍匐茎，将匍匐茎剪切成3～5cm的小段，扦插在预先准备好的扦插床内，扦插后喷灌水，水要浇足，且保持扦插床内土壤湿润，7至15天之后匍匐茎便能生出新根，一个月后，便可以进行分栽。不择土壤，田园土、中性土、沙壤土均能生长，生命力极强，茎秆落地即能生根。垂盆草忌贫瘠的土壤环境，表现出生长衰弱的现象。在北京和天津地区，选择背风向阳的场所可以安全越冬。

4. 应用特点 垂盆草常被用于草坪、地被、建植花坛、假山石缝，吊盆观赏，更适用于环境条件相对较为恶劣、且粗放型管理的屋顶绿化，是一种价值很高的植物材料。

（九）玉簪 *Hosta plantaginea* Aschers.

又名白玉簪、白鹤仙。属百合科玉簪属，原产我国和日本。

1. 形态特征 多年生宿根草花（图3-2-8），根粗壮，叶基生成丛状，叶大有叶柄，叶片心脏形，有光泽。夏、秋开花，花杆从叶丛中抽出，总状花序顶生，有花9~15朵，形成很长的花串，每朵花开放期5~7天，花色洁白如玉，芳香，状若旧时妇女插于发髻上的玉簪柄，故名玉簪花。

2. 生态习性 性强健，耐寒，喜阴，忌烈日照射，在浓荫处生长繁茂，在树下或建筑物北侧生长良好；不耐多晒阳光，否则叶色会由绿变为黄白，叶片由厚变薄或出现焦边。喜土层深厚、肥沃湿润、排水良好的砂质土壤，不耐贫瘠。

图3-2-8 玉簪

3. 栽培管理 玉簪的栽植地点必须选择无阳光直晒的阴处，冬季应把上部枯叶剪除。根部覆盖上细土，以防受冻。玉簪的繁殖以分株法最为适宜、方便。露地栽培的，可在4月间将植株挖起，从根部将母株分成3~5株，然后再分别进行地栽。栽前，应先选好背阳地块把土翻耕耙松，掺入腐熟的堆肥或厩肥与土充分混合，耙平后作成高畦。再把植株栽上，株距、行距为30cm×40cm。栽完后浇水（不要浇太多，雨季还应注意排水）；夏季要特别注意避开烈日或进行遮荫，在生长期中，施腐熟稀薄肥2~3次。可生长得健壮旺盛，夏末秋初即可开花。

4. 应用特点 玉簪类花卉花大叶美，且喜荫，园林中可配植于林下做地被用，或栽植于建筑物周围的蔽荫处，也适合盆栽。

（十）连钱草 *Glechoma hederacea* L.

连钱草为唇形科多年生草本植物，别名金钱草、活血丹等，分布于除甘肃、青海、新疆、西藏省区外的全国各地。

1. 形态特征 多年生匍匐性草本植物（图3-2-9）。茎细长，四棱形，有分枝，枝梢直立，被短柔毛，节间着地后即生根。叶对生，具长柄，肾形或心形，边缘有锯齿。花唇形，淡紫色或粉红色。果球形，褐色。

2. 生态习性 连钱草喜阴湿，生于田野、林缘、路边、林间草地、溪边河畔或村旁阴湿草丛中；对土壤要求不严，但以疏松、肥沃、排水良好的砂质壤土为佳；适宜在温暖、湿润的气候条件下生长。

图3-2-9 连钱草

3. 栽培管理 可用种子和匍匐茎扦插繁殖。但因连钱草种子很小，不易采集，且幼苗生长缓慢，所以多采用扦插繁殖。每年3~4月进行，将匍匐茎剪下，每3~4节剪成一段作插条。插条入土2~3节，插后盖一层薄土轻轻压实，浇定根水。连钱草一般很少有病害发生，管理简便。

4. 应用特点 原生长于林下、林缘、山坡、路旁等。在城市绿地中宜应用于林下或建筑物遮阳处。

（十一）水杨梅*Geum aleppicum* Jacq.

蔷薇科水杨梅属，野生于山坡草地、沟边、地边、河滩、林间隙地及林缘，全国各地均有分布。

1. 形态特征　多年生草本（图3-2-10），叶片羽裂；花深红色。多年生草本，高40~80cm。全株有长刚毛，基生叶羽状全裂或近羽状复叶，先端急尖，基部楔形或近心形，边缘大锯齿，两面疏生长刚毛，侧裂片小，1~3对，宽卵形；茎生叶有3~5叶片，卵形，3浅裂或羽状分裂，花果期7~10月。

2. 生态习性　半耐寒，喜光，耐半阴，不择土壤，在疏松湿润的土壤上生长更为良好。

3. 栽培管理　播种及分株繁殖，在林下环境栽培，目前少有人工栽培经验。

图3-2-10　水杨梅

4. 应用特点　极具自然气息，可与其他耐阴植被混合植于林下与林缘。

（十二）匍匐委陵菜*Potentilla reptans* L. *var. sericophylla*

蔷薇科委陵菜属，生于田边、潮湿草地，该植物常生长在暖温带和亚热带的山坡和湿地生境，广泛分布于欧洲至西伯利亚和中亚地区，我国内蒙古自治区至云南的大部分地域都有分布。

1. 形态特征（图3-2-11）　多年生匍匐草本。具纺锤状块根。茎匍匐长10~50cm，节上生不定根。基生叶为掌状复叶，小叶5枚，小叶倒卵形或长圆状倒卵形。叶缘具钝圆齿，叶背伏生绢状疏柔毛。花单生叶腋，花冠黄色，花期5~7月。

2. 生态习性　耐阴性强，抗旱耐寒，耐瘠薄，自然生长速度快。

3. 栽培管理　播种及分株繁殖，可不修剪目，管理粗放，目前少有人工栽培经验。

图3-2-11　匍匐委陵菜

4. 应用特点　适于林下栽植。

二、耐旱草坪植被

（一）白颖苔草*Carex rigescens*（Franch.）V. Krocz

白颖苔草别名小羊胡子草，属莎草科苔草属多年生草本植物，产于前苏联、日本、蒙古人民共和国。我国的东北、西北、华北和内蒙古自治区等地区均有分布，常见于温带和寒温带的干燥坡地、丘陵岗地、河边及草地。与卵穗苔草相似，是我国应用最早、园林价值颇高的草坪植物。

1. 形态特征　具细长的横走根状茎（图3-2-12），其末端成束状密生成丛。茎为不明显的三棱形，株高10~15cm；基部有黑褐色纤维状分裂的旧叶鞘。叶片短于秆，叶狭窄，长5～15cm，宽0.5～1.5mm，叶色浓绿，属细叶草类；花雌雄同穗，颖大具宽的白色膜质边缘，穗状花序卵形或矩圆形。小坚果宽椭圆形，长约2.5mm。

2. 生态习性　该草喜冷凉气候，耐寒能力较强，在-25℃低温条件下能顺利越冬。在内蒙古自治区呼和浩特和包头地区越冬率100%。抗旱性均强，在干旱平地、小丘陵、山坡上都能生长，在干燥无灌溉、年降水不足500mm的地区仍能正常生长。耐瘠薄，能适应多种土壤类型，以在肥沃湿润的土壤上生长最佳。耐阴中等，同杂草的竞争力较差。不耐热，夏季生长不良，36℃以上的高温达1周以上时停止生长，并出现夏枯现象。由于该草无匍匐枝，因而覆盖性较差，且不耐践踏。白颖苔草绿期较长，在承德避暑山庄3月中下旬返青，10月上中旬枯萎，绿期160～170d。

图3-2-12　白颖苔草

3. 栽培管理　用播种及营养繁殖两种方法进行繁殖。它的种子为小坚果，坚果的外层具有不透气、不透水的特性，播前坚果必须进行处理。播种量为7～10g/m²，春秋两季均可进行播种。出苗后幼苗生长缓慢，应及时松土清除杂草。营养繁殖可采用铺种草块及栽植根状茎等。该草苗期生长缓慢，覆盖性差，成坪时间长，因此，必须勤灌溉、勤除杂草。生长期内应注意修剪以增加美观，通常剪草留草高度以3～4cm为宜。

4. 应用特点　白颖苔草叶绿、纤细，外观优美，北京及其他北方城市均用它作观赏和装饰性草坪，又可用作人流量不多的公园、庭园、街道绿地、花坛四周、喷泉外圈等绿化材料。该草耐阴性强，是很好的疏林游乐草坪植物。我国著名的承德避暑山庄就是用此草建植而成的。也可作小型庭园绿化之用。用作公园、风景区、庭园观赏草坪或适当践踏的休息草坪，是高速公路、铁路两旁等地优良的地被植物。

（二）针叶苔草 Carex onoei Franch. et Sav.

别名羊胡子草。莎草科，苔草属。广泛分布于北半球较寒冷地带。我国华北、东北及西北地区均有野生。

1. 形态特征　多年生草本植物。株体矮小，具细长的根状茎。高5～18cm，三棱形，无节；叶基生狭细，长8～18cm，宽约2mm，光滑无毛；花穗单生于茎顶，长圆形或卵形，由多数小穗组成，长1～2cm。雌雄同穗，雄花在上，柱头2裂；瘦果卵圆形，有小尖头，长约3mm。

2. 生态习性　细叶苔耐干旱，常生于山坡、河畔、树荫和路旁等处，常成单纯群落。在湿润肥沃的地方生长尤茂。在祁连山东段海拔2 700m的河滩地，常有以细叶苔占优势的草群。春天返青早，一般3月上旬返青，夏季进入半休眠状态。该草耐践踏和低修剪，是优良的草坪植物。

3. 栽培管理　该草以营养体繁殖为主，也可种子繁殖。进行营养体繁殖，可将地下根状茎剪成小段埋入5cm左右深的沟内，覆土后，要随即灌水，保证土壤湿度促进恢复生长。生长季应主意修剪，以保持均一整齐、色泽优美的外观。

4. 应用特点　可作护坡和一般草坪。

（三）紫花苜蓿*Medicago sativa* L.

紫花苜蓿别名苜草、苜蓿、紫苜蓿，属于豆科苜蓿属多年生草本。原产于小亚细亚、伊朗、外高加索等地，我国已有 2 000 多年栽培历史，广泛分布于西北、华北、东北地区，江淮流域也有种植，是一种优良的牧草，可以用作水土保持植物，也可用作为观赏植物。

1. 形态特征 多年生草本（图 3 - 2 - 13），高 30 ~ 100cm。根粗壮，深入土层，根颈发达；茎直立或有时基部斜卧，四棱形，无毛或微被柔毛，枝叶茂盛，多分枝。羽状三出复叶；托叶大，卵状披针形，先端锐尖，基部全缘或具 1 ~ 2 齿裂，脉纹清晰；小叶长卵

图 3 - 2 - 13 紫花苜蓿

形，倒长卵形至线状卵形，先端圆钝或截形，中脉鞘突出，基部楔形，仅上部叶缘有锯齿，中下部全缘，上面无毛或近无毛，深绿色，下面有白色柔毛；顶生小叶片叶柄比侧生小叶柄长略长。总状或头状花序，腋生，花较密集；花冠蓝紫色或紫色，荚果螺旋形，有疏毛；种子卵形，平滑，黄褐色或棕色。花期 5 ~ 7 月，果期 6 ~ 8 月。

2. 生态习性 紫花苜蓿适应性广，喜温暖半干旱气候。年降水量以 500 ~ 900mm 最宜，超过 1 000mm 时不利于生长，低于 300mm 又无灌溉条件则难以正常生长。耐寒性强，种子在 4 ~ 6℃ 即可发芽，其耐寒品种可耐 - 20 ~ 30℃ 低温，有雪覆盖时可耐 - 40℃。日均温 15 ~ 20℃ 最适生长，开花最适温度 22 ~ 27℃，上午 9 ~ 12 时开花最盛，开花时忌高温多雨。华北地区生长季节为 4 ~ 6 月份，高温高湿对苜蓿生长不利；由于根系入土深，能充分吸收土壤深层水分，故抗旱力很强。对土壤要求不严格，沙土、黏土均可生长，但以深厚疏松、富含钙质的土壤最为适宜。喜中性或微碱性土壤，但不耐强酸和强碱，适合的 pH 值在 6.5 ~ 8，在含盐量 0.3% 的土壤上能良好生长。不耐积水。

3. 栽培管理 种子繁殖，播前要求精细整地，并保持土壤墒情，在贫瘠土壤上需施入厩肥和磷肥作底肥，苜蓿生长最忌积水，连续水淹 1 ~ 2 天即大量死亡，因而要求排水良好。苗期生长缓慢，易受杂草侵害，应及时除草；播种量 20 ~ 25g/m² 。易染锈病、霜霉病和褐斑病。

4. 应用特点 紫花苜蓿主根发达，侧根多，主根入土 2m 以上，在较干旱的地区可达 10m 左右，因此，可作为水土保持植物，也可作观赏植物。

（四）小冠花*Coronilla Varia* L.

小冠花别名多变小冠花、绣球小冠花，属豆科小冠花属多年生草本植物。原产于地中海一带，在欧洲中部和南部，亚洲西南部和北非均有分布。美国、加拿大、前苏联、荷兰、瑞典、法国、联邦德国、民主德国、匈牙利、波兰等国都有栽培。我国南京中山植物园于 1973 年从荷兰、瑞典、联邦德国、民主德国和匈牙利等国引进，一般作为牧草，近几年才开始用作草坪草，是一种很好的观赏和水土保持草坪草。1974 年美国友人韩丁又从美国引入我国少量"彭吉夫特"品种，在山西、陕西试种表现良好。

1. 形态特征 根系粗状（图 3 - 2 - 14），侧根发达，根系主要分布在 0 ~ 40cm 土层中，黄白色，具多数形状不规则的根瘤，主根和侧根上生不定芽。茎柔软，中空，外有棱

条，半匍匐生长，草丛高 60~70cm。奇数羽状复叶，小叶长圆形或倒卵状长圆形，先端圆形，或微凹，基部楔形，全缘，光滑无毛。伞形花序，腋生，花小，下垂，花梗短，花萼短钟状，花冠蝶形初为粉红色，以后变为紫色。荚果细长，成熟干燥后易于节处断裂成单节，每节有种子 1 粒，种子细长，褐红色。

2. 生态习性 小冠花适于寒冷潮湿地区，也适于温暖潮湿气候带中稍冷一些的地方。极抗旱和很耐寒，即使在酸性、贫瘠环境中，如路边、坡上，也能长出很好的绿色覆盖面和深根系。它最适于排水好、pH 值为 6.5~7.0、高含 P、Ca、K 和 Mg 的土壤，不适宜潮湿水渍土壤。抗寒性强，在新疆乌鲁木齐市种植，在积雪覆盖下，在 -30℃ 亦能安全越冬。小冠花还比较耐热，在南昌可以越夏。抗旱能力也很强，在轻壤上 0~10cm 土层内含水量仅 5%，土壤容重达 1.5g/cm³ 时仍能长出幼苗。但耐湿性差，在排水不良的水渍地，根系容易腐烂死亡。

图 3-2-14 小冠花

对土壤要求不严，凡瘠薄坡地，盐碱地，房前屋后，道路两旁均可种植。适于中性或偏碱性排水良好的土壤，土壤含盐量不超过 0.5% 幼苗均能生长。

3. 栽培管理 可用种子繁殖，也可用根蘖和茎扦插方法繁殖。种子繁殖时，因种子硬实高达 70% 左右，发芽困难，故播前常用浓硫酸浸种或擦破种皮，可提高发芽率。苗期生长极其缓慢，播种前要精细整地，施底肥。早春和雨季均可播种，播种量为 15g/m²，播种前可用根瘤菌接种。用根蘖和茎扦插方法繁殖时，天气温暖，插后 5~10d 不定芽即可生根，成活率可达 80%~100%。

4. 应用特点 小冠花，耐寒、耐瘠薄，根系发达，无性繁殖力强，覆盖度大，强大根系能固土保水，是很好的水土保持植物。在美国和加拿大用作堤岸、坡地的保土覆盖植物。花多而鲜艳，枝叶茂盛，又可作美化庭院净化环境的观赏植物。再生性能好，抗旱性强，冬季枯萎迟，在国外用来补播改良早熟禾草坪。

5. 常见品种 且门（Chemung）、绿宝（Emerald）、滨州礼品（Penngift）。

（五）萹蓄 *Pohygonum avicuiare* L.

别名节节草、猪芽草、萹蓄蓼等，生于山坡、田野、路旁等处，全国各地均有分布。

1. 形态特征 蓼科蓼属，一年生或多年生草本植物（图 3-2-15），植株小型。茎平卧或上升，低矮，自基部多分枝，单叶互生，托叶鞘状抱茎。叶柄极短，叶片全缘。花生于叶腋，花被片 5 枚，无花瓣，呈白绿色稍红色。花期 7~8 月，种熟期 8~9 月份，瘦果三棱形，外包宿存花萼。

图 3-2-15 萹蓄

2. 生态习性 耐低温，喜阳光充足，稍耐阴。在遮荫的环境下植株直立生长性强。

在干旱、贫瘠和板结的土壤上生长良好，覆盖率高，耐践踏且再生能力极强，可自播繁衍。

3. 栽培管理　萹蓄可播种繁殖，此草较耐旱，对病虫害的抗性较强；再生能力也强，不必修剪，养护简单。

4. 应用特点　可以形成优美的自然式草地景观的节水型植被。可形成多年生草地植被同样的效果，是公园、庭院，居民小区，公路隔离带及路旁绿化美化的优秀地被植物。

（六）车前草 *Plantago depressa* Willd.

车前草，又名车前菜、牛甜菜、田菠菜等，前草属车前草科。我国大部分地区都有此草，生长在路边、田头地角，种子称车前子。

1. 形态特征　多年生草本（图3-2-16），全株光滑或稍被短毛。根茎短，着生多数须根。基生叶全长约6~9cm，叶片卵形或阔卵形，有5~7条稍平行的脉，先端圆钝，近全缘或有波状浅齿，基部下延成柄。花葶数个至10余个，自叶丛中抽出，有浅槽，蒴果卵状黑褐色。花期6~8月；果期7~10月。

图3-2-16　车前草

2. 生态习性　生于路边、田野、沟边及河边草地上，喜阳光充足，耐旱，耐践踏，对土壤的适应性强，国内广布于全国各地。

3. 栽培管理　车前草可播种繁殖，以3月上旬到4月上旬播种为宜。播种繁殖，车前草种子细小，出苗后生长缓慢，易被杂草抑制，因此，幼苗期应及时除草，一般1年进行3~4次松土除草。对环境适应性强，管理简单，成苗后可自行繁茂生长。

4. 应用特点　可作为耐践踏地被植物作地面覆盖，也可成片栽植林下或与其他观花地被组成花境等。

（七）香根草 *Vetiveria zizanioides* L.

禾本科香根草属多年生草本，英文名：Vetiver，别名：岩兰草，培地茅，原产于地中海地区至印度，在斯里兰卡、泰国、缅甸、印度尼西亚爪哇、马来西亚一带广泛种植；常作香料引种栽培。中国主要分布于江苏、浙江、福建、台湾、广东、海南及四川等地，栽培于平原、丘陵和山坡，喜生水湿溪流旁和疏松黏壤土上，在华南局部地区已形成一定面积的野生单优群落。

1. 形态特征　香根草密集丛生，须根发达，可深达2~3m，有檀香味。秆中空，直径约5mm，叶鞘无毛，具背脊；叶舌短，边缘具引种纤毛；叶剑形，紧韧挺直，叶片光洁扁平，下部对折，边缘有锯齿状突起，顶生叶较小，叶层高1.0~1.5m左右，成熟时株高一般在1.5~2.0m。叶宽0.6~1.0cm，叶长70~100cm。香根草于秋季抽穗扬花，但极难结实。圆锥花序大型，顶生；花果期8~10月。

2. 生态特性　香根草是一种典型的热带植物，它根系发达，株丛致密，对气候条件的适应范围较广，可在年降雨量为300~6 000cm、气温为 -12~50℃的地区生长。香根草能适应各类土壤条件，在非常贫瘠、紧实，强酸（pH 值 4）、强碱（pH 值 11），甚至具有重金属毒害的土壤上都能生长。香根草生长年限长，抗病虫害能力强，耐热、耐旱、耐水淹，易种植，易成活，易管理，是热带亚热带地区优良的水土保持植物。

3. 栽培管理　香根草不能利用种子繁殖，只能利用营养体进行繁殖，也可用组织培养繁殖。常见的传统方法是利用分株繁殖法，将带根的分蘖从母株上逐个掰下来定植培育，可以较快地获得幼苗；也可利用插条繁殖法、切顶繁殖法、纵剖繁殖法、压条繁殖法和留母株繁殖法进行繁殖。香根草属 C4 植物，光合能力强，生长快，生物量大。在光照较足的情况下，当日平均温度稳定通过 10℃ 时香根草就开始萌发生长。香根草在自然条件下一般不结实，也没有根状茎或匍匐茎，因此，它不会成为农田杂草。香根草也极少感染或传播病虫害，一旦定植成功，它就能存活几十年甚至数百年。当周围的植物被干旱、洪水、大火、害虫、疾病等自然灾害消灭时，香根草能成为少数几种幸存下来的植物。

4. 应用特点　大量用于高速公路、高等级公路、铁路等基础设施边坡和路基的保护与稳固，以及江河湖泊和水库水渠的护岸护堤草坪；用于荒山、荒土、尾矿场、采石（土）场、垃圾填埋场以及工业污染区等恶劣生境的垦复与植被覆盖；用于治理与控制污染，污水与富营养化水体的净化，特别是用在养猪场粪便排污方面；还可用于沿海地区的防风固沙与盐渍地改良。在干旱地区，它还是一种很好的果园覆盖草种。

此外，许多偃麦草、冰草、无芒雀麦、马蔺等植被也是干旱地带，无灌溉环境条件下的适宜绿化和美化的优良植被。

三、耐涝草坪植被

（一）海滨雀稗 *Paspalum vaginatum* Swartz.

又称夏威夷草，为禾本科雀稗属植物，源于非洲和美洲，生长于南北纬 300 之间的热带、亚热带海滨地带。曾作为饲料、草坪和改良受盐碱影响的土壤的草种，在世界各地引种过。现广泛分布在整个热带和亚热带地区，南非、澳大利亚的海滨和美国从得克萨斯州至佛罗里达州的沿海都有野生，以能适应各种非常恶劣的环境而闻名。

1. 形态特征　多年生草本（图 3－2－17），具匍匐茎和根状茎，匍匐茎甚长，可长达数 10cm，叶片颜色深绿，叶片线形长 2.5～15cm，宽度变化很大。叶鞘生于节间，具脊棱。叶舌长 0.5～1mm。花梗长，节无毛。总状花序穗形 2 枚，对生，延伸长度 10～65mm。穗轴 3 棱，反复曲折。小穗单生，覆瓦状排列。

2. 生态习性　主要分布在热带和亚热带地区，生于海滨，性喜温暖。抗寒性较狗牙根差。在地温 10℃ 能打破冬眠，并且返青比狗牙根提前 2～3 周。耐阴性中等，不如结缕草和钝叶草，强于狗牙根，它能承受大约 30% 或更少的隐蔽。耐水淹性强，在遭受涨潮的海水、暴雨和水淹或水泡较长时间后，仍然正常生长。耐热和抗旱性强。耐瘠薄土壤，适应的土壤范围很广，从干旱的沙地到湿渍的黏地，特别适合于海滨地区和含盐的潮汐湿地、沙地或潮湿的

图 3－2－17　海滨雀稗

沼泽地、淤泥地。不同品种适应的土壤 pH 值范围可达 3.6 ~ 10.2。具有很强的抗盐性，耐盐浓度在 5.5 ~ 20.3dS/m，甚至可以用海水进行灌溉。抗病虫害，但在高养护过程中也需要利用进行除草灭虫防病等管理措施。

3. 栽培管理　海滨雀稗根茎粗壮，密集，根系深，抗旱能力强，而且能利用海水直接喷灌而对草没有损害。长期被海水浇灌的草，病虫害发生的次数和施肥量都比淡水低很多，这对节水和降低成本提供了极好的条件。此外，再循环用水、生活污水、混合的非饮用水等都可用作喷灌水。施肥与冷地型草坪草相似，夏季少量，春秋季适量，初冬重施。耐频繁低修剪，修剪高度 5 ~ 20mm。在每年的春季和秋季，凉爽的夜晚容易发生银元斑病。通过梳草，降低草的密度，能减少发病率。

4. 应用特点　因耐频繁低修剪，修剪高度可达 3 ~ 5mm，可以用于高尔夫球场的果领、球道、发球台和绿地区。可种植在海滨的沙丘地区，用做水土保持。也常用于受盐碱破坏的土地和受潮汐影响的土壤改良地区。

5. 常见品种　Adalayd（阿达雷德），Futurf（福特福），Tropic Shore（热带海滩），FSP-1，FSP-2，Salam（萨拉姆）等。

（二）巴哈雀稗*Paspalum. notatum* Flugge.

又称为美洲雀稗、百喜草、金冕草，英文名 Bahiagrass。原产南美东部的亚热带地区，它用于草坪的范围有限。但在低的养护强度下，巴哈雀稗是优秀的暖季型草坪草。

1. 形态特征　本科雀稗属多年生草本（图 3 - 2 - 18），具粗壮、木质、多节的根状茎秆密丛生，高约 80cm。叶片扁平，宽 4 ~ 8mm；叶鞘基部扩大，长 10 ~ 20cm，长于其节间，背部压扁成脊，无毛；叶舌膜质，极短，紧贴其叶片基部有一圈短柔毛。总状花序具 2 ~ 3 个穗状分枝。

2. 生态习性　适于温暖潮湿气候带的较温暖地区，不耐寒，低温保绿性比钝叶草、假俭草和地毯草略好。耐阴，极耐旱，干旱过后其再生性很好。它适应的土壤范围很广，从干旱沙壤到排水差的细壤。它尤其适于海滨地区的干旱，粗质，贫瘠的沙地，适于 pH 值为 6.0 ~ 7.0 的土壤。耐盐，但耐淹性不好。

图 3 - 2 - 18　巴哈雀稗

3. 栽培管理　巴哈雀稗种子产量高，主要通过播种建坪。它的种子发芽率很低，但可通过对种皮适当处理来提高发芽率，种子发芽后成坪速度快。

巴哈雀稗仅需低强度的管理水平。修剪高度 3.8 ~ 5.0cm。修剪有利于去除花序。巴哈雀稗的叶片粗糙，修剪时要保证剪草机刀片锐利。氮肥需要量为每个生长月纯氮 0.5 ~ 2.0g/m²。秋季的氮肥尤其重要，很少有芜枝层问题。

巴哈雀稗染病率和受昆虫侵害较少，币斑病和褐斑病有时引起伤害。蝼蛄是其草坪中最常见的昆虫。某些常见的草坪除草剂，如有机砷、西玛津和阿特拉津也会伤害巴哈雀稗。

4. 应用特点　巴哈雀稗形成的草坪质量较低，故适用于粗放管理、土壤贫瘠的地区，它尤其适于用在路旁、机场和类似低质量的草坪地区。

（三）两耳草 *Paspalum. conjugatum* Berg.

别名水竹节草、叉子草。属禾本科雀稗属多年生草本植物。原产于拉丁美洲，现广泛分布于世界热带及温暖地区。我国台湾、海南、广东、广西和云南等省（区）有分布。常见于路边及池岸、田野潮湿处。

1. 形态特征 多年生。植株具长达1m的匍匐茎，秆直立部分高30～60cm。叶稍具脊，无毛或上部边缘及鞘口具柔毛；叶舌极短，与叶片交接具长约1mm的一圈纤毛；叶片披针状线形，长5～20cm，宽5～10mm，质薄，无毛或边缘具疣柔毛。总状花序2枚，纤细，长6～12cm，开展；穗轴宽约0.8mm，边缘有锯齿；小穗柄长约0.5mm；小穗卵形，长1.5～1.8mm，宽约1.2mm，顶端梢尖，覆瓦状排列成两行。颖果长约1.2mm，胚长为颖果的1/3。花果期5～9月。

2. 生态习性 两耳草为热带地型牧草，喜暖热而湿润的气候。它适应的年均温为18～26℃，适应的年降雨量为1 000mm以上，对土壤要求不严格，在沙土至黏土各种土壤类型（沼泽地除外）上均能生长；它适应的土壤pH值4.5～7.5。在湿润、肥沃，通透性良好的微酸性土壤上生长最好，也能在树下生长。繁殖和再生力相当强，生长快，易形成单一的自然群落，属湿地草坪草。耐阴湿，较耐践踏，不耐旱，匍匐茎具强的趋水性，在水中节能生根，故又称"水竹节草"。在华东地区全年绿草期260～270d。

3. 栽培管理 种子和无性繁殖均可。春、秋和冬季均可播种，种子易于采收，适于条播。用分株繁殖可将匍匐茎枝剪成3节一段，将2节斜埋于土中，蔓延甚快。只要保持土壤湿润，其成活率可达95%以上。此草栽培管理容易，较粗放。因雨季生长迅速，应适当增加修剪次数，以控制草坪高度，修剪高度为2.5～5cm。

4. 应用特点 该草为优良的湿地建坪草种。在我国华东、华南等地，园林工人多喜把它混入假俭草、结缕草中，作混合草坪，混合比例一般两耳草只能占1/4～1/3，假俭草和结缕草占多数，否则两耳草会占优势，影响草坪美观。该草也极适于湿地生长，在地势低洼、排水欠佳处，亦可用此建立单纯草坪。也可作为固土护坡草坪。

（四）止血马唐 *Digitaria ischaemum* (Schreb.) Muhlenb

禾本科马唐属一年生草本植物，是一种野生杂草，在我国广泛分布于黑龙江、吉林、辽宁，内蒙古、甘肃、新疆、西藏、陕西、山西、河北、四川及台湾等省区，生于田野、河边湿润的地方。欧亚温带地区广泛分布，北美温带地区已归化。可作为水土保持植物及质量较低的草坪。

图3－2－19 止血马唐

1. 形态特征 一年生草本（图3－2－19）。秆直立或基部倾斜，高15～40cm，下部常有毛。叶鞘疏松，具脊，无毛或疏生软毛，除基部者外均短于节间；叶舌长约0.5～1mm；叶片扁平，线状披针形，长5～12cm，宽4～8mm，顶端渐尖，基部近圆形，多少生长柔毛。总状花序长2～9cm，具白色中肋，两边翼缘粗糙；小穗长2～2.2mm，宽约1mm，2～3枚着生于各节；颖果，花果期6～11月。

2. 生态习性 喜温湿气候，主要分布于南方，但在北京市、东北等也有分布。种子在低于20℃时，发芽慢，25～40℃

发芽最快，种子萌发最适相对湿度 63% ~ 92%；最适深度 1 ~ 5cm。最适生长温度 25 ~ 35℃。适应性极强，耐践踏，耐贫瘠土壤，最适土壤 pH 值为 5.5 ~ 7.0。耐水淹，但不耐干旱。止血马唐多生于河岸、田边或荒野湿润地块。

3. 栽培管理 营养体繁殖与种子繁殖均可，但一般用营养体繁殖，其繁殖比例为1：8。繁殖期为春天、夏天或秋天，种子繁殖时，播量为 10 ~ 20g/m²，根据具体情况而定。播后覆土 1cm，然后镇压，浇水。止血马唐不耐干旱，出苗后应注意浇水。它顶部易开花结籽，此时应注意浇水、勤修剪。

4. 应用特点 可作为水土保护植物或一般意义上的草坪。

四、耐盐碱草坪植被

（一）碱茅 *Puccinellia distans*（L.）Parl

碱茅又名铺茅，朝鲜碱茅，是禾本科碱茅属多年生草本植物，分布于欧亚大陆及北美温带地区，我国河北、山东、山西、内蒙古及甘肃、宁夏、青海、新疆等省区沿海盐碱滩地及河流、湖泊岸边均有成片野生资源。

1. 形态特征 碱茅秆丛生（图 3 - 2 - 20），直立，或基部稍呈偃卧状，高 20 ~ 30cm，径约 1mm，略扁，具 3 节，有时基部的节着地生根或分枝。叶鞘平滑无毛，叶舌干膜质，长 1 ~ 2mm，叶片扁平或对折，长 2 ~ 6cm，宽 1 ~ 2mm。圆锥花序，幼时为叶鞘所包藏，后逐渐开展，长 5 ~ 15cm，宽约 6cm，绿色或草黄色，每节 2 ~ 6 个分枝，分枝细长，平展或下垂，下部裸露。小穗长 4 ~ 6mm，具 5 ~ 7 个小花，小穗轴节间长 0.5mm，平滑无毛，颖片质地膜质，先端钝。颖果种子纺锤形，长约 1.2mm。

2. 生态习性 碱茅喜冷凉湿润气候，它的耐寒冷能力很强，能耐 - 30℃ 左右的严寒，并能顺利越冬。耐盐碱能力也很强，在 pH 值 8.6 ~ 8.8 的碱土上它仍能生长，而禾本科其他草类都很难正常生长。它既是改良碱土的植物，又是碱土上的一种指示植物。能耐干旱，每当干旱时其叶卷成筒状，以减少水分蒸发。对土壤条件要求不严，沙土、壤土至黏土都能生长，特别是在潮湿的黏土上，其他草本植物都无法生存，而它仍能正常生长。能耐贫瘠土壤，在有机质十分缺乏的土壤上也能生长，但在肥沃的土壤上生长较为茂盛，分蘖数大量增多，如果土壤既肥沃又湿润，分蘖数可比一般情况下增加 1 ~ 2 倍，而且叶片色泽浓绿。碱茅在阳光充足处生长健壮，在阴处则长势变弱。

图 3 - 2 - 20 碱茅

3. 栽培管理 碱茅的繁殖方法可分为播种和移栽草块两种方法。由于它的种子十分细小，整地必须整平整细，播后覆土不宜过深，一般种子撒播后使用平耙轻轻拉平，使种子不露出即可，并使用轻碾轻轻滚压一遍，这样有利其出苗。苗期注意松土及拔除杂草。播种量为 $20 \sim 25g/m^2$，突击绿化可增加到 $35g/m^2$。栽种带土小草块，$1m^2$ 草皮可栽植 $6 \sim 8m^2$，春、夏、秋都可以进行，做到现挖现栽，深埋入土中，用脚踩紧，每隔 $5 \sim 7d$ 浇一次透水至全部成活为止，移栽的密度以不同的利用方式而定，一般株距在 $15cm \times 15cm$，一年后即可完全封闭。

应定期进行修剪，防止植株生长太高，留草高度 $5 \sim 7cm$ 为宜。碱茅属于不耐低修剪的草坪植物，故留茬高度不宜过低。为保证生长旺盛，颜色鲜绿，生命力强，增加分蘖、提高覆盖度，播种前最好多施一些有机肥做底肥，施化肥时应以 N 肥和 P 肥为主，结合翻地施入，翻深 $15 \sim 20cm$，翻地后把土壤耙碎耙平以备种植。

4. 应用特点　由于碱茅具有耐潮湿、耐盐碱的能力，园林中多用于潮湿处和盐碱地的保土植物，或园林绿地一般盐碱地的粗放管理草坪种植，但仍需要控制其高度，否则会完全成为野草。地处盐碱地的高尔夫球场院和飞机场可分别用碱茅作障碍区及跑道两侧粗放管理的绿化材料。

5. 常见品种　品种有 Salty、Fults、星星草、吉农朝鲜碱茅、野生碱茅等。

（二）獐毛*Aeluropus littoralis var. sinensis*

别名马牙头、马绊草、小叶芦，禾本科，獐毛属，全世界约有 5 种。主要分布于要分布于地中海沿岸、小亚细亚、印度；我国有 1 个种和 1 个变种，主要分布于中国的山东（山东半岛）、辽宁（辽东半岛）、河北、江苏（北部沿海）等省，黑龙江、吉林、内蒙古自治区、甘肃境内也少有分布。分布在江苏的獐毛，为獐毛属的一个变种，常见于苏北沿海一带的盐滩或盐碱地上。

1. 形态特征　禾本科多年生草坪植物（图 3 - 2 - 21）。植物体较矮小，具短而坚硬的根头及匍匐茎，基部密生鳞片状叶鞘，秆直立或斜升，高 $10 \sim 30cm$，常被基部密生鳞片状叶鞘所包裹，节密生柔毛。叶鞘长于节间，无毛；叶舌短，长约 0.5mm，顶生纤毛；叶片质硬，扁平或顶端内卷摺呈针状，长 $1.5 \sim 7cm$，基部宽 $5 \sim 4mm$。圆锥花序常紧缩成穗状或头状，分枝单生，紧贴主轴或斜升，自分枝基部即密生小穗，长 $2.5 \sim 6cm$，宽 $5 \sim 12mm$，小穗卵状披针形，有 4 至多数小花，两侧压扁，无柄或几无柄，成两行排列于穗轴的一侧。小花覆瓦状紧密排列，穗轴脱节于颖之上和各小花之间。颖果卵形或长圆形，与内、外稃分离。花果期 $5 \sim 8$ 月。种子卵圆形。

2. 生态习性　獐毛适应性较强，喜光，抗干旱，耐寒。耐盐碱能力极强，在土壤含盐量较高的海滩上仍能安然生长，因此，科学家把它作为盐渍土的指示植物。其生

图 3 - 2 - 21　獐毛

长的土壤 pH 值为 $7.5 \sim 8.0$。獐毛一般在局部高出水面几十厘米处即可生长，并和其他盐生植物混生；在排水良好的稍高处的盐土上，生长最为密茂，多呈纯群。它对于土壤中盐分含量的适应范围很广。獐毛对土壤盐分的适应，不仅限于植株数目的变化，而且在生长

状态上也有明显的变异。土壤盐分较低，株丛密集，株体高，根系发达；在盐斑地带，植株稀疏，多生有较长的匍匐茎。獐毛匍匐茎发达，在地面横走，着生不定根，再生力强，耐践踏，耐重牧；在过牧草场，其他植物受抑制，它却繁茂生长，抗逆性更加明显。

3. 栽培管理　獐毛有丰富的种子，结实率甚高，因此可以采用种子播种繁殖。亦可采用分株埋根方法繁殖，可以参照结缕草、大穗结缕草的分栽带土小草块法进行。

4. 应用特点　獐毛是我国北方暖地型草坪植物中最耐盐碱的理想草种之一。可用于沿海滩涂盐碱不毛之地的改良；其匍匐枝生长繁茂，覆盖力极强，对海堤、海滩有固土防冲浊作用，是良好的固土护坡植物。

（三）美国海滨草*Ammophila breriligulate* Fernald.

美国海滨草原产于美洲海滨地区，现在许多国家已有引种，是一种优秀的固沙植物。

1. 形态特征　禾本科多年生。具长根茎，其上密被有光泽的鳞片，鳞片老后易脱落。秆直立，细硬，平滑无毛或偶有极稀疏的长柔毛，高 12～20cm。叶鞘被长柔毛，近鞘口处毛通常较密；叶舌膜质，钝圆，先端常呈裂状；叶片扁平或内卷呈刺毛状，先端尖锐，长 2～6cm，宽 2～5mm，两面均稀疏被有少许柔毛，有时在叶片基部边缘两侧被有疣毛。圆锥花序长 4.5～7.5cm，分枝单生，长 3～5cm；外稃遍生长柔毛，具 3 脉，无芒，有时具小尖头，背部具浅褐色至黑褐色斑点，或有时黑褐色斑连成一片几乎达基部；第一外稃长 4.5～5mm，基盘无毛；内稃与外稃等长或稍长，先端有裂，脊及脊的两侧均被长柔毛，脊间上半部具黑褐色斑，亦具柔毛。

2. 生态习性　美国海滨草茎秆坚硬、粗糙、具有深根系及匍匐茎，匍匐茎呈鳞状，坚硬，生长迅速。粗硬的茎秆能抵抗风吹来的沙粒的研磨作用，这是美国海滨草能生长、生存和具有固沙功能的主要特征之一。海滨草适于生长在寒冷潮湿气候、海滨地区，是一种多年生冷季型草，它很抗旱，能在不稳定贫瘠的沙地上很好地生长。它能抵抗沙的侵蚀，每年以平均 60cm 速度扩展其根系。抗盐碱能力，耐践踏能力，再生能力都很强，耐热性也很强，但耐阴性一般。

3. 栽培管理　海滨草主要靠无性繁殖，因为很难产生有活性的种子。它能很快从地下茎芽长出新枝，形成许多簇。在固沙时，常可修剪和施肥，肥料和石灰的运用可明显加快建坪。在条件不好的地方，几乎不需要什么管理也能正常生长。修剪高度 2.5～5cm。营养繁殖比例 1:7。

4. 应用特点　大多用于水土保持、高速公路绿化等低维护管理的草地，在我国北方，尤其是干旱地区有广泛的应用。

（四）偃麦草*Elytrigia repens*（Linn.）Nevski

又称速生草、匍匐冰草，系禾本科小麦族偃麦草属多年生优良牧草，也是改良小麦不可缺少的野生基因库。在我国北方分布广泛，主要分布于新疆、青海、甘肃等省区，东北、内蒙古自治区、西藏自治区等地也有分布。国外主要分布于蒙古、前苏联的中亚和西伯利亚、日本、朝鲜等国家和地区。

1. 形态特征　禾本科多年生禾草（图 3－2－22）。须根坚韧，具短根茎。秆直立，具 3～5 节，高 100～120cm，在良好的栽培条件下可达 130～150cm。叶鞘通常短于节间，边缘膜质；叶舌长约 0.5mm，顶具细毛；叶耳膜质，褐色；叶片灰绿色，长 15～40cm，宽 6～15mm。穗状花序直立，长 10～30cm，小穗长 1.4～3cm，含 5～11 花；颖矩圆形，顶端稍平截，具 5 脉；外稃宽披针形，先端钝或具短尖头，具 5 脉；内稃稍短于外稃。

2. 生态特性 偃麦草抗寒性较强，在北方高寒地区能安全越冬，春季解冻不久即可返青，能耐受 – 40℃ 的低温，越冬率达 100%。春秋生长旺，刚返青的幼苗遇 – 8～10℃ 的低温也能成活；不耐夏季高温，在北京高温干旱的夏季常生长不良。偃麦草适宜冷凉较干旱的气候，抗旱性较强，在年降雨量为 360～400mm 的地区生长旺盛。有极强的耐阴性，在灌丛、疏林乃至终日不见阳光的高楼之下均生长良好。它也较耐湿，可在地下水位较高的地带生长。耐盐碱能力强，能在 pH 值 6.0～8.5 土壤中正常生长，在新疆的伊犁河谷地带、天山北坡中低山带作为草地群落的建群种和优势种生长，也常生长在盐碱化草甸和滨海盐碱地上，它最突出的优点是能够在其他作物不能忍耐的中度和重度盐碱地上生长。在吉林省和新疆乌鲁木齐种植表现为春季返青早（4 月初），5 月下旬至 6 月上旬拔节抽穗，6 月中旬至 7 月开花，8 月中旬种子成熟，种子成熟后易脱落且具有后熟期，10 月下旬停止生长，绿期为 210d。

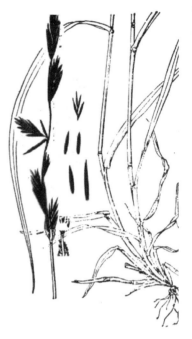

图 3 – 2 – 22 偃麦草

3. 栽培管理 偃麦草既可以利用根茎直埋进行无性繁殖，也可利用种子直播进行有性繁殖。偃麦草种子较大，容易种植，在适宜的土壤水分条件下出苗较快，幼苗生长旺盛，适宜单播。可条播，也可撒播，条播播量 22.5kg/hm²，撒播播量 30～45kg/hm²，播深 1.5～2.0cm，行距 30～40cm。苗期要灌水、防除杂草，生长 4～5 年后的偃麦草地要浅耙，以疏松土壤，更新复壮。坪用的偃麦草拔节期后，适时修剪。分蘖、拔节期或刈割后应适当补施氮肥 225～450kg/hm²，促进其生长。

4. 应用特点 偃麦草是建立人工草地和改良天然草地的优良草种，也是庭院绿化、运动场草坪坪用理想植物，偃麦草因其十分发达的根茎系统，极强的竞争与侵占能力，以及极强的抗旱和固土能力，是理想的水土保持和固土护坡的植物。

（五）无芒雀麦 *Bromus inermis*

无芒雀麦也叫光雀麦、无芒草、禾萱草，原产于欧洲、西伯利亚和中国北部地区，多分布于山坡、道旁、河岸。在亚洲、欧洲和美洲的温带地区也有野生分布。在我国东北、西北、华北地区有野生分布，在内蒙古高原多生长于草甸的暗栗钙土地带，形成自然群落。无芒雀麦在我国有很长的栽培历史，种植效果良好。目前美国、加拿大、俄罗斯等地均广泛种植。

1. 形态特征 多年生，具短横走根状茎（图 3 – 2 – 23）。秆直立，高 50～100cm。节无毛或稀于节下具倒毛。叶鞘通常无毛，紧密包住茎秆，呈闭合状，但在近鞘口处裂开。叶舌质硬，长 1～2mm；叶片披针形，向上渐尖，质地较硬，长 5～25cm，宽 5～10mm，通常无毛。圆锥花序开展，长 10～20cm，每节具 2～5 分枝，分枝细而较硬，颖果种子宽披针形，先端渐尖，边缘膜质，长 7～9mm，褐色。花期 7～8 月，果期 8～9 月。

图 3 - 2 - 23　无芒雀麦

2. 生态习性　广泛分布于世界各地寒冷潮湿地区和过渡地区，喜冷凉干燥的气候，适应性强，耐干旱，在年降水量 400mm 的干燥地区也能正常生长。耐寒冷能力很强，在 -30℃ 低温下仍能顺利越冬。也能在瘠薄的沙质土壤上生长，在肥沃的壤土或黏壤土上生长茂盛。耐高温炎热能力稍差。耐碱能力强，在 pH 值 7.5~8.2 的碱性土壤上仍能生长。它的耐践踏能力强，这与它具有粗壮的根状茎有密切的关系。适应于深厚、排水好的、肥沃的细壤上，但若有足够的氮肥也可生长在粗沙壤上。它较耐碱性土壤，也较耐潮湿，能在有淤泥、洪水的地块中生长一小段时间。无芒雀麦春季返青早，秋季枯黄晚，在北京地区，3 月中旬返青，11 月下旬枯黄，全年绿色期可达 250 天左右。

3. 栽培管理　无芒雀麦的繁殖一般为种子繁殖，有时也用根茎繁殖。播种量 20~25g/m²，如有特殊需要，则可将播种量增加到 30g/m² 左右，覆土深度以 2~3mm 为宜。种子出苗容易，最好播种前 1 天将土地灌湿土层 20cm，播后种子吸到水分几天即萌芽出苗，但出苗后苗期生长缓慢，必须注意松土，及时清除杂草，以保证幼苗壮大。播种期应因地制宜，华北地区适宜秋播；西北地区适宜秋播或夏播；东北地区可采用夏播，一般在严寒地区以夏播为宜。营养繁殖比例 1：4，茎上各节很快长出幼嫩枝叶，能迅速形成草坪。一般挖起 1m² 草皮可以分栽 6~8m²。整个生长期内应喷施尿素或硫酸铵氮肥 4~5 次，则能促使其分蘖旺盛，叶色浓绿。必须定期进行修剪，无芒雀麦不耐频繁低修剪。一般剪草留茬高度 5~6cm 为宜。抗病虫害能力较强，一般情况下很少发现虫害。在湿度较高的地区有时发现白粉病、条锈病和麦角病等病害。用无芒雀麦建成的草坪，4~5 年后必须进行更新。

4. 应用特点　无芒雀麦由于粗质、植株密度小，可用它作为绿化和水土保持和管理粗放的草坪。

5. 常见品种　用作绿化保土的品种，目前从国外引入的优良品种有 "Carton" 等。今后应建立种子生产基地，逐步扩大种植与应用。

（六）鹅绒委陵菜 *Potentilla anserine* L.

蔷薇科委陵菜属，别名曲尖委陵菜、仙人果、蕨麻、委陵菜，中国东北、西北、华北及西南各地均有生长；广布于亚洲、欧洲及北美大陆。

1. 形态特征　多年生匍匐草本（图 3 - 2 - 24）。根肥大，富含淀粉。纤细的匍匐枝沿地表生长，可达 97cm，节上生不定根、叶与花梗。羽状复叶，基生叶多数，叶丛直立状生长，高达 15~25cm，叶柄长 4~6cm，小叶 15~17 枚，无柄，长圆状倒卵形、长圆形，边缘有尖锯齿，背面密生白绢毛。花鲜黄色，单生于由叶腋抽出的长花梗上。瘦果椭圆形，宽约 1mm，褐色，不具萌发能力，花果期 5~8 月。

2. 生态习性　鹅绒委陵菜分布广，数量多，是广幅型中生耐盐植物。在海拔 150~3 600m 的低湿环境中都能生长。是杂类草甸、根茎禾草草甸、苔草草甸、沼泽化草甸及杂类盐生草甸、杂类草高寒草甸中常见的伴生种。
在我国北方及青藏高原一些低湿河漫滩上还有小片
以其为建群种的鹅绒委陵菜草甸。在沟谷、河滩以
及灌溉的农田边埂上可见小片生长。鹅绒委陵菜对
土壤的适应性较强，在黑土、山地黑土、草甸土、
沼泽强、鹅绒委陵菜化草甸土、高山草甸土以及不
同盐渍化程度的草甸土，均能正常生长发育。在 pH
值 6 ~ 8.5 的土壤环境中亦可生长。鹅绒委陵菜长期
生长在地下水位高的低湿环境，具有很强的耐涝性。
在易受内涝的松嫩平原的低湿草地被水淹渍 35 天的
情况下，仍能发出新叶。鹅绒委陵菜喜光而不耐炎
热干旱。在暑天，连续 3 ~ 4d，气温达 30 ~ 35℃，
炎热无雨时，叶子易卷起，7 ~ 10d 时，小叶上部干
枯，15d 左右，地上部整株枯死。

图 3 - 2 - 24　鹅绒委陵菜

3. 栽培管理　由于种子萌发力低或无，鹅绒委陵菜主要采用分株繁殖，在 4 月中下
旬进行为好。栽培早期可进行除草，也可不除草，由于其生长竞争力强，无须太多管理。

4. 应用特点　乡土植被粗放管理适于片植坡体绿化成坪速度快。

（七）马蔺 *Iris Lactea* Pall.

又名马莲、马莲花，鸢尾科鸢尾属多年生宿根草本植物，原产我国，分布于东北三省
和内蒙古、河北、山西、山东、河南、安徽、江苏、浙
江、湖北、湖南、陕西、甘肃、宁夏、青海、新疆、四
川、西藏等省区。也分布于中亚细亚、朝鲜、俄罗斯、
蒙古、阿富汗、土耳其及印度。是一种有价值的草坪、
花坛镶嵌植物，也可作为水土保持植物及纤维植物。

1. 形态特征　多年生草本（图 3 - 2 - 25）。高 15 ~
40cm，根状茎短而粗壮，下生坚韧细根，常聚集成团，
基部残存纤维状的老叶叶鞘，红褐色或深褐色。叶线形，
微扭转，长 20 ~ 40cm，宽 3 ~ 6mm，先端渐尖，全缘，
淡绿色，平行脉两面凸起，7 ~ 10 条。平滑无毛，叶全
部基生，成丛。花茎长 10 ~ 20 厘米，为 3 片对摺叶状苞
所包被。花大，蓝紫色，1 ~ 3 朵，直径约 6cm。蒴果纺
锤形，淡绿色，具 3 棱，顶端细长；种子多数，近球形，
红褐色，具不规则的棱。花期 4 ~ 6 月，果期 5 ~ 7 月。

图 3 - 2 - 25　马蔺

2. 生态习性　马蔺为喜温、喜光、耐寒和抗热植物，但有一定的耐阴性，在疏林下
仍能生长良好，其植被一旦形成，几乎无需后期养护管理，也很少发生病害、虫害。马蔺
适应性广，抗逆性强。在 5 ~ 35℃的积温期内都能良好生长发育，一般由北向南，其生育
期随纬度降低和无霜期的增加而延长。较抗寒，刚返青的幼苗遇 -10℃霜冻也不会死亡。
在华北和西北，夏季气候酷热，在持续 35℃以上的高温中仍能微弱生长。耐盐碱强，其
种子在含盐量 0.44% 条件下正常发芽；在含盐量达 7%，pH 值达 7.9 ~ 8.8 的条件下仍能

正常生长并开花结实,是难得的盐碱地绿化和改良的好材料。耐各种贫瘠土壤,但最喜黑土。马蔺在北方地区一般3月底返青,4月下旬始花,5月中旬至5月底进入盛花期,6月中旬终花,11月上旬枯黄,绿期长达280d以上。马蔺色泽青绿,花淡雅美丽,花蜜清香,花期长达50d以上。

3. 栽培管理 营养体繁殖或种子繁殖,播种繁殖在春季、夏季和秋季均可进行。但一般为营养体繁殖,一棵老龄健壮的马蔺根颈可有顶芽数个至数十个,能自行解体,各自独立发育,这是分株营养繁殖的主要措施。栽植马蔺的地块必须彻底耕翻松土,清除土壤中的砖瓦石块等杂物,耕翻深度应在20cm以上。耐践踏性极强,一般不需修剪。种子发芽最适温度为22~25℃。抗旱能力极强,不需经常浇水,但在分株栽培后应每隔一、两天浇一次水。

4. 应用特点 马蔺适应性广,抗逆性性强,马蔺的抗盐碱性和抗寒、抗旱能力已使其成为荒漠草原和盐生草甸的主要植被,也比较适合干燥、土壤沙化地区的水土保持和盐碱地的绿化改造。马蔺顽强的生命力及其耐粗放管理,使其非常适合我国北方和西部的城乡绿化及水土保持,在绿地,道路两侧,绿化隔离带现应用也较多。

第三节 观赏草资源

观赏草,英文名Ornamental grasses,为单子叶多年生草本。广义的观赏草包括真观赏草和类观赏草两大类,真观赏草特指禾本科中有观赏价值的种类,其中竹亚科的一些低矮、小型的竹子也列入观赏草范围,禾本科是观赏草主要的来源;类观赏草则包括莎草科、灯心草科、帚灯草科、香蒲科、木贼科、花蔺科和天南星科菖蒲属等有观赏价值的植物,共有700个属,7 000多个种类。

国外观赏草应用状况观赏草在园林中可与草本花卉配置在一起,一般让其保持自然生长不加修剪,这是它与草坪草的最大区别。观赏草很长时间不为人们认识,由于乡野园林风格再度流行,设计师以新的目光重新审视它们,发现了一个很值得开发的植物类群。在欧美国家,观赏草从20世纪80年代开始兴起,20多年来其受欢迎程度从未减弱,目前已在园林造景和家庭园艺中广泛应用。1980年,英国园艺设计师在纽约Pepsico公司总部景观设计中,用各种观赏草组成清新自然、管理成本低廉的新型花园,产生了极好的观赏效果。在欧美的花园里,形态各异的观赏草把美丽的花卉衬托得更加漂亮。尤其特别的是,在萧索肃杀的秋冬,许多干枯的草株变色后并不凋落,金黄色的叶片显得凝重深沉,而红色宿叶则流露出热烈刚强的气质,它们的羽穗在风中摇曳,给花园带来了无限的生机。

以下对禾本科和莎草科常见的一些观赏草进行介绍。

一、禾本科观赏草

(一)荻Triarrhena Sacchariflora(Maxim)Nakai.

1. 形态特征 芒属多年生高大草本(图3-3-1);有粗壮根状茎。秆直立,高120~140cm,在适宜的环境下茎秆高达4m。茎秆因土地肥瘠而粗细不一,其最主要的特征为叶下具白色粉及鞘身具明显密毛或细长毛，地下茎横走，地上茎分散。叶片随秆的高度而变化，长 10~60cm，宽 4~12mm，中脉特别明显；叶舌圆钝，长 5~10mm，先端有一圈纤毛。圆锥花序扇形，长 20~30cm，小穗无芒，成对生于穗轴各节上；花果期 8~10 月。

2. 生态习性　国内分布于东北、华北、西北、华东等，在我过南方还有南荻。生于山坡草丛、河滩、堤岸。

3. 应用特点　是固堤护坡的优良植物，也是营造田野风光的良好材料，景观功能近于芦苇。

（二）芒*Triarrhena sinensis* Anders.

1. 形态特征　芒属多年生高大草本（图 3-3-2）。秆高 1~2m。叶鞘常长于节间，无毛，仅鞘口有长柔毛；叶舌长 1~2mm，圆钝，先端有小纤毛；叶片长 20~40cm，宽 6~10mm。顶生总状花序，主轴四周为伞房状穗状花序，小穗上有成束的丝状毛，花果期 7~10 月，秋季形成红色花序。

2. 生态习性　分布于全国各省区。茎秆较荻稍高而坚强，生于山坡、河滩、堤岸。喜阳光充足和湿润的沙壤土。耐寒，耐旱，适应性强。栽培容易，播种或秋季用分株繁殖，将带有根茎的根标植于湿润的土壤中，极易成活。

3. 应用特点　为新颖的园林配置植物，用于花坛、花境布置或点缀于草坪上，也可作切花、篱墙，幼茎可药用，有散血去毒作用，亦可为牧草，秆皮可造纸、编草鞋，花序可做扫帚。

4. 同属其他种类　（1）细叶芒：丛生，暖季型。株高 1.6m 左右，冠幅 60~80cm。圆锥花序，初期为粉色，秋季转变为银白色。耐半荫，耐旱，也耐涝，适宜湿润排水良好的土壤中种植。适应华北、华中、华南、华东及东北地区。细叶芒观赏部位为全株。秋季花序尤为突出。最佳观赏期 5~11 月。可孤植、盆栽或成片种植。

（2）花叶芒：暖季型。叶片具奶白色条纹，植株健壮。耐霜冻，喜光照不耐湿涝。丛植或与花卉配置均宜。

（3）斑叶芒：暖季型。株高 60~120cm，叶片条形，有不规则的黄色斑马斑纹，圆锥花序呈扇形，花期 8~9 月。喜光，耐半阴，耐寒，耐旱，也耐涝，对气候的适应性强，不择土壤，能耐瘠薄土壤。孤植、丛植或用作花坛、花境配置。可作假山、湖边的背景材料。

（4）奇岗：植株高大健壮，叶片秀美，秋季银白色的花序质朴自然。适宜花坛，花境，庭院，盆栽用作背景材料。喜光，耐旱、耐寒、耐涝，抗逆性强。适宜花坛、花境、

图 3-3-1　荻

图 3-3-2　芒

庭院，盆栽用作背景材料。

（三）拂子茅 _Calamagrostis epigeios_（L.）Roth

1. 形态特征　拂子茅属多年生粗壮草本（图3-3-3）。具根状茎；秆直立，高45～100cm，径2～3mm。圆锥花序紧密，圆筒形，直立，长10～25（30）cm，分枝粗糙，直立或斜向上生升；小穗长5～7mm，淡绿色或带淡紫色。花果期6～9月。

2. 生态习性　喜湿润而排水良好的土壤，不耐旱，全光至部分遮荫均可生长良好。暖季型的种类如宽叶拂子茅生性强健，养护成本也低得多，应用前景更好。适合在全日照下生长，耐热、抗旱，在适当湿润、排水良好的土壤中生长旺盛。播种或分株繁殖。中等水肥管理。夏季可以把叶子齐根剪掉，促发鲜亮的新叶。

3. 应用特点　拂子茅既可以孤植也可以丛植或片植。成片种植时大量的花序几乎处于同一高度，给人产生强烈的竖线条感。

4. 同属其他种类

拂子茅属有两种观赏草应用广泛，拂子茅为冷季型，有三个成熟的园艺品种；而宽叶拂子茅为暖季型。两者都是丛生状，膨大的花序华丽而典雅，为其主要观赏部位。"卡尔富"拂子茅与"劲直"拂子茅相似，但是花序更华丽

图3-3-3　拂子茅

醒目，整体表现上竖向感稍差一些。"卡尔富"拂子茅高约100cm，花序更宽、更开放、更蓬松，花期要早10～14d。"卡尔富"拂子茅是一种更理想的园林植物。"花叶"拂子茅叶片带有白色的条纹，密集的叶丛微微弯曲，构成挺拔直立的株形，初生的幼叶通常带有淡淡的粉色。该品种株高60～90cm，狭窄、淡紫色的羽毛状花序5月到7月展开。

（四）梯牧草 _Phleum. pratense_ L.

1. 形态特征　猫尾草属多年生草本（图3-3-4），又名猫尾草。须根稠密，有短根茎。秆直立，基部常球状膨大并宿存。叶鞘松弛，短于或下部者长于节间，光滑无毛；叶舌膜质，长2～5mm；叶片扁平，两面及边缘粗糙，长10～30cm，宽3～8mm。圆锥花序圆柱状，灰绿色。

2. 生态习性　原产欧洲，我国新疆也有分布，国内一些地区还有引种栽培。野生者多见于海拔1 800m之草原及林缘，在欧亚两洲的温带地区有分布。梯牧草适于寒冷潮湿地区。较耐寒，耐旱性和耐热性不如高羊茅和草地羊茅，受仲夏的炎热和雨水影响后恢复时间过长。梯牧草的再生能力较好，其改进型的品种也较耐践踏。它适应较广的土壤范围，最适于高肥力、潮湿、pH值为6～7的细壤或酸性土壤。草坪型梯牧草应保持一定的修剪高度，若修剪过短并受高温和干旱的胁迫，会很快死亡。

图3-3-4　梯牧草

3. 应用特点　梯牧草株型直立，花序美观，可用于路边管

理粗放的地方，形成整齐划一的景观。梯牧草也可用于草坪建设，但形成的草坪质量低，欧洲现在有改进的草坪型的梯牧草，用于低修剪的运动场草坪，尤其用于寒冷潮湿气候下的欧洲北部地区。

（五）针茅 *Stipa capillata* L.

1. 形态特征　针茅属多年生草本（图 3 - 3 - 5），又叫银茅草，锥子草。叶基生成丛，叶片卷折成细条形。秆纤细而直立，高 40～80cm，蓝绿色，基部常为枯萎叶鞘包裹。圆锥花序狭窄，花期为晚夏至初秋。

2. 生态习性　针茅主为多年生广旱生密丛禾草，是典型的草原植物。生态幅度广，在草原石坡、干旱草原、荒漠草甸、荒漠石坡、沙地、山谷、石坡、亚高山草甸的阳坡生长，具有很强的抗旱能力，对水分条件也很敏感，雨水较多时，植株可大量分蘖，草丛密集，营养枝增多，营养期也延长，同时可以大量抽穗结实。秋季产生的分蘖芽，包被在叶鞘内越冬，第二年春季发育成短营养枝。冬季地上部分枯萎，针茅适宜在中性和微碱性的黑钙土、栗钙土上生长。

图 3 - 3 - 5　针茅

3. 使用特点　适于布置花境，可孤植或片植，与硬质材料相配对比鲜明，在园林中应用能有效软化硬质线条。

4. 同属其他种类

（1）细茎针茅：多年生冷季型草植株密集丛生（图 3 - 3 - 6），茎秆细弱柔软，株高 50～80cm。叶片亮绿色，细长如丝状，穗状花序，银白色，柔软下垂，花期 6 至 9 月。喜光、耐寒、耐贫瘠、耐旱性都很强，生长在开阔的岩石坡地、干旱的草地或疏林内。本种花、叶柔美，适宜孤植或片植，即使在冬季变成黄色时仍具观赏性。

（2）细叶针茅：多年生密丛禾草（图 3 - 3 - 7），根系稠密，秆直立，高 30～50cm。叶片内卷成针状，长 20～35cm，径粗在 1mm 以内。圆锥花序基。细叶针茅的生育期较短，4 月中旬返青，5 月中旬抽穗，6 月中旬成熟。种子成熟后叶片仍保持绿色。细叶针茅分布于我国新疆维吾尔自治区的天山北坡，国外在原苏联的西伯利亚和中亚也有。

图 3 - 3 - 6　细茎针茅

细叶针茅为中旱生禾草，典型的草原草地植物。生态幅度较窄，不耐干旱，对水分的要求出较敏感，在雨水稍多的年份，生长特别旺盛。它具有秆细、叶卷、生育期短的特点，株高叶茂，冬季保留完整、细叶针茅的花序，大部露出叶鞘，种子成熟后，遇风摆动，相互冲撞，芒针从外稃脱落。

（六）狼尾草*Pennlsetum alopecuroides* L.

1. 形态特征　（图3-3-8）多年生草本，植株喷泉状、株高70~120cm。花期7~10月，花序具淡紫色刚毛，突出叶片以上，具有极佳的观赏价值。禾本科狼尾草属，多年生草本。具根状茎，杆细长，伸出叶面；叶狭长，亮绿色；穗状圆锥花序顶生，完全花1枚在小穗顶端，其下为雄花，穗银白色。

图3-3-7　细叶针茅

图3-3-8　狼尾草

2. 生态习性　喜光、耐高温，耐旱性、耐寒性强，要求较干燥土壤，充分阳光，耐-20℃低温，栽培较易。

3. 园林用途　近年被广泛使用在花境，用作园林景观中的点缀植物，独赏或丛植，也可盆栽。

4. 同属其他种类

（1）长柔毛狼尾草：产于非洲东北部山区，植株低矮，高度0.9m左右，冠幅0.5m左右，茎秆疏散柔软，穗状花序纯白色，小穗蓬松，刚毛伸长，花期为秋季，非常漂亮，尤其是清晨结露后在光线映射下更加迷人，整个株丛犹如喷泉，故有"喷泉草"之称。长柔毛狼尾草，喜全光照和湿润条件，喜排水好的土壤，适宜成片种植，可自播繁衍，形成大面积的景观。

（2）红色狼尾草：多年生草本，须根粗而硬。秆直立，丛生，高30~100cm。花序以下常密生柔毛。叶鞘光滑，叶片长15~50cm，宽0.2~0.6cm，通常内卷。圆锥花序长5~20cm，花果期8~10月。生于田边、路旁、山坡。喜温暖，耐寒，在沟谷甸子地丛生。产于辽宁西部和南部，分布于全国各地，在亚洲、大洋洲也有分布。作花境材料，也可丛植、片植于花卉园、荒地边、林缘等地。

（3）紫御谷：也叫观赏谷子，它的花序、叶与茎均紫黑色，是一种奇异的黑色植物。在自然界，严格意义上的黑色的植物是没有的，一般来说是近紫黑色的居多。目前，紫御谷在园林上有少量运用。

（七）弯叶画眉草 *Eragrostis curvula*（Schrad.）Nees

1. 形态特征　画眉草属多年生暖季型草（图 3 - 3 - 9）。中等绿色，根系发达，具有较多分枝，叶片基生，细长向下垂，植株成丛，茎秆直立，高 60 ~ 120cm；圆锥花序长 15 ~ 40cm，宽 5 ~ 10cm；花期为 911 月。原产南非。

2. 生态习性　生长能力极强，耐瘠薄土壤，在半干旱甚至沙漠地区也能够生长，具有较强的抗旱和抗寒性。抗病虫能力强。播种或分株繁殖，水肥管理中下。要求排水良好。

3. 应用特点　非常适宜于公路护坡种植。孤植，或用于花带、花境配置。

（八）蓝羊茅 *Festuca glauca*

1. 形态特征　羊茅属常绿草本。叶线形，蓝绿色。

2. 生态习性　喜光，耐寒、耐旱、耐贫瘠。可用种子或营养体分株繁殖，需要中等的养护管理。蓝色的观赏草多为贫瘠干旱土壤的原生草种。蓝色可以减少蒸腾引起的水分损耗。故不要过度灌水施肥，否则会使它们失去特性。

图 3 - 3 - 9　弯叶画眉草

3. 应用特点　蓝羊茅与白色植物配置应用可以加强冷感，而与红色、黄色或棕色的植物配置在一起则增加温暖的感觉。当然，它们还可以在少量其他颜色的植物间成丛成片种植可能会取得更好的效果。特别注意的是蓝色的观赏草应该种在阳光直射的地方不宜应用于荫蔽处。

4. 同属其他种类　蓝羊茅有很多品种，颜色最蓝的是"埃丽"蓝羊茅（F. g. "ElijahBlue"）。这是一种丛生状的常绿冷季型观赏草，夏季为银蓝色，冬季更绿一些。其冠幅是株高的 2 倍，形成约 30cm 高的圆垫。

各品种依据蓝色深浅程度和高度的不同，可区别开来，如"迷你"蓝羊茅（F. g. "minima"）高仅 10cm；"蓝灰"蓝羊茅（F. g. "Caesia"）与"埃丽"蓝羊茅相似，高 30cm，但是叶子更细一些；"铜之蓝"蓝羊茅（F. g. "Azurit"）高 30cm，偏于蓝色，银色较少；"哈尔茨"蓝羊茅（F. g. "Harz"）呈现深暗的蓝色，可用于不同蓝色的深浅对比；"米尔布"蓝羊茅（F. g. "Meerblau"）叶片蓝绿色，长势强健。

（九）须芒草 Andropogon virginicus L.

须芒草属，别名圭亚那须芒草（图 3 - 3 - 10），原产非洲

图 3 - 3 - 10　须芒草

西部热带。广布非洲赤道附近，中国 1982 年引种广东、海南，生长良好。株高 150cm，秋天整个植株变为紫红色，白色柔毛伸出颖壳，景观效果独特。园林中孤植或丛植。喜光，耐旱、耐瘠薄土壤。北京地区无需灌溉可正常生长发育。秋季植株紫红色适用于干净亮丽花坛、花境、庭院、盆栽。

（十）芦竹*Arundo donax* L.

多年生草本，具粗而多节的根状茎（图3-3-11）。茎秆直立，高2～6m，叶片扁平，长30～60cm，宽2～5cm。圆锥花序直立，长30～60cm，顶生直立，小穗长10～12mm。花序羽毛状，花期9～11月。喜光，喜温暖湿润气候，年降雨量在1000mm以上则生长旺盛。适宜团粒结构良好、排水畅通的砂质壤土。pH值为5.5～6.5。

芦竹植株外形雄伟壮观，密生白柔毛的花序随风飘曳，姿态别致，常用作河岸、湖边、道旁背景观赏禾草，又可固坡护堤。或用作背景材料。变种有花叶芦竹。

（十一）野青茅*Deyeuxia amndinacea*（L.）Beauv.

野青茅属多年生暖季草（图3-3-12），秆丛生，株高1m左右，圆锥花序，长6～10cm，优美雅致，草黄色或紫色；花果期6～10月，夏秋季效果突出。喜光，抗寒、抗旱，耐贫瘠薄土壤，适应性强。生于山坡、草地、灌丛、林缘、山谷溪旁。分布于东北、华北、华中地区及陕西、甘肃、四川、云南、贵州。

图3-3-11 芦竹

图3-3-12 野青茅

（十二）发草*Deschampsia caespitosa*（L.）Beauv.

发草属多年生冷季型草（图3-3-13）。株高30～50cm。叶片狭细，深绿色，密簇丛生，早春即开始生长。圆锥花序开展，淡绿色，花期5～6月。片植、盆栽或作镶边材料。适宜中性或弱酸性土壤，稍耐盐碱。耐霜冻，不耐涝，全日照或部分荫蔽长势最好。

（十三）蒲苇*Cortaderia selloana* Asch. et Grae.（*C. argentea* Stapf）

1. 形态特征（图3-3-14） 蒲苇属宿根草本，又名白银芦。高1～3m，茎丛生，雌雄异株。叶多基生，极狭，长1～3m，宽约2cm，下垂，边缘具细齿，呈灰绿色，被短毛。圆锥花序大，雌花穗银白色，具光泽，小穗轴节处密生绢丝状毛，长30～100cm，具光泽，小穗轴节间处密生绢丝状毛，小穗由2～3花组成。雄穗为宽塔形，疏弱。花期9～10月。适应华北、华中、华南、华东及东北地区栽培。

图 3 - 3 - 13　发草

图 3 - 3 - 14　蒲苇

2. 生态习性　蒲苇性强健，耐寒，喜温暖、阳光充足及湿润气候。对土壤要求不严，易栽培，管理粗放，露地越冬。具有优良的生态习性和观赏价值。春季分株繁殖，秋季分株则枯死。

3. 应用特点　蒲苇花穗长而美丽，庭园栽植壮观而雅致，或植于岸边入秋赏其银白色羽状穗的圆锥花序，也可用作干花，或花境观赏草专类园内使用，具有优良的生态习性和观赏价值。

禾本科观赏草种类繁多，除以上介绍的种类以外，还有很多野生的形态优美的种类，如燕麦草、野古草、柳枝稷、大油芒、虎尾草、金狗尾草等，人工培育的彩叶、彩穗观赏种类也比比皆是，如玉带草、丽蚌草、金燕麦、血草等。禾本科观赏草具有适应性强，繁殖速度快的特点，在应用时要注意种子扩散范围的控制，以防对环境造成不利影响。

二、莎草科

（一）风车草 *Cyperus altenifolius* L. *ssp. flabelliformis*（Rottb.）Kükenth.

1. 形态特征　风车草又名伞草（图 3 - 3 - 15），莎草属多年生草本；有短粗的根状茎，须根坚硬。秆稍粗壮，高 30～150cm，近圆柱形。无叶片，叶鞘棕色，包裹茎的基部。长侧枝聚伞花序复出，第一次辐射枝多数，长达 7cm。

2. 生态习性　原产马达加斯加，喜温暖湿润和腐殖质丰富的黏性土壤，耐阴不耐寒，冬季的温度不低于 5℃。

3. 应用特点　风车草株丛繁茂，顶部叶片扩散如伞形。各地公园及庭院常见栽培，作为观赏植物。它适宜书桌、案头摆设，若配以假山奇石，制作小盆景，具天然景趣。南方露地栽植，适宜溪边、假山、石隙点缀。

（二）纸莎草 *Cyperus papyrus*

1. 形态特征　莎草属多年生挺水草本（图 3 - 3 - 16）。高大，高达 2m，具匍匐根状茎，植株密集丛生。茎秆中下部呈三棱形，上部圆柱形。叶基生，膜质抱茎。花序顶生，由一至多个头状花序排列成单或复合的伞形花序，分枝上小穗簇生，呈叶状。茎顶部具有密集的伞状苞叶，纤细如丝，飘逸下垂，奇特雅观。原产非洲埃及、乌干达、苏丹及西西里岛。我国亦有栽培。

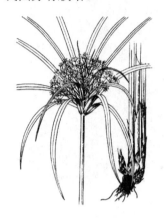

图3-3-15 风车草

图3-3-16 纸莎草

2. 生态习性 喜欢温暖气候环境，生长适宜温度22~28℃，在华南地区冬季可以自然越冬，寒冷地区冬季要避冷越冬。日照要求全日照，半日照也可。

3. 使用特点 主要用于庭园水景边缘种植，可以多株丛植、片植，单株成丛孤植景观效果也非常好。因其茎顶分枝成球状，造型特殊，亦常用于切枝。本种为我国南方最常用的水体景观植物之一。

（三）水葱*Scirpus validus* Vahl

1. 形态特征 蔍草属，多年生草本（图3-3-17），茎匍匐，株丛挺立，杆高1~

2m；叶线形，具鞘；聚伞花序，杆的延长为苞，小穗单生或2~3个簇生于枝顶。花淡黄褐色，花期6~8月。其变种花叶水葱，为水葱的珍贵品中，茎秆黄绿相间，非常美丽，比普通水葱更具观赏效果。

2. 生态习性 阳性，夏宜半阴，喜湿润凉爽通风。在自然界中常生长在沼泽地、沟渠、池畔、湖畔浅水中。最佳生长温度15~30℃，10℃以下停止生长。能耐低温，北方大部分地区可露地越冬。生长于低海拔地区水沟中、湖边、池塘浅水中、湿地，产于我国东北各省。

3. 应用特点 湿地、沼泽地、岸边绿化、盆栽。其变种花叶水葱株丛挺立，色泽美丽奇特，飘洒俊逸，观赏价值尤胜于绿叶水葱。最适宜作湖、池水景点。花叶水葱不仅是上好的水

图3-3-17 水葱

景花卉，而且可以盆栽观赏。剪取茎秆可用作插花材料。

（四）金叶苔草*Carex* 'Evergold'

1. 形态特征 苔草属多年生草本，株高20cm，叶有条纹，叶片中央呈黄色，穗状花

序，花期4～5月。

2. 生态习性 主要分布在亚热带中低山，喜温暖湿润的生态环境。喜光，耐半阴，不耐涝，适应性较强。

3. 应用特点 可用做花坛、花境镶边观叶植物，也可盆栽观赏。

4. 同属其他种类

（1）棕色苔草：苔草属多年生草本；叶片终年棕色，丛生。植株高30～50cm。喜光，耐半荫，茎强健。对土壤要求不高，耐盐碱，耐寒至－15℃。四季均适于移栽。产于华北、华中、华南、华东及东北地区。一般用作路缘、边界或草坪色块植物，常与其他亮丽色彩的植物栽植在一起，形成色彩对比。

（2）棕榈叶苔草：多年生，常绿；叶绿色，丛生，形似棕榈。植株高20～50cm。对土壤要求不高，耐阴。

观赏草具有独特的园林用途，观赏草从粗犷野趣到优雅整齐，从叶色丰富到花序多样，从形体高大到低矮小巧，从陆生、湿生到水生，组成一个个有形、有色、有声、有味、动静相融、多姿多彩的景观。而且繁殖容易，养护管理相对简单，因而非常利于低成本园林景观的建造，是一类很值得推广的植物造景材料。

但是，观赏草使用不当也会影响绿地景观，并对当地植物造成生存威胁。有些观赏草的适应范围广，生命力很强，极易蔓延成害，因此，试验引种研究尚不成熟的观赏草种切勿推广，以免造成生物入侵。应用中注意选用不育种子及品种或在种子成熟前将花序剪除，防止自播蔓延，也可将其种植在容器中或种植池中，使其不能蔓延。

复习思考题

1. 常用的冷季型草坪草和暖季型草坪草有哪些？按对环境因子如光照、温度、水分的适应能力强弱进行排序。

2. 耐阴环境下可供选择的草坪植被有哪些？举例说明它们的栽培管理和使用特点。

3. 干旱少灌溉条件下可供选择的草坪植被的有哪些？并对其抗旱能力进行排序。

4. 低洼地和易积水环境下可供选择的草坪植被的有哪些？并简要说明它们的栽培管理和使用特点。

5. 你知道的耐盐碱草坪植被有哪些？并简要说明它们的栽培管理和使用特点。

6. 举例说明禾本科观赏草主要有哪些类型？并简要说明其主要生态习性、观赏效果和园林应用。

第四章 草坪建植的辅助材料与设备

【教学目标】
- 了解坪床改良的作用
- 掌握坪床改良的材料
- 熟悉强化草坪功能的材料
- 掌握草坪建植机械的使用与养护

第一节 坪床改良材料

草坪坪床土壤改良通常指添加物理改良剂。从广义上说，是改善土壤性质。土壤改良用于改善原来物理状况较差的土壤和在正常使用下变紧、形成不良物理状况的土壤，因此，这是在高尔夫球场、运动场草坪和其他集约使用的草坪上采取的必不可少的管理措施。改良通常是改变细密和中等质地土壤的性质，但有些情况下，沙性土壤也要改良。

土壤改良的目的是要改善植物与土壤间的关系，改变坪面或坪面下的土壤状况，尽可能减少土壤和草坪管理方面的问题，提高土壤的透气状况和水分状况，促进草坪植物生长。通过土壤改良来改善排水条件和疏松土壤，可使积水土壤或饱和土壤不影响草坪质量，甚至可推迟或取消对这些区域的养护管理。当土壤物理状况不利于草坪生长或影响草坪的利用和管理时，就必须调整方案对土壤加以改良。

各种有机和无机改良剂都可用来改良土壤性质，其效果取决于各自的性质、施用量、施用土壤的性质及与土壤混合的均匀性。

一、有机肥

有机肥，主要指各种动物和植物等，经过一定时期发酵腐熟后形成的肥料（其中包括经过加工的菜籽饼，是没有异味的）。

有机肥含有大量生物物质、动植物残体、排泄物、生物废物等物质，施用有机肥料不仅能为农作物提供全面营养，而且肥效长，可增加和更新土壤有机质，促进微生物繁殖，改善土壤的理化性质和生物活性，是绿色食品生产的主要养分来源。

堆肥　以各类秸秆、落叶、青草、动植物残体、人畜粪便为原料，与少量泥土混合堆积而成的一种有机肥料。

沤肥　所用原料与堆肥基本相同，只是在淹水条件下进行发酵而成。

厩肥指猪、牛、马、羊、鸡、鸭等畜禽的粪尿与秸秆垫料堆沤制成的肥料。

沼气肥　在密封的沼气池中，有机物腐解产生沼气后的副产物，包括沼气液和残渣。

绿肥　利用栽培或野生的绿色植物体作肥料。如豆科的绿豆、蚕豆、草木樨、田菁、苜蓿、苕子等。非豆科绿肥有黑麦草、肥田萝卜、小葵子、满江红、水葫芦、水花生等。

作物秸秆　农作物秸秆是重要的有机肥之一，作物秸秆含有作物所必需的营养元素有 N、P、K、Ca、S 等。在适宜条件下通过土壤微生物的作用，这些元素经过矿化再回到土壤中，为作物吸收利用。

饼肥　菜籽饼、棉籽饼、豆饼、芝麻饼、蓖麻饼、茶籽饼等。

泥肥　未经污染的河泥、塘泥、沟泥、港泥、湖泥等。

现在，随着科学技术的不断发展，通过有益菌群的人工纯培养技术，采用科学的提炼，可以生产出多种多样不同品种的生物有机肥，它能改善土质、减少环境污染、增肥增效等。生物有机肥将是未来农业生产用肥的主要发展趋势。

二、草炭

草炭是纯天然、无混合物、对土壤无污染、无毒、无菌的一种安全的有机物体。其容易分解，分解后会产生微量的肥料成分。草炭含有丰富的腐植酸，pH 值为 5.0 ~ 5.5，可以保持土壤的 pH 值，施用泥炭能改善土壤的酸碱度，提高氮、磷、钾含量，使有机碳、腐殖酸总量增加，活化土壤肥力，对提高地力有显著效果。草炭独特的纤维结构特性，使它即可以疏松黏土也可凝聚沙质土，是最好的土壤改良体，草炭是各种复合肥料的主要原料。

草炭独特的纤维结构特性不仅使土壤松软，使植物根部具有很好的透气特性，它还像海绵一样具有很好的保水、持水特性；草炭的结构同时使其成为肥料营养成分的独特载体，避免了一般情况下的直接流失；加之草炭最具有不导热，水分不易蒸发的特点，给植物根部提供了理想的生长环境。

草炭因其具有其他材料不可替代的质轻、持水、透气和富含有机质以及可以压缩方便运输等特性，目前已经在家庭盆花、花卉花圃、营养土，土壤改良物，城市草坪建设，运动场、高尔夫球场，沙漠绿化，无土栽培，草坪卷工业化生产，未来屋顶绿化，食用菌培植，草炭基多种复合肥等广泛领域应用。

1. 运动场、高尔夫球场　不论是观赏型的、运动型的球场草坪，因其对土壤的持排水、通气性和土壤养分都有很高的要求，在建植前需对土壤进行特殊处理。泥炭是其上层种植层的最主要建植材料，这一层处理材料存在与否，对建植后的草坪草生长和减轻养护压力大不一样。所以，在观赏要求高的和较高标准的运动草坪建植中，泥炭是首选材料。

2. 草坪卷工业化生产　目前城市绿化建设中草坪卷需求量急速增加，而草坪卷的生产需要大量的土地资源，使重复生产条件受到制约，而采用以草炭为主要原料，添加园田土、河沙等配制培养基，可在同一地域内重复生产草坪卷，提高土地利用率，降低生产成本，实现草坪卷生产的工厂化。

3. 建造屋顶花园　泥炭的容重很小，一般干重为 $0.2 ~ 0.3 g/cm^3$，湿重为 $0.6 ~ 0.7 g/cm^3$。而普通土壤的容重是 $1.25 ~ 1.75 g/cm^3$，湿重约在 $1.9 ~ 2.1 g/cm^3$ 间。建造屋顶花园如果 100% 用泥炭，则可减轻 2/3 ~ 3/4 的重量。在实际使用中一般采用在两份普通土中掺入一份泥炭做成混合土来建造屋顶花园，还可加入适量的砻糠灰，减轻土基重量约在 25% ~ 30% 左右，而土基的透气性和养分含量得到很大的改善。泥炭是建造屋顶花园的理想（添加）材料。

三、椰糠

椰子外壳纤维粉末，也称为椰糠，是从椰子外壳纤维加工过程中脱落下的一种可以天然降解、纯天然的有机质媒介。椰糠可以充分保持水分和养分，减少水分及养分的流失，有利于植物根系在生长过程中很好的吸收养分和水分，同时具有良好的透气性，防止植物的根系腐蚀，促进植物根系生长，可以保护土壤，避免造成泥浆化。椰糠非常适合于培植植物，当使用椰糠培植植物后，植物的根系增长非常快，有利于植物的生长。

椰糠是水藓泥炭的理想替代物，可应用于农田、园艺、景观、育苗、蘑菇生产等，目前在高尔夫球场土壤改良中也有应用。

四、其他土壤改良材料

1. 腐叶土 阔叶林落叶残体腐烂转化而成的腐殖质。有机质含量较高，富含胡敏酸、富里酸、营养丰富，适于栽培草坪植物、花卉。

2. 锯屑 是用于改良土壤的一种有机物质，在国外被广泛应用。锯屑可以增加土壤中的腐殖质、团聚性、保水能力和透气孔隙度等。锯屑也有不良影响，可能引起氮和磷的缺乏。有些品种的新鲜锯屑能减低草坪草的萌发和幼苗的生长，因此，应使用风化或堆沤的锯屑，尽量不用新鲜锯屑。

3. 沙子 是最常用的改良材料。其中石英沙的化学性质为中性，抗物理风化，受到使用者的偏好。用沙子改良土壤，能增加孔隙度和水分运动，但降低水分保持能力。沙子对土壤改良的有效性很大程度上取决于沙粒大小及分布。

4. 煅烧黏土 黏土材料在700℃以上的温度下加热就形成了煅烧黏土。用于土壤改良的煅烧黏土要坚硬，不易破碎，并能按大小筛选分级，较细的一级用作绿地的表面施肥。煅烧黏土的容重约为 $0.56g/cm^3$，它能有效增加孔隙度和渗透性，但当施到某些沙地上时则起相反作用。煅烧黏土具多孔性，能保蓄大量水分，但许多不能为植物所利用。

5. 珍珠岩 岩浆岩经高温处理后形成的白色颗粒，质轻、无菌，能有效的增加基质中的透气性、透水性，同时能使水分与养分附着其上、可做无土栽培的基质。珍珠岩在土壤中大量使用会引起土壤盐碱化。

6. 蛭石 是云母经过高温处理后形成的水合物，呈块状、片状，富含氮、磷、钾、铝、铁、镁、硅酸盐等成分，具有质轻、无菌、水肥吸附性能好，不腐烂等特点。可与其他基质混用，也可做无土栽培的原料。蛭石经高温焙烧后，其体积能迅速膨胀数倍至数十倍，膨胀后的蛭石平均容重为 $100 \sim 130kg/m^3$，具有细小的空气间隔层，因而是一种优良的保温、隔热、吸音、耐冻蚀建筑材料、工业填料、涂料及耐火材料。膨胀蛭石广泛用于建筑、冶金、化工、轻工、机械、电力、石油、环保及交通运输等部门，国外主要用在建筑、绝缘、填料和农业、园艺等方面。

第二节　强化功能材料

随着城市日渐繁荣，大量的人造铺面和建筑物造成城市热岛效应加剧，同时密集的铺面和建筑物或无法渗透的表面使多余的水分流失，侵蚀着溪流同时导致地下水的减少、降低城市可供应水的水量。增加城市的绿化面积，是涵养水源，改善城市生态环境的一项重要措施。

拓展城市绿化面积的需求，使人们创造出新的供园林绿化的辅助材料，植草砖、草坪格以及三维土工网等的使用，使城市中许多硬质铺面成为可供开发的新的绿化场所。许多不同类型的嵌草混凝土砖对于草地造景是十分有用的。它们特别适合那些要求完全铺草又是车辆与行人入口的地区（图4-2-1）。

图4-2-1　草坪停车场

一、植草砖

植草砖是由混凝土制备的一类穿孔地面铺砖，其穿孔部分给草坪草生长提供空间。植草砖适用于车碾频繁、植被品质较差、干燥环境或无定期维护的场所，较大的开孔率可为植被生长提供充分的培养土和水分，保护草坪不会受人和车之踏压所损坏，使草坪变成车和人都可自由出入的开放性绿色步行草坪空间，如绿色停车场、绿色消防车通道、绿色步行街及临时停车场、绿色游乐场及绿色运动场等。

（一）植草砖的发展

植草砖铺面或绿化停车场可降低城市热和多余的水分流量（图4-2-2）。穿洞的水泥铺面最早出现在1961年德国的一个文化中心的停车场（图4-2-3）。之后，由欧洲研制的植草砖在美国用来降低湖边和溪流的侵蚀度和当作沟渠。后来水泥植草砖更广泛的用在车道或停车场、停机场和高速公路路肩、道路分割线、穿越道、港口斜坡、紧急防火线和进入建筑物的车道。

图4-2-2　格子地砖可降低城市温度和多余水分流量

（二）植草砖的类型与特性

植草砖最大尺寸610mm长、600mm宽、最少80mm厚。格子洞的间距最少25mm。现品和样品不能相差

图4-2-3 格子地砖

3.2mm以上。植草砖的抗压性平均要有5 000psi，单砖不能少于4 500psi。最大的吸水力不能超过160kg/m³。植草砖的耐用度要依照植草砖的厚度和吸水力经过最少3年的测试。植草砖的设计主要有两种类型：网状型和城堡型（图4-2-4）。网状型有平面的表层和延续图案。城堡型有凸出的小方块当铺面完成时让草有延续性。植草砖的重量通常在20~40kg之间。植草的空间在20%~50%。

图4-2-4 植草砖的类型

（三）草坪砖的铺设方法

草坪砖的铺设程序一般包括以下几个步骤：挖土方→更换种植土→素土夯实→细沙找平→嵌草砖铺设→填种植土→栽草→浇水。

1. 路基的开挖 根据设计的要求，路床开挖，清理土方，并达到设计标高；检查纵坡、横坡及边线，是否符合设计要求；修整路基，找平碾压密实，压实系数达95%以上，并注意地下埋设的管线。

2. 基层的铺设 铺设150~180mm厚的级配砂石，（最大粒径不得超过60mm，最小粒径不得超过0.5mm）并找平碾压密实，密实度达95%以上。

3. 找平层（缓冲层）的铺设 找平层用中砂，30mm厚，中砂要求具有一定的级配，即粒径0.3~5mm的级配砂找平并夯实，未经夯前应用塑料布防止雨水侵蚀。

4. 面层铺设 面层为路面砖，在铺设时，应根据设计图案铺设路面砖，铺设时应轻轻平放，每个植草砖的间距在2~4mm之间，用橡胶锤锤打稳定，但不得损伤砖的边角。

5. 植草 将混合的土壤和种子填充植草砖及间隔中，也可以将肥料和表层土壤混合，使表层土壤低于植草砖表面13~20mm。植草种类的选择是很重要的关系到经过压力和干旱植草的寿命。草地早熟禾、黑麦草、羊茅类是目前植草砖种常用的草坪草类型。

草坪直到完全设置好前不能接受胎压。在铺设完植草后植草须要放置3~4个星期的时间才能使用（图4-2-5）。

（四）植草砖草坪养护

水泥植草砖和草坪的铺面须要定期维修保养，如浇水、施肥、除杂草、割草。如工程单位或土地拥有人的植草无法定期维持保养、可用粉碎石粒料填充在植草砖的间隔中。粉碎石粒料可用来防止沉淀物或用来当停车铺面。

在植草砖铺面上除雪如将除雪机刀片调高到铺面的表层。不建议使用清扫式除雪。溶雪盐不能使用在有植草的铺面，因为会杀死草皮。

由于植草砖的厚片形状在使用中它们常常龟裂，单砖上一处或两处的龟裂将降低铺面

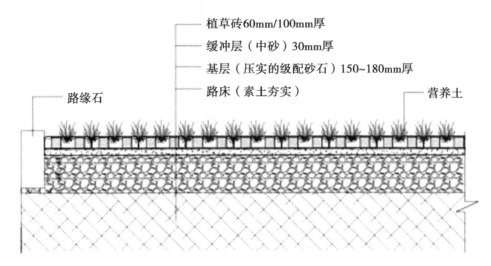

植草砖60mm/100mm厚
缓冲层（中砂）30mm厚
基层（压实的级配砂石）150~180mm厚
路床（素土夯实）
路缘石
营养土

图4-2-5　植草砖施工剖面图

的抗压能力，如单砖上有龟裂可以直接将单砖换新恢复原状。

二、植草格

植草格也叫植草板、草坪格，是采用高密度塑料制成的蜂窝状铺面材料，占据空间小，可循环利用，是水泥植草砖的替代产品。目前市场上有高度5~10cm，内格圆形或多边形等不同种类（图4-2-6）。植草格坚固轻便，且便于安装，将植草区域变为承重表面，同时绿化率可以高达95%，给都市带来更多的清新空气和视觉效果。植草格能够满足停车行走的要求，因此，广泛适用于停车场、人行道、出入通道、消防通道、高尔夫球道、屋顶花园和斜坡，固坡护堤等地方。

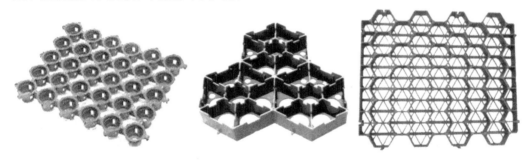

图4-2-6　草坪格的类型示意图

草坪格的规格类型，承重强度不同，应针对不同的使用功能进行选择。停车位等使用时间长、负荷大的区域，要选则强度高的草坪格。另外，对于建植在朝南、空旷等阳光直射时间长的地方，选择高度大一些的草坪格，有利于增加营养土的厚度，增强其保水能力等。以下对草坪格常用地点的施工方案进行简单的介绍。

（一）关于植草板停车位的地基处理

植草格可以承载汽车，但车辆的频繁行驶必将冲击和扰动草根而致使草皮难以生长，因此，建议设计植草板停车位或消防通道时能遵循以下指引。

植草板需有一个平稳的基层（图4-2-7），植草板用于停车位时，植草板可以直接放置于经过夯实处理的地基上，在较潮湿或容易积水的区域有时需要设置排水装置，以便稳定地基。淤泥土或其他松软土层（包括回填土层）均会导致植草板的倾斜，为了处理这样的土壤，可以在土中掺入50%的小碎石或粗沙并加以夯实。土层夯实密实度建议为85%。

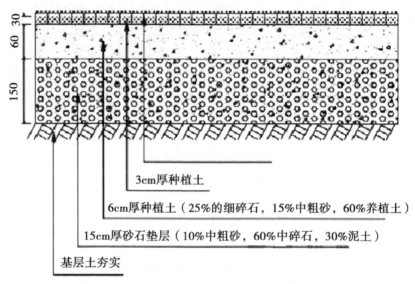

3cm厚种植土

6cm厚种植土（25%的细碎石，15%中粗砂，60%养植土）

15cm厚砂石垫层（10%中粗砂，60%中碎石，30%泥土）

基层土夯实

图4-2-7　植草格停车位的地基处理施工剖面图

1. 地基土应分层夯实，密实度应达到85%以上；属于软塑-流塑状淤泥层的，建议抛填块石并碾压至密实。

2. 设150mm厚砂石垫层。具体做法为：中粗砂10%、20~40mm粒径碎石60%、黏性土30%混合拌匀，摊平碾压至密实。

3. 设置厚60mm稳定层（兼作养植层）。稳定层做法为：25%粒径为10~30mm的碎石、15%中等粗细河沙、60%耕作土并掺入适量有机肥，三者翻拌均匀，摊铺在砂石垫层上，碾压密实，即可作为植草格的基层。

4. 在基层上撒少许有机肥，人工铺装植草格。植草格的外形尺寸是根据停车位的尺寸模数设计的，一般在铺装时不用裁剪；当停车位有特殊形状要求或停车位上有污水井盖时，植草格可作裁剪以适合停车位不同形状的要求（图4-2-8）。

5. 在植草格的凹植槽内撒上20mm厚的种植土，然后在土上洒水，使其稳固。

6. 在植草格种植土层上接着撒上草籽，最后再撒上一些土以使基层土与草坪格顶端

图4-2-8　草坪格可修剪成不同形状

等高。

7. 在草籽发芽期间，必须经常浇水，不要在新植草皮上行驶，一旦草皮完全长好，此区域即可投入使用。

8. 经常照看植草路面，如有必要的话，割草、施肥。这样便可长久拥有一个优美的植草环境。

（二）关于植草板消防通道的地基处理

当植草板铺设在消防通道上时（图 4 – 2 – 9），道路基层土层的夯实密度、碎石垫层或石粉稳定层作法、混凝土层厚度与强度等级等均应按照国家有关消防道路设计规范及施工规范要求进行设计和施工。但应注意作为植草板基层（即混凝土层）的标高关系。在混凝土层与植草板之间建议采用 30mm 厚砂、碎石、土（按 2：3：5 的比例在最佳含水率下混合）混合并夯实，夯实密度应大于 90%。

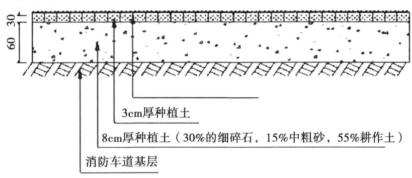

3cm厚种植土

8cm厚种植土（30%的细碎石，15%中粗砂，55%耕作土）

消防车道基层

图 4 – 2 – 9　植草板消防通道的地基处理施工剖面图

1. 在消防车道上铺植草格，其地基土的密实度应满足一般混凝土消防车道的设计要求。

2. 消防车道的碎石垫层、石粉稳定层做法亦与普通混凝土消防车道的设计要求相同。

3. 在石粉稳定层上做 80mm 厚的养植土层。土层做法为：30% 粒径为 10～30mm 的碎石、15% 中等粗细河沙、55% 耕作土并掺入适量有机肥，三者翻拌均匀，摊铺在经碾压密实的石粉稳定层上，碾压密实，即可作为植草格的基层。

4. 在植草格基层上铺装植草格、植草与养护方法同停车场草坪。

如果消防车道作为平时车辆的主要通道，由于车辆行驶频繁，且速度较快，这对植草格的使用及草皮的正常生长不利，在这种情况下，我们建议主要车辆交通道路仍采用混凝土路面。只是在消防紧急情况下才有消防车辆驶入的路面则采用植草格路面。同样道理，停车场的通道路面建议采用混凝土路面，而停车位则采用植草格绿化车位。

（三）用于人行道的植草格基层设计建议

植草板用于人行道时（图 4 – 2 – 10），植草板可以直接放置于经过夯实处理的地基上，淤泥土或其他松软土层（包括回填土层）会导致植草板的倾斜，可以在土中掺入 50% 的小碎石或粗沙并加以夯实即可作为地基。在地基上略施基肥，即可铺装植草板，并种植草皮。

1. 原基上夯实。

2. 在夯实的基土面上铺装植草格。

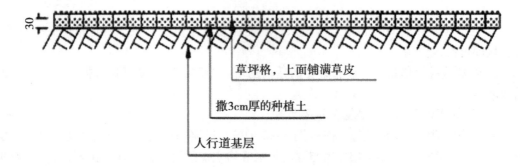

草坪格，上面铺满草皮

撒3cm厚的种植土

人行道基层

图 4 - 2 - 10　人行道的植草格基层处理施工剖面图

3. 在植草格的凹槽内撒上 20 厚的种植土。

4. 在植草格上植草与养护的方法同停车场草坪。

（四）植草板用于屋顶花园的设计建议

1. 屋顶花园的防水层做法　屋顶花园的防水层作法与传统屋面防水做法的主要不同在于屋顶花园的防水材料应采用防植物根须穿刺的防水材料。

2. 屋顶花园的保水与排水做法　为了尽可能减少屋顶花园的人工维护，屋顶花园的植物基层的蓄水、保水功能要求较高。设计时可以采用蓄排水板，可以有效解决屋顶花园基层的保水与排水问题。在蓄排水板上方用于过滤膜覆盖，可以确保不让泥土细小颗粒掉入蓄排水板。

（五）植草板用于护坡的设计建议

植草板用于坡地绿化，可以防止雨水对山坡等坡地的冲刷。安装时只要将用小木桩将植草板固定在坡面上，就可以进行植草，草根会穿过植草板深入坡地，起到护坡作用，将来木桩腐烂也不会影响护坡效果。

三、三维植被网

三维植被网（图 4 - 2 - 11）是目前生态恢复过程中，在护坡中使用最多的一种辅助材料。三维制备网护坡技术综合土工网和植被护坡的优点，可有效地解决岩质边坡、高陡边坡防护问题。应用实例表明，三维植被网护坡对边坡的稳定极为有利，防护效果非常好。

（一）三维植被网护坡的基本原理

1. 三维植被网护坡的概念　三维植被网护坡是指利用活性植物并结合土工合成材料等工程材料，在坡面构建一个具有自身生长能力的防护系统，通过植物的生长对边坡进行加固的一门新技术。根据边坡地形地貌、土质和区域气候的特点，在边坡表面覆盖一层土工合成材料并按一定的组合与间距种植多种植物。通过植物的生长活动达到根系加筋、茎叶防冲蚀的目的，经过生态护坡技术处理，可在坡面形成茂密的植被覆盖，在表土层形成盘根错节的根系，有效抑制暴雨径流对边坡的侵蚀，增加土体的抗剪强度，减小孔隙水压力和土体自重力，从而大幅度提高边坡的稳定性和抗冲刷能力（图 4 - 2 - 12）。

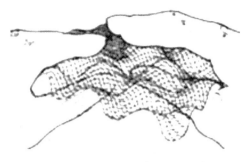

图 4 – 2 – 11　三维植被网结构示意图

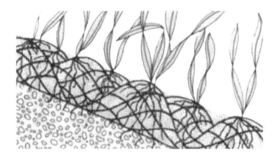

图 4 – 2 – 12　植被在三维植被网中生长

2. 三维植被网的护坡机理　植被的抗侵蚀作用是通过它的三个主要构成部分来实现的：一是植物的生长层（包括花被、叶鞘、叶片、茎），通过自身致密的覆盖防止边坡表层土壤直接遭受雨水的冲蚀，降低暴雨径流的冲刷能量和地表径流速度，从而减少土壤的流失；二是腐质层（包括落叶层与根茎交界面），为边坡表层土壤提供了一个保护层；三是根系层，这一部分对坡面的地表土壤加筋锚固，提供机械稳定作用。

一般情况下，在植物生长初期，由于单株植物形成的根系只是松散地纠结在一起，没有长卧的根系，易与土层分离，起不到保护作用。而三维网的应用正是从增强以上三方面的作用效果来实现更彻底的浅层保护。一是在一定的厚度范围内，增加其保护性能和机械稳定性能；二是由于三维网的存在，植物的庞大根系与三维网的网筋连接在一起，形成一个板块结构（相当于边坡表层土壤加筋），从而增加防护层的抗张强度和抗剪强度，限制在冲蚀情况下引起的"逐渐破坏"（侵蚀作用会对单株植物直接造成破坏，随时间推移，受损面积加大）现象的扩展，最终限制边坡浅表层滑动和隆起的发生（图 4 – 2 – 13）。

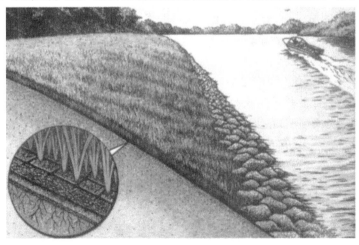

图 4 – 2 – 13　三维植被网与植物根系胶合加强防冲能力

3. 三维植被网护坡的作用　三维植被网护坡技术综合了土工网和植物护坡的优点，起到了复合护坡的作用。边坡的植被覆盖率达到 30% 以上时，能承受小雨的冲刷，覆盖率达 80% 以上时能承受暴雨的冲刷。待植物生长茂盛时，能抵抗冲刷的径流流速达 6m/s，为一般草皮的 2 倍多。土工网的存在，对减少边坡土壤的水分蒸发，增加入渗量有良好的作用。

4. 快速防护措施

（1）当工期与植被培植期发生矛盾，在工程刚竣工即进入暴雨季节时，需采取"加筋草皮"对工程进行快速防护，以便竣工后即可得到全面覆盖的防冲刷植被。"加筋草皮"采用三维植被网在草坪种植场或工地附近的空地上预先培植好草皮，成坪后即可整卷或分块卷起，然后铺设至需防护的边坡上。

（2）在难以治理的干旱地区，可使用土壤凝结剂，把选择好的适合的草籽，经过特殊处理后，与土壤凝结剂拌和喷洒（也可以先播草籽，而后再施用土壤凝结剂）。经土壤凝结剂处理后的坡面，草籽和土壤不会因风吹雨淋而流失，同时凝结剂又降低了土壤中水分的蒸发，在一定程度上保证了草籽的水分供应，大大提高草籽的成活率。

（二）三维植被网施工工艺

1. 边坡处理 将边坡上杂石碎物清理干净，将低洼处回填夯实平整，确保坡面平顺。

2. 铺设三维网

（1）铺设：将三维植被网沿坡面由上至下铺于坡面上，网与坡面之间保持平顺结合。

（2）预埋：三维网铺于坡顶时需延伸 40~80cm，埋于土中并压实。

（3）锚固：将三维网自下而上用 ϕ6mm 以上的 U 型钢筋将三维网固定，U 型钢筋长约 15~30cm，宽约 8mm，U 型钢筋间距约 1.5~2.5m，中间用 8 # U 型铁钉或竹钉进行辅助固定。

（4）覆土：三维植被网铺设完毕，将泥土均匀覆盖于三维植被网上，将网包覆盖住，直至不出现空包，确保三维植被网上泥土厚度不小于 12mm。然后将肥料、生长素、粘固剂按一定比例混合均匀，施洒于表层。肥料为氮：磷：钾 = 15：15：15 或氮：磷：钾 = 10：8：7 的复合肥及含 N 有机质，肥量约为 30~50g/m²。

3. 喷播 覆土回填完毕，进行液压喷播，即将草籽（按每平方 25 克左右喷播）和促使其生长的附着剂、木纤维、肥料、生长素、保湿剂及水按一定比例混合搅拌，形成均匀混合液，通过液压喷播机均匀喷洒于坡面上。

4. 覆盖 喷播植草施工完成之后，在边坡表面覆盖无纺布，以保持坡面水分并减少降雨对种子的冲刷，促使种子生长。若温度太高，则无需覆盖，以免病虫害的发生。

5. 养护管理 喷草施工完成之后，必需定期进行养护，直到草坪成坪。待草坪长至 5cm 左右时，即可揭开无纺布。

第三节 草坪建植机械

在草坪建植过程中，应用到的主要机械设备为整地机械、施肥和播种机械。机械的使用，使大面积草坪建植的效率和质量都得到显著的提高。

一、整地机械

1. 铧式犁（图 4-3-1） 在农业和园艺中应用较多的铧式犁主要有：悬挂铧式犁、机引双壁铧式犁、翻转铧式犁等。作业或运输都是由机械牵引进行，翻耕土垡时阻力小、翻耕深度深、翻耕幅面宽，能破坏原土的土壤结构，并使土垡上升，犁壁把耕起的土垡挤碎，翻转，适用面积较大的草坪种植地。

2. 圆盘犁（图4-3-2） 圆盘犁按其动力的连接形式分为牵引式、悬挂式和半悬挂式几种。按圆盘的倾角分为倾斜式和垂直式两种。圆盘犁断树根和灌木根的能力较强，在立地条件差的土地中作业可以从障碍物上滚过，不容易堵塞，工作部件不易损坏，翻垡、碎土和覆盖能力、整地质量不如铧式犁。

图4-3-1 铧式犁　　　　　　　　　　　图4-3-2 圆盘犁

3. 圆盘耙（图4-3-3） 圆盘耙用在犁耕后的地上，对土壤松碎，平整程度不能满足播种要求，并且地面还残留一些未破碎的土块和未完全翻转的土垡要用耙来进一步整地，以达到播种要求。圆盘耙由若干球面圆盘组合在一起的耙组所组成，这是与圆盘犁最大的区别。

4. 立轴旋转平地耙（图4-3-4） 立轴旋转平地耙由一些垂直地面旋转的叉形齿和一系列传动机构组成。翻耕后的土地，不能满足播种要求，需进一步平地时，旋转平地耙能翻垡和切碎土壤，平地效果比翻耕好。

图4-3-3 圆盘耙　　　　　　　　　　图4-3-4 立轴旋转平地耙

5. 碎土辊式平地耙（图4-3-5） 碎土辊式平地耙装置为一个旋转的碎土辊，通过螺旋形排列的栅条将土块击碎而平整土地，作用是松碎表土及硬土壳，耕平地面，消除杂草。

6. 旋耕机（图4-3-6） 旋耕机类型主要有卧式和立式两种。旋耕机是一种有驱动工作部件，切碎土壤的耕作机械。翻土和碎土能力强，耕作后土壤松碎、地面平整。对肥料和土壤的混合能力强，简化作业程序，提高土地利用率和工作效率。但覆盖质量差，耕深较浅，不利于消灭杂草。

7. 手扶式旋耕松土机（图4-3-7） 手扶式旋耕松土机主要有前置式和卧式两种。手扶式旋耕松土机使用于小面积种植地。翻土和碎土能力强，耕作后土壤松碎，地面平整，对肥料和土壤的混合能力强，简化作业程序，提高土地利用率和工作效率，但覆盖质量差，耕深较浅，不利于消灭杂草。

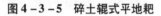

图4-3-5　碎土辊式平地耙

图4-3-6　旋耕机

图4-3-7　手扶式旋
耕松土机

8. 弹齿式松土机（图4-3-8）　是有机架和安装在机架上的一些用于碎土和松土的弹齿式犁组成。主要用于深松和草坪的晾干与多石砾地的松土作业，作业时会由于犁铧碰到较硬的土块或石砾后在让过的同时而引起振动，从而撞击下一个土块使其粉碎，用于土壤较松的土地。

9. 草坪滚压机（图4-3-9）　平整和镇压上层土壤，以达到形成土壤毛细管，使土壤下层水分逐渐上升，加速种子发芽。

图4-3-8　弹齿式松土机

图4-3-9　草坪滚压机

二、施肥和种植机械

1. 手推式施肥机（图4-3-10）　手推式施肥机是有安装在轮子上的料斗、排料装置、轮子和手推把组成。主要用于小面积或小片草坪的施肥作业。施肥机能高效、均一地把肥料施入草坪，完成施肥或播种。

2. 拖拉机驱动施肥机（图4-3-11）　拖拉机驱动施肥机主要有以下几种：转盘式施肥机、双辊供料施肥机、摆动喷管式施肥机。适用于大面积草坪地施肥作业，作业时拖拉机的动力驱动旋转，颗粒状或粉状肥料通过料斗下部边缘与转盘的缝隙落入转盘，该缝隙可调节以满足不同施肥量的要求。该机容量大，如一台斗容量为300kg的转盘式施肥机，当施粉状肥料时，其宽度为5m；施颗粒肥料时，宽度为12m。这种施肥机也可播撒草种。

图4-3-10　手推式施肥机　　　　图4-3-11　拖拉机驱动施肥机

三、播种机械

草坪上使用的播种机按播种方法，可分为撒播机和条播机。

（一）撒播机

使撒出的种子在播种地块上均匀分布的播种机。常用的机型为离心式撒播机，由种子箱和撒播轮构成。种子由种子箱落到撒播轮上，在离心力作用下沿切线方向播出，也可撒播粉状或粒状肥料、石灰及其他物料。撒播装置可以是手摇式的，也有附装在农用运输车后部或安装在农用飞机上使用。例如：手摇播种机（图4-3-12）和手推式播种机（图4-3-13）具有体积小，重量轻，结构简单，灵活耐用的特点，播种不受地形、环境和气候的影响，不仅适用于大面积建坪，更适用于在复杂场地条件下建坪使用。

图4-3-12　手摇播种机　　　　　图4-3-13　手推式播种机

（二）条播机

主要用于谷物、蔬菜、牧草等小粒种子的播种作业。常用的有谷物条播机，作业时，由行走轮带动排种轮旋转，种子按要求由种子箱排入输种管并经开沟器落入沟槽内，然后由覆土镇压装置将种子覆盖压实。其结构一般由机架、牵引或悬挂装置、种子箱、排种器、传动装置、输种管、开沟器、划行器、行走轮和覆土镇压装置等组成。

1. 草坪精播机　草坪精播机主要有一个两端有轮子的料斗和一根有地轮驱动、横扫全料斗宽的毛刷轴组成。适用于较大面积的草坪建植作业。该机自动化程度高，播种速度快，撒播种子准确、均匀，但受到面积、地形、环境的影响较大，价格昂贵。

2. 谷物播种机　该机随机装有覆土功能和镇压器，播种后的地表被镇压器压实，减少水分蒸发，有助于草籽发芽。

3. 草坪补播机 专用于草坪补播作业的播种机，它有圆盘、种子箱、注水圆辊组成，种子通过导管而撒播到圆盘开的沟槽内，其后部的圆辊将草种和土壤压实，以利于草种发芽。

图 4-3-14 手推式草坪精播机

图 4-3-15 自走式草坪精播机

图 4-3-16 谷物播种机

图 4-3-17 草坪补播机

复习思考题

1. 可以作为草坪坪床改良的材料有哪些？
2. 植草砖与植草格有哪些优点？
3. 草坪建植都要用到哪些草坪机械？

第五章　商品化草坪生产技术

【教学目标】
- 掌握草皮生产流程
- 掌握草皮铺设技术
- 熟悉草皮生产机械的构造及操作
- 熟悉植生带的生产工艺流程

第一节　草皮生产概述

草皮是建植草坪绿地的重要材料之一，特点是能够快速建成并实现绿色覆盖。近期随着我国草坪绿化事业的发展图5-1-1，草皮生产的种类规模在逐年扩大，成为快速建成草坪绿地的重要手段。

图5-1-1　由草皮建成的草坪景观
（引自《草坪建植与养护》，鲁朝辉，2006）

一、草皮的生产

（一）普通草皮的生产

选择靠近路边，便于运输的地块，将土地仔细翻耕、平整压实，作到土壤细碎、地面平整。（图5-1-2）最好播前灌水。当土表不粘脚时，疏松表土。用手工撒播或用手摇播种机播种。播后用粗铁丝把子或细齿耙再耙一遍，或用竹帚轻扫一遍，使种子和土壤充

85

分接触，并起到覆土作用，平后镇压。根据天气情况适当喷水，保持地面潮湿。草地早熟禾各品种一般 8~12d 出苗，高羊茅、黑麦草 6~8d 出苗。长江以南地区草皮生产多采用草茎生产草坪，播前喷水，趁坪床潮湿，用草茎撒播，播后用竹扫帚轻拍，使草茎和土壤紧密接触。苗期首要的问题是及时清除杂草，一般 45~55d 可成坪出圃。普通草皮出圃可先用刀片垂直切割草皮（图 5-1-3），再用平底铁锹铲苗，铲成大小 30~47cm 的块状，也可用起草皮机起成长度、宽度、厚度规范均一的草皮卷（图 5-1-4）。装车运至栽苗现场。多采用块栽，又称撮栽，撮距一般 15~20cm。经 1~2 个生长季节，可形成较好的覆盖。

图 5-1-2　草圃选址　　　　　　　　　　　图 5-1-3　垂直切割草皮

（引自《草坪建植与养护》，鲁朝辉，2006）

（二）地毯式草皮卷生产技术

地毯式草皮一般是无土栽培的草皮，简称草毯。

1. 草种草的选择　用于生产草皮的草种应该具有扩展性的根状茎或匍匐茎的种或品种，其根状茎或茎越强，形成草皮的团聚力就越强。冷季型草坪主要生产草皮的草种有草地早熟禾和匍匐剪股颖；草地早熟禾根状茎强，根能紧密盘结在一起，匍匐剪股颖虽然缺乏根状茎，但它有致密的匍匐茎使之盘结在一起。其他草种如多年生黑麦草和细羊茅是属丛生型的，通常不用于草皮生产，只有当与草地早熟禾混播或在生产草皮时加网用，苇状羊茅具有短根茎，生产苇状羊茅草皮时多数要加网；暖季型草坪草大多数都能用于生产草皮。狗牙根是应用最广泛的一种，因为它具有较强的根状茎或匍匐茎。结缕草、钝叶草、假俭草和地毯草均可用于草皮生产。

图 5-1-4　草皮卷

根据当地的病虫害等及其他环境因素，选择适宜当地气候、土壤等环境条件和抗当地病虫害的草坪草种或品种。也可多个品种进行混合或几个草种进行混播。

2. 地毯式草皮卷生产所需的设备条件

（1）场地选择首先应选择地势平坦，土质适宜，土地的小气候条件优越的场地从事草皮卷生产，以利于草皮的建植和生长。

（2）种床基质的选择最好因地制宜、就地取材，减少投入。如细沙、草炭、炉灰、其他植物纤维等均可作为基质材料。

（3）机械设备起码要有播种机、镇压器、起草皮机和喷灌设施。

3. 地毯式草皮卷生产技术

（1）坪床的准备：

①场地的选择：要求场地无石块等坚硬的东西，草若生长在有石块的土壤上，会很快损坏昂贵的草皮生产机具；地势要平坦，稍有些斜坡也可勉强；土壤最好是壤质土，在干旱地区，要具有灌溉条件，喷灌一般采用安放在地上可移动式的喷灌系统，因地下喷灌系统不利于起草皮。在降雨量大的湿润地区要有排水设施

②整地：与常规草坪整地的方法一样，从事大面积的草皮卷生产，作到土地平整，才能保证播种质量及灌水的均匀以及草皮卷的整齐均一。在整地前最好进行土壤测试，测出土壤所缺乏的营养元素，以便准确制定土壤改良与施肥计划。若土壤缺乏营养，会延迟草皮的成熟。肥料与土壤改良剂在进行土壤旋耕时加入，坪地一般耕深 10～15cm。在草皮生产过程中磷肥尤其重要，因为磷肥能促进草坪草生根。旋耕后要耙平并轻轻地镇压，但不要过分压实。但为获取高质量的草皮必须高质量、高水平地平整土地。

③基质的准备和铺设：本着因地制宜、就地取材降低成本的原则。可选择：草炭、细沙，有机肥料和可作种肥的化肥，配成质地疏松、肥力适中的种床基质，均匀地铺撒在平整好的地面上，厚度在 3～5cm。要注意基质中没有杂菌污染和无杂草种子。

④无土草毯的生产工艺：隔离层通常选用砖砌场地或水泥场地或用地膜（图 5－1－5），目的是使草坪根系和土壤隔开，便于起坪。种网（图 5－1－6）可用无纺布、粗孔遮阳网等，目的是使草坪根系缠绕其上防止草坪散落，种网最好选用可降解材料。基质可选用稻壳（图 5－1－7）、锯木屑等有机物质，一定要堆沤腐熟，并配以营养剂，基质总厚度 1～1.5cm，不能太厚，否则草毯太重。

（a）　　　　　　　　　　　　　（b）

图 5－1－5　建隔离层

（a）最底层铺砖块；（b）砖上铺塑料薄膜

（引自《草坪建植与养护》，鲁朝辉，2006）

（2）播种：在坪床平整后（有隔离网的在网铺完覆土后）即可播种。播种的种子质量要保证，其纯净度和发芽率要符合要求，一般要选择最好的种子用于草皮生产。

①播种量：播种量要根据草种和用途而定。一般用于普通草坪的播量低，而用于运动场草坪的播量高。播种量不能太高，播量过高也会由于种子间的竞争而延迟草皮成熟，同时也浪费种子。通常草地早熟禾的播种量为 50.4～100.7kg/hm²，而用于生产草皮的用量

为 33.6kg 或少些。沙质土上播量多些而含有机质高的肥沃土壤播量可少些。一般播种期也影响播量。

图 5-1-6 铺种网   **图 5-1-7 铺基质**
（引自《草坪建植与养护》，鲁朝辉，2006）

②播种期：冷季型草坪草的最佳播期为夏末和初秋，而暖季型草坪草最佳时期为春季。春季播种冷季型草坪草比较困难，因为北方春季杂草发生比较严重，草坪草不容易抓苗。

③播种方法和机具：播种可采用单播、混播或混合播种。播种最好采用播种机播种，即能播种又能覆土而且比手工均匀。为了播种均匀，若总播量为 34kg/hm²，可采用在一个方向播 17kg/hm²，在垂直方向播余下的 17kg/hm²，确保播种质量。

④铺网：最好周边有固定措施，预防风吹。

⑤镇压：将地面网子最好压入表土下。一般 40 天左右成坪（图 5-1-8）。

图 5-1-8 成坪景观
（引自《草坪建植与养护》，鲁朝辉，2006）

（3）养护管理：生产草皮的草坪，养护管理水平越高，草皮的质量就越好。要定期进行适当的修剪、施肥、灌溉、喷洒农药、防除杂草。

①修剪：修剪有利于地下组织生长和尽早收获草皮。修剪高度愈高绿色组织获得的光

就越多，光合作用愈强，利于地下根的生长。一般草皮生产中，草坪的修剪高度低于公园等普通草坪的修剪高度。而在收获前，修剪高度却低于标准高度，以减少收获的草皮发热。在出圃前一定要修剪 1~2 次，剪后要适量镇压。

②施肥：维持草皮土壤的营养平衡，是在最短的时间内有效地生产成熟草皮的关键。施肥的比例要适宜，施肥量要根据草坪草种、土壤类型、降雨、灌溉等确定。不能施用过多的氮肥，过多氮肥利于茎叶的生长但消耗了根的生产，增加修剪次数和养护费用。施氮的目的是在不过分刺激茎叶生长的同时产生最大叶绿素量以确保最大的光合作用。标准的冷季型草坪草施氮 145.7~244.4kg/hm²，在草皮生产的第一个季节从最低草皮收获的施氮量为 112.1kg/hm²，在第二季的施氮量为 162.5kg/hm²，暖季型草坪草标准施氮量为每生长月 24.7~49.4kg/hm²。在草皮收获前 2~3 周内避免施肥。

③浇水：最好用地上可移动式喷灌系统进行灌溉，水滴雾化细小，喷水均匀，在收获草皮时把系统移走。灌水量根据当地的气候条件而定。

④病虫草害防治：草皮病虫害的防治与普通草坪相同，大多数病虫害发生都要经过一段时间，病虫害通常发生在较老的草坪上，很少影响正常收获的草皮。叶斑病和锈病可能危害第一年生产的草皮，最好的方法是选择抗病品种。虫害相对要少，若发生就及时处理。杂草的发生程度与播种期有关，春季播种冷季型草坪草杂草发生要比夏末或秋季播种发生的要严重。杂草一般随着从草皮生产基地收获年限的增加就愈来愈少。

（4）起草皮（图 5-1-9）：草皮移植机（起草皮机）有步行式移植机和大型拖拉机牵引移植机。类型多样，切割的宽度与厚度均可调，效率为 200~1 000m²/h 不等，一天能起几公顷。典型的草皮宽 30~46cm，长 1.2~1.8cm，大型起草皮机可起宽 61~122cm，长 45.7m。大的草皮卷主要用于运动场和较大的铺植地。所切草皮应尽可能薄，减少土壤损失到最低程度，一般草皮切起深度为 1.3~1.9cm，而且草皮重量轻、易搬运，铺后也能促进迅速生根。草皮卷长度、宽度要规范。

图 5-1-9 起草皮

（引自《草坪建植与养护》，鲁朝辉，2006）

二、草皮卷的铺设

将铺设草皮的地翻耕平整，施入有机肥和化肥，作到地面平整、土块细碎。将草皮卷展开、镇压、浇水即可。铺设方法可参考实训七"草皮铺设法建植草坪的技术"。草皮（草毯）铺植程序（图 5-1-10）。

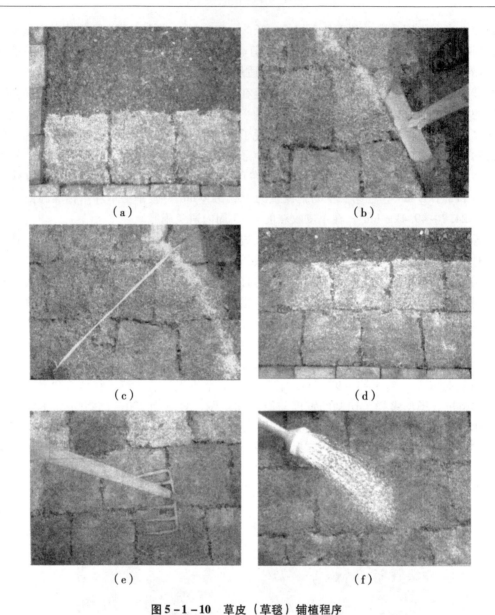

图 5 - 1 - 10 草皮（草毯）铺植程序
（a）从边缘开始铺植草皮；（b）品字形铺植草皮；（c）（d）切边示意图；
（e）镇压；（f）浇水（引自《草坪建植与养护》，鲁朝辉，2006）

三、草皮生产中的其他问题

1. 草皮发热 收获的草皮由于呼吸作用会发热，若草皮发热可在草皮铺展时很容易察觉到，草皮卷的中间温度最高，易引起中间草带状死亡，边缘温度低，草皮通常活着。这与草皮脱水症状不同，脱水通常边缘草死亡而中间绿色活着。减少发热发生的方法如下。

（1）及时铺植：收获后的草皮尽快铺植，尤其在炎热的夏季，收获后的 24h 内，都有损伤的危险，在较冷凉的条件下，草皮通常能堆放 2~3d 或更长些。实践证明草皮在下午 4 点以后或傍晚收获夜间运输，在清晨铺植比较好。

（2）适当修剪：草皮发热部分来自于活叶片的呼吸。收获时的修剪留茬高度愈高，草皮发热愈快。在草皮未成熟前，留较高的留茬高度，是促进根与根状茎的生长。在收获前几周，开始慢慢降低修剪高度。例如：草地早熟禾在生长过程中修剪高度为 7.6~10.2cm，而在收获前开始降低至 5cm。

（3）清除修剪下的草屑草皮收获后，微生物会立即分解草屑引起发热，所以，在起草皮前要将修剪下的草屑清除干净。

（4）施氮适量：氮肥影响草皮的发热，高氮刺激生长和提高呼吸率，在草皮生产中，以中度氮量为宜。草皮在收获时要求质地致密、颜色暗绿，在不过量的基础上需要施氮肥，在草皮收获前 2~3 周，通常避免施用可溶性氮。

（5）水分：水分影响发热，过多水分增加微生物的活性，也就是说增加了热，如果草皮收获时太干，草皮脱水快。所以，浇水是草皮生产中较困难的部分。要保持水分的平衡，过干、过湿均对草皮不利。若收获前下雨，所起草皮应尽快运到铺植地。有时草皮在铺前不得不堆放一段时间时可用帆布覆盖。

（6）草皮病的发展：由于草皮本身带病，如草皮得了轻微的叶斑病而被收获出售，这样的草皮更易发热，应尽快铺植。

（7）放入冷库：最有效的方法是把草皮放入冷库中，但这种设备比较昂贵，只有一些大型的草皮生产场家具备。

2. 脱水　在干旱的气候下，草皮容易脱水，这样就限制了草皮的运输距离。弄湿草皮堆或收获过湿的草皮，均会引起发热，所以，防止脱水所推荐的方法是用帆布覆盖草皮防止风吹干，在较热而干的天气，可在黄昏收获，夜间或清晨运输。

3. 冲洗　草皮这种方法适用于如高尔夫球场和其他运动场草坪上，运动场草坪的坪床结构一般是经过精心设计，土壤进行了改良，其土壤成分与一般的草坪土壤不大相同，所以，冲掉草皮上原有的土壤利于不改变原来坪床土壤结构，同时又轻，易于运输。以前采用高压水喷冲草皮上的土，但这种方法比较慢且只限于小数量的草皮。最近几年，发展成用专门设计的自动系统来喷冲，在短时间内能喷冲大量的草皮，但该设备较昂贵，通常只用在如匍匐翦股颖这样价值高的草皮的大量生产。

第二节　草皮生产机械

草皮生产是指除草坪养护管理机械外的草坪机械的总称。草皮生产机械主要包括播种机起草皮机、施肥机械、灌溉机械设备、修整机械设备（包括修边机、梳草机、草坪刷、网状拖板、草坪辊等）、松土排水设备等。草皮生产常用主要机械介绍如下。

一、起草皮机

起草皮机可用手工进行，但工作效率低，且质量不易保证。若用起草皮机作业，不仅进度快，而且所起草皮厚度均一，容易铺设，利于草皮的标准化。

通常起草皮都具有两把"L"形起草皮刀，当刀插入草皮后，依靠刀的往复运动而整齐地切起草皮。草皮的厚度决定于刀插入草皮的深度，通常控制在75mm左右。草皮的宽度决定于两把刀片垂直部分间的距离，小型起草皮机约300mm，大型机可达600mm。

起草皮机由单缸汽油机驱动，动力由三角皮带或链条伟给橡胶轮，整机后部由一只或多只橡胶轮支撑（图5-2-1）。

有的起草皮机还附加垂直，该刀片的作用是将切起的草皮条按需要的长度切断。工作时垂直刀片与机器前进的方向成直角，切起的草皮可由机器掀起，卷捆或堆放。切割宽度为300mm的小型起草皮机，每分钟可切起10m² 草皮。

图5-2-1　起草皮机

起草皮机作业亦可由拖拉机牵引的草皮犁来完成。草皮犁有一个滚筒，滚筒两端直径较大部分是锋利的刃口，当滚筒在草皮上滚过时，割出两条平行的长槽，随后有两把水平刀片在草底下切割，最后将草皮提起。

二、草坪镇压器

草坪镇压器又称滚压机，用于碾压坪床和滚压草皮，以使草坪表面平整和促进草坪草的分蘖生长。镇压器常用的有圆筒型、网环型和"V"字形3种。草坪镇压多用圆筒型。按动力不同亦可分为手推式和牵引式两大类型。圆筒型滚压机其滚轮由普通铁铸造，也可由石头木头制成，具有各种高度和直径。大多数镇压器有配重装置，以调节镇压器的质量。配重装置通常在镇压器机架上方设平台，附加水泥块、沙袋或铸铁。如滚筒中空，则可在筒中加水或沙以调节增重。重型镇压器拖拉机牵引，多用于大面积草坪坪床的镇压。小型镇压器可由人力作业，多用于运动场草坪的滚压（图5-2-2）。

图5-2-2　草坪镇压器

（引自草坪机械公司广告资料）

使用镇压器应根据自然条件、土壤以及草坪等情况而定，在黏重和潮湿土壤的坪床上就不宜采用，否则对草坪有害，或影响幼苗出土。现有一种具特殊吸水性能的滚压筒，在滚轮表面有一层吸水物质，作业时可吸收草坪的水分，这种滚压机可在潮湿场地进行滚压作业。

第三节　植生带生产概述

植生带是用特殊的工艺将种子均匀的撒在两层无纺纤维中间而形成的种子带，是草坪建植中的一项新技术。主要特点是运输方便，种子密度均匀，简化播种手续，出苗均匀，成坪质量好，便于操作。适宜中小面积草坪建植，尤其是坡地不大的护坡，护堤草坪的建植。

一、植生带材料选择与加工

1. 材料选择

（1）载体：选择目前利用的载体主要有无纺布、纸载体、植物碎屑载体。原则是播种后能够短期降解，避免对环境造成污染；轻薄，具有良好的物理强度。

（2）黏合剂：多采用水溶性胶黏合剂或具有黏性的树脂，可以粘住种子和载体。

（3）草种选择：目前，在植生带生产工艺设备条件下，各种草坪草种均可做成植生带。如草地早熟禾、高羊茅、黑麦草、白三叶等。保证植生带的种子质量首先是净度和发芽率要符合要求，否则制作工艺再好，做出的种子带也无使用价值。

2. 加工工艺

目前，国内外采用的加工工艺主要有双层热复合植生带生产工艺；单层点播植生带工艺；双层针刺复合匀播植生带工艺。近期我国推出冷复合法生产工艺。总之，各种工艺各有优势。目前都在改进和发展中。其基本要求如下：

（1）种子植生带的加工工艺一定要保证种子不受损伤。包括机械磨损、冷热复合对种子活力的影响，确保种子的活力和发芽率。

（2）布种均匀，定位准确，保证播种的质量和密度。

（3）载体轻薄、均匀，不能有破损或漏洞。

（4）植生带的长度、宽度要一致，边沿要整齐。

（5）植生带中种子的发芽率不低于常规种子发芽率的95%。

二、植生带的储存和运输

（1）库房要整洁、卫生、干燥、通风。

（2）温度10~20℃，湿度不超过30%。

（3）植生带为易燃品，注意防火。

（4）预防杂菌污染及虫害、鼠害对植生带的危害。

（5）运输中防水、防潮、防磨损。

三、植生带的铺设技术

（1）场地准备：首先要充分了解当地的年降雨量、地形及土壤状况和酸碱度。降雨量多且集中的地区，排水设施应放在首位；降水量少的干旱地区，喷灌系统则更重要。低洼地带应回填土，避免场地积水。土壤最好是沙质壤土。

整地一般分粗整和细整两种。粗整包括排灌设施的埋设、换土、清理垃圾、填土等。细整包括施入改良材料、肥料及表面平整。一定要用钉耙细细整平，做到表面无土块，排水坡度适当。避免虚空影响铺设质量。

（2）铺设：我国北方地区建坪一般在4月中旬以后进行。植生带的宽度多为1m。首先选择一块长1.2~1.5m、宽5~10cm，至少有一侧平滑的木板，在用钉耙耙过的平整土地上轻刮，去除较大的土壤颗粒，使土层表面光滑。将成卷的草坪植生带平铺在地面，上面覆盖一层薄薄的细土，覆土厚度以不超过1cm为好，之后用镇压滚滚压，以利于植生带贴紧地表。植生带的铺设要仔细认真，接边、搭头均按植生带中的有效部分搭接好，以免漏播。

（3）覆土：覆土要细碎、均匀，一般覆土0.5~1cm。覆土后用辊镇压，使植生带和土壤紧密接触。

（4）浇水：采用微喷或水滴细小设备浇水，喷、浇水均匀，喷力微小，以免冲走浮土。每天喷或浇水2~3次，保持土表湿润至齐苗。以后管理同其他种植方式。40d左右即可成坪。

四、铺植后的管理

植生带铺好后即喷水保湿，一般十几天内即可发芽。喷水时水珠宜小，最好是雾状。为了保证喷水均匀，应尽量做到少量慢喷，以湿到地下3~5cm为宜。喷水次数要视坪床干湿度而定，一般是每天两三次，遵循均匀、少量、多次的原则，最好预先安装喷灌设施。

第四节　植生带生产与建植机械

植生带生产设备由两大部分组成。一是生产无纺布的机组，由清花机、钢丝梳棉机、气流成网、浸浆、烘干、成卷装置等机械设备组成。

一、无纺布生产机组

将碎布角经过开花机，开花成为再生绒或二次开花绒。喂入清花系统装置内把再生绒打松。送进经改制的A-189钢丝棉机，用反向剥离装置和气流装置，以反向高速旋风将花衣均匀送到输送带上。在风机的输送下形成气流束，使花衣均匀地附在尼龙网上而组成棉网。将这种疏松无扭力的棉网，经输送带送到盛有1%~2%浓度的聚乙烯醇溶液的浆槽中浸渍，再经过两道橡皮筒的挤压，将棉网上的浆液初步挤干后，送进烘箱烘干。烘干后的无纺布成卷入库待用。

二、复合机组

将成卷的无纺布平展在输送带上，用施肥装置即离心式的液体喷肥机先施肥，喷洒液体肥料在无纺布上，能增加种子的均匀附着。播种机采用三个种箱，每只箱的底部装有可调节转速的圆筒，圆筒上开有不同深浅和数量的槽，槽的深浅因种子的大小而异，通过圆筒旋转，将槽中的种子带出撒在无纺布上。根据种子的大小或混播要求，可决定选用的种子箱数。撒过种子的无纺布，经输送带送到复合装置部位，在其上面再加一层无纺布，再经过 A-80 型针刺机的针刺，将棉网上的纤维交织在一起，即成植生带。最后成卷，每卷为 $100m^2$。

复习思考题

1. 起草皮机该如何选择？
2. 草皮生产技术流程。
3. 地毯式草皮生产的条件。
4. 草皮生产过程应注意的问题。
5. 植生带材料的选择与加工。

第六章　草坪建植施工

【教学目标】
- 掌握草坪绿地设计的方法和要点
- 掌握坪床土壤分析的方法
- 熟悉草坪建植的程序和方法
- 掌握草种理论播量的计算方法
- 熟悉幼坪管理的措施

第一节　草坪绿地建植设计

草坪绿地建植设计是指在建造绿地之前，设计者根据建设计划及当地的具体情况，把要建造的这块绿地及如何建造的想法，通过各种图纸及简要说明把它表达出来的过程。

草坪绿地建植设计首先要考虑该绿地的功能，以符合使用者的期望与要求；其次要对该地区的特性做充分地了解，根据该地的环境，作出恰当的规划。

草坪绿地建植设计可分为以下几个阶段：调查研究阶段、总体规划设计阶段（总规）、详细设计阶段（详规）和施工图设计阶段。

一、调查研究阶段

（一）掌握自然条件、环境状况及历史沿革

1. 甲方对设计任务的要求及历史状况。

2. 与城市绿地总体规划的关系，以及对草坪绿地设计上的要求。

3. 绿地周围的环境关系，环境的特点，未来发展情况。如周围有无名胜古迹、人文资源等。

4. 绿地周围城市景观。建筑形式、体量、色彩等与周围市政的交通联系，人流集散方向，周围居民的类型与社会结构，如厂矿区、文教区或商业区等的情况。

5. 该地段的能源情况。电源、水源以及排污、排水，周围是否有污染源，如有毒有害的厂矿企业等情况。

6. 规划用地的水文、地质、地形、气象等方面的资料。了解地下水位，年、月降雨量；年最高及最低温度的分布时间，年最高及最低湿度及其分布时间；年季风风向、最大风力、风速以及冰冻线深度等。

7. 植物状况。了解和掌握地区内原有的植被种类、生态、群落组成。

8. 建植所需主要材料的来源情况，如苗木、种子等。

9. 甲方要求的设计标准及投资额度。

（二）图纸资料

1. 地形图　根据面积大小，提供 1∶2 000，1∶1 000，1∶500 建植地范围内总平面地形图。图纸应明确显示以下内容：设计范围（红线范围、坐标数字）。建植地范围内的地形、标高及现状物（现有建筑物、构筑物、山体、水系、植物、道路、水井，还有水系的进、出口位置、电源等）的位置。现状物中，要求保留利用、改造或拆迁等情况要分别注明。四周环境情况：主要道路名称、宽度、标高点数字以及定向和道路、排水方向；周围机关、单位、居住区的名称、范围，以及今后发展状况。

2. 局部放大图　1∶200 图纸用于局部详细设计。

3. 现状树木分布位置图（1∶200，1∶500）　主要标明要保留树木的位置，并注明种类、胸径、生长状况和观赏价值等。有较高观赏价值的树木要附彩色照片。

4. 地下管线图（1∶500，1∶200）　一般要求与施工图比例相同。图内应包括要保留和拟建的供水、雨水、污水、化粪池、电信、电力、暖气、煤气、热力等管线位置及并位等。除平面图外，还要有剖面图，并需要注明管径的大小、管底或管顶标向、压力、坡度等。

（三）现场踏查

现场踏查是绿地设计必须进行的工作。一方面，核对、补充所收集的图纸资料，如现场的建筑、树木等情况，水文、地质、地形等自然条件；另一方面，设计者到现场，可以根据周围环境条件，进入艺术构思阶段，以便对可利用的景物和影响景观的物体予以适当处理）。如面积较大，情况较复杂，必要时，踏查工作要进行多次。

现场踏查的同时，可拍摄环境现状照片，以供进行总体设计时参考。

（四）编制总体设计任务书

设计者将所收集的资料，经过分析、研究，定出设计原则和目标，编制出设计的要求和说明。主要包括以下内容。

1. 明确该设计的原则和目标。

2. 明确该绿地在全市园林绿地系统中的地位和作用。

3. 明确该绿地所处地段的特征及周边环境。

4. 明确该绿地的面积和游人容量。

5. 明确该绿地总体设计的艺术特色和风格要求。

6. 明确该绿地总体地形设计和功能分区。

7. 明确该绿地近期、远期的投资和单位面积造价的定额。

8. 明确该绿地分期建设实施的程序。

二、总体规划设计阶段

总体规划设计主要有三方面的工作：图纸、文本说明书、概预算。

（一）主要设计图纸内容

1. 位置图（1∶5 000~1∶10 000）。

2. 现状分析图。

3. 总体规划平面图。

4. 整体鸟瞰图。

5. 地形规划图。

6. 绿化规划图。

7. 管线规划图。

（二）文本说明书

设计说明书主要包括以下内容。

1. 主要依据。

2. 规模和范围。

3. 艺术构思。

4. 地形规划概况。

5. 种植规划概况。

6. 功能与效益。

7. 技术、经济指标。

8. 需要在审批时决定的问题。

（三）工程概算书

1. 土方工程概算。

2. 绿化工程概算。

三、详细设计阶段

在总体设计方案最终确定以后，就要进行局部的详细设计工作。

局部详细设计的主要内容有：

（一）图纸部分

1. 平面图　根据绿地或工程的不同分区，划分若干局部。每个局部根据总体设计的要求，进行详细设计。

2. 横纵剖面图　为更好地表达设计意图，在局部艺术布局最重要部分，或局部地形变化部分，画出断面图。

3. 局部种植设计图　要求能准确地反映花木的种植点、种植数量、种植种类。

4. 综合管网图　标明各种管线的平面位置和管线中心尺寸。

（二）文本说明书

对照总体规划图文件中的文字说明，提出全面的技术分析和技术处理措施，各专业设计配合关系中关键部位的控制要点，以及材料、设备、造型、色彩的选择原则。

（三）工程量总表

其中包括：各种植物的种类、数量；平整地面、挖填方的数量；各种管线的长度、管径。

此外，还要相应地做出概预算。

四、施工图设计阶段

根据已获甲方批准的规划设计文件和详细设计资料，即可进行施工设计。在详细设计阶段未完成的部分都应在本阶段完成。主要内容有：

（一）施工总平面图（放线图）

主要表明各设计因素之间具体的平面关系和准确位置。标出放线的坐标网格、基点、基线的位置。图纸内容有：地下管线、构筑物、现场树木等；设计地形等高线、高程数字；放线坐标网，做出工程序号、透视线等。图的比例尺为 1：100～1：500。

（二）竖向施工图

用以表明各设计因素的高差关系。

1. 平面图　内容有：现状与原地形标高；设计等高线，等高距；纵坡坡度等。并注明设计标高、填挖高度，列出土方平衡表；图的比例尺为 1：100～1：500。

2. 剖面图　在重点地区、坡度变化复杂地段做出剖面图。以表示出各关键部位标高。图的比例尺为 1：20～1：50。

3. 做法说明　包括：土质分析；微地形处理；客土处理。

4. 预算

（三）种植施工图

1. 平面图　在该图上标出各种园林植物的种类、数量、种植方式、与周围固定构筑物和地上、地下管线之间的距离。保留的树种，如属于古树名木，则要单独注明。图的比例尺为 1：100～1：500。

2. 立面、剖面图　立面、剖面图在竖向上反映了植物天际线的变化，以及与地上、地下管线设施之间的关系，比例尺为 1：20～1：50。

3. 种苗表　包括种子、苗木种类或品种、规格、数量。

4. 预算

（四）管线施工图

1. 各管线的平面位置。

2. 注明每段管线的长度、管径、高程及如何接头。

（五）设计概算

1. 土建部分　逐项目估单价，按工程定额计算造价。

2. 绿化部分　按基本建植材料预算价格制定种苗单价，按工程定额计算造价。

第二节　草坪绿地施工流程

一、草坪绿地施工的构成

草坪建植施工是以草坪草为植物素材，根据建植目的，使其在具体的环境中健康生长发育的栽植工作。在施工中，除了掌握规划设计中所要求建植草坪的目的、功能外，还应充分掌握建植景观的要求，在规定的期间内安全完成施工。

建植施工是工作进行到一定程度时讨论施工计划的作业。在现场施工时，它由建植基床整备工程作业、栽植工程作业构成。（图 6-2-1）

施工计划是依照工程目的，以设计图书为基础，为了在工期内完成施工而讨论施工工作

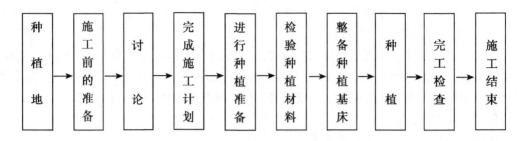

图6－2－1　草坪绿地施工流程

业的进展情况，并制定出作业计划。具体说，就是对比施工作业的进行情况，统一管理，如有必要需进行适当的修正。

建植基床整备工程是在建植工程之前进行的作业。基床的处理应依照土地的利用形态，进行挖土或推土等土方工程来整地。这种作业不仅在建植施工时进行，为了调节土壤环境条件，建造能长期维持植物正常生育的生育基床，在建植基床整备作业中也有必要对基床进行改造和处理。

建植工程是以建植设计图书为基础，确定最适宜的植物材料及其栽植位置，并进行栽植的作业。

二、施工前的准备

施工前的准备是以掌握工程概况、施工现场诸条件为目的的作业。

要熟读设计图书，充分理解投资者的意图。同时还要进行现场踏查，确认现场条件、周边条件和工程条件等。另外，在使用特殊材料及大量使用植物材料的场合，还要进行材料准备的筹划。

三、施工计划

施工计划是指在进行建植工程施工时，以设计图为基础，在规定工期内用适当的费用保证施工的质量及工期而制定的工程和管理计划。从计划制定开始到施工结束，整个期间的修正、改善，都是在计划的基础上的。在制定计划时要进行充分的预备调查，并且在工程进行过程中，还要比较计划与施工的实际情况进行适当的调整。

（一）工程进度计划

工程进度计划是为了确保在规定工期内完成工程，以工程进度表的形式制定的日程计划。工程进度计划中需计算作业可能的天数、日平均施工量、阶段性平均施工量等，因此，应进行详细讨论后方可制定。

为了在规定工期内完成计划任务，要及时掌握工程进展情况，如发现计划与工程实际情况不符合时，必须迅速采取纠正措施。为确保工程按计划进行，最好用工程表的形式制定施工顺序，明确施工的进度。

（二）材料计划

材料计划是为了使施工所需要的材料在规定时期及必要场所中，以一定的数量被提供而制定的计划，一般要做成材料运进计划书。在制作时，重要的是建植顺序与计划中已制定的临时设置、临时建植等相符合。材料运进计划书由品名、规格、数量、品质、运入预定时期、制造公司（供给公司）及合格证书等构成。在植物运进计划书中，还要记录植物的来源（供给公司的圃场等）及检疫证书等。

（三）施工管理

为使工程顺利有效的进行，要对各工程部门进行有机统一的管理，对劳动力与材料及其他筹备工作也不能疏忽。施工管理的目的是为了保证施工工期，提高施工质量，确保经济节约。施工管理的内容有工程管理、质量管理、建成形态管理、成本管理、安全管理等。

四、材料检查

材料检查就是在使用前检查确认施工材料的品质、规格是否符合说明书中的标准。为实现设计图书中的建植目的，并使施工后的维持管理顺利进行，在施工前检查施工材料是很有必要的。

（一）植物材料检查

植物材料的检查有以下 3 方面内容。

1. 品质检查　检查材料是否具有旺盛的活力，建植后能否成活、良好生长。

2. 尺寸检查　检查材料与建植设计所规定的尺寸是否相符。

3. 数量检查　检查材料与设计的数量是否一致。

（二）建植材料检查

建植材料检查是对设计图书规定的植物材料以外的使用材料的品质和数量等进行确认。草坪绿地的建植主要使用的建植材料有以下几种。

1. 客土　客土是适合植物生长发育的土壤，因此，要清除小石子、垃圾、杂草及其种子等杂物。

2. 肥料　肥料是为了建植和培育植物而施于土壤或叶面上的养分。主要有以下几类。

（1）堆肥类：有机物充分腐烂，没有对植物生长发育有害的瓦砾、塑料等杂物。

（2）有机肥料：作为肥料成分的油籽类、鱼粉、鸡粪、牛粪等各种优质成分损失很小，没有其他有害物质的侵入，不携带病原物和杂草种子，呈干燥状态。

（3）化学肥料：没有侵入杂物，具有各种指定的肥料成分，没有变更。

（4）其他：不同品质的肥料都有相应的包装，若为商品，应查看包装物有无破损还应明确标出商品种类（成分表），制造年月日，制造厂家名称、规格。

3. 土壤改良材料　土壤改良材料应没有杂物混入且没有变质；不同品质的材料都有相应的包装，查看其有无拆封。

五、草坪绿地建植基床整备

建植基床整备就是整备草坪草等植物生长发育的基床。对草坪植物的生长发育基床既要考虑到疏松柔软，利于根系伸长，还应照顾到土壤保水、排水、保肥力等对植物生育有影响的土壤性状。

（一）填方

填方是为了确保草坪生长发育基床的有效土层、填覆适宜草坪生长发育的土壤材料而进行建植基床整备的作业。作业中，除了确认填土材料的品质外，还要在对象地中均匀铺设。要注意确保其通气性、透水性和保水性，不能过度碾压。施工过程中应注意以下几点。

1. 填土材料的铺设 铺设时，机械在床土表层施工，常会导致床土的过度碾压，因此应注意减少机械行走的次数。

2. 土壤的紧实性 若无必要，不必使土壤紧实。在土壤紧实时，土壤硬度应以根系能自由长入为宜，同时还要确保土壤的通气性、透水性、保水能力和保肥能力。

3. 表面润饰 该作业是铺设回填材料并使土壤紧实作业中的一环，是在填土工程完成时，用湿地压路机或超湿地压路机等使回填土表面均匀，并具有一定坡度的作业。

（二）翻耕

翻耕是为了改善建植基床土壤空气缺乏及土壤过湿等土壤环境而将土壤耕起的作业。土壤翻耕的种类有普通耕、深耕、混层耕和心土破碎多种。

1. 普通耕 一般耕起土壤表层20cm深，以改良土壤的结构、改善土壤的通透性、扩大有效土层厚度。

2. 深耕 是在保证一般有效土层深度（40~60cm）时进行的表层翻耕作业。

3. 混层耕 当表层与下部土壤性质有差异时，通过混层耕耘，确保有效土层，使土层构造具有连续性的一种作业。

4. 心土破碎 土壤硬度高，不易实施行深耕和混层耕，以及土壤通透性很差的情况下，用心土破碎下层的硬土层以改善土质的作业。

（三）排水

排水是为了确保建植基床没有多余的水分，缓和排水不良造成植物根系缺氧而进行的作业。施工时，要注意排水坡度，同时不要损坏地下埋设物。

1. 地表排水 建植基床表面不应存水，通过地表坡度排走根际多余的水分。

2. 开渠排水 在建植基床周围设置水沟，既可排走地表水，又可防止外部地表水流入。

3. 暗渠排水 在建植基床下部设置中空管道，通过水分下渗排水。

（四）土壤改良

土壤改良是为了改良建植基床的理化性质和维持、增进地力而施用土壤改良材料的作业。施工时，要注意改良材料的特性，并且使土壤改良材料与基床土壤混合均匀。土性改良中使用的改良材料，依其特性可分为有机质类、无机质类、高分子类。中和型改良材料有改良酸性土壤的石灰（硫酸钙、碳酸钙），改良碱性土壤用的石膏和硫酸亚铁等。

（五）施肥

施肥是为了促进草坪生长而施入肥料的作业。肥料的种类根据其成分可分为无机肥与有机肥，还可根据分解速度分为速效肥、缓效肥和迟效肥。建植时主要使用迟效肥或缓效肥。肥料的施量要适宜，不能过少或过多，过少使草坪草不能获得足够的养分，过多则会引起生理上的危害。

六、栽植

草坪草的栽植可分为种子繁殖和营养繁殖两种方法。具体采用何种方法应根据成本、时间要求、繁殖材料、建坪目的等来确定。通常种子繁殖适合冷地型草坪的建植，形成的草坪质量较高，成本低，劳动力消耗较小，利于大面积建坪，但成坪所需时间较长。营养繁殖适合暖地型草坪的建植，成本较高，所需时间和草坪质量则依所采用的方式不同而存在较大差异。

七、工程完成

设计图书所要求的各种建植作业都完成后，还要进行数量、品质、规格等的确认，清扫整理现场，并撤销临时设置，参考施工前的照片等使现场恢复原貌。

一般来说，以上作业完成并检查后，整个建植施工便完成了。

第三节　坪床土壤分析与坪床制备

草坪植物根植于土壤中，其正常生活所必需的水分和养分均由土壤提供。草坪土壤通过对水、肥、气、热的直接影响与草坪草的生长发育有着密切的联系，不管是在建坪时还是在草坪养护管理时，对坪床土壤的性状都必须有确切的了解，这样才能做好建坪和养护管理工作。因此，只有先对坪床土壤进行测定、分析，才能够对土壤进行改良，以期获得一个良好的坪床。

一、坪床土壤分析

作为草坪草生长的基质，土壤直接影响着草坪的质量。土壤的特征在于疏松，而特性在于具有肥力。决定土壤肥力的主要因素有土壤质地、土壤有机质、土壤结构、土壤水分与空气、土壤矿物质、土壤酸碱度、土壤生物、土壤硬度等。

（一）土壤质地

不同土壤的矿物质颗粒组成比例差异很大，很少是单一的由某一粒级组成的，即使是最粗的粗沙土或最细的黏土，也不是由纯沙粒或纯黏粒所组成的，而是沙粒、粉粒、黏粒都有，只不过是各粒级所占的比例不同而已，如在沙土中沙粒占的比例大，黏土中黏粒占的比例大。因此，把土壤中各粒级土粒的配合比例，或各粒级土粒占土壤质量的百分数叫做土壤质地（也称为土壤的机械组成）。

不同质地的土壤具有不同的肥力与性状，对植物生长发育具有不同的影响。通常认为壤土是最适宜草坪草生长的土壤。在草坪的栽培管理中，尤其是高级草坪，往往要将土壤质地调制成壤土。并根据所选草种的要求，或略偏沙，或略偏黏，即在沙壤土——壤土——黏壤土的范围之内。因此，需要对土壤质地进行测定。

1. 实验室分析　土壤质地测定最精确的方法是实验室分析。广泛使用的方法是：将水装到 1L 瓶的 2/3 处，加入待测土壤和分散剂（分散剂使土壤团聚体离散成单粒），再加满水，拧紧瓶盖，用力摇 5min。停止摇动后，由于颗粒大小不同，各粒级以不同的速度从悬浮液中沉淀下来，最先是沙粒，接着是粉粒，最后是黏粒。由此可以计算出沙粒、粉粒和黏粒的百分率，并确定出土壤的类型。

2. 感觉测定　除了实验室分析，还可以通过用手触摸土壤来估计土壤质地，此法快速、简便、实用，但需要有准确的测定经验。

沙土：无可塑性，用手指捻动，可感觉到单个沙粒。湿时尚能握在一起，但松开时极易碎裂。

沙壤土：可以看到或触摸到沙粒，湿土可握成团，放开后不容易破碎。

壤土：有沙的感觉，很光滑，这是粉粒与黏粒的感觉。如果有机质较多，会有一种油腻的感觉。

沙黏土：至少有 50% 的粉粒，感觉柔软、光滑。能捻出 25~40mm 长的土条。

黏壤土：有黏性，感觉松软、有吸水性。能捻出一个薄而长的土条，约 40~60mm。

黏土：可捏成各种形态，土条长度可达 75mm 以上。

（二）土壤有机质

土壤有机质是指存在于土壤中所有碳的有机物质，它包括土壤中的各种动、植物残体、微生物及其分解、合成的产物。是土壤的重要组成部分之一。虽然含量较少，但在土壤肥力、环境保护以及作物生产等方面都起着极为重要的作用。首先，它含有植物生长所需要的各种营养元素，为土壤微生物生命活动提供能源，对土壤物理、化学和生物学性质均有着很大的影响。其次，是对重金属、农药、化肥等有机、无机污染物起着明显的抑制和减轻毒害的作用。最后，有机碳被认为是影响全球"温室效应"的主要因素，对全球碳素平衡有着重要意义。

因此，测定土壤有机质含量的多少，在一定程度上可以说明土壤的肥沃程度。

其测定原理为：在加热的条件下，用过量的重铬酸钾—硫酸（$K_2Cr_2O_7 - H_2SO_4$）溶液，来氧化土壤有机质中的碳，$Cr_2O_7^{2-}$ 等被还原成 Cr^{3+}，剩余的重铬酸钾（$K_2Cr_2O_7$）用硫酸亚铁（$FeSO_4$）标准溶液滴定，根据消耗的重铬酸钾量计算出有机碳量，再乘以常数 1.724，即为土壤有机质的量。

（三）土壤结构

土壤结构性反映了土壤的一种重要的物理性质的状态，主要指土壤中单粒和复粒（包括各种结构体）的数量、大小、形状，性质及其相互排列、相应的孔隙状况等综合特性。任何一种土壤，除质地为纯沙外，各级土粒由于不同原因相互团聚成大小、形状和性质不同的土团、土块、土片，称为土壤的结构体。这些不同形态的结构体，在土壤中的存在及排列状况，会改变土壤的孔性，直接影响土壤肥力、养分运转及耕性的变化。

在各种结构体中，团粒结构是对植物生长发育特别有利的。具有团粒结构的土壤能够同时保证植物对土壤水分、空气、养分及温度的需要。团粒结构主要是由土壤胶体，特别是腐殖质胶体——腐殖酸和 Ca^{2+}，使土壤颗粒胶聚而成。因此，植物、土壤微生物及其他生物在土壤团粒结构形成中起了主要作用。

草坪栽培管理得当，不仅能获得优质草坪，而且基床土壤也能逐年得到改良，土壤肥力得以提高。因此，好草坪——好土壤，好土壤——好草坪的良性循环一旦建立，即能获得寿命长且费用较低的优质草坪。

（四）土壤水分与空气

土壤水分与空气并存于土壤间隙内，或水多气少，或水少气多，互为进退。其中与植物有直接关系的有5种水。

1. 固态水　低温导致土壤水结冰，可能造成根系等冻害，但能松土，有利于土壤进一步风化。温度回升，冰化成水，又可供植物利用。

2. 气态水　土壤空气中具高含氧水汽，对植物、土壤微生物等都是有利的。

3. 膜状水　土粒表面吸湿水与其他水分子相互吸引，从而形成一层水膜，称为膜状水。能缓慢地移动，部分能够被植物吸收利用，一旦膜状水减少到不能为植物所吸收时，植物的局部就会出现萎蔫现象。即使立即灌溉，也需较长一段时间植物才能恢复到正常生长状态。在草坪栽培管理中，要尽可能避免出现这种现象。一旦发生，损失是难以挽回的。所以，初期萎蔫植株的田间识别，在草坪栽培管理中是一项重要的措施。而对比遮荫与未遮荫植株的光泽与姿态是一种简便可行的有效方法。

4. 毛管水　毛管水是植物吸收利用的主要土壤水，不仅溶有养分，还含有氧气，通过土壤的毛细作用可以上下移动。若降水或灌溉过多，超越了田间持水量，携带着养分和氧气的毛管水就会变成重力水而流失。

5. 地下水　地下水是滞留在不透水层之上的一个水层。地下水是毛管上升水的水源。地下水位的高低、酸碱度和含盐量等，均对植物生长发育有影响。在草坪建植与养护中，以离地表1~1.2m的地下水位为宜。

协调土壤的水与气，以土壤含水量在田间持水量的50%~70%之间为宜，确保同时供水、供氧，是草坪栽培管理的一项经常性工作。这就需要调制好土壤质地，施入足量的有机肥料，促使腐殖质的形成、土壤团粒结构的发育，为草坪建植养护中，协调土壤水、气打下基础。

（五）土壤矿物质

高等植物经100~105℃烘干后，失去80%左右的水分，剩余的称作干物质。将干物质在600℃高温下充分燃烧，碳、氢、氧、氮分别以二氧化碳、水蒸气、氮气及氮的氧化物等气态形式散失到大气中，余下约40余种元素统称灰分元素或矿质元素。由于氮素主要以离子形式被植物根系吸收，一般作为肥料使用，习惯上归为矿质元素。

所有这些元素中，有16种元素被认为是植物生命活动所必不可少的，称为必需元素。碳、氢、氧、氮、磷、钾、钙、硫、镁等各占植物干重的千分之几以上，称为大量元素。铁、锰、硼、锌、铜、钼、氯等各占植物干重的千分之一以下，称为微量元素。微量元素含量虽少，但其重要性不亚于大量元素。

碳、氢、氧是植物的基本组成成分，占植物干重的90%以上，可以通过吸收空气和土壤中的二氧化碳和水分来获得。其余元素必须通过土壤来得到。一般情况下，土壤中不缺乏微量元素，但氮、磷、钾的含量则变化很大。因此，建植草坪之前需要对土壤养分含量进行分级、测定，以便从数量上评价土壤中的养分状况。

1. 氮素　氮素是一切生命活动的基础，是组成蛋白质的主要成分之一。适宜的氮素含量是草坪草生长茂盛、叶色浓绿的根本保证。缺氮将造成叶色发黄，影响草坪观赏品质。

土壤中的氮素可分为有机态氮和无机态氮两大类。有机态氮是土壤中氮的储藏库，一般占全氮量的95%以上。

受自然因素（气候、地形及植被）和农业措施（耕作、施肥、灌溉及利用方式）的影响，土壤中氮素的含量变异性很大。我国土壤除东北黑土类、中部的棕壤、山地草甸土、草原栗钙土及低洼沼泽土外，一般土壤耕层含氮量都在0.2%以下（表6-3-1），有些如冲刷严重、贫瘠的荒漠以及沙丘土壤含氮量可低至0.05%以下。

表6-3-1　我国主要地区土壤的含氮量状况

地区	变化范围（%）	地区	变化范围（%）
东北黑土区	0.15~0.35	华南地区	0.06~0.21
黄淮海地区	0.03~0.10	西南地区	0.04~0.19
西北黄土区	0.04~0.10	蒙新干旱地区	0.05~0.20
长江中下游地区	0.05~0.19	青藏高寒地区	0.05~0.27

土壤中无机态氮的含量很低，表土中仅占全氮量的1%~2%，最多不超过5%~8%，主要以铵态氮（NH_4^+—N）和硝态氮（NO_3^-—N）形式存在，皆为水溶性速效养分，易为植物吸收利用。铵态氮以阳离子形式存在，可以被土壤胶体吸附，在微生物作用下可转化为硝态氮。硝态氮以阴离子形式存在于土壤中，易流失或被反硝化细菌作用还原成氮气而散失。

土壤水解性氮，包括矿质态氮和有机态氮中比较易于分解的部分。其测定结果与作物氮素吸收有较强的相关性。测定土壤中水解性氮的变化动态，能及时了解土壤肥力状况，指导施肥。其测定方法为：在密封的扩散皿中，用1.8mol/L氢氧化钠（NaOH）溶液水解土壤样品，在恒温条件下使有效氮碱解转化为氨气状态，并不断地扩散逸出。由硼酸（H_3BO_3）吸收，再用标准盐酸滴定，计算出土壤水解性氮的含量。旱地土壤硝态氮含量较高，需加硫酸亚铁使之还原成铵态氮。由于硫酸亚铁本身会中和部分氢氧化钠，故需提高碱的浓度（1.8mol/L，使碱保持不低于1.2mol/L的浓度）。

2. 磷素　磷的需要量较氮素少，草坪草吸收的主要形式是正磷酸（H_3PO_4）。吸收的磷素在植物体内以离子、无机盐和有机态存在。磷是许多蛋白质、辅酶、核酸等的组成要素，在能量转化中起着重要作用。磷也是细胞膜的重要组成成分。缺磷将造成老叶过早死亡，根系和叶片生长受到抑制，耐旱性和抗寒性下降，甚至导致草坪草枯死。

我国大多数土壤，表层（0~20cm）的含磷量变动在0.04%~0.25%之间，不同类型土壤的变幅很大。从总体看，我国自北而南或自西而东土壤含磷量呈递减趋势。以华南的砖红壤含磷量最低，东北的黑土、黑钙土和内蒙古的栗钙土含磷量最高；华中的红、黄壤以及华北的褐土、棕壤介于以上二者之间。

磷素在土壤中以有机态和无机态两种形式存在。有机态磷约占土壤全磷量的10%~50%。无机态磷主要以磷酸钙（镁）类、磷酸铁、铝类和闭蓄态磷存在。土壤中磷的固定作用十分强烈，化学磷肥的有效性很低。通过调节土壤酸碱度、增施有机肥可以提高磷的有效性。

了解土壤中速效磷供应状况，对于施肥有着重要的指导意义。土壤速效磷测定提取剂的选择主要根据各种土壤性质而定，一般情况下，石灰性土壤和中性土壤采用碳酸氢钠来提取，酸性土壤采用酸性氟化铵或氢氧化钠—草酸钠来提取。石灰性土壤由于有大量游离碳酸钙存在，不能用酸溶液来提取速效磷，可用碳酸盐的碱溶液来提取。由于碳酸根的同离子效应，碳酸盐的碱溶液降低碳酸钙的溶解度，也就降低了溶液中钙的浓度，这样就有利于磷酸钙盐的提取。同时由于碳酸盐的碱溶液也降低了铝和铁离子的活性，有利于磷酸铝和磷酸铁的提取。此外，碳酸氢钠碱溶液中存在着 OH^-、HCO_3^-、CO_3^{2-} 等阴离子有利于吸附态磷的交换，因此，碳酸氢钠不仅适用于石灰性土壤，也适用于中性和酸性土壤中速效磷的提取。待测液用钼锑抗混合显色剂在常温下进行还原，使黄色的锑磷钼杂多酸还原成为磷钼蓝进行比色。

3. 钾素　钾是植物体内含量较高的元素之一。以离子形式被草坪草吸收，并以离子态存在于植物体内。钾的主要功能是调节细胞的渗透压、维持离子平衡、保证细胞内物质代谢的正常进行。钾素对于物质的运输起着十分重要的作用，可以提高草坪草的抗逆性。这对于草坪草的越夏或越冬有着重要的作用。缺钾会使叶片失绿，易受损伤，抗逆性下降。

土壤中钾的含量远高于氮和磷，约为全氮和全磷的 10 倍，平均含量（K_2O）约为 3%。土壤中钾主要来自矿物质，不同母质的矿物组成不同，其含钾量也差别较大。我国自南向北土壤含钾量是逐渐增加的。如华南砖红壤地区，土壤钾平均含量为 0.4%；往北红黄壤地区为 1.2%；长江中下游地区的水稻土可达 1.7%；华北地区超过 2.0%；东北、内蒙古自治区地区高达 2.6%。钾在土壤中以无机离子形式存在，根据植物吸收的难易程度，可分为矿物态钾、缓效性钾和速效性钾三种形态。速效性钾是钾素的直接供应者，容易被植物吸收。而缓效性钾不能被植物直接吸收利用，但与速效性钾保持一定的平衡，对保钾和供钾起着调节作用。

钾在土壤中以无机离子形式存在，易被淋失。随着环境条件的变化（如冷热交替），土壤对钾又有着一定的固定作用。增施有机肥可以减少钾素的流失和固定，并能提高其有效性。

速效性钾，可以被当季作物吸收利用，是反映钾肥肥效高低的标志之一。测定方法为：以中性 $1mol/L\ NH_4OAc$ 溶液为浸提剂，NH_4^+ 与土壤胶体表面的 K^+ 进行交换，连同水溶性的 K^+ 一起进入溶液，浸出液中的钾可用火焰光度计法直接测定。

4. 钙、镁、硫

钙可以增加细胞膜的稳定性，从而增加草坪草的抗逆性。

镁是植物叶绿素的成分，是草坪草光合作用的基础，也是草坪草的魅力之所在。镁是多种酶的活化剂，还能促进植物对磷的吸收。

土壤中的钙、镁是以无机态形式存在的。植物主要以离子形式吸收钙和镁。缺钙时，新叶红棕色，发育不良。缺镁时，叶片脉间失绿。

硫是蛋白质的组成成分，对植物呼吸、根系生长和根瘤的发育均有重要影响。植物吸收硫的形式是硫酸根（SO_4^{2-}），缺硫时，新叶黄化。

5. 微量元素　微量元素在土壤中主要以无机态存在，其供应受到土壤酸碱度、土壤氧化还原状况、土壤矿物质的固定作用以及有机酸的络合作用等影响。

微量元素对于草坪草的生长发育起着十分重要的作用。缺少时，会产生各种特定的症状，严重时草坪草生长受阻，草坪质量下降。缺铁、锰时，新叶脉间失绿；缺锌时，生长迟缓，叶子薄而皱缩；缺硼时，失绿，生长迟缓，花而不实；缺钼时，老叶灰绿色；而缺铜、氯时无明显症状。微量元素并不是越多越好，过量的微量元素会对草坪草造成伤害，特别是在土壤过酸或过碱时，微量元素的有效性大大增加，造成草坪草体内某种微量元素的积累，从而对草坪草造成伤害。

（六）土壤酸碱度

土壤酸碱反应是土壤的重要化学性质。土壤的酸碱性直接影响植物的生长和微生物的活动以及土壤的其他性质与肥力状况等。我国土壤的酸碱度大多数 pH 值为 4.5～8.5 之间。在地理分布上有"东南酸西北碱"的规律性。大致表现为以北纬 33°为界，长江以南的土壤多为酸性或强酸性土壤，长江以北的土壤多为中性或碱性。

pH 值对土壤中氮素的硝化作用和有机质的矿化等都有很大的影响，因此对草坪草的生长发育有着直接影响。在盐碱土中测定 pH 值，可以大致了解是否含有碱金属的碳酸盐和发生碱化，作为改良和利用土壤的参考依据。

（七）土壤生物

土壤生物中对植物生长发育、土壤发育等作用最大的是土壤微生物。微生物中又以细菌和真菌对有机质的分解作用较大。此外，还有固氮的，能分解土壤颗粒释放磷、钾的，分泌抗生素的微生物，都是土壤中有益的微生物。土壤内还有有害微生物，主要是一些致病菌，如导致草坪苗期猝倒的腐霉菌属（Pythium）、镰刀菌属（Fusarium）、丝核菌属（Rhiaoetasia）等真菌。

另外，土壤生物中还有动物，也分有益、有害，甚至某个时期有益，某个时期有害等。

（八）土壤硬度

土壤硬度，是土壤质地、结构、有机质、腐殖质和含水量等综合反映的一项土壤机械性状。通常以单位面积可以承受的不致变形的最大压力表示。据有人对草坪运动场的调查，草坪覆盖下的土壤硬度为 5.5～6.2kg/cm^2，半覆盖地为 8.5kg/cm^2，裸地为 10.8kg/cm^2；显然，草坪覆盖能够增加土壤含水量和有机质含量，导致土壤硬度降低，可塑性增高。土壤硬度影响草坪草扎根、出苗，影响草坪的耐磨损性及耐践踏性等。土壤硬度可用"土壤硬度计"来测定。

二、坪床的制备

草坪的建植是在新的起点上建立一个新的草坪地被，开始工作的好坏对今后草坪的品质、功能、管理等方面将带来深远的影响。因此，坪床的制备对良好草坪的形成起着极其重要的作用。

理想的草坪坪床应是土层深厚、肥沃，无异型物体，排水良好，pH 值在 6～8 之间，质地适中的土壤。然而，建坪的坪床并非完全具有这些特性。因此，建坪前必须根据土壤分析的具体情况对坪床进行处理，使床土结构达到草坪草正常生长所要求的条件和状态。

坪床制备工作大体包括坪床清理、土壤改良、翻耕、平整工作等。

（一）坪床的清理

坪床清理是指在建坪场地内有计划地清除和减少障碍物的作业。如在长满树木的场所，应完全或选择性地伐去树木或灌木；清除不利于操作和草坪草生长的石头、瓦砾；杀灭和清除杂草；进行必要的挖方和填方等。

1. 树木的清理 树木包括乔木和灌木以及倒木、树桩和树根等。对于树木的地上部分，清除前应准备清除工具及运输机械。树桩及树根则应用挖掘机或其他的方法挖除，以避免残体腐烂后形成洼地，破坏草坪的一致性，同时还可防止菌类的滋生。

2. 岩石和巨砾的清理 除去岩石和巨砾是坪床清理的主要工作，通常应在坪床土壤以下不低于60cm处将其除去并用土填平，否则将形成水分供给不均匀现象。对于一些观赏草坪或特殊草坪，难以清理的石子或小卵石（直径3cm以下）可不予清理，原因在于这些石子难以完全清除，且其存留能够保证土壤表面的湿度，且石子周围的温度较高，有利于种子发芽、出苗。此外，石子的存留还能够保证无喷灌设施条件下草坪草出苗的均匀性。

3. 建植前杂草的防除 在建坪的场地，某些蔓延性多年生草类特别是禾草和莎草，能引起新草坪的严重杂草侵染。即使在翻耕后用耙或草皮铲进行表面杂草处理的地方，残留的营养繁殖体也可再度萌生形成新的杂草侵袭。杂草防除工作应在坪床准备时进行，方法有物理方法与化学方法两种。具体防除方法随建坪场地，作业规模和存在的杂草种类不同而异。

（1）物理防除：是指用化学方法以外的常规手段杀灭杂草。常以手工或土壤翻耕机具，如拖拉机牵引的圆盘耙、手耙、锄头等，在翻挖土壤的同时清除杂草。

某些难以一次性清除的杂草，可采用土壤休闲的方法防除。此法宜在秋播建坪时施行。休闲是指夏季在坪床上不种植任何植物，并定期地进行耙、锄作业，以杀死杂草可能生长出来的营养繁殖器官。种繁草坪的休闲期应尽量长，这样有利于杂草的彻底防除。如用草皮铺植，休闲期应相应缩短，因为厚实的草皮覆盖，能够抑制一年生和两年生杂草的再生。

（2）化学防除：是指使用化学药剂杀灭杂草的方法。化学防除杂草最有效的方法是使用熏蒸剂和非选择性的内吸除莠剂。

常用有效的芽期除莠剂有丁草胺、异丙甲草胺、杀草丹、甲草胺、氟草胺、悉草灵、村草净、西草净等；苗期除莠剂有2，4－D丁酯、二甲四氯、百草敌等。除莠剂应在杂草长到10cm多高，并在坪床开始翻耕前30d至前7d施用，以利于除莠剂吸收并转移到地下器官。

熏蒸法是进行土壤消毒的有效方法。将高挥发性的农药施入土壤，以杀伤和抑制杂草种子、营养繁殖体、致病有机体、线虫和其他可能引起草坪损伤的机体，从而确保草坪的质量。床土熏蒸前应深耕，以利于熏杀剂的化学蒸汽向防治目标的侵入。土壤应保持一定的温度，以利熏杀剂在土中的传输。土温不应低于32℃，以保持熏杀剂的活性。

用于草坪的熏杀剂有溴甲烷、氯化苦、棉隆和威百亩等。具体的方法：用具自动铺膜装置的土壤熏蒸专用设备或人工在离地面30cm处支起薄膜，用土密封薄膜边缘，将熏杀剂引入薄膜中的蒸发皿中，并注入覆盖地段，24～48h后即可播种。

棉隆和威百亩可用喷雾的方式施入，使用后应立即灌水。施药3周后即可播种。

（二）土壤改良

理想的草坪土壤应是土层深厚、排水良好、pH 值为在 6 ~ 8、结构适中的土壤。但是，建坪的土壤并非完全具有这些特性，因此，必须对土壤进行改良。

土壤改良的程度将随建植草坪场地的基础条件不同而异，但是，总目标是使土壤形成团粒结构，并在长时间内仍然保持其良好性能。

土壤改良主要是在土壤中加入改良剂，以调节土壤的通透性及保水、保肥的能力。在生产中通常使用的是大量合成的土壤改良剂，如泥炭、草炭土、锯末等。泥炭的施用量约为覆盖坪床表面 5cm 的量。泥炭在黏质土壤中可以降低土壤黏性，分散土粒；在沙质土壤中，可以提高土壤保水保肥能力；在已建成草坪上还可改良土壤的回弹性。

大部分的草坪草在偏酸（pH < 5.5）或偏碱（pH > 8.0）的土壤环境中生长不良，因此，必须对偏酸或偏碱的土壤进行改良。可以施用石灰石粉（$CaCO_3$）等改良酸性土壤，施用石膏（$CaSO_4 \cdot 2H_2O$）、硫磺等改良碱性土壤。此外，增施有机肥也可以调节土壤酸碱度。

在草坪建植过程中，尤其是地形整理后，大面积表土被移去，坚实心土成为表土。由于心土结构差，肥力低，若不加以熟化，则草坪草难以良好生长。因此，地形整理时应尽可能保留表土，或回填表土。如果无法做到这点，则必须加以熟化。熟化可通过土壤耕作进行，先耕翻，晒垡或冻垡 10 ~ 15d，再耙碎。在耕翻时结合施用有机肥，重复进行多遍，直至心土疏松为止。

（三）翻耕

耕地包括为建坪种植而准备的土壤的一系列操作。在大面积的坪床上它包括犁地、圆盘耙耕作和耙地等连续操作。耕地的目的在于改善土壤的通透性，提高持水能力，减少根系刺入土壤的阻力，增强土壤抗侵蚀耐践踏的表面稳定性。土壤耕作应在适当的土壤湿度下进行，即在用手可把土握成团，抛到地面可散开时进行。

犁地是用犁将土壤翻转，由于它具有不均一的表面，因而可将植物残体翻入土壤深层。在犁过的或疏松的地段应进行耙地，破碎土块，以改善土壤的颗粒和表土的一致性。耙地可在犁地后立即进行，也可过一段时间进行，有利于土壤有机质的分解。为防止杂草而进行休闲的地段，通常进行圆盘耙耕作。

耙地是使表土形成颗粒和平滑床面为种植做准备的作业。耙地作业的质量高低，将影响草坪的质量与管理。

旋耕是一种粗放的耕地方式，它主要用于小面积坪床。旋耕操作可达到清除表土杂物和把肥料及土壤改良剂混入土壤的作用。

翻耕作业最好是在秋季和冬季较干燥时期进行，因为这样可使翻转的土壤在较长的冷冻作用下碎裂，同时还有利于有机质的分解。耕作时必须有目的地破除紧实的土层，在小面积坪床上可进行多次翻耕以松土，大面积则可使用特殊的松土机进行松土。

（四）平整

在建坪之初，应按草坪对地形的要求进行整理，如为自然式草坪则应有适度的起伏，规则式草坪则要求平整。平整是平滑地表、提供理想苗床的作业。平整时有的地方要挖方，有的地方要填方，因此在作业前应对需平整的地块进行必要的测量和筹划，确保熟土布于床面。坪床的平整通常分粗平整和细平整两类。

1. 粗平整　是床面的等高处理，通常是挖掉突起和填平低注部分。作业时应把标桩固定于相同的坡度水平之间，整个坪床应设一个理想的水平面。填方应考虑填土的沉降问题，细质土沉降系数在15%左右，填方较深的地方除加大填土量外，还需要采取镇压、灌溉措施加速沉降。

草坪表面排水适宜的坡度一般为0.5%～3%，在建筑物附近，坡度应是离开房屋的方向。运动场则应是隆起的，以便从场地中心向四周排水。高尔夫球场草坪，发球台和球道则应在一个或多个方向上向障碍区倾斜。

在坡度较大而又无法改变的地段，还应在适当的部位建造挡水墙。

2. 细平整　是用于平滑地表为种植做准备的操作。在小面积上人工平整是理想的方法。用绳子拉一个钢垫也是细平整的方法之一，大面积平整则需借助专用设备。

细平整应在播种前进行，以防止表土的板结，同时应注意土壤的湿度。

第四节　坪床排灌系统

灌溉与排水，对任何一块草坪，任何一种草坪草都是重要的。它们是土壤肥力，小气候调节的关键，而且是环境保护和改良的重要一环。灌溉和排水，贯穿于草坪建植和养护管理的全过程。灌、排系统的配置，是在地形整理结束之后、坪床整平之前。一个良好的灌、排系统是合理应用和保护水资源的基础。配置灌溉、排水系统，作定量计算时，可以当地8～10年降水资料与水文资料为据。

一、灌溉系统

灌溉是草坪需水除降水外的另一个重要来源，是草坪养护管理的重要内容。当降水不能满足草坪草需水要求时，应该进行灌溉。对草坪来说，我国常用的灌溉方式有漫灌和喷灌。漫灌由于浪费人力、物力和水，因此，建议更多的草坪采用喷灌。喷灌不仅有补充草坪需水的作用，还具有淋洗草坪表面的作用，使草坪看起来更美观、更具有活力。而且喷洒的水汽能够改善草坪周围的大气湿度，喷洒的水流也是一种水景景观。因此，草坪喷灌系统也称为喷淋系统。

（一）草坪喷灌设备

草坪喷灌系统是由喷头，干、支管道，控制闸阀，加压水泵等组成的压力喷水系统。根据喷灌系统控制方式，可分为自动控制喷灌系统和人工手动控制喷灌系统两大类。根据喷灌系统设备是否移动可分为全固定式喷灌系统、半固定式喷灌系统和移动式喷灌系统。

1. 喷头　喷头是喷灌系统最重要的设备，其性能和质量不仅影响到草坪喷灌系统的规划设计，也影响到喷灌系统的运行管理和工程造价。用于喷灌的喷头类型很多，可以根据喷头的安装位置、喷洒方式、喷洒范围等，将喷灌喷头分为几大类。

根据喷头的安装位置与地面的相对关系，喷头可分为地埋弹出式喷头和地上式喷头两类。

（1）**地埋弹出式喷头**　就是除喷头盖以外，其余部分埋入地下。在非工作状态下，喷头顶部与地面齐平，在地面上运动、行走不产生障碍，不影响景观效果，不妨碍草坪养护管理机械的工作，是一种草坪绿地专用喷头。

（2）地上式喷头　就是喷头安装在地面以上一定的高度。与地埋式喷头不同的是，专用于地上喷洒的喷头没有保护外壳，也不具备喷嘴弹出机构，因此，不能安装于地下，常见地上式喷头的类型主要是摇臂式喷头。在草坪喷灌中，由于地上式喷头必须有从地下主管连接喷头的竖管，影响草坪养护管理机械的工作，有碍草坪景观，因此，一般较少使用。

在草坪绿地喷灌系统规划设计中，首先要选定合适的喷头，要选择与喷灌区域草坪相适应的喷头，就必须了解喷头的性能。喷头的选型与草坪的使用功能、坪床起伏坡度、坪床土壤、水源条件以及喷灌工程的造价和运行管理费用密切相关，需要从技术、经济等方面综合考虑，以选择比较合理的喷头。喷头的性能主要包括水力性能、机械性能和经济性能三方面，这三方面均会影响喷头的选择。而其中水力性能是喷头选型中最重要的参数，这些参数主要包括喷头工作压力、喷洒范围或射程、喷头出流量、喷灌强度、雾化效果或水滴打击强度以及喷灌均匀度等。

2. 管道与管件　管道及管道连接件在喷灌系统中用量大、规格多、造价高。喷灌系统的设计在一定程度上就是管网的水力设计。所以，只有了解喷灌管道与管件的种类、规格、型号和性能，才能正确选用管道、管件和管理喷灌系统。管道的种类很多，常用的管道主要有硬聚氯乙烯塑料管（UPVC）、聚乙烯管（PE）、钢管等。对于草坪喷灌系统，大量使用硬聚氯乙烯塑料管，只有在局部的特殊地段才使用钢管，如穿过道路、河道、水泵出口等地。

3. 控制闸阀　控制闸阀可分为手动控制闸阀、电动控制闸阀—电磁阀、自动排气阀、自动排水阀和减压阀 5 种。

（二）草坪喷灌系统设计

草坪的喷灌系统规划设计，首先必须收集关于当地形、水文、气象、土壤和园林规划的资料。

在进行园林、草坪喷灌系统规划时，还要考虑周边人文环境的影响，不同区域的草坪有不同的服务功能，在规划时要了解草坪周围的人文环境与草坪的功能，使设计的喷灌能完全融入环境之中，成为一种与草坪相协调的景观。

不同用途的草坪，预期有不同的效果。有的草坪为了景观需要，有的草坪是为了防尘、护坡、水土保持及生态环境需要，有的草坪是为了运动的需要。因此，在进行草坪灌溉系统规划设计时了解建设者的投资期望是非常重要的，即建设者建植草坪的目的、投资规模、预期效果以及养护管理条件等。

（三）喷头与管道布置

1. 喷头的布置　在选定喷头以后，就可以根据喷灌区的形状布置喷头。对于不同用途的草坪，喷头布置方式是不同的。草坪喷头的布置要考虑各点均能喷到，又不能将水喷洒到草坪区域以外，因此，这类草坪的喷头布置应当遵循的原则是：一角，二边，三中间。首先应在折角处选择可调角度的喷头，因为折角、拐点处比较难以喷洒。在折角处确定喷头并确定了喷洒角度及覆盖范围以后，在各边均匀布置喷头，这些喷头尽量与拐角喷头型号一致，一般边线喷头的调整角度为180°。在拐角和边缘均布置喷头以后，中间地带再安排喷头，根据中间地带的形状和大小，可以采用正方形布置（图6-4-1），也可以采用三角形布置（图6-4-2）。

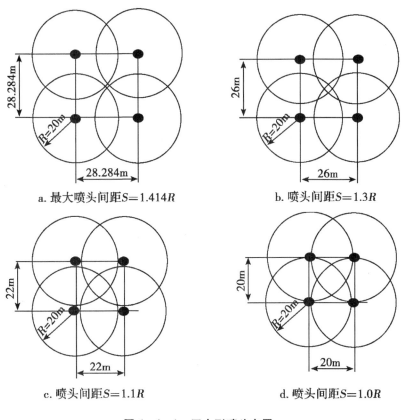

a. 最大喷头间距$S=1.414R$ b. 喷头间距$S=1.3R$

c. 喷头间距$S=1.1R$ d. 喷头间距$S=1.0R$

图 6 − 4 − 1　正方形喷头布置

（引自孙吉雄《草坪学》，2003）

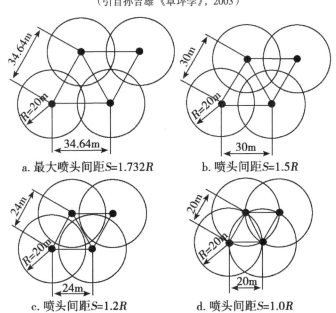

a. 最大喷头间距$S=1.732R$ b. 喷头间距$S=1.5R$

c. 喷头间距$S=1.2R$ d. 喷头间距$S=1.0R$

图 6 − 4 − 2　三角形喷头布置

（引自孙吉雄《草坪学》，2003）

对比正方形与三角形喷头布置的间距，可以发现在同等条件下，三角形喷头间距大于正方形喷头间距，说明三角形布置比正方形布置节省喷头。

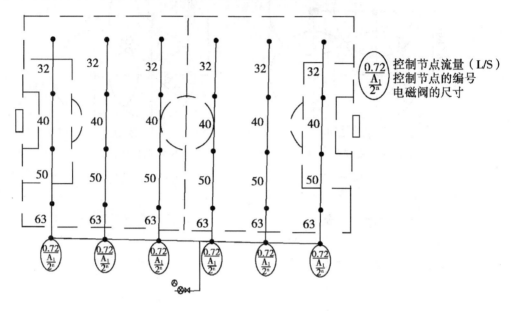

图 6 - 4 - 3　足球场喷灌系统管网布置

（引自孙吉雄《草坪学》，2003）

2. 管道布置　喷灌系统管道布置就是将各个喷灌单元用不同直径的管道连接起来，也就是从水泵到灌水单元形成一个压力供水系统（图 6 - 4 - 3）。喷灌系统管道布置形式分两类：一是枝状管网；二是环形管网。

枝状管网是草坪绿地常用的管道连接布置形式，主干管道向各个喷灌单元供水，主干管道布置呈树枝状，从水源加压斗水泵再分发向各供水点。

环形管网的主干管道闭合。形成环形水流。其特点是管网压力比较均衡，供水可靠性好，常用于高尔夫球场等大型重要草坪的喷灌系统。

二、排水系统

草坪草作为一种植物，必须有一定的光照、水分和营养物质才能正常生长。其中，水分是一个非常重要的因素。如果水分过多，就会导致土壤通气状况变差，使植物根系受淹而窒息死亡。因此，草坪排水是极其重要的。

优良的排水系统是草坪整体质量的保证。在雨季，如果过多的降雨不能及时排出草坪表面和根系层，会导致场地积水，根系受淹，草坪管理人员无法进行正常的草坪修剪工作，有时因草坪草生长过高而不得不修剪时，也会在场地上留下剪草机碾压的车辙，有时还会严重损伤草坪草，而且，场地有积水或过于泥泞时进行修剪，造成更为严重的后果是导致坪床土壤的过度紧实，对草坪草的生长、草坪质量的提高以及草坪使用寿命的延长都极为不利。

不同的草坪草，其耐淹性有所不同。因此，在建植草坪选择草种时，应充分考虑场地的排水状况，如果场地中没有设置排水系统，那么草坪中可能会经常性出现积水，则应选择耐淹性较强的草种。

良好的排水系统对草坪及坪床土壤的作用是多方面的，主要表现在：改善土壤通气性；有利于草坪草根系向深层扩展，使草坪草深层根系能获得更多的水分。

草坪排水可分为两类：地表排水和地下排水。两者的区别在于：地下排水的目的是排除根系层土壤过多的水分，其特点是排水入渗点或入渗面以及排水通道均埋设在地下；而地表排水则是从草坪草根部附近迅速排除未能入渗的多余水分，其特点是通过地表微地形起伏，将地表水汇集在地势低洼处，在此处建筑排水汇集入口，通过地下输水管道或沟渠将水排出。

（一）地表排水

地表排水主要是使土壤具良好的结构性，因此，由沙、粉沙和壤土组成的土壤是理想的。在像足球场那样践踏极强的草坪地，可设置沙槽地面排水系统。沙槽排水不仅可促进水的下渗，还能减轻土壤的紧实度，改善土壤结构，延长草坪寿命。

在建植草坪之前，通过地面微地形改造，利用地表起伏，将地表水排出场外，也就是通过一定的地表坡度使降雨时来不及下渗的水分沿地表自然流出草坪，汇集到场地周围的河、湖、排水沟、渠或雨水井中。地表排水设计的特点是将地表起伏的景观设计与排水设计相吻合，通过地形起伏，将较大的汇水区变成分散的小汇水区，从而减弱降雨径流对地表的冲刷。如果草坪绿地需要通过地表排水，则要进行整体排水流向的规划。

沙槽的设置方法是：挖宽 6cm，深 25～37.5cm 的沟，沟间距 60cm，并与地下排水沟垂直；将细沙或中沙填满沟后，用拖拉机轮或碾子压实。

地表排水中的坡度既不能太大也不能太小。太小起不到汇集降水的作用，太大则会对地表产生冲刷。

（二）地下排水

地下排水系统是在地表下挖一些底沟，以排掉过多的水分。排水管式排水系统是最常用的方式，排水管一般铺设在草坪表面以下 40～90cm 处，间距 5～20m。在半干旱地带，由于地下水可能造成表土盐渍化，排水管可深达 2m。

排水管可呈人字形或网格状铺设或简单地放置于水在地表的汇集处。

常用的排水管有陶管和水泥管，穿孔的塑料管也被广泛应用。在排水管的周围应放置一定厚度的砾石，以防止细土粒堵塞管道。在特殊的地点、砾石可一直堆到地表，以利于排出低洼地的地表径流。

鼠道式排水系统是一种适用于城市绿地和观赏草坪的经济排水系统。该系统设置时是将排水塑孔犁平行于地表犁过土壤，把道边土壤压实，使地下形成一个圆柱形管道，而向上形成一个大约 45° 的裂缝。鼠道排水管间距约 3m，深 0.5～0.7m，可使用 9～10 年。

第五节　草种选择与建坪方法

草坪的建植工作简称"建坪"，是利用人工的方法建立起草坪地被的综合技术总称。建坪是在新的起点上建立一个新的草坪地被，因此，开始工作的好坏对今后草坪的品质、功能、管理等方面都将带来深远的影响。往往因建坪之初的失误，会给将来的草坪带来较为严重的负面影响，如产生杂草的入侵、病害的蔓延、排水不良、草皮剥落及耐践踏力差等各种弊病。也会出现草种不适宜、定植速度缓慢、生产功能低下等问题。因此，建坪对良好草坪的形成起着极其重要的作用。

作为建坪的关键环节，草种选择是否适宜、建坪方法是否得当将会直接影响到草坪今后的品质。

一、草坪草种的选择

选择适宜当地气候土壤条件的草种，是建坪成败的关键。它关系到未来草坪的持久性、品质好坏及对杂草、病虫害抗性强弱等重要问题。

草坪植物种类繁多，特性各异，作为一种特殊经济类群的草坪草，从草坪的角度出发，要求它必须具有很好的坪用特性和良好的外观质量。如颜色、质地、均一性、对环境的适应性；对外力的抵抗性、再生性、持久性、栽植难易程度等。各地环境不同，建坪目的要求不同，建坪单位的经济条件也不一样，很难制定一个统一标准。因此，只能根据不同地区的条件和建坪要求进行草种的选择。

（一）草坪草的适应范围

草坪草都有适宜各自生长的特定的气候范围，这种适应性能够保证草坪草对杂草的竞争优势。气候的适应性必须与期望的草坪的养护管理水平保持一致。低养护水平的草坪必须能很好地适应当地的气候；在极少养护条件下选择的草坪草种，必须对当地的优势种具有极强的竞争力；处于高养护水平下的草坪，它的适应范围常常会超出它的正常范围。

温度和降雨是对草坪草种适应范围影响最大的气候因素。草坪草通常分为暖地型草坪草和冷地型草坪草两类：暖地型草坪草是在温暖和炎热的温度（26～35℃）条件下有最适宜的生长速度的草种。冷地型草坪草是在较冷的季节（15～25℃）有最适宜的生长速度的草种。潮湿、湿润的条件适宜部分草坪草的生长，而干旱、半干旱条件则适宜另一些的草坪草的生长。通常来说，暖地型草坪草种适宜种植在南方，冷地型草坪草种适宜种植在北方。

（二）草坪草种的选择原则

1. 选择在特定区域能抗最主要病害的品种。

2. 确保所选择的品种在外观的竞争力方面基本相似。

3. 至少选择出 1 个品种，该品种在当地条件下，在任何特殊的条件下，均能正常生长发育。

4. 至少选择 3 个品种进行混合播种。

（三）草坪草种的选择要点

根据建坪要求，草坪草种类、品种的选择，可据以下条件进行。

1. 适应当地气候、土壤条件（水分、pH 值、土壤的理化性质等）；

2. 灌溉设备的有无以及水平；

3. 建坪成本及管理费用的高低；

4. 种子或种苗获取的难易程度；

5. 欲要求的草坪的外观及实际利用的品质；

6. 草坪草的品质；

7. 抗逆性（抗旱性、抗寒性、耐热性）；

8. 抗病虫草害的能力；

9. 寿命（一年生、越年生或多年生）；

10. 对外力的抵抗性（耐修剪性、耐践踏与耐磨性、对剪切的抗性）；

11. 有机质层的积累及形成。

（四）草坪草种的选择方法

草坪草种的选择可通过多种方法确定，在草坪建植过程中常用的有：

1. 经验法　在确定建坪之初，对建坪地区的草坪现状进行详尽调查，弄清在该地区建坪的常用草种及其对当地条件的适应性和坪用特性表现，进而根据当地的环境条件、建坪的要求和建坪条件，选定实践证明较为适应当地条件的草坪草种及品种。

2. 试验法　如时间允许，在建坪之前可选择一些大体适应当地条件和建坪目的的草坪草种及品种，在小面积上进行引种试验。经过一个或几个生长周期后，根据试验的结果，进行草种的选择。

3. 引种区域化法　以自然地理位置和自然气候带划分为主要依据，将一定的地域划分成若干个建坪条件不同的区，然后在每个区内具有代表性的地点（气候、土壤等）设置引种试验点，通过草坪草种的引种栽培试验及其评价，来确定该地区适宜建坪的草种及品种（图6-5-1，表6-5-1）。

图6-5-1　百绿集团中国区区域引种气候带划分（源自百绿集团）

117

表 6 – 5 – 1　中国不同地区推荐选用的百绿集团草坪草种（据百绿集团 2008 年 4 月）

区域气候特点及土壤质地	适宜草坪草种及品种
1 区—寒温带针叶林气候	
本区位于我国最北部，属寒温带，夏季短促，冬季漫长而严寒，是我国最寒冷的地区之一，年平均气温 −3℃ 以下，极端最低温度达到 −52.3℃，结冰期长达 7 个月，阴坡土壤普遍出现岛状永冻层。≥10℃积温 1 100 ~ 1 500℃，无霜期 80 ~ 100d，年降水量 450mm 左右	杂三叶：红三叶；丛生毛草：百卡；紫花苜蓿：金达；细羊茅：百可；硬羊茅：劲峰；细弱紫羊茅：皇冠；邱氏羊茅：桥港Ⅱ代；高羊茅：维加斯、易凯、TF66、探索者、锐步、凌志、凌志Ⅱ、根茎羊茅、节水草；白三叶：考拉、铺地；草地早熟禾：百胜、巴润、男爵、百思特；多年生黑麦草：百舸、匹克、首相Ⅱ、顶峰、顶峰Ⅱ
2 区—温带季风针叶阔叶混交林气候	
该区位于中温带北部。冬季气候寒冷，干燥且漫长，夏季温热、多雨而短促。年平均气温 0.3 ~ 4.9℃，≥10℃积温 2 200 ~ 2 800℃，无霜期 100 ~ 130d，年降水量 500 ~ 650mm，山地可达 700 ~ 800mm，65% 的降水集中在 6 ~ 8 月，春旱夏涝，降水量自东向西减少。土壤为黑土、草甸土、白浆土和沼泽土	匍匐翦股颖：老虎、继承、摄政王；细羊茅：百可；硬羊茅：劲峰；细弱紫羊茅：皇冠；邱氏羊茅：桥港Ⅱ代；草地早熟禾：巴润、男爵、百思特、百胜；多年生黑麦草：百舸、匹克、首相Ⅱ、匹克、顶峰、顶峰Ⅱ；高羊茅：维加斯、易凯、TF66、探索者、锐步、节水草、凌志、凌志Ⅱ、根茎羊茅；白三叶：考拉、铺地；杂三叶；红三叶；丛生毛草：百卡；紫花苜蓿：金达；百喜草
3 区—温带季风森林草原气候	
该区属温带大陆性气候，冬季漫长而寒冷，夏季温热多雨，春季干旱多大风。年平均温度 2 ~ 5℃，≥10℃积温平原区 2 600 ~ 3 300℃，山区不足 2 000℃，无霜期山区 100 ~ 120d，平原区 130 ~ 170d，年降水量以山地最高，500 ~ 700mm，平原沙地为 350 ~ 400mm，60% 的降水集中在 6 ~ 8 月，年际变率较大	匍匐翦股颖：老虎、继承、摄政王；细羊茅：百可；硬羊茅：劲峰；细弱紫羊茅：皇冠；邱氏羊茅：桥港Ⅱ代；草地早熟禾：巴润、男爵、百思特、百胜；多年生黑麦草：百舸、匹克、首相Ⅱ、顶峰、顶峰Ⅱ；高羊茅：维加斯、易凯、TF66、探索者、锐步、节水草、根茎羊茅、凌志、凌志Ⅱ；白三叶：考拉、铺地；杂三叶；红三叶；丛生毛草：百卡；紫花苜蓿：金达；百喜草
4 区—暖温带季风落叶阔叶林气候	
该区位于我国暖温带地域范围内，三面环海，为海洋性气候，温暖潮湿，水、热资源比较丰富，年日照时数 2 600 ~ 2 800 小时，年平均气温 8 ~ 13℃，≥10℃积温 3 400 ~ 4 000℃，无霜期辽东半岛为 100 ~ 210d，山东半岛为 200 ~ 250d，年降水量 600 ~ 900mm。受海洋性气候影响，物候期晚于同纬度的内陆地区半个月	匍匐翦股颖：老虎、继承、摄政王；狗牙根：巴拿马、普通脱壳；多年生黑麦草：匹克、百舸、首相Ⅱ、顶峰、顶峰Ⅱ；草地早熟禾：百胜、巴润、男爵、百思特；高羊茅：维加斯、易凯、TF66、探索者、锐步、节水草、根茎羊茅、凌志、凌志Ⅱ；白三叶：考拉、铺地；杂三叶；红三叶；丛生毛草：百卡；紫花苜蓿：金达；百喜草；细羊茅：百可；硬羊茅：劲峰；细弱紫羊茅：皇冠；邱氏羊茅：桥港Ⅱ代
5 区—暖温带季风半旱生落叶阔叶林气候	
该区属暖温带湿润气候，四季分明，水热同期。年平均气温 9 ~ 14℃，≥10℃积温 3 800 ~ 4 300℃，年日照 2 700 小时，无霜期 180 ~ 220d，年降水量 500 ~ 800mm。春季十年九旱，夏季多暴雨	匍匐翦股颖：老虎、继承、摄政王；狗牙根：巴拿马、普通脱壳；多年生黑麦草：百舸、首相Ⅱ、顶峰、顶峰Ⅱ、匹克；细羊茅：百可；硬羊茅：劲峰；细弱紫羊茅：皇冠；邱氏羊茅：桥港Ⅱ代；草地早熟禾：巴润、男爵、百思特、百胜；高羊茅：维加斯、易凯、TF66、探索者、锐步、节水草、根茎羊茅、凌志、凌志Ⅱ；白三叶：考拉、铺地；杂三叶；红三叶；丛生毛草：百卡；紫花苜蓿：金达；百喜草

区域气候特点及土壤质地	适宜草坪草种及品种

6 区—暖温带季风落叶阔叶林气候

该区为高原沟壑区，地形复杂，海拔多在 900～1 500米，位于我国东部季风湿润区向西北干旱区的过渡地带，大致以恒山—神池—保德—榆林—靖边一线为界，线的西北部属温带半干旱气候，线的东南部属温带半湿润半干旱气候。西北部年平均气温为 6～9℃，冬季长达 5 个月，极端最低气温达 –30℃左右，无霜期 130～150d，年平均降水量 150～400mm。全年≥8 级大风日数达 40 天以上，大风伴随降温，扬起沙暴，吹蚀表土，加剧干旱，是当地主要的灾害性气候。东南部以吕梁山为界，分为东、西两个不同的气候区。吕梁山以西，包括陕北黄土丘陵区，年平均气温 7～10℃，无霜期 140～180d，年平均降水量 450～550mm；吕梁山以东，年平均气温 10～14℃，无霜期 150～250d，年平均降水量 500～650mm	匍匐翦股颖：老虎、继承、摄政王；狗牙根：巴拿马、普通脱壳；多年生黑麦草：百舸、首相Ⅱ、顶峰、顶峰Ⅱ、匹克；细羊茅：百可；硬羊茅：劲峰；细弱紫羊茅：皇冠；邱氏羊茅：桥港Ⅱ代；草地早熟禾：巴润、男爵、百思特、百胜；高羊茅：维加斯、易凯、TF66、探索者、锐步、节水草、根茎羊茅、凌志、凌志Ⅱ；白三叶：考拉、铺地；杂三叶；红三叶；丛生毛草：百卡；紫花苜蓿：金达；百喜草

7 区—北亚热带季风落叶常绿阔叶林气候

本区属亚热带向暖温带过渡的气候带，温暖湿润，雨量充足，多集中于夏季。年平均气温 13～16℃，最冷月（1 月）气温 0～4℃，最热月（7 月）气温 26～29℃，极端最高 42.9℃，极端最低温度 –17.4℃，≥10℃ 积温 4 500～5 000℃。年降雨量 1 000mm 以上，无霜期 210～250d，日照时数 2 000～2 300h。夏季高温伏旱，冬季降雪时有严寒	匍匐翦股颖：老虎、继承、摄政王；狗牙根：巴拿马、普通脱壳；盖播型黑麦草：潘多拉、过渡星；多年生黑麦草：百舸、首相Ⅱ、顶峰、顶峰Ⅱ；细羊茅：百可；硬羊茅：劲峰；细弱紫羊茅：皇冠；邱氏羊茅：桥港Ⅱ代；高羊茅：易凯、TF66、探索者、维加斯、锐步、节水草、根茎羊茅、凌志、凌志Ⅱ；白三叶：考拉、铺地；早熟禾：威罗；杂三叶；红三叶；白三叶：考拉、铺地；丛生毛草：百卡；紫花苜蓿：金达；百喜草

8 区—中亚热带季风常绿阔叶林气候

该区西北部年平均气温 15～17℃，≥10℃ 积温 4 500～5 500℃，年降水量 1 000～1 500mm。该区东南部为亚热带湿润季风气候，温暖湿润，夏长冬短。年平均气温 16～22℃，≥10℃ 积温 5 000～7 300℃，无霜期 250～350d，年降水量 1 000～1 800mm，80%～85% 降水集中在 3～9 月，水热同期	匍匐翦股颖：老虎、继承、摄政王；狗牙根：巴拿马、普通脱壳；盖播型黑麦草：潘多拉、过渡星；高羊茅：锐步、凌志、凌志Ⅱ、探索者、维加斯、节水草、易凯、TF66；白三叶：考拉、铺地；细羊茅：百可；硬羊茅：劲峰；细弱紫羊茅：皇冠；邱氏羊茅：桥港Ⅱ代；多年生黑麦草：百舸、首相、首相Ⅱ、顶峰、顶峰Ⅱ；草地早熟禾：百思特；早熟禾：威罗

9 区—南亚热带季风含季雨林的常绿阔叶林气候

本区气候具有热带、亚热带特点，平均温度在 20℃ 以上，≥10℃ 年积温为 8 000℃ 左右，降水量 2 000mm，山区达 3 000mm，水热充沛为我国之首。海拔 3 000m 以上的山地，终年不见霜雨，频繁的台风是该区的严重自然灾害。本区山地以红壤为主，有机质含量较高	匍匐翦股颖：老虎、继承、摄政王；狗牙根：巴拿马、普通脱壳；盖播型黑麦草：潘多拉、过渡星；早熟禾：威罗；百喜草；丛生毛草：百卡；白三叶：考拉、铺地；杂三叶；红三叶；紫花苜蓿：金达

续表

区域气候特点及土壤质地	适宜草坪草种及品种

10 区—高原高山亚热带季风气候

本区处于南亚热带，西南边缘为温热多雨的热带气候。该区年均温20℃左右，≥10℃年积温多在7 000℃以上，年降水量1 200mm。土壤大部分为砖红壤、红壤，还有干燥的河谷区的燥红土及石灰岩地区的黑色或棕色石灰土等

匍匐翦股颖：老虎、继承、摄政王；狗牙根：巴拿马、普通脱壳；盖播型黑麦草：潘多拉、过渡星；早熟禾：威罗；年生黑麦草：首相、百舸、首相Ⅱ、顶峰、顶峰Ⅱ、百舸、匹克；草地早熟禾：百思特、巴润、男爵、百胜；硬羊茅：劲峰；细弱紫羊茅：皇冠；邱氏羊茅：桥港Ⅱ代；高羊茅：维加斯、易凯、TF66、探索者、锐步、节水草、凌志、凌志Ⅱ；白三叶：考拉、铺地；百喜草；丛生毛草：百卡；杂三叶；红三叶；紫花苜蓿：金达

11 区—热带季风季雨林雨林气候

本区属南亚热带和热带气候，长夏无冬季。背山面水，低纬度，强日照，海洋季风调节，成为我国水热资源最为丰富的地区，也是我国年平均温度和夏季最热月平均温度最高的地区。年均温多在20℃以上，南海诸岛和海南岛南部可高达27℃，≥10℃年积温在6 500℃以上，最南端可达9 000℃。年平均降水量1 200～2 000mm。夏秋干旱和台风是主要的灾害性气候。光、热水资源极丰富，但水土流失比较严重。土壤多为砖红壤，pH值为5左右，氮磷钾三大元素均较为缺乏，而铁和铝等较高，有机质含量低，土壤十分贫瘠

匍匐翦股颖：老虎、继承、摄政王；狗牙根：巴拿马、普通脱壳；盖播型黑麦草：潘多拉、过渡星；早熟禾：威罗；白三叶：考拉、铺地；百喜草；丛生毛草：百卡；杂三叶；红三叶；紫花苜蓿：金达

12 区—温带草原气候

该区位于中纬度内陆区，具有明显的温带大陆性气候特点。以阴山为界，南、北部气候差异比较明显。阴山以北地区，降水由南至北递减，气温则由南至北随海拔高度的降低而略有升高，阴山北侧山前丘陵地带，年平均气温1～4℃，≥10℃积温2 000～2 200℃，年降水量250～400mm，年湿润度为0.3～0.4。往北进入乌兰察布高原，年均温1～5℃，≥10℃积温2 600～3 000℃，年降水量不足200mm，年湿润度为0.2～0.3。阴山以南地区，年平均气温2～7℃，≥10℃积温2 800～3 000℃，年降水量300～450mm，年湿润度为0.2～0.4。由东向西气温递增，降水则递减

匍匐翦股颖：老虎、继承、摄政王；狗牙根：巴拿马、普通脱壳；硬羊茅：劲峰；细弱紫羊茅：皇冠；邱氏羊茅：桥港Ⅱ代；细羊茅：百可；年生黑麦草：百舸、首相、首相Ⅱ、顶峰、顶峰Ⅱ、百舸、匹克；草地早熟禾：巴润、男爵、百思特、百胜；盖播黑麦草：潘多拉、过渡星；高羊茅：维加斯、易凯、TF66、探索者、锐步、节水草、凌志、凌志Ⅱ；早熟禾：威罗；百喜草；丛生毛草：百卡；白三叶：考拉、铺地；杂三叶；红三叶；紫花苜蓿：金达

续表

区域气候特点及土壤质地	适宜草坪草种及品种

13 区—温带荒漠草原气候

该区经向地带性明显，以草原气候为主，以典型草原为主体，从东北到西南形成草甸草原→典型草原→荒漠草原过渡的特点。气候温和，降水偏少，水资源短缺，大部分地区缺少灌溉条件。年平均温度 −2～6℃，≥10℃年积温约 2 000～3 000℃，无霜期约 150～200d，年降水量为 250～400mm，从东南向西北递减。由于热量较少，该区湿润度仍达 0.3～1.2，甚至 1.5。生态环境脆弱，土地沙漠化强烈。本区干旱、多大风，土壤基质较粗，土地沙化严重	匍匐翦股颖：老虎、继承、摄政王；狗牙根：巴拿马、普通脱壳；硬羊茅：劲峰、细弱紫羊茅：皇冠；邱氏羊茅：桥港Ⅱ代；细羊茅：百可；年生黑麦草：百舸、首相、首相Ⅱ、顶峰、顶峰Ⅱ、百舸、匹克；草地早熟禾：巴润、男爵、百思特、百胜；高羊茅：维加斯、易凯、TF66、探索者、锐步、节水草、凌志、凌志Ⅱ；早熟禾：威罗；百喜草；丛生毛草：百卡；白三叶：考拉、铺地；杂三叶；红三叶；紫花苜蓿：金达

14 区—温带高山气候

本区的准格尔盆地平原区受西来湿气流的影响，气候较湿润，年降水 150～260mm，≥10℃积温 3 106～3 600℃，北部阿尔泰山地区为 2 500～2 800℃。1 月份均温，阿尔泰各县为 −13.6～22.5℃，7 月份均温：19.9～22.6℃，昌吉州各县 1 月份和 7 月份均温依次为：−18.8～−16.2℃和 20.8～25.5℃；其余伊、塔、博三地除伊犁 1 月份均温较高外，其余数值近似。盆地周围是山区。年降水量 500mm 左右，年均温 2.0～2.8℃，1 月份和 7 月份均温依次为 −11.4～−10℃和 14.4～14.7℃，≥10℃积温 1 170～1 216℃，地处迎风面，降水丰沛，西部多，东部少，热量适当，土壤有黑土、暗栗钙土，有机质含量 4%～9%，高者达 14%，盐碱含量低而肥沃，质地多为沙壤和中壤，无需灌溉	草地早熟禾：巴润、男爵、百思特、百胜；硬羊茅：劲峰；细弱紫羊茅：皇冠；邱氏羊茅：桥港Ⅱ代；细羊茅：百可；高羊茅：维加斯、易凯、TF66、探索者、锐步、节水草、凌志、凌志Ⅱ；早熟禾：威罗；年生黑麦草：首相、首相Ⅱ、顶峰、顶峰Ⅱ、匹克；丛生毛草：百卡；白三叶：考拉、铺地；杂三叶；红三叶；紫花苜蓿：金达

15 区—暖温带荒漠气候

该区属中温带至暖温带极端干旱的荒漠、半荒漠地带。降水稀少，光热丰富，水资源分配不平衡。该区年降水小于 250mm，其中一半以上地区不到 100mm。年辐射总能为 5 680～6 700kJ/m²，年日照时数 2 600～3 400 h，日照百分率 60%～75%，是全国太阳辐射能量最丰富的地区之一。≥0℃年积温多在 2 100～4 000℃之间，其中，新疆塔里木、吐鲁番、哈密盆地及甘肃安西、敦煌地区达 4 000～5 700℃。阿尔泰山、天山、昆仑山、祁连山等高山降水较丰富，如天山、祁连山区可达 400～600mm。水资源年变幅虽较平稳，但地区以及季节分布很不均匀。在新疆伊犁河、额尔齐斯河流域，河西走廊的黑河、疏勒河流域夏季水量较多，其余地区严重不足。自然灾害严重、频繁。该区极度干旱、多风、植被稀少，荒漠化、盐渍化强烈，生态环境十分脆弱	匍匐翦股颖：老虎、继承、摄政王；狗牙根：巴拿马、普通脱壳；硬羊茅：劲峰、细弱紫羊茅：皇冠；邱氏羊茅：桥港Ⅱ代；细羊茅：百可；年生黑麦草：百舸、首相、首相Ⅱ、顶峰、顶峰Ⅱ、匹克；草地早熟禾：巴润、男爵、百思特、百胜；高羊茅：维加斯、易凯、TF66、探索者、锐步、节水草、凌志、凌志Ⅱ、根茎羊茅；白三叶：考拉、铺地；百喜草；丛生毛草：百卡；杂三叶；红三叶；紫花苜蓿：金达

区域气候特点及土壤质地	适宜草坪草种及品种

16 区—高原高山寒带气候

藏北气候由南往北逐渐变得更冷更干燥，南方为草原，北部为荒漠源，形成湿润与干旱的过渡带。年均温多在 0℃ 以下，降水量 100～250mm，多地形雨，频繁而量少，以雨、冰雹、雪、霰为主，降水量少而蒸发量大，风速大，无绝对无霜期。大体上在海拔 4 500～5 500m 之间，依次为高山草原、高山草甸草原、高山草甸、高山垫状植被而垂直分布，5 500m 以上为高山冰雪带和冻土层。平均气温 -5.6～4.8℃，降水量 267.6～764.4mm。全年 ≥0℃ 积温 586.3～1 984℃。低温、霜冻、冰雹、雪灾等自然灾害频繁	草地早熟禾：巴润、男爵、百思特、百胜；高羊茅：维加斯、易凯、TF66、探索者、锐步、节水草、凌志、凌志Ⅱ、根茎羊茅；细羊茅：百可；硬羊茅：劲峰；细弱紫羊茅：皇冠；邱氏羊茅：桥港Ⅱ代；多年生黑麦草：百舸、首相、首相Ⅱ、顶峰、顶峰Ⅱ；白三叶：考拉、铺地；杂三叶；红三叶；丛生毛草：百卡；紫花苜蓿：金达

17 区—高原高山寒温带气候

本区年降水量一般在 500～800mm，西南部边缘多达 1 500mm 以上。气候的地区差异和垂直差异均很突出。同一地区从河谷到山顶往往是热带、亚热带、暖温带、温带、寒带直至雪带都可能出现。在河谷阶地以农为主，山腰阴坡以林为主，阳坡多为草场，山顶或为草场或为冰雪山峰	匍匐翦股颖：老虎、继承、摄政王；狗牙根：巴拿马、普通脱壳；硬羊茅：劲峰；细弱紫羊茅：皇冠；邱氏羊茅：桥港Ⅱ代；细羊茅：百可；年生黑麦草：百舸、首相、首相Ⅱ、顶峰、顶峰Ⅱ、匹克；草地早熟禾：巴润、男爵、百思特、百胜；高羊茅：维加斯、易凯、TF66、探索者、锐步、节水草、凌志、凌志Ⅱ、根茎羊茅；白三叶：考拉、铺地；丛生毛草：百卡；杂三叶；红三叶；紫花苜蓿：金达

注：本表草坪草种及其品种为 2008 年 4 月之前百绿集团所售草种及品种

4. 温度曲线拟合法 草坪是一种人工植物群落。因此在草种选择中，只考虑人力不易改造的温度因素，就可以正确、快速的选定草种。具体做法是：在一坐标系内绘出欲选定草坪草种适应的温度范围，并在同一坐标系中绘出建坪地近 5 年内的月平均温度曲线。当该曲线落入草坪草的适宜温度区内，则该种可以选择，反之，则不能够选择。

（五）当家草种

当家草种就是在所栽植的地区能够适应当地的气候等环境条件，具有较强的抗性和生命力，能较快地形成寿命长、优质的草坪，而栽培管理又最方便的草坪草种及品种。在我国，野牛草被称为北方的当家草种。苏州当家草种为结缕草的马尼拉和小花马蹄金、白三叶和狗牙根。在美国从北到南的当家草种是草地早熟禾、苇状羊茅和狗牙根。确定当家草种有利于把草坪的产、供、销纳入城乡建设计划、绿化规划等，适宜用于投资少，建坪速度快，成坪质量高地普及草坪。如建设运动场、游乐场、公园、步行街、高速公路、飞机场等草坪。在明确草坪的使用目的，分别选定几个"当家草种"的同时不能忽略和排斥其他草种的开发和利用。

（六）草坪草种的组合

1. 种组合 草坪是由一个或者多个草种（含品种）组成的草本植物群落，其组分间、组分与环境间存在着密切的相互促进与相互制约的关系。组分量与质的改变，也会改变草坪的特性及功能。在草坪生产实践中通常利用单一组分来提高草坪外观质量，从而提高草坪的美学价值。而更广泛的则是采用增加草坪组分丰富度的方法，来增强草坪群落对环境的适应性和增强草坪的坪用功能。草种的组合可分为 3 类：

（1）混播：是在草种组合中含两个以上种及其品种的草坪组合。其优点是使草坪具广泛的遗传背景，草坪具有强的对外界的适应能力。

（2）混合：是在草种组合中含一个种，但含该种中两个或两个以上品种的草种组合。该组合有较丰富的遗传背景、较能抵御外界不稳定的气候条件和病虫害多发的情况，并具有较为一致的草坪外观。

（3）单播：是指草坪组合中只含一个种，并只含该种中的一个品种。其优点是保证了草坪最高的纯度和一致性，可建植出具有最美、最均一外观的草坪。但遗传背景单一，对环境的适应能力较差，要求较高的养护管理水平。

在草种组合中，依各草种数量及作用，又可分为 3 个部分：

（1）建群种：体现草坪功能和适应能力的草种，通常在群落中的比重在 50% 以上。

（2）伴生种：是草坪群体中第二重要的草种，当建群种生长受到环境阻碍时，由该种来维持和体现草坪的功能和对不良环境的适应能力，比重在 30% 左右。

（3）保护种：一般是发芽迅速、成坪快、寿命短的草种。在群落组合中充分发挥先期生长优势，对草坪组合中的其他草种起到先锋和保护作用。

草种组合是多元的混合，在组合过程中应注意：

（1）掌握各类草种的生长习性和主要优点，做到合理优化组合和优势互补。

（2）充分注意种间的亲合性，做到共生互补。

（3）充分考虑外观特性的一致性，确保草坪的高品质。

（4）至少选出 1 个品种，该品种在当地正常条件和任何特殊条件下均能正常发育。

（5）至少选择 3 个品种进行混合播种。

2. 混合和混播　混合是指相同草坪草种内不同品种的组合，混播是指包括两种或两种以上草坪草种的组合。除少数特例外，一般都用两个或两个以上的草坪草种及品种来建植草坪。通常在草种选择时用一个种的两个或两个以上的品种的混合或两个或两个以上的种的混播。

几种草坪草中混合播种，可以适应差异较大的环境条件，更快地形成草坪，并可使草坪的寿命延长，其缺点是不易获得颜色纯一的草坪。不同草种的配合依土壤及环境条件不同而异，在混播时，草种包含主要草种和保护草种。保护草种一般是发芽迅速的草种，作用是为生长缓慢和柔弱的主要草种遮阳及抑制杂草，并且在早期可以显示播种地的边沿，便于修剪。混播一般不用于匍匐茎或根茎发达的草种。

在温带，传统的混播组合是草地早熟禾 + 紫羊茅 + 多年生黑麦草。这种混播在光照充足的场地上草地早熟禾占优势，而在遮阳条件下紫羊茅更为适应。在混播组分中，多年生黑麦草主要是起迅速覆盖的保护作用，草坪形成几年后即减少或完全消失，或形成孤立的斑块。此外，小糠草和一年生黑麦草也常被作为保护草种。

在南方温暖地区混播时，宜以狗牙根、地毯草或结缕草为主要草种，可加入 10% 的多年生黑麦草作为保护草种。

3. 单播和混合播种　在草坪建植中，为了避免多元混播而造成草坪杂色的外观，更多采用的是单播。

由于在暖地带（热带和亚热带）混播的草坪草种易分化而形成分裂孤立的斑块，产生不一致的草坪。因此，草坪草种往往采用单一组分的组合。此外，单一种的草坪发病率较低，但单一品种对环境条件的要求较为单一，因而其适应能力较差。

克服单播缺点的办法就是单个种内不同品种的混合播种。由于是同种，在总体特性上有其一致性，但品种间的发病率对环境的适应性上又有差异，因此，能够弥补单播的缺点。

二、建坪方法

草坪的建植有种子繁殖（有性繁殖）和营养繁殖（无性繁殖）两种方法。具体选用何种方法建坪需要根据成本、时间要求、种植材料在遗传上的纯度及草坪草的生长特性而定。

通常种子繁殖包括直接撒播、喷播和铺植生带多种方式。其成本低，劳动力耗费少，但是成坪所需的时间较长。营养繁殖包括铺草皮块、塞植、蔓植和匍匐枝植。其中铺草皮块成本最高，但建坪最快。有些草坪草如匍茎翦股颖用上述两种方法均可获得优良草坪，而另一些草坪草因不易获得种子或缺乏足够的扩展能力而不能进行种子繁殖或营养繁殖。有人认为，用营养体建坪要比用种子建坪的坪床制备要粗放一些的想法是不正确的，如果坪床制备工作没有做好，草坪的衰退仅仅是时间长短的问题。从坪床制备的成本来看，播种与营养体繁殖基本相似。播种的材料消耗相对小一些，播种能提供多个不同品种的选择，同时它也能降低枯草层的形成。用营养体繁殖特别是用草皮块繁殖能快速成坪，用草皮块建坪的时间是最短的，在许多情况下，仅仅需要几天。

营养繁殖既具有优点也有明显的缺点。草皮繁殖与种子建坪相比，建坪成本较高，有潜在的枯草层问题，种或品种的选择余地小；但建坪迅速，竞争性杂草存在的可能性小，能够确保成坪。反之，种子建坪则有幼苗容易感染病原物、杂草存在的可能性较大、成坪速度慢等缺点；然而种子建坪具有成本低，无枯草层，且混播设计的可选择方案多等优点。

（一）种子繁殖方法

绝大多数冷地型草坪草可以进行种子繁殖。暖地型草坪草中也有相当一部分草坪草如结缕草、假俭草、雀稗、画眉草、地毯草和普通狗牙根也是可以利用种子繁殖的。

1. 播种时间 从理论上讲，草坪草在一年中的任何时候均可播种，甚至在冬天也可以进行。在实践中，在不利于种子迅速发芽和幼苗旺盛生长的条件下播种往往是失败的。确切地说，冷地型草坪草最适宜的播种时间是夏末，暖地型草坪草则是在春末夏初，这是根据播种时的温度和播后 $2 \sim 3$ 个月的可能温度而定的（冷地型草坪草发芽适宜的温度为 $15 \sim 26℃$，暖地型草坪草为 $20 \sim 35℃$）。

夏末土壤温度较高，有利于种子的发芽，此时，冷地型草坪草发芽迅速，只要水、肥、光照不受限制，幼苗就能旺盛生长。此后较低的秋季温度和冰冻条件也可能限制部分杂草（如夏季一年生杂草）的生长和成活。如夏初播种冷地型草坪草，就会增加幼苗在炎热、干旱条件下死亡的可能性，且有利于夏季型一年生杂草的生长。反之，如播种推迟到秋天，由于温度低而不利于草坪的发芽和生长，且在越冬前积累的干物质较少，而不利于其越冬，冬季的冻拔和严重脱水也将引起部分植株的死亡。因此，冷地型草坪草理想的播种时间是在夏末。

早春到中春播种冷地型草坪草，能在仲夏到来之前形成良好的草坪，但因地温低，新草坪的早期发育通常慢于夏末播种的草坪，其杂草危害也较为严重。

暖地型草坪草的最适生长温度高于冷地型草坪草，因此春末夏初播种较为适宜，这样可为初生的幼苗提供一个温度足够的时期，使其生长发育。夏季型一年生杂草在新坪上可能萌发生长，但暖地型草坪草具强的竞争能力。因而，暖地型草坪草理想的播种时间是在春末夏初。

2. 种子质量鉴定　影响种子质量的主要因素有两个：纯净度和生活力。

纯净度（P%）：是指被鉴定种或品种纯种子占总量的比例。在一定水平上也表示了种子中的杂质（石子、土、秸秆、颖、稃等）、杂草及其他作物种子的含量多少。

生活力（V%）：即发芽率。是在标准实验室条件下（饱和湿度、20℃或25℃）活的以及将萌发种子占总种子数的比例。纯净度与生活力的积是纯活种子的比率。如某种子的纯净度为95%，生活力为80%，其纯活种子率为76%。用每千克种子的成本除以纯活种子率即为纯活种子的成本。

优良的种子要有较高的纯净度和生活力。目前使用最多的是商品种子，现在种子包装袋上的标签都会标明袋内品种的名称、发芽率和测试日期（可以用来判定种子是否新鲜的标志，判断种子是否新鲜只需看测试日期距播种时间是否已经超过一年以上即可）。此外，还可根据草种公司每月的种子价目表来判定种子质量的优劣（如表6-5-2）。

表6-5-2　百绿集团2007年3月份部分种子价目表

中、英、拉丁文名称	品种	品种英文名称	来源或产地	包装规格	质量标准（P/V）	代理价格（元/公斤）	批发价（元/公斤）	零售价（北京）（元/公斤）	播种量（克/平方米）
洽草	Koeleria								
Koeleria									
Koeleria marchantra									
	百克星	BARKOEL	NL	15	98/70	99.00	133.00	166.00	10~15
草坪组合品种									
Turfgrass Mix brand									
	高档持久型		US	0.49	98/85	48.00	62.00	88.00	
	细叶快生型		US	1.36	98/85	54.00	80.00	108.00	
	中叶耐旱型		US	1.36	98/85	40.00	52.00	68.00	
	绿园5号	GREENPARK 5	US	22.7	98/85	18.30	23.00	28.50	

中、英、拉丁文名称	品种	品种英文名称	来源或产地	包装规格	质量标准（P/V）	代理价格（元/公斤）	批发价（元/公斤）	零售价格（北京）（元/公斤）	播种量（克/平方米）
	冬绿I号（新品种）		US	22.7	98/85	14.30	17.30	22.30	
	绿坪 F2（新品种）		US	22.7	98/85	18.90	24.50	31.00	
草地早熟禾		Kentucky Bluegrass	.						15~25
Kentucky Bluegrass									
Poa prarensis			.						
	绿坪 B5（新品种）		US	22.7	98/85	28.50	37.00	46.00	
	绿坪 B3（新品种）		US	22.7	98/85	20.00	27.00	35.00	
	巴润 R	BARON	US	22.7	98/85	25.00	29.50	35.00	
	百思特	BARR ISTER	US	22.7	98/85	34.50	39.50	43.00	
	男爵	BARO NIE	US	22.7	98/85	35.90	43.00	47.00	
	百胜（新品种）	BARV ICTOR	US	22.7	98/85	17.50	21.50	27.00	

　　提高种子质量的方法主要有两方面，一方面，首先加强种源地的管理，清除污染，尽量提高种子的纯度；其次是对种子进行必要的清选和除杂处理。另一方面是提高活种子的比例，种子的活力通常在生理成熟期最高（种子收获几个月后），并随其老化而降低，因此，收种后在干燥低温条件下储藏是保证种子发芽率的必要措施。

　　3. 播种量　草坪草种子的播种量取决于种子质量、混合组成及土壤、气候状况。种量过小会降低成坪速度、增大管理难度；种量过大，下种过厚，会促使真菌病害的发生，也会因种子耗费过多而增加建坪成本、造成浪费。从理论上讲，每平方厘米有一株成活苗就行了；在混合播种中，较大粒种子的混播量可达 $40g/m^2$，在土壤条件良好、种子质量高时，播种量 $20~30g/m^2$ 较为适宜。播种量的最终确定，是以足够数量的纯活种子确保单位面积上幼苗的额定株数，即 1 万~2 万株/m^2。

　　对于草坪草理论播量的计算，可以通过鉴定种子质量和测定种子千粒重来确定（这些数据还可以通过草种公司得到）。其计算方法为：

　　理论播量 = 额定株数 × 该草种（或品种）比例 ×（千粒重 ÷ 1 000）÷ 生活力 ÷ 纯净度

　　其中的比例为草坪草种子的数量比，而非重量比。

　　具体计算可看以下示例：现以多年生黑麦草、草地早熟禾和紫羊茅建植一块混播草坪，其额定株数为1.6万株，即每平方米要求有1.6万株存活苗（即是要求每平方米要有1.6万粒纯活种子），其他数据见表6-5-3，要求计算其理论播量。

表 6 - 5 - 3　多年生黑麦草、草地早熟禾、紫羊茅混播数据

草种	多年生黑麦草	草地早熟禾	紫羊茅
比例	25%	45%	30%
千粒重	1.5g/千粒	0.37g/千粒	0.73g/千粒
生活力	99%	97%	98%
纯净度	90%	85%	87%

多年生黑麦草理论播量为：

$$1.6\ 万 \times 25\% \times (1.5 \div 1\ 000) \div 99\% \div 90\% = 6.73(g)$$

草地早熟禾理论播量为：

$$1.6\ 万 \times 45\% \times (0.37 \div 1\ 000) \div 97\% \div 85\% = 3.23(g)$$

紫羊茅理论播量为：

$$1.6\ 万 \times 30\% \times (0.73 \div 1\ 000) \div 98\% \div 87\% = 4.11(g)$$

混播理论播量：

$$6.73 + 3.23 + 4.11 = 14.07(g)$$

即混播理论播量是 14.07g/m^2，其中多年生黑麦草理论播量为 6.73g/m^2，草地早熟禾理论播量为 3.23g/m^2，紫羊茅理论播量为 4.11g/m^2。

实际上，播种时的播量还要在理论播量的基础上加大，加大的情形视草坪建植的具体情况而定。影响实际播量的因素较多，如种子的纯净度和生活力（发芽率）两项指标是在实验室条件下测得的，在大田中，种子的发芽和幼苗的出土成活常因储存时间内种子活力的丧失、覆土深度的不适宜、不适宜的温度和水分、强度较高的日照等原因而降低。此外，即使幼苗顺利出土、成活，也会因疾病、昆虫、侵蚀、践踏、竞争等原因而死亡，因此确定实际播种量时也要充分考虑这些因素。

此外，影响播量的因素还有播种幼苗的活力和生长习性、希望定植的植株量、种子的成本、定植草坪草的培育强度等。

4. 播种　草坪播种要求种子均匀地覆盖在坪床上，然后覆上 1~1.5cm 的细沙或沙土。覆土过厚，常常会因种子储藏养分的枯竭而死亡，覆土过浅或不覆土会导致种子流失或因地面干燥不能吸水而不发芽。播种后应利用滚筒进行轻度镇压，以确保种子与土壤的良好接触。

播种步骤如下：

（1）将欲建坪地划分为若干等面积的块或长条。

（2）把种子按划分的块数分开。

（3）把种子播在对应的地块。

（4）轻轻耙平，使种子与表土均匀混合；或进行地表均匀的覆土，并轻度镇压。

草种发芽的快慢主要取决于草种、土壤温度、水分含量及日照强度。种子发芽是按一定的次序进行的，主要过程是：吸收水分→膨胀种皮→酶的活化→从所储藏的营养物质中释放能量→种皮开裂→幼根的出现和伸长→幼苗的出现和伸长→幼苗开始进行光合作用。

播种可以用人工，也可以利用专用机械进行。护坡草坪就是利用机械建植的一类特殊草坪，护坡草坪按其边坡质地可分为两种，即石质边坡草坪和土质边坡草坪。

土质边坡草坪的建植较为简单，只需将草种与纸载体、肥料、黏合剂、保水剂、染料及水等材料充分混合，利用喷播机喷洒在已经整理好坡面的边坡上，再用无纺布覆盖即可。石质边坡防护草坪的建植则要复杂得多，其具体步骤如下。

（1）边坡场地处理：经人工简单处理，使边坡面不致有碎石即可。

（2）挂网：将钢丝三维网延伸50cm埋入坡顶，然后自上而下平铺，网紧贴坡面，无褶皱现象。如在拱形格或菱形格内挂网，则按拱形格或菱形格的形状进行裁剪，一定要与拱形格边缘紧接。相邻两网之间应叠压10～20cm宽，用φ16mm（或其他型号）长度1m锚杆固定钢丝网。在有稍微悬空的地方，应加大锚杆密度以消除悬空现象。

（3）喷水泥：利用空压机等机械将水泥砂浆均匀喷于已经挂网的石质边坡之上，使钢丝网与边坡紧密结合为一个整体。由于是喷上去的水泥，坡面会显得凸凹不平非常粗糙，有利于与回填的客土形成一个整体。

（4）回填土：回填土是用他处的土加入适量的水组成的泥浆，然后用机械将泥浆均匀喷洒于坡面上，回填土在坡面上形成厚约5～10cm的"泥土"层。泥浆有一定的黏度，使加入的草籽、木纤维等配料能均匀地分散在泥浆中，达到喷射均匀的效果，而且泥浆有良好的附着力，使种子覆盖料滞留在坡面上不流失。

（5）喷播草籽：喷播的主要配料包括水、黏合剂、纸浆、草坪草籽、灌木种子、复合肥料等（根据情况不同也有另加保水剂、松土剂、指示剂、活性钙等材料）。通过草坪喷播机械，并利用远程喷射嘴均匀喷射到高速公路坡面上。喷播后5～10min，水分下渗，检查效果，草种分布不足的地方应补播，喷播过的地方严禁踩踏。

（6）覆盖：为了减少土壤水分蒸发、减少坡面板结的形成、防止温度过高或过低损害已萌发的种子或幼苗同时缓冲水滴的冲击，采用专门生产的"无纺布"（其质地为木纤维，一个月之后风化降解，不会造成环境污染）进行坪床覆盖，并用"U"型φ2mm（或其他型号）铁丝钉以2枚/m^{2}的密度固定。

铺植草坪植生带是用种子建坪的一种特殊方式。植生带是在专门设备上按特定工艺将草种与添加物（载体、肥料、保水剂、农药等）按一定的排列方式与密度均匀固定在载体间（多用"无纺布"），制成的草坪特种建植材料，是草坪业工厂化生产的工业产品。

植生带建植草坪的技术如下：

（1）铺植前应精细整地，必要时表土过筛以清除杂物。

（2）施适量基肥并翻耕，平整，细耙，镇压，确保坪床表面平整一致。

（3）铺植前应浇水，备足覆盖用土或细沙，用量为0.3m^3/100m^2。

（4）铺植时将成卷的植生带自然地铺放在坪床表面，拉直，紧密衔接，确保植生带与表土充分接触。

（5）覆细土或细沙0.3cm厚，用磙子碾压后浇水。

（6）做好苗期的管理工作。

（二）营养繁殖方法

用营养器官繁殖草坪的方法包括铺草皮块、塞植、蔓植和匍匐枝植等。其中除铺草皮块外，其余的几种方法只适用于具强匍匐茎或根茎的草坪草种。能迅速形成草坪是营养繁殖法的优点，然而要使草坪草旺盛生长则需要充足的水分和养分，还要有一个通气良好的土壤环境。

铺草皮块是成本较高的建坪方法，但它能在一年的任何有效时间内，形成"瞬时草坪"，因此，这种方法通常用来补救其他方法未能完成的草坪地块或草坪局部的修整。

理想的铺草皮的床土，应是湿润而不是潮湿的。如果过分干旱及高温，即使后来进行灌溉，草皮块的根系也将受到损害。草皮应尽量薄，这样利于草坪草快速生根。

在坡地铺植时，每块草皮应用桩钉加以固定。

1. 铺植 铺设草皮的方法很多，常用的有以下几种。

（1）密铺法：即用草皮将地面完全覆盖。草皮块可用人工或机器水平自动铺展。由于草皮边缘在运输过程中受呼吸作用的影响较小，恢复生长与向外扩展较快，因此相邻草皮块之间要留有 1~2cm 的缝隙，以使收缩而产生的裂缝为最小。草皮铺植后，应利用 0.5~1.0t 重的滚筒进行镇压，压紧后应使草面与四周面平，使草皮与土壤紧接、无空隙，这样可免受干旱影响，利于草皮的成活、生长。在铺草皮之前或之后应充分浇水。如坪面有较低处，可覆以松土使之保持平整，日后草坪草可穿出土上。

（2）间铺法：为节约草皮材料可以使用间铺法，该法有两种形式，且均用长方形草皮块。一为铺块式，各块间距 3~6m，铺设面积为总面积的 1/3；另为梅花式，各块相间排列，铺设面积占总面积的 1/2。在铺设时，应按草皮厚度将铺草皮之处挖低一些，以使草皮土壤与四周坪床面相平。草皮铺设后，进行滚压、灌溉。春季铺植应在雨季之后，匍匐枝向四周蔓延可相互密接。

（3）条铺法：把草皮切宽 6~12cm 的长条，以 20~30cm 的距离平行铺植，经半年后可以全面密接。

2. 塞植 塞植包括种植从芯土耕作取得的小柱状草皮柱和利用环形杯刀或相似器械取出的大塞。通常塞柱为直径 5cm、高 5cm 的草皮柱或底为 25cm² 的立方塞块。将它们以 30~40cm 的间距插入坪床，顶部土壤与床土表面齐平，这种方法较适合于具匍匐茎或根茎的草坪草种。塞植法除可用来建立新草坪外，还可用来将新种引入已形成的草坪之中。

3. 蔓植 蔓植的小枝基本是不带土的，在高温干燥的条件下极易脱水。蔓植主要用于繁殖具匍匐茎的草坪草。小枝通常种在深 5~8cm、间距 15~30cm 的沟内。根据行内幼枝间的空隙，1m² 需要 0.04~0.8L 幼枝。每一幼枝应具 2~4 节，并且应该单个种植，以便沟植满后，幼枝上部露出地表。种植后应立即镇压并进行灌溉。

4. 匍匐枝植 匍匐枝植基本上是撒播式蔓植。植物材料均匀地撒播在湿润但不潮湿的坪床表面。1m² 通常需要 0.2~0.4L。之后在坪床上表施土壤，部分地覆盖匍匐枝，或轻耙使其部分插入土壤，再进行镇压和灌溉。

为了减少种植材料的脱水，匍匐枝以 90~120cm 长的枝条种植，种植后立即表施土壤，轻度灌溉。

（三）覆盖

覆盖是用外部材料覆盖坪床的作业，可以减少地表侵蚀，且能为草坪草萌发和生长发育提供一个适宜的小环境。尤其是在坡地或水分条件差、仅依靠天然降水的场地，覆盖是必需的。

覆盖作用主要表现在几个方面：能够稳定土壤和种子，抗风和地表径流的侵蚀；调节地表温度的波动，保护已萌发的种子和幼苗免遭温度波动所引起的危害；减少土壤水分的蒸发，提供一个湿润的小生境；减缓降雨和喷灌水滴的冲击，减少地面板结的可能，使土壤保持较好的渗透能力。

覆盖材料应根据具体场地的需要、材料的成本和材料的局部有效性进行选择。

1. 覆盖材料　生产中被广泛使用的是秸秆，用量为 0.4～0.5kg/m²。秸秆最好不含杂草，有利于减少坪床中杂草的竞争。禾草的干草和秸秆具有相似的作用，但其含有杂草种子，因此应使用早期刈割的干草。

疏松的木质覆盖物包括木质纤维丝、木片、木刨花（细）、锯末和切碎的树皮。

大田作物中某些有机物的残渣如菜豆秧、压碎的玉米棒芯、蔗渣、甜菜渣、花生壳等也可作为覆盖材料。

合成的覆盖物有玻璃纤维、干净的聚乙烯覆盖物和弹性多聚乳胶。玻璃纤维丝是用压缩空气枪喷施，能形成持久的覆盖，但它不利于以后的草坪修剪。在气温较低的天气，用聚乙烯覆盖物可加速种子的萌发，具温室效应。弹性多聚乳胶是可喷雾的物质，但只能稳定坪床的抗侵蚀性。

黄麻网覆盖物可放在陡坡和排水沟等特殊场地以稳定苗床，用粗布条覆盖更为有效，但在种子萌发后应拿掉，以免遮阳。

2. 覆盖方法　在小面积场地秸秆和干草均可人工铺盖，并用桩和绳或细铁丝十字交叉固定，在大面积上则用机械来完成。方法是先铡碎覆盖材料，然后喷到坪床上。有时也可把沥青黏剂喷到覆盖物上，以稳定坪床。

木质纤维应先放于水中，使其在喷雾器中形成淤浆，然后与种子和肥料混合在一起使用，用量为 0.4～0.5kg/m²。

第六节　幼坪管理

草坪建植后，应立即灌溉以完全湿润土壤。如用除铺草皮以外营养方法播种的草坪，在灌水前最好表施少量土壤，以防止播种材料脱水，此外还应经常灌溉。在草坪尚未形成紧密的株丛前，不宜践踏。

新建的草坪，在完全覆盖地表进行第一次修剪之前被称为幼坪。当幼苗开始发育生长之时，就应开始草坪的养护管理。其内容主要包括灌溉、施肥、地表覆土、滚压、修剪、杂草防除和病虫害防治。

一、灌溉

新建草坪，不及时灌溉是草坪建植失败的主要原因之一。干旱对种子的萌发是有害的。严重的土壤板结可以阻止新芽钻出地面而使幼芽窒息死亡。营养繁殖枝和草皮块对干旱不如幼苗那样敏感，但是它们也会因干旱而受到危害。新建的草坪，在有条件的情况下，每当天然降雨满足不了草坪生长需要时，就应该进行人工灌溉。新坪灌水应做到：

（1）使用喷灌强度较小的喷灌系统，以雾状喷灌为好。

（2）浇水速度不应超过土壤有效的吸水速度，浇水应持续到土壤表层 2.5～5cm 左右完全湿润为宜。

（3）避免土壤过涝，特别是在床面产生积水小坑时，要缓慢地排除积水。

随着草坪草的生长，灌水的次数应由播种时的 1 次/d 逐渐减少，但每次的灌水量则应相应增大。伴随灌溉的次数减少，土壤水分不断蒸发和排出，不断地吸入空气，因此，减少灌溉次数可以改善土壤的透气性。

灌溉应在每天的早晨太阳升起时和傍晚太阳落山时进行，这时的温度不是太高也不会太低。对于种子，不会由于表层 3cm 土壤湿润干燥的反复而造成部分种子失去活力，降低种子的发芽率。对于幼苗，也不会由于水温与环境温度的不同而影响幼苗的呼吸与光合。

二、施肥

新建草坪在种植前如已适量施肥，就不存在幼坪施肥的问题。如果肥力明显不足，则必须以一种行之有效的方式追肥。幼苗呈淡绿色，老叶呈褐色，就是缺肥的征兆，此时可施复合肥或含氮低于 50% 的缓效化肥。施量约为 $5 \sim 7g/m^2$。为了防止肥料颗粒附于叶面引起灼伤，肥料的撒施应在叶子完全干燥时进行。或将肥料溶于水中，利用大型喷雾器或轻型喷灌机进行喷施。这种方法可连续施肥，直到地表 2.5~5cm 土壤湿透为止。若为速效肥料，进行叶面喷施即可。

幼坪的根系较为弱小，因而施肥应少量多次的进行。此时施肥主要是氮素及其他养分，量不宜多，否则过高的养分浓度将直接危害植株或抑制根和侧芽的生长。此后草坪的施肥，其频率依土壤质地和草坪草的生长状况而定。通常粗质土壤可溶性氮易淋失，因此，应以长效氮肥类为主。

草坪施肥应以基肥为主，除沙质土壤外，应以包括微量元素在内的追肥为辅。

三、地表覆土

地表覆土是由匍匐茎型草坪草组成的新建草坪维持在低修剪条件下时的一种特殊养护管理措施。表施的土壤可促进匍匐枝节间的生长和地上枝条发育，这对产生平滑的草坪表面是很重要的。

表施的土壤应与被施的草坪土壤质地一致，否则将可能影响根际的通透性。由于土壤不均匀沉陷，有时在草坪地上会产生不利于操作的表面。连续而有效的地表覆土，能够填平洼地，形成平整的草坪地面，但是，也要避免过厚的覆盖，以防止光照不足而产生不良后果。

四、滚压与修剪

滚压与修剪则是对草坪草营养器官的相关性加以协调，主要作用是促进草坪草的分蘖和植绒层的发育，加速幼坪的成熟。一般可在 2/3 的幼苗第 3 片真叶全展、定长时，开始进行第 1 次滚压。碌子用可调节滚筒重量的铁碌，滚压时土壤应干、湿适中，过干会损伤幼苗，过湿则会将枝条叶片印入坪床之中。以后每长 1 叶，滚压 1 次。

第一次剪草宜掌握在幼坪形成之后及时进行。根据草坪草种的特点确定留茬高度，可取该草种适宜留茬高度的下限。剪后进行滚压、施肥、灌溉。一般幼坪修剪过一次之后，经过一段时间的养护管理即可交付使用。

五、杂草防除

杂草对于幼坪的危害通常是最大的，因此在播种前的操作中，如高纯度种子的选择，植物性覆盖材料的选用，以及秋季严霜的处理（可除去草坪群落中大多数的一年生杂草）措施，甚至将种植土壤和表施土壤熏蒸处理、夏季休闲等，均可防止杂草侵入新草坪。尽管如此，杂草始终或多或少地侵害草坪。清除杂草较有效的方法是人工除草或使用除莠剂。

当杂草萌生后，使用非选择内吸性除莠剂，能够有效地控制杂草的危害。在冷地型草坪草播种后，使用萌前除莠剂环草隆，可有效地防治大部分夏季一年生禾草和某些阔叶杂草。当草坪定植，可使用萌后除莠剂，能有效降低杂草与幼坪中草坪草竞争的能力。

大多数除莠剂对幼小的草坪草均有较强的毒害作用，因此，除莠剂的使用通常都推迟到新草坪植被发育到足够健壮的时候进行。在第一次修剪前，通常不使用萌后除莠剂或者减至其正常用量的一半使用。为消灭马唐及夏季一年生禾草，可采用有机砷制剂，施用时间应推迟到第二次修剪后，用量也要减少一半。从邻接草皮块缝中长出的杂草，可用萌前除莠剂，时间应推迟到铺植后 3~4 周。

六、病虫害防治

对于幼坪，在病、虫害防治方面，应以预防为主，密切注意病、虫害发生、发展的情况。一般昆虫的危害不甚显著，但是，蝼蛄常通过打洞活动，连根拔起幼苗并致使土壤干燥，从而造成严重危害，此时可利用毒死蜱或二嗪农等进行防治。苗期的病害主要是猝倒病，应注意查找其原因并对症下药。

复习思考题

1. 坪床排水的原因是什么？
2. 草坪草种的选择原则有哪些？
3. 草坪草种的常见选择方法有哪些？
4. 如何进行土壤有机质测定？
5. 坪床的制备应怎样进行？
6. 简述单播、混合播种、混播的优缺点。
7. 冷地型草坪草和暖地型草坪草适宜的播种时间在何时？并说明原因。
8. 如何进行草坪草种理论播量的计算？
9. 幼坪的养护管理措施主要有哪些？

第七章　草坪景观维护技术

【教学目标】

● 掌握草坪系统维护流程
● 掌握草坪日常管理措施及更新复壮技术
● 熟悉草坪养护机械的构造及操作

第一节　草坪系统维护流程

草坪在园林绿化中肩负着生态效益、娱乐功能和美学价值三项主要职能，这三项职能的体现就是使草坪始终保持良好的外观品质和良好的使用功能。每个人都希望自己管养的草坪青翠欲滴，可是似乎总是事与愿违，原因何在呢？那就看你在草坪的使用期限内是否进行了科学、合理的管理措施，每一块草坪从播种到死亡都要经历成坪管理阶段、草坪使用管理阶段和更新复壮阶段，每个阶段都有一系列的养护管理措施。

一、成坪管理阶段

所谓成坪管理，即从草坪草播种或铺植开始，经过一系列的养护管理，使草坪草萌发，分蘖而长成幼坪，继而形成密集的具有观赏或运动价值的成熟草坪的过程。其目的是创造一个适合草坪草生长发育的优良环境，增强草坪草的抗逆力。无论是种子繁殖还是营养繁殖，播后管理是获得全苗、齐苗、匀苗、壮苗的基础，也是形成草坪的管理关键。成坪管理主要抓好水、气、热、肥的协调与管理以及病、虫、草害的防止即可。成坪管理的一般程序见图7－1－1。实施中应看天、看地、看苗，灵活综合应用。

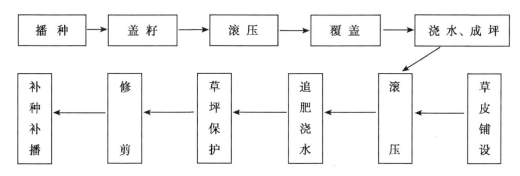

图7－1－1　成坪管理程序

（一）盖籽

播种后要进行覆土，坪床土质细的用九齿耙或小钉耙单向轻搂，即可起到很好的盖籽作用；土壤质地差、空隙度大的坪床播种后不宜搂土盖籽，以免局部覆土过厚，应覆一层无病、虫、草害的细土或细沙以达到盖籽的目的。盖籽主要是为了使种子与土壤充分结合，增加种子吸水面积，避免阳光直晒而灼伤，只要80%的种子被覆盖即可。

（二）滚压

滚压是草坪管理的常用方法，辊子为空心的铁轮，可用装水、充沙的方法来调节重量，一般重50～200kg。在成坪管理阶段滚压时间和作用如下：

1. 坪床细整后播种或铺植前滚压是为平整坪床，保持底墒。辊子重量一般为100kg左右。

2. 播种后浇水前即可轻压一下，可起到盖籽作用，使种子与土壤充分接触，有利于种子吸水和萌发。

3. 草坪播种出苗后，一般在2/3的幼苗第三片叶全展、定长时可进行第一次滚压。辊重50kg左右。滚压时土壤干湿要适度。以后每张一叶滚压一次，以促进分枝、分蘖。

4. 草皮、草塞、草毯、种茎铺播后，浇足水量，次日轻压一次，可使草坪草根茎压入泥土，促进吸水、发芽、长根。

（三）覆盖

覆盖是籽播草坪管理中的一项十分重要的内容。其目的在于：稳定土壤中的种子，防止暴雨或浇灌时被冲刷，避免地表板结和径流，使土壤保持较高的墒情；以免匀播的种子被风吹的不匀或流失；调节坪床地表温湿度，促进发芽、生长，提前成坪，覆盖在护坡和反季节播种时尤为重要。

覆盖材料可用地膜、无纺布、薄草帘、遮阳网等。也可以就地取材，用农作物秸秆、树叶、刨花、锯末等。一般地膜用在冬季或秋末温度较低时，用于增温和保水；地膜的增温效果很明显，使用时注意避免烧苗；因此，透风、揭膜时间一定要把握好。农作物秸秆的使用容易形成杂草，草坪成坪后坪面不洁净。无纺布、薄草帘和遮阳网是最常用、最好用的覆盖材料，不对坪床造成污染，可以重复使用多次，易贮藏。

（四）浇水、成坪

浇水是成坪管理比较关键的措施之一，也是草坪草播栽后的首要措施。草坪草能否出苗，成活，其直接原因是土壤水分。但浇水的时间、水量要因苗、因地制宜。一般浇水要注意以下几个问题。

1. 播种前大水浇灌一遍，要浇透，为出苗打底墒，待坪床表土发白时用钉耙重耙后再播种铺草，以免播栽后大量浇水造成冲刷、草皮翻卷和土壤板结。这样播后浇水即可少量多次。

2. 成坪前或草皮铺植后，要保持地面湿润，小水勤灌。一般以雾状为佳（喷灌系统），以免土壤板结或地表径流。

3. 出苗后，要及时掀掉覆盖物，要适当控水、蹲苗。协调土壤水、气，促进分枝、分蘖和根系扩展，蹲苗还可预防病害。每次浇水要浇透，然后任其自然蒸发，至1/2坪面土壤变灰白，再浇第二次水，至整个坪面土壤几乎变灰白，再浇第三次水。随着时间推移，每次土壤变白后延长1～2d蹲苗时间，直到草坪草成坪。

4. 夏天温度较高时，中午不要浇水，以免温度突低，种子吸水障碍引起烧苗。最好在清早或傍晚浇水。

5. 由于大雨或灌溉量过大或漫灌，造成土表全部或局部结壳，影响种子萌发和已出土幼苗的生长，要及时用铁钉耙将土壳破除。随着幼苗逐渐长大成坪，浇水的次数可逐渐减少，但每次浇水量要相应增大。

（五）追肥、浇水

在施足底肥的基础上，草坪草 3 ~ 4 叶期施好分蘖、分枝肥。以速效肥为主，如尿素 $10g/m^2$ 左右撒施，施后结合喷灌或浇水以提高肥效和防灼伤。第二、三次分枝、分蘖肥视苗情而定，一般修剪后施肥，追肥量宜少不宜多，以少量多次为原则。

（六）草坪保护

草坪保护是草坪养护管理过程中最烦琐的一项工作，其主要包括杂草防除和病虫害防治。杂草过多、病虫害危害草坪都会对草坪的景观造成损伤，影响草坪的生态、社会及经济效益，为了使草坪充分发挥其各种功能，就必须采取相应的防除、防治措施。具体方法如下：

1. 杂草防除　首先，人工拔除，这是最原始的一种杂草防除方法，生产上人工除草主要在幼苗期，少量时可以采用此方法；其次，机械防除，草坪草通常是多年生的，而大多数杂草都是一年生的，只要不让杂草开花结籽，反复的对草坪进行修剪，就会控制杂草的生长甚至死亡；再次，化学防除，这是最有效的除草方法，在草坪成坪前一般不用化学防除，其他除草方法有困难时，最早也要到草坪草第四片叶全展后才能施用，最好在草坪建植前用灭生性除草剂如百草枯对地上杂草进行喷施，然后深翻、晾晒，再细整建坪。

2. 病、虫害防治　应密切注意病、虫害发生的情况，尤其是苗期病害。平时多作预防，一有苗头，就采用最有效的方法进行防治。具体操作参看第九章有关内容。

（七）修剪

草坪成坪后，首次剪草宜在幼坪形成后及时进行，留茬高度因草种而宜，可取该草种留茬高度的下限。修剪后及时施肥、浇水。待草坪草覆盖度近 100% 时再修剪一次，留茬高度相同，以后转入正常养护管理。

（八）补种补播

生产上因漏播、风吹、鸟食、水冲等原因出现局部苗稀或无苗，以及草皮块局部死亡，应及时整地补种、补栽或补铺。

二、草坪使用管理阶段

草坪成坪以后便进入长期的草坪使用和草坪的养护管理阶段。草坪养护是指草坪建成后，根据建造的目的和草坪草的生长规律，采取一系列综合性的技术措施进行管理。简言之，进行有规律地修剪、灌溉、施肥、病虫草害的防除、梳草或打孔通气、镇压覆土、更新修复等养护措施。

（一）修剪

修剪是为了保持草坪整齐美观，控制草坪草徒长，消除顶端优势，促进分蘖分枝，抑制生殖生长和延长营养生长，充分发挥草坪的坪用功能。此外，修剪还可剪去病叶枯叶，有利于光线渗透，提高草坪草抗逆性，促进草坪健康生长。因此，剪草是草坪使用管理阶段的重要内容。草坪草的修剪管理主要注意以下几方面内容。

1. 一年中三次重要的剪草 冷季型草坪草一年中有三次重要的剪草工作，分别是：春季草坪返青后的第一次修剪，留茬高度根据草种而宜，取该草种留茬高度的下限；夏季草坪进入休眠前，留茬高度要取该草种留茬高度的上限，甚至再提高点，保证草坪安全越夏；秋末冬初，草坪的留茬高度要提高，最后一次修剪最好不剪，以确保草坪草安全越冬。

2. 修剪频率与时间 任何一种草坪草的修剪频率都与草坪草的品种、草坪草的生育期、草坪的管理水平及草坪的用途有关，但每次修剪都要遵循"1/3 原则"。一天中，草坪的修剪时间最好选在下午 2：00 以后或上午 8：00～10：00，主要降低切口处水分的蒸发。

3. 修剪质量 草坪修剪的质量与所使用剪草机的类型和修剪时草坪的状况有关。剪草机类型的选择、修剪方式、修剪物的处理等均影响到修剪质量。一般草坪宜选手推式剪草机，这样对草坪草机械损伤小，而后可根据场地大小选择坐骑式剪草机。修剪时应避免以同一种方式进行，防止在同一地点，同一方向多次重复修剪，否则，草坪草将趋于瘦弱和发生"纹理"现象，机械损伤也不易恢复；每次修剪都要装集草袋，及时将草屑移出草坪地，这样可大大减少杂草的有性和无性繁殖，降低病虫害的再侵染和流行，改善草坪的通风透光，促使草坪草健康生长。

4. 草屑处理 草屑的去留是一个有争议的问题，有人认为，剪下的草屑应散落在草坪上，直接作为肥料，也有人认为，剪下的草屑应收集在一起，运出草坪。其实，两种说法都有道理，但要看草屑的大小，如果是"超细草渣"可留在草地上，既不会影响景观又可以补充肥料，使草坪健康生长；如果草屑较长，就必须收集并运出草坪，一则难于腐烂，影响草坪的景观和草坪草生长；二则易引发病害。

（二）浇水

1. 一年中有两次重要灌水工作 一次是入冬前的封冻水，以漫灌为宜，但坪面不能有积水，以免形成冰盖。另一次是返青水，开春土地开始解冻之前，草坪要萌发时浇返青水，一定要浇透，为后期的生长奠定基础。

2. 一天中最佳的灌溉时间 一天中最适合浇水的时间应该是无风、湿度高和温度较低的时候。目的是减少水分蒸发，夜间或清晨的条件可以满足以上要求，但夜间灌溉会使草坪较长时间的处于高湿状态，易引发病害，因此，许多人认为，清晨是草坪灌溉的最佳时间。切忌中午灌溉。

3. 灌溉频率与时期 冷季型草坪在春、秋季要根据草坪草种类、土壤质地、草坪用途及天气情况作好灌溉工作，每次要浇透；夏季是冷季型草坪的休眠期，要控制浇水次数，以免造成高湿环境，引发病虫害。

4. 灌溉方式 草坪灌溉可采用喷灌、滴灌和漫灌，其中以喷灌、滴灌为主，在秋季草坪草停止生长前和春季返青前应各浇一次透水，一般以漫灌为好。

（三）施肥

1. 一年中施肥作业的安排 草坪一年中要做好冬季休眠后或早春返青前的施肥，这两次施肥以有机肥为主。草坪在生长季结合修剪施用速效肥如尿素。冷季型草坪草在夏季休眠期不要施肥或少施磷、钾肥。

2. 施肥原则　草坪施肥不能盲目，在施肥过程中要做到按需施肥，平衡施肥，冷季型草坪草轻施春肥、巧施夏肥、重施秋肥，少量多次。

3. 施肥方法要科学　施肥必须均匀、少量，一般结合修剪进行，修剪后施肥能使肥料落到土壤表面而不附着在叶面上，施肥后要及时浇水，使肥料溶入土壤。

（四）草坪病、虫、草害的防除

任何阶段的草坪管理，病、虫、草害都是最繁琐、最棘手的工作，要想草坪保持良好的景观功能，就得时刻提高警惕，做好预防工作，作到科学的养护管理。根据环境条件和草坪生长情况，结合灌溉、打孔等管理根灌杀虫、杀菌剂，提高草坪草的抗性。另外，日常管理要科学化，浇水、施肥、修剪在不同季节，不同生长状态下做合理的调整和安排。病、虫、草害一旦发生，就要及时作出正确的防治安排，具体操作参看第八章和第九章内容。

（五）梳草、打孔通气

随着草坪使用年限的增长，坪床上会积累较厚的枯草层，土壤变的板结。因此，会影响草坪草对水、肥的吸收，容易引发病虫害，在管理上可采取梳草、打孔等措施来缓解其对草坪的危害。具体操作如下：

1. 梳草　梳草主要是清除枯草层，一般在春季草坪返青前进行，用梳草机或耙子把坪床上的枯草除掉或采用烧荒的形式去除枯草，这样有利于草坪草吸收水、肥和阳光，也有利于清除在草层越冬的病菌和虫卵。

2. 打孔　打孔主要是为增强土壤的通透性，一般在草坪生长旺盛、没有环境胁迫的条件下进行。这项工作要结合施肥、浇水、根灌杀菌剂等措施进行。

（六）覆土、镇压

覆土、镇压对于运动场草坪来说很常用，每次赛前、赛后对坪床都要覆土、覆沙，用来保护草坪草的生长点，镇压是使土壤与坪面结合在一起，增加场地的硬度。但对于绿化绿地来讲，覆土、镇压很少使用，一般北方春季化冻后可镇压，用来平整坪床；再者就是坪床高低不平时，覆土填平后镇压，创造平整的坪床，为修剪、浇水奠定基础。

（七）更新修复

任何草坪经过长期的使用、病虫害的伤害后都会出现秃斑或病斑，严重降低了草坪的观赏价值，因此，在日常养护管理过程中要对秃斑或病斑及时处理。具体可根据实际情况进行补播、补栽或补铺，使草坪的各项功能得到充分发挥，使用期限尽量增长。

三、草坪更新复壮阶段

冷季型草由于其绿期长，而受到广泛青睐，近年发展速度很快，但终因起步较晚，栽培时间短，技术掌握得不好，造成了草坪斑秃枯死，提早退化，有的仅三五年就不得不更新，不但影响景观效果，同时还加大了绿化资金的投入。分析原因，一是建植方法不够合理；二是建植后养护措施不到位。下面就解决非运动型草坪过早退化问题，谈谈应采取的主要措施。

（一）建植方法合理化

1. 土壤条件　土壤条件好坏是决定草坪生长优劣的基础条件　近年来城市建植草坪相当部分是利用拆迁改造或垃圾填埋地。由于土质差或土层深度不足，导致草坪枯死、斑秃，过早退化。草坪草能在不足 30cm 深土壤（土层厚度）中生存，但表现生长不良，易枯死，难养护。所以，建植草坪土壤深度不应小于 40cm。如果土质盐碱度高，要进行换土，进行防盐害处理。土壤中的垃圾等杂物，要深翻拣除或过筛。

2. 深翻施肥　播种前要进行深翻施肥，土壤深翻要达 25～30cm，结合深翻施足底肥，可按每亩 4～6m³ 腐熟肥施入，以增加土壤有机质含量。可视土壤情况适量施入化肥、磷肥或暂不施，以后根据苗情再分次施入。

3. 适地适草，合理密植草坪草品种选择要适合建植地的土壤条件和环境条件　首先要了解草坪草的生物学特性，如抗高温、耐干旱、抗盐碱、耐贫瘠、抗病虫害、耐践踏、耐阴等特性，以及草的高矮、叶色、叶宽、质感等特征确定适宜的品种。

（二）养护管理科学化

1. 适时施肥，合理修剪　冷季型草一年有春秋两个生长高峰期，夏季高温，生长缓慢或停止生长，处于半休眠状态，不宜施肥和高频修剪。因此，施肥应在生长高峰来临前，即早春返青时结合浇灌施一次肥，以氮肥为主。秋季根据土壤缺肥情况，再施入一两次氮肥或复合肥。为保持草坪整齐美观，在生长季节要适时修剪。

2. 防止出现草垫层　草垫层也是造成草坪草过早退化、死亡的主要原因之一，草坪草枯死的茎叶在地表形成枯层，枯层的腐烂，会造成土壤氧含量减少，从而影响根的呼吸，造成叶子发黄干枯，严重时导致草坪草枯死，解决的方法如下：①早春返青前，要用钢耙将草坪细耧一遍，清除枯茎败叶；②返青后的第一次修剪要适当压低，每次修剪下来的茎叶都要收集清除干净；③若草坪密度大用疏草机疏草，降低密度；④使用频率高、践踏严重，造成土壤板结的用打孔机打孔，增强土壤透气性。

（三）草坪更新措施

1. 补播草种法　在草坪上采取松土刺孔的办法，将肥料和种子撒落入洞孔内，浇水促其萌发。此法多用于冷季型草坪。

2. 条状更新法　在平整密集的草地上，每隔 50～60cm 挖取 50cm 宽的一条表层，增施泥炭土或堆肥泥土，重新垫平空条土地。具有匍匐能力的草茎在生长期内，很快生成新苗，填补空缺。再过一两年，可把余下的另一条老草坪挖走，更换肥土。如此反复，三四年可全部更新一次。此法多用于北方种植的暖季型草坪，如野牛草、结缕草、狗牙根等。

3. 断根更新法　定期在建成的草坪上，用打孔机滚压草坪，或用自制钉筒（钉长 10cm 左右）将草坪扎成许多洞孔，一来切断老根，施入肥料，二来促使新根生长。也可用滚刀，每隔 20cm 将草坪切一道缝隙，将老根切断，然后在草坪上撒施肥土并浇水，促发新芽。

4. 一次更新法　当草坪出现严重退化时，可全部翻挖，选择其中一部分生命力强的匍匐茎或根状茎，重新栽种。翻种的草坪很快能复壮，多适于冷季型草坪。除此之外，移植草皮也是一种有效方法。移植前，草皮要修剪，移植后要滚压，促进草皮与土壤结合紧密，之后浇水保持土壤湿润。

以上是防止和解决草坪过早退化应采取的一般措施，人力物力较充足的地方，可提高建植养护标准，保持较高的草坪质量。对防治病害、清除杂草、浇水、防涝等方面的养护措施也不可忽视，以防功亏一篑。

第二节　草坪养护专用机械

草坪机械可分为草坪建植机械和草坪养护管理机械，草坪养护管理机械是指除草坪建植机械外的草坪机械的总称。草坪养护管理机械主要包括修剪机械、打孔通气机械、植保机械、施肥机械、灌溉机械设备、修整机械设备（包括修边机、梳草机、草坪刷、网状拖板、草坪辊等）、松土排水设备等。草坪常用养护机械介绍如下。

一、草坪剪草机

在草坪修剪机械问世之前，草坪的修剪主要工具是镰刀，放牧牛羊也是保持草地平整的重要方法。随着高尔夫球、网球及足球等运动的兴起，人们拥有平整美观的草地做运动场地的要求越来越迫切。1805 年英国人普拉克内特发明了第一台收割谷物并能切割杂草的机器，由人推动机器，通过齿轮传动带动旋刀豁草，这就是旋刀割草机的雏形。1830 年，英国纺织工程师比尔·苗布丁取得了滚筒割草机的专利，1832 年，兰塞姆斯农机公司开始批量生产滚筒剪草机，1902 年英国人伦敦恩斯制造了内燃机作动力的滚筒式剪草机，其原理至今还在使用。在西方发达国家，20 世纪初期，剪草机就得到了快速的发展。近十几年随着环保、城建、园林、体育、旅游、度假、娱乐、水土保持等事业的发展，我国草坪业迅速崛起。在草坪机械中剪草机发展最快，由国外引进和国内企业生产的剪草机品种越来越多。目前，我国使用的剪草机主要从美国、日本引进。

（一）剪草机的分类及特点

草坪剪草机的类型根据动力装置可分为手推剪草机、电动剪草机、蓄电池驱动剪草机和汽油驱动剪草机等类型，其各自的使用特点见表 7 - 2 - 1；根据工作原理和剪草方式，剪草机可分为滚刀式、旋刀式和割灌式三种基本类型，其各自的使用特点见表 7 - 2 - 2。此外，还有剪草车，可参见图 7 - 2 - 1 所示。

图 7 - 2 - 1
a 旋刀式剪草车；b 滚刀式剪草机

表7-2-1　不同动力装置的剪草机及特点

剪草机类型	使用特点介绍
手推式剪草机	刚开始的剪草机都是手推的。对面积很小的私家花园来讲，手推式剪草机没有噪声、不用买汽油、不会出差错，修剪质量好，保养方便。但如果草坪草生长茂盛，修剪起来会比较吃力
电动剪草机	在小面积的私家花园养护中，电动剪草机比汽油剪草机更受欢迎。因为它安静、轻便、便宜、效率高、易保养。但工作范围有限，修剪面积大时就要考虑汽油剪草机了
蓄电池剪草机	蓄电池剪草机曾经非常流行，它和电动式剪草机一样安静轻便，而没有电线的限制。尽管如此，蓄电池剪草机现在还是已经销声匿迹了
汽油剪草机	汽油剪草机比电动剪草机贵、重，但是它最大的好处是修剪时不用移动电线也不用担心剪到电线。此外，工作范围不受限制。目前国内市场上绝大多数都是汽油剪草机

表7-2-2　不同剪草方式的剪草机及特点

剪草机类型	使用特点介绍
旋刀式剪草机	旋刀式剪草机（图7-2-2和图7-2-3）的工作原理如同大镰刀剪草。刀片的转动轴垂直地面做旋转运动，高速水平旋转的刀片固定在刀盘上，刀片以锋利的刀刃依靠高速旋转的冲力把草割下来。刀片的数量可以是一片，也可以是几片。旋刀式剪草机除了有轮子的以外，还有气垫式的。后者更方便一些边角地区的修剪（图7-2-4）。但要特别注意操作安全，修剪质量不如滚刀式剪草机好，但价格低廉，保养维修方便，使用灵活。旋刀式剪草机是目前最流行的，常用于公园、庭园等大部分绿地及低养护水平的草坪
滚刀式剪草机	滚刀式剪草机（图7-2-5）的工作原理如同剪刀的剪切。其剪草装置由带刀片的滚筒（滚刀）和固定不动的定刀（底刀）两部分组成。滚刀驱动叶片靠向床刀，而后通过复合的刀片把叶片切断。滚刀的刀片数量和旋转速度决定了修剪的滚刀式剪草机精细程度，一般标准的滚刀为5~6片。为了获得更高的修剪质量，也有8~12片的滚刀式剪草机，但非常昂贵此外。3个滚刀的剪草机也越来越流行。滚刀式剪草机修剪质量最高。修剪高度低，能满足低留茬修剪的需要，但价格昂贵，保养要求严格，维修费用高，滚刀式剪草机常用丁高尔夫球场等高水平养护的草坪
割灌剪草机	割灌剪草机（图7-2-6）是割灌机附加功能的实现。其小刀片像折叶一样横向固定在竖轴上，当竖轴转动时，刀片靠离心力打开。割灌机常用在其他剪草机难以接近的地方，比如陡坡和边角地带等。割灌机修剪质量较差，修剪时务必注意安全

图7-2-2　旋刀式剪草机

图7-2-3　旋刀式剪草机刀片

图7-2-4　气垫式剪草

图7-2-5　滚刀式剪草机

剪草机的选择要考虑多种因素，如草坪面积、修剪高度、修剪频率、修剪质量，草坪类型，草坪管理水平、剪草机维护能力以及经济实力等。总的选择原则是：在预算范围内，选择能完成修剪任务、达到修剪质量、经济实用的机型。

根据各类剪草机的特点可知，一般要求低修剪的精细草坪应选择滚刀式剪草机。普通草坪选用旋刀式剪草机，草坪面积很大时，可以考虑选择剪草车，以提高工作效率。但是，剪草车很贵，一些角落不好修剪。割灌剪草机通常用在不好修剪的地方。

图7-2-6　草坪割灌机

（二）自走式旋刀剪草机的构造

剪草机的结构形式多种多样，但基本构成部件基本相同。图7-2-7为自走式旋刀剪草机构造简图，主要有操纵机构（包括扶手、离合器、油门调节杆、换挡杆等）、行走机构、发动机、刀头总成（包括刀轴、刀盘、刀片等）、护罩、集草袋（或排草口）、高度调节机构、机架等部件组成。

（三）对草坪剪草机械的要求

1. 剪草高度可根据要求调整，适应高度调整范围大，当草坪要求修剪很低时，能达到要求。

2. 剪草整齐、平整，同一行程前后剪草高度一致，两次作业行程衔接平滑，无接茬。

3. 对地形的适应能力强，仿形能力强，随地形变化前后剪草高度一致。

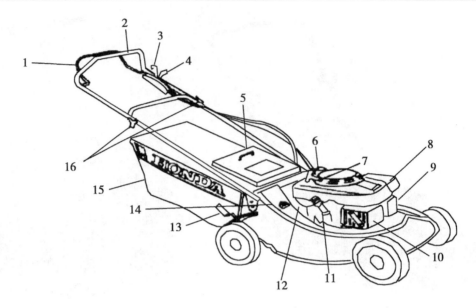

图 7 - 2 - 7　自走式剪草机构造简图

（引自《草坪机械使用与维护手册》，陈传强）

1. 离合器杆；2. 手柄；3. 换挡杆；4. 油门；5. 排放护板；6. 燃料入口；
7. 启动索；8. 空气滤清器；9. 化油器；10. 消声器；11. 机油注入口；
12. 发动机号；13. 割草高度调节杆；14. 机架号；15. 集草袋；16. 手柄锁紧螺栓

4. 剪草机对草坪碾压轻、伤害少。

5. 草屑收集干净，或被切割部分细碎性能好（草屑撒在草坪中当肥料时），以便于洒落在草坪下及时腐解。

6. 剪草机质量好，故障少，节省燃料、效率高。

7. 易于操作、轻便灵活、维修调试方便，零部件通用性和互换性好。

（四）选用剪草机的原则

剪草机在剪草方式、动力配套、剪草质量、作业效率和价格等方面有着较大的差别，选择先进实用、操作方便、能充分发挥效能的剪草机十分重要。购买剪草机主要应考虑以下几个因素。

1. 草坪规模和剪草频率　根据剪草机的工作效率，计算在规定的剪草时间周期内能完成的面积；根据种植草坪的面积计算所需要的剪草机种类或台数；根据草坪品种和对草坪管理要求确定剪草频率。综合考虑各种因素后，选用的剪草机可参考如下：面积小于 4 000m² 时可选用手推自走式剪草机，面积达 4 000 ～ 12 000m² 时选用坐骑式剪草机，面积大于12 000m² 时选用拖拉机式剪草车。另外，再根据剪草机的功率考虑购买台数。总之，要尽可能地提高作业效率，提高剪草质量。

2. 草坪生长地域的情况和环境　草坪生长环境主要有坡度、平整度、几何形状、边界形态、草坪中障碍物情况等。若草坪种植在建筑物之间，种在树木之下等狭小空间，大型剪草机无用武之地，应选用小型灵活的剪草机或零回转半径的机械；草坪坡度大则应考虑剪草机坡度适应能力；平整度差的草坪应选择旋刀式剪草机，选择轮子大的剪草机；草坪边界有凸台、围沿时应选择易搬运、刀盘能起落的机械；沙地、松软地应选择充气宽轮胎剪草机。

3. 草坪的类型　根据草坪的类型、功能、生长特征，选择不同功能的作业机械。高尔夫球场、足球场等体育活动场所，对剪草质量要求较高，一般应选用高尔夫专业草坪机械，如滚刀式剪草机、梳草剪草机等；对庭院草坪和其他的设施草坪等类型，剪草要求不高，一般选用家用机械，如手推旋刀式剪草机。对以绿化为目的普通绿化区、公路两侧等一般不需要经常修剪的狭小绿地草坪，要求质量很低，一般可选用割灌割草机。对杂草多、灌木混杂的草坪，修剪质量要求不高时，应选用甩刀式剪草机。有条件的专业公司应根据经营规模按比例配备全套草坪机械。

4. 经济水平　滚刀式剪草机剪草质量好，但价格昂贵，维护费用高；旋刀式剪草机剪草质量较差，但价格低，维护费用低，生产效率高；割灌割草机结构简单，价格低，但作业效率低。可根据购买者的经济水平选用。经济条件差者，应用最少的资金购买所需的必备功能的机械；经济条件宽裕者，在功能符合要求的前提下，主要应从性能价格比考虑选择对象，即用同样的资金购买可靠、耐用、操作舒适和造型美观大方的机械。

5. 剪草机的质量、品牌和经销商的维修服务能力　要购买技术先进、质量过硬的剪草机，剪草机某些故障需要专业人员解决，零部件一般不可被替代品代替，因此，经销商必须有配件供应能力，要有良好的售后服务。

（五）剪草机使用前的准备工作

1. 检查刀片　刀片是否损坏、螺母、螺栓的紧固情况，确保安全。

2. 检查轮胎压力　剪草机轮胎压力对驱动能力和对草坪的碾压影响很大，应保证剪草机轮胎接触地面的宽度与轮胎宽度相同。

3. 检查机油情况　在停车状态下，拧下机油标尺查看液位显示，机油要加到标尺的高位标志（full）和低位标志（add）之间。应结合当地气象特点，正确选择标号准确的润滑机油。

4. 加足汽油　要使用90号以上的汽油，有条件时要加燃烧平稳剂和改良剂，特别是进口发动机对燃油要求很严格，切不可贪图便宜使用廉价劣质汽油，损伤机器。汽油液面应低于油箱加油口6~13cm。

5. 电动剪草机使用前要充足电　装备电启动装置的剪草机，有一个电池盒，在第一次使用前，请使用充电器对电池进行至少12h的充电。

6. 草地的清理　剪草前应清除草坪上的木棍、石头、瓦块、塑料、铁丝等杂物，固定设施，如喷灌管埋头等，应做好标志，以防损坏刀片。

7. 确定剪草高度　准备割草之前，应该准确测量草坪的高度，并按照草坪修剪的1/3原则，将剪草机调整到合理的剪草高度。

8. 确定草坪的湿度　刚浇过水、下过大雨或者梅雨季节等潮湿的草地最好不要剪草。首先，潮湿的草叶会在刀盘中粘附，造成剪草效率下降，损害汽油机。其次，潮湿的草地人行走不方便，容易滑倒，剪草机也容易失控脱手。

9. 对坡地，要测量坡度不得在坡度大于150°的地方采用推行式或自走式剪草机修剪草坪，可选用气垫式剪草机。

（六）剪草机的操作

1. 检查　启动前，一定要先检查机油、汽油是否充足，场地是否有石头等硬物，空气滤清器是否干净，刀片是否锋利，螺栓是否锁紧等。注意！必须先检查后开机。否则，可能损坏机器，危及人身安全。此外，机油油面不要超过"高位"标志，加油需在停车状态下通风良好的地方进行。操作人员在操作时要穿长裤、保护鞋，戴防护眼镜。

2. 启动 启动前，应根据草坪修剪的1/3原则来调节剪草高度。具体操作如下：首先，将化油器上的燃油阀门从1推至2的位置。再将油门推至阻风门（CHOKE）位置。然后，提起启动索，快速拉动。注意！不要让启动索迅速缩回，而要用手送回，以免损坏启动索。启动后，要将油门迅速扳至"高速（HIGH）"使发动机平稳运转。

3. 剪草 将离合器杆靠紧手柄方向搬动时，剪草机回自动前进；松开离合器杆时，剪草机会停止。若剪草机出现不正常震动或发生剪草机与异物碰撞时，应立即停车。重新调整剪草高度必须停止发动机。剪草时，要将油门置于"高速（HIGH）"的位置，以发挥发动机的最佳性能。另外，剪草时，只许步走前进，不得跑步，不得退步。换挡杆有两种位置，"快速（FAST）"和"慢速（SLOW）"可使剪草机的刀片以两种旋转速度切割草坪。但是，行进间不能换挡。

4. 关机 缓慢将油门推至"停止（STOP）"位置，再将化油器的燃油阀门从2推至3的位置，即可关机。

5. 清洁机具 剪草作业结束后，应将剪草机清理干净，长时间不用时，还应将刀片等部位上油保护。

（七）剪草机的保养

剪草机保养良好能延长寿命，提高效率。

1. 清洁剪草机 每次使用完毕，都要及时仔细清洁剪草机。首先，把剪草机推到一个平坦的地力，拔下火花塞。然后，把机身里里外外的泥土、杂物、碎草清除干净。具体部位包括：火花塞、机壳、集草袋、刀片、滚筒、辊轴等。否则，这些东西干后，会粘在机器上，难以清除，并影响机器的正常功能。最后，用干毛巾把各个部位擦干。并用带油（轻机油或汽油机机油）的抹布抹一遍。另外，空气滤清器也需清洗，定期更换，否则会影响剪草机的启动。

2. 上油保护 安全手柄的连接部位、刹车部位，排草弯管的扭力弹簧，轮子的转轴芯和轮子内沿等部位都应上油保养。但是，最好按使用说明书正确操作，例如：大部分进口剪草机的差速器在工厂中进行了特殊的润滑处理和密封，不能拆卸，不要求用户对这一部件进行保养。

3. 存放 若剪草机长期不用，除彻底清洗和润滑外，还要注意：将汽油机中的燃油全部放掉，以避免在化油器、油管和油箱中形成顽固的沉淀；要在干燥清洁的环境中储存剪草机；电启动或者电动剪草机，要定期对电池进行充电；轮胎要适量放气（保留1/2），将草坪车垫平，使轮胎不承受压力。

（八）剪草机的故障排除

草坪剪草机长时间使用或不正确操作都会给机器造成损伤，草坪养护管理人员对常用剪草机的故障要熟悉，要会排除各种故障，保证各种作业的顺利进行。剪草机常见故障和排除方法见表7-2-3。

表 7 - 2 - 3　剪草机的常见故障与排除方法

故障现象	故障原因	排除方法
汽油机不能启动	1. 安全手杆没有压下 2. 点火线没有插上 3. 风门手柄没有放在阻风或启动位置 4. 燃油箱油位很低，或者使用了伪劣汽油 5. 火花塞故障 6. 化油器呛油了	1. 压下安全手杆 2. 将点火线插入火花塞 3. 将手柄扳到相应位置 4. 向燃油箱加注新鲜干净的燃油 5. 清洁、检查火花塞间隙，或更换火花塞 6. 把火花塞拧出，晾干。放回火花塞，不要上紧，把风门扳到最小，拉动发动机。将火花塞旋紧，风门扳到最大，再次拉动发动机
汽油机熄火	1. 保险丝烧断 2. 汽油机风门未开或启动状态运行 3. 点火线松了 4. 燃油管路堵塞 5. 燃油箱盖的透气孔未开 6. 燃油不纯净 7. 空气滤清器不洁净 8. 化油器堵塞了 9. 汽油不足或燃尽	1. 查找电线是否短路、漏电，更换保险丝 2. 将风门推到最大 3. 将点火索牢牢固定在火花塞上 4. 清洗并重新加注清洁的燃油 5. 将透气孔打开 6. 将油箱清理干净，换上清新的汽油 7. 清洗或者更换空气滤清器 8. 进行必要的检测、清洗和调试 9. 加注新鲜干净的燃油
汽油机过快升温并温度过高	1. 汽油机机油太少 2. 空气循环受阻 3. 化油器未调校好	1. 向曲轴箱加注必要的润滑油 2. 拆开风机并清洗 3. 进行必要的检测和调试
汽油机怠速运转时熄火频繁	1. 火花塞积碳，间隙太大 2. 化油器没有调好 3. 空气滤清器脏了	1. 调校或更换火花塞 2. 进行必要的检测和调试 3. 进行清洗和更换
过度震颤	刀片松或变形失去了平衡	检查螺丝和连刀器的连接情况，对损坏部件或刀片进行维修、更换
剪草机喷不出草	1. 汽油机转速太低 2. 草太湿 3. 草太长	1. 把风门加大 2. 等草干一些再剪 3. 将刀盘高度进行调整
剪草质量不好	刀片太钝	对刀片打磨或更换

二、草坪打孔机

草坪种植或移植一年后，土壤板结，根系呼吸不畅，易产生霉菌，导致草坪枯黄。为解决这一问题，草坪养护过程中常采用打孔措施。打孔即可以消除土壤板结，给根系通气，也可切断部分草根，促进根的生长，增强草坪的抗病虫害，抗渍能力。

草坪打孔机，属于草坪养护机械技术领域。机体主要有发动机、刀盘组件、传动机构、后轮组件、起重臂等几部分组成，机体的前部安装万向轮，刀盘组件与刀盘轴之间、后轮组件与轮轴之间分别设有单向器，发动机通过传动机构连接驱动后轮组件。

（一）打孔机的分类及性能

草坪打孔机根据动力和运动方式的不同可分为手动打孔机、滚动式打孔机和垂直运动打孔机，性能介绍见表 7 - 2 - 4。

表 7 – 2 – 4　不同动力和运动方式的打孔机

打孔机类型	性能介绍
手动打孔机	如图 7 – 2 – 8 所示，有两个轮、滚筒，滚筒上有打孔锥，上接一个手柄，用力推动进行打孔作业。在板结严重的土壤上作业非常困难，打孔较浅。另外，私家花园常用空芯、实芯的三齿叉或四齿叉，使用便利，作业时一定要垂直插入、垂直取出
滚动式打孔机	有小型手扶自走式和大型坐骑式两种，见图 7 – 2 – 9。前者适用于各类草坪，后者适用于面积大的草坪。其利用圆形滚筒或等距离套在轴上的一系列圆盘上的针、齿、锥，在草地上滚动、压入土壤，起到打孔的作用。见图 7 – 2 – 10。打孔刀具插入和拔出时有压边和挑土现象，打孔较浅，但速度快
垂直运动打孔机	垂直运动打孔机有自行式和拖拉机悬挂式两种。其利用机械动力使垂直于地表的刀具刺入土壤，达到打孔的效果。这类打孔方式打孔较深，效果较好，没有压边、挑土现象，但工作效率低，对坪面破坏大

图 7 – 2 – 8　手动打孔机

（引自《The Lawn Expert》，Dr. D. G. Hessayon，1996）

a　　　　　　　　　　　　　　b

图 7 – 2 – 9　滚动式打孔机

a 手扶自走式；b 大型坐骑式

a　　　　　　　　　　　　　　b

图 7 – 2 – 10　滚动式打孔机的刀组

根据打孔通气的要求不同，刀具的形式也是多种多样，有扁平深穿刺刀、空心锥管刀、圆锥实心刀及扁平切根刀等四种基本类型，见图7-2-11。其特点见表7-2-5。

表7-2-5　不同刀具形式的打孔机

刀具类型	性能介绍
扁平深穿刺刀	用于通气和深层土壤的耕作
空心锥管刀	用于土壤的打孔通气作业，锥管羊角型，作业时带出土坨，可以在孔中添入新土、肥料、杀虫剂或补播，实现不破坏草坪的情况下更换土壤。但对坪面的观赏效果有影响，打孔后需要拖耙作业
圆锥实心刀	实心刀的插入将周围土壤向四周压实而留下洞，这种打孔作业主要起到辅助排除草坪表面积水。干旱时期切勿使用
扁平切根刀	切断草坪的草根，对坪面无任何破坏现象，促进新根的发生、发育，使草坪健康的生长

（二）打孔机的操作

1. 检查　开机前，一定要先检查机油、汽油是否充足，火花塞帽是否装在火花塞上等，否则，可能毁坏机械。

2. 启动　首先，打开燃油开关、电路开关，阻风阀视情况可全关、半关或全开（但启动后则必须把阻风阀放在全开位置），然后，适当加大油门，迅速拉动启动手把，将汽油机启动。注意！打孔机必须在手把拉起、孔锥脱离地面的状态下启动。

3. 打孔　汽油机需在低转速下运转2~3min进行暖机。然后，加大油门，使汽油机增速。慢慢放下打孔机手把，双手扶紧手把，跟紧打孔机前进，即可进行草坪打孔作业。

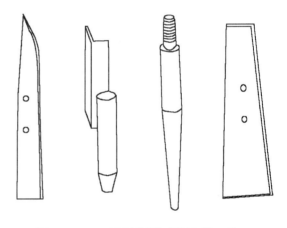

图7-2-11　用于草坪打洞通气的刀具
引自《草坪机械使用与维护手册》，陈传强

4. 关机　工作完毕，先将打孔机操作手把拉起，减小油门，让汽油机在低速状态下运转2~3min后，再将电路开关关上，汽油机即熄火，最后，将燃油开关关上。

5. 清洁机具　打孔完后，要将打孔机清理干净，空气滤清器芯药用煤油清洗。火花塞帽要从火花塞上取下来，以防误启动。火花塞每运转100h要从汽油机上取下并清洗。

（三）打孔机使用时注意的问题

1. 对于需要打孔的草坪地，在开始工作前将可能引起危险事故的石头、电线等物品清除干净；对于草地上的喷头、电线等需要躲避的物品要做好标记，以防工作中触及。

2. 打孔前对草坪进行喷水，方能达到理想打孔效果。

3. 工作前要检查减速箱油面，使后轮处于最低位置，确定皮带张紧离合收放自如。

4. 打孔机必须在地轮降下、刀轮升起，孔锥脱离地面的状态下启动。

5. 开始作业时要慢慢升起地轮、放下刀轮，双手握紧离合器杆，调整油门到操作者正常行走速度，以便操作者能始终舒适地控制机器。

6. 打孔机在作业时不允许拐弯，拐弯时应拉起操纵手把，升起刀辊，对准作业行后，才能放下刀辊，握紧离合器杆，开始作业。

7. 不得在坡度大于30°的斜坡上工作。

8. 机器运转时，不得将手或脚置于可移动或转动的零部件旁。

9. 操作过程中禁止打开传动护罩装置。

10. 不得用于除草坪外的其他地面作业。

（四）打孔机常见故障与排除方法

打孔机使用过程中会出现各种各样的问题，其故障原因和解决办法见表7-2-6。

表7-2-6　打孔机常见故障与排除方法

打孔机类型	故障现象	故障原因	排除方法
滚动式打孔机	接合离合器机组不前进	1. 链条断开 2. 皮带轮键损坏 3. 张紧轮位置改变 4. 离合器拉索过松	1. 结合链条或更换 2. 更换键 3. 调整到正确位置 4. 调紧拉索，或更换弹簧
	离合器不离合	离合器拉索过紧	调整拉索至合适长度
	机组前进速度不稳定	1. 皮带松弛 2. 张紧轮压力太小	1. 更换皮带 2. 调紧张紧轮或张紧轮拉索
垂直运动打孔机	挑土严重	1. 刀具角度不正确 2. 人为施加外力推拉把手 3. 圆盘两端弹簧太紧 4. 轴承损坏 5. 刀具变形	1. 调整角度 2. 只是握紧离合器杆和扶手，跟随机组前进 3. 调松弹簧，减小弹簧压力 4. 更换轴承 5. 维修或更换刀片
	打孔不整齐	1. 刀具堵塞 2. 刀具弯曲变形	1. 清理管中堵塞物 2. 更换或维修刀具
	打孔深度不够	土壤太硬	增加配重
	有挑土现象	1. 拖拉机前进速度太慢或太快 2. 曲柄连杆机构连接松动或磨损严重 3. 皮带打滑	1. 调整拖拉机速度，使之与刀具补偿机构运动速度一致 2. 拧紧松动点，更换磨损部件 3. 张紧皮带或更换皮带
	打孔深度不稳定	1. 拖拉机液压系统漏油 2. 地太暄或太湿	1. 检修液压系统 2. 待地干再作业
	刀具不上下运动	1. 皮带松脱或断开 2. 连杆连接螺栓脱落	1. 张紧皮带，或更换皮带 2. 重新安装固定

三、草坪梳草机

随着草坪使用寿命的延长，坪面会积累很多枯萎的枝叶，会影响草坪表面的通气性，抑制新生枝叶的萌发和生长。要解决这一生产问题，需要用草坪梳草机梳去枯萎的枝叶，促进草坪的生长发育。

（一）草坪梳草机的分类与特点

根据动力的方式不同，梳草机分为手推式和拖拉机悬挂式两类。见图7-2-12。梳草机主要结构与悬耕机相似，只是将悬耕弯刀换成梳草刀，梳草机刀组见图7－2－13，根据梳草刀结构可把梳草机又分为直刀式和甩刀式。各类梳草机的使用特点见表7－2－7。

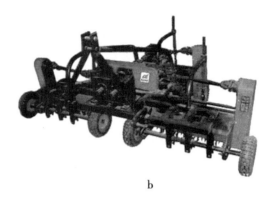

a　　　　　　　　　　　　　　　b

图7－2－12　梳草机

a. 手推式；b. 拖拉机悬挂式

图7－2－13　梳草机刀组

表7－2－7　梳草机类型与特点

分类方式	梳草机类型	使用特点
按动力方式分类	手推式梳草机	操作方便，适合于小面积草坪使用
	拖拉机悬挂式梳草机	作业时间长，面积大
按梳草刀结构分类	直刀式梳草机	结构简单，工作可靠
	甩刀式梳草机	结构复杂，但克服变化外力的能力强，当突然间遇到阻力增大时，甩刀会弯曲以减少冲击，保护刀片，有利于发动机的平稳

（二）梳草机的使用

1. 检查　启动前，需先检查机油、汽油是否充足，火花塞帽是否装在火花塞上等，否则，可能毁坏机械。

2. 启动　首先，打开燃油开关、电路开关，阻风阀视情况可全关、半关或全开（但启动后则必须把阻风阀放在全开位置）。然后，适当加大油门，迅速拉动启动手把，将汽油机启动。注意！梳草机必须在手把拉起、刀片脱离地面的状态下启动。

3. 梳草 梳草深度可根据需要调节多孔板位置来决定：前面第一孔为最深。使汽油机增速，然后，慢慢放下梳草机手把，适当用力推动梳草机，即可向前移动工作。如梳草机自动向前移动，若速度过快，可适当向后拉一把，以保证匀速前进。

4. 关机 工作完毕，先将梳草机拉起减小油门，让汽油机在低速状态下运转 $2 \sim 3min$ 后，再将电路开关关上，汽油机即熄灭，最后，将燃油开关关上。

5. 清洁机具 梳草作业结束后，要将梳草机清理干净，空气滤清器芯药用煤油清洗。火花塞帽要从火花塞上取下来，以防误启动。火花塞每运转 $100h$ 要从汽油机上取下并清洗。

四、草坪修边机

随着装饰性草坪的增多，需要修整边角，以增加其整齐、美观，别具一格的草坪越来越多，草坪修边机是完成这一作业不可缺少的工具。根据草坪修整规模和要求的不同，草坪修边机的种类和形式也各种各样。

（一）草坪修边机的分类与特点

草坪修边机根据动力形式和工作方式有着不同的分类方法，按照动力形式可分为电动式、发动机驱动式，其中电动式分为直流电（蓄电池）驱动和交流电驱动；根据工作方式的不同可分为手持式、手推式和拖拉机悬挂式，其中拖拉机悬挂式又分为前悬挂、后悬挂和侧悬挂等形式。各有何特点见表 7-2-8。

表 7-2-8 常见修边机的类型和特点

修边机类型		特点介绍
手持式修边机	交流电动机驱动	手持式修边机工作原理与手持式割草割灌机相似，操作灵活。交流电驱动的结构简单，但只能在有电源的地方使用，需要牵引电线，即麻烦又不安全
	直流电动机驱动	一次充电作业时间短，需经常充电，工作量受限
	汽油机驱动	结构较为复杂，但工作随意性大，机动性能好
手推式修边机	汽油机驱动	适合于面积不大的庭院修边，前进一般靠人力推动。切割深度通过调整行走轮的高度来实现。见图 7-2-14
拖拉机悬挂修边机	前置式修边机	机架位于拖拉机前部，与拖拉机底盘刚性连接，圆盘型切刀安装在机架的一侧，切刀前沿向外倾斜。切割深度通过改变机架与拖拉机的安装高度调整
	侧置式修边机	结构比较简单，在拖拉机一侧纵梁上横向安装一根横梁，圆盘切刀通过一个曲拐轴与横梁连接，在曲拐轴上有弹簧，以调节割刀的压力，切割深度通过调整弹簧压力来实现。见图 7-2-15
	后置式修边机	与前置式修边机结构相似，只是安装位置不同

图 7 - 2 - 14 手推式修边机

图 7 - 2 - 15 侧置式修边机

（二）修边机使用时应注意的问题

1. 手持式修边机工作时要注意，先接合刀片动力，待刀片高速运转后，再逐渐入土开始切割草坪。

2. 无论哪种修边机切刀一定不能与石头等硬物相碰，否则会使刀片破损，造成人身伤害。

3. 切刀经过长期使用会造成磨损，要及时磨修和更换，并注意保持刀片重新安装后平衡。

4. 与拖拉机挂接的草坪修边机，使用前应检查各连接件的紧固情况，调整圆盘切刀的工作角度，根据土壤的硬度情况及时改变弹簧压力，以保证切割深度稳定。

5. 修边要求高的草坪，要在修边前画好标志线，以保证切割笔直或形状美观。

6. 圆盘切刀要转动剥活，因此，要保证轴承润滑良好，经常加注润滑油。

五、草坪刷

草坪刷用于草坪表面的修整、去除娱乐型草坪表面的露珠和恢复运动型草坪的必要硬度。草坪刷的工作部件是一个圆辊形毛刷，毛刷一般由聚丙烯、尼龙和塑料制成。毛刷通过圆盘夹持，密集的穿套在毛刷轴上形成毛刷辊。草坪刷一般安装在一个具有三点悬挂装置的机架上，大多数由小型拖拉机悬挂作业，其作业宽度约为 2m 左右（图 7 - 2 - 16）。

图 7 - 2 - 16 草坪刷

六、草坪网状拖板

网状拖板是用来修整草坪和去除运动草坪表面的露珠。网状拖板是一种用尼龙、塑料等材料编制成的网子。这种网状拖板由小型拖拉机在草坪上拖拽而作业，为了便于转移，在拖板的末端用链子与一机架上伸出的纵梁相连接，实现网状拖板随机架一同升起。见图7－2－17。

七、草坪辊

草坪辊是表面光滑的圆柱形滚筒，经常用来压平和压实草坪，将小石块、蚯蚓排出物压入草坪土壤尤其对运动场草坪。有时在剪草前也进行滚压草坪的作业，消除露出地面的小石块对割草机的毁坏。通常的宽度在600mm至1m，草坪辊有手扶式和拖拉机牵引式两种。更宽的、较大型草坪辊则由大型拖拉机牵引或悬挂作业，其宽度至少在2m以上。草坪辊一般由铁板卷制，中间加注沙土或水来调节重量。草坪辊的重量从小型手推式的250kg至大型拖拉机牵引式的3 500kg不等，见图7－2－18。

图7－2－17　草坪网状拖

图7－2－18　草坪辊

八、草坪施肥机

由于单株草坪植物的根系所占面积很小，所以施肥很重要的一点是要均匀地施在草坪上。均匀施肥需要合适的机具和较高的技术水平。小面积的草坪可以用人工撒施或手推式施肥机，见图7－2－19。但大面积的草坪施肥就要借助拖拉机驱动施肥机来完成。拖拉机驱动施肥机主要有以下几种：转盘式施肥机、双辊供料施肥机、摆动喷管式施肥机。适用于大面积草坪地施肥作业，作业时拖拉机的动力驱动旋转，颗粒状或粉状肥料通过料斗下部边缘与转盘的缝隙落入转盘，该缝隙是调节的，能满足不同施肥量的要求。该机容量大，如一台斗容量为300kg的转盘式施肥机，当施粉状肥料时，其宽度为5m；施颗粒肥料时，宽度为12m。这种肥料机也可播撒草种。图7－2－20为拖拉机驱动施肥装置。

图7－2－19　手推式推施肥

图 7 - 2 - 20 拖拉机驱动

九、草坪植保机械

施用化学药剂防治病虫害、消灭杂草，是保证草坪正常生长的主要措施之一。施用化学药剂的机械通称为植保机械。植保机械的类型若按施药方法分，可分为喷雾机（器）、喷粉机（器）、烟雾机等；按配套动力分，可分为手动和机动；按携带的方式分，可分为人力背负、动力牵引、拖拉机牵引或悬挂。

（一）常见喷雾器（机）类型

1. 手动喷雾器 利用人力操作喷洒药液的一种喷雾机械。它的优点是结构简单，轻便。但劳动强度比较大，喷洒效率低。手动式喷雾器有液泵式和气泵式两种。

（1）手动液泵式喷雾器：手动液泵式喷雾器主要由药液箱，活塞泵，空气室以及喷洒部件等组成。喷雾器的药箱做成腰子形，背在身后工作，故称为手动背负式喷雾器。

（2）气泵式喷雾器：它与液泵式喷雾器的不同点是其不直接对药液加压，而是用安装在药液桶内的气泵将空气压入气密药箱的上部。利用压缩空气对液面的压力，将药液从喷头喷洒出去。它的优点是操作省力，经两次打气（活塞行程为 300mm，约打气 30 ~ 40次）便可喷完一桶药液。

2. 弥雾喷粉机 弥雾喷粉机是多用途的喷洒机械。它的特点是用一台机器更换少量部件，即可进行弥雾、超低量喷雾、喷粉、喷洒颗粒、喷烟等作业。一种背负式弥雾喷粉机是用 0.75 ~ 3.5kW 的小型汽油机为动力，具有结构紧凑、体积小、重量轻、经济效益高、技术性能好的特点。弥雾喷粉机主要由机架、风机、汽油发动机、燃油箱、药箱、喷管、操纵装置等组成。见图 7 - 2 - 21。

图 7 - 2 - 21 迷雾喷粉机

153

3. 超低能喷雾机 超低量喷雾是利用离心雾化的方法把高浓度的药液雾化成很细的雾滴、靠自然风或驱动风沉降到植被上。它具有用药量少、雾滴细（15～75um）、黏着力强、分布均匀、药效持久等优点。超低量喷雾机的类型很多。有手持式、背负式、担架式、牵引式和自走式等专用的，见图 7－2－22。也有兼用的，如在弥雾喷粉机上换用超低量喷头即可进行超低量喷雾。

图 7－2－22　喷雾机

a. 手持式喷雾机；b. 担架式喷雾机

（二）草坪植保机械的选用要求

1. 喷洒（撒）均匀，不堵塞，不漏喷，不滴漏药液，能使药剂均匀的覆盖到防治对象的各个部位。

2. 施药量要可调，适用于水剂、油剂和粉剂的喷施。

3. 要有足够的射程和力量，保证深入到草坪表面以下的茎叶，诱杀面积要大。

4. 结构简单、重量轻、使用维修方便、效率高、造价低。

5. 使用安全，对人体无伤害。

（三）草坪植保机械的清洗和保养

人工喷雾器、机动弥雾机等农用药械，使用后如不认真清洗和保养，残留在药械内部的化学药剂、除草剂等就会使皮碗、胶管、进出水球阀、药桶等器件腐蚀、生锈，还会在来年喷施作物时造成药害。因此，喷雾药械使用后，一定要彻底清洗。

1. 普通药械清洗 药械的外壳经过较长时间使用后，往往积存残余药剂，停用时如不及时清除，就会腐锈药械。停用时除用浓碱水反复冲洗外，还应用专用毛刷，对凹槽、管壁等难以清洗的地方一一刷除。

2. 弥雾机清洗 弥雾机的外表油脂、重油等特别脏污的机件，可使用 TAD-80 炭污洗净剂清洗。使用时，先将桶内的 TAD 洗净剂充分晃动，使上下两层溶液混合均匀，然后倒入清洗盆内，将需清洗的机件拆下放入盆中，一般浸泡一小时，即可使零件表面的积炭和油污自行脱落。将机件取出，用清水进行冲洗，擦去水滴，零件表面就干干净净。该剂可反复使用。还可用清水清洗、泥浆水清洗、硫酸亚铁溶液清洗。

3. 保养 洗后的药械应及时进行保养，拆装时应注意新皮碗、塞杆组件的安装要求，并注意检查喷头片上的小孔，注意清除杂物。气筒下部出气阀中铜球因污物堵塞或因腐蚀不圆的应拆下清洗更换，各连接处螺丝用塑料袋扎好保存。胶管破裂的要更换。药械应放于干燥通风处保存。弥雾机应设专库存放，并保持通风、干燥、远离火源。

十、草坪喷灌设备

草坪喷灌系统是用水管理的核心。应根据当地气候、草坪种类、生育阶段、土壤水分、水源供水等状况，合理设计、安装坪喷灌设备，提高灌溉效率、保证草坪达到最佳的生长状态。

（一）喷灌系统的组成

喷灌系统通常由水源工程、动力装置、输配水管道系统、喷头和田间工程等部分组成。

1. 水源工程　包括河流、湖泊、水库、池塘和井泉都可作为喷灌的水源，但都必须修建相应的水源工程，如泵站及附属设施、水量调蓄池和沉淀池等。

2. 水泵及配套动力机　水泵将灌溉水从水源点吸提、增压、输送到管道系统。喷灌系统常用的水泵有离心泵、自吸式离心泵、长轴井泵、深井潜水泵等。在有电力供应的地方，常用电动机作为水泵的动力机；在用电困难的地方，可用柴油机、手扶拖拉机等作为动力机。

3. 管道系统　管道系统的作用是将压力水输送并分配到田间。管道系统通常分干管和支管两级，在支管上装有用于安装喷头的竖管。在管道系统上装有各种连接和控制的附属配件，包括弯头、三通、接头、各类闸阀等。

4. 喷头　喷头是喷灌系统的专用部件，喷头安装在竖管上，或直接安装在支管上。喷头的作用是将压力水流粉碎成水滴状，洒落在土壤表面。常用的喷头有旋转式喷头、固定式喷头、升降式喷头和喷洒孔管。

5. 田间工程　采用卷盘式喷灌机等机组式喷灌系统时，应按喷灌的要求规划田间作业道路和供水设施。以电动机为动力时应架设供电线路，配置低压配电和电器控制箱等。

（二）喷灌系统的分类

喷灌系统的形式很多，如按喷灌系统获得压力的方式分类，有机压喷灌系统和自压喷灌系统。如按系统构成的特点分类，又可分为管道式喷灌系统和机组式喷灌系统。

1. 机压喷灌系统和自压喷灌系统　机压喷灌系统顾名思义是以机械加压的喷灌系统，一般使用各类水泵加压，动力机可采用电动机、柴油机、汽油机，也可利用拖拉机的动力输出轴提供动力。也是喷灌获取压力最普遍的方式，因运行时需要耗能，系统运行费较高。自压喷灌系统多建在山丘区，当水源位置高于坪面，且有足够的落差时，利用水源具有的自然水头，用管道将水引至喷灌区，把位能转变为压力水头，实现喷灌。自压喷灌无需消耗二次能源，减少了系统运行的费用。对于草坪来说这种喷灌系统基本用不上。

2. 管道式喷灌系统和机组式喷灌系统　管道式喷灌系统常分为固定管道式喷灌系统、半固定管道式喷灌系统和移动管道式喷灌系统。

（1）固定管道式喷灌系统：全部管道在整个灌溉季节甚至常年都是固定不动的，一般埋于地下，喷头装在固定于支管的竖管上，或置于各竖管间。固定管道式喷灌系统的设备利用率不高，亩投资高，但使用方便。如图7-2-23。

（2）半固定管道式喷灌系统：干管固定设置，但支管和喷头移动使用，在一个位置喷洒完毕，即可移到下一个位置。大大提高了支管的利用率，减少支管用量，使亩投资低

图 7 - 2 - 23　固定式喷灌系统

于固定管道式喷灌系统。为便于移动支管，管材应为轻型管材，并配有各类快速接头和轻便的联结件、给水栓。

（3）移动管道式喷灌系统：干、支管道均为移动使用，见图 7 - 2 - 24。如果干管采用轻型管道沿地面铺设，但灌水中并不移动，移动的仅仅是支管，仍应属半固定管道式喷灌系统的范畴。

图 7 - 2 - 24　移动式喷灌系

（4）机组式喷灌系统：机组式喷灌系统以喷灌机（机组）为主要设备构成。喷灌机必须与水源以及必要的供水设施等组成喷灌系统才能正常工作。喷灌机的制造在工厂完成，具有集成度高、配套完整、机动性好、设备利用率和生产效率高等优点。

除上述喷灌系统以外，常用的喷灌设备还有微灌系统，例如滴灌、微喷灌、渗灌和雾灌。这些灌溉方法能准确的控制水量，要求的工作压力比较低，灌水流量较小，每次灌水时间较长。

第三节　草坪修剪技术

草坪养护中，修剪是工作量最大、最常用的一项作业，也是草坪草区别与其他植物的特殊要求。有人会问：草坪一定要修剪吗？如果你想使草坪的三大功能得到充分的发挥，答案就是肯定的。

草坪的修剪也叫刈剪、剪草、轧草，是指定期去掉草坪草枝条的顶端部分，使草坪保持一定高度的一项工作。它是维持优质草坪的最基本、最重要的作业。修剪的目的在于使草坪经常保持平整美观，以充分发挥草坪的坪用功能。

一、草坪修剪的作用

（1）阻止草坪草抽穗、开花、结果，延长草坪的使用寿命。

（2）获得平整美观的坪面。修剪能使草坪草叶片宽度变窄，提高草坪质地。在草坪草能忍受的修剪范围内，草坪草修剪得越短，草坪越显得平整、均一、美观。促进草坪生长、分枝。适度修剪能促进草坪草的分蘖，有利于匍匐枝的伸长。增大草坪密度，使草坪具有更好的弹性和良好的触感，形成更加致密的草毯。

（3）控制杂草入侵。一般，双子叶杂草的生长点都位于植株顶部，通过修剪，可剪去生长点，从而达到抑制杂草生长的目的。单子叶杂草的生长点虽然剪不掉，但由于修剪后其叶面积减少，从而降低其竞争能力。多次修剪也可防止杂草种子的形成，减少杂草的种源。但是，过度修剪会造成草坪的退化，所以，草坪必须合理修剪。

二、草坪修剪原理

据测定，矮生百慕大在生长季节里，草高4cm，修剪到2cm，经过3～4d的生长就可恢复；20cm高的野牛草修剪到5cm，两周后就可长回原来的高度；高尔夫球场的草坪草从3月末至11月上旬要修剪100～130次左右，尽管进行的是低修剪，仍能保持美观的坪面。

草坪为什么能经受如此频繁的修剪而迅速恢复生长呢？原因主要有三个：一是剪去上部叶片的老叶可以继续生长；二是未被伤害的幼叶尚能继续长大；三是基部的分蘖节（根颈）可产生新的枝条。由于根和留茬都具有储藏营养物质的功能，能保障草坪草再生对养分的需求，所以，草坪是可以被频繁修剪的。

三、草坪修剪频率

草坪修剪是许多草坪管理者关心的问题。通常情况下，草坪都要求定期修剪。一定时期内草坪修剪的次数就叫修剪频率。连续两次修剪之间的间隔时间就是修剪周期。显然，修剪频率越高，修剪周期越短，修剪次数越多。

（一）草坪修剪频率的影响因素

草坪的修剪次数不仅与草坪草的生长发育有关，还跟于草坪草的种类及品种、草坪的用途、草坪的养护管理水平以及环境条件等。

1. 草坪草的种类及品种　草坪草的种类及品种不同，形成的草坪生长速度不同，修剪频率也自然不同。生长速度越快，则修剪频率越高。在冷季型草中，多年生黑麦草、早熟禾等生长量较大，修剪频率则较高；紫羊茅、高羊茅的生长量较小，修剪频率则较低。

2. 草坪草的生育期 一般来说，冷季型草坪草有春、秋两个生长高峰期，因此，在两个高峰期应加强修剪，可 1 周 2 次。但为了使草坪有足够的营养物质越冬，在晚秋，修剪次数应逐渐减少。在夏季，冷季型草坪也有休眠现象，也应根据情况减少修剪次数，一般 2 周 1 次即可满足修剪要求。暖季型草坪草一般从 4～10 月，每周都要修剪 1 次，其他时候则 2 周 1 次。

3. 草坪的养护管理水平 在草坪的养护管理过程中，水肥的供给充足、养护精细，生长速度比一般养护草坪要快，需要经常修剪。如养护精细的高尔夫球场的果领区，在生长季每天都需要修剪。

4. 草坪的用途 草坪的用途不同，草坪的养护管理精细程度也不同，修剪频率自然有差异。用于运动场和观赏的草坪，质量要求高，修剪高度低，养护精细，需经常修剪，如高尔夫球场的果领地带。而管理粗放的草坪则可以 1 月修剪 1～2 次，或根本不用修剪，如防护草坪。

（二）草坪修剪时间和频率的确定

究竟如何确定草坪修剪的时间呢？在草坪养护管理实践中，通常可根据草坪修剪的 1/3 原则来确定修剪时间和频率。1/3 原则也是确定修剪时间和频率的唯一依据。

1. 1/3 原则 即每次修剪量不能超过茎叶组织纵向总高度的 1/3。如某草坪草规定的标准修剪高度为 2cm，而草坪草实际高度已有 6cm，应剪去 4cm 才能达到要求，正确的做法是：经过几次修剪先降低到 3cm，然后再剪到 2cm。

如果一次修剪的量多于了 1/3，由于大量的茎叶被剪去，势必引起养分的严重损失，根系因没有足够的养分而粗化、浅化、减少，最终导致草坪的衰退。在草坪实践中，把草坪的这种极度去叶现象称为"脱皮"，草坪严重"脱皮"后，将使草坪只留下褐色的残茬和裸露的地面。相反，剪除的顶部远不足 1/3 时，也会出现许多问题。诸如叶片、生长点的节位提高，根系、茎叶的减少，养分储量的降低，真菌及病原体的入侵，不必要的管理费用的增加等。所以，每次修剪必须严格遵循 1/3 原则。

2. 修剪高度 在 1/3 原则的基础上，修剪频率的确定决定于修剪高度。显然，修剪高度越低，修剪频率越高，修剪次数越多；相反，修剪高度越高，修剪频率越低，修剪次数越少。只有这样，才能符合 1/3 原则的要求。例如：某一草坪的修剪高度是 1cm，那么，草长到 1.5cm 高时就应修剪。如修剪高度足 3cm，则要草长到 4.5cm 高时才需要修剪。假设草坪草每天生长 0.25cm，则前者平均 2d 就要修剪 1 次，而后者大约 6d 才修剪 1 次。显然，前者的修剪频率要高得多。

四、草坪修剪高度的确定

草坪修剪高度通常也称为留茬高度是修剪后立即测得的地上茎叶的高度。草坪留茬高度如何确定才是科学合理的呢？一般，修剪高度与草坪草的种类及品种、用途以及环境条件等因素有关。而每次修剪的留茬高度则需要严格遵守 1/3 原则。

（一）与草坪草的种类及品种有关

每一种草坪草都有一定的耐修剪高度范围，在这个范围内修剪，可以获得令人满意的效果。不同的草坪草，生长点高度不一样，基部叶片到地面的高度也不一样，故其修剪高度是有较大差异的。一般，叶片越直立，修剪高度越高，如草地早熟禾和高羊茅。匍匐型草坪草的生长点比直立型草坪草低，修剪高度也低，如匍匐剪股颖和狗牙根。常用的几种草坪草最适宜的留茬高度范围如表 7 - 3 - 1 所示。

表 7 - 3 - 1　常见草坪草参考修剪高度

冷季型草坪草	修剪高度/cm	暖季型草坪草	修剪高度/cm
普通早熟禾	3.8 ~ 5.5	中华结缕草	1.3 ~ 5.0
草地早熟禾	3.8 ~ 6.5	沟叶结缕草	1.3 ~ 5.0
多年生黑麦草	3.8 ~ 5.0	细叶结缕草	1.3 ~ 5.0
高羊茅	5.0 ~ 7.6	普通狗牙根	1.9 ~ 3.8
紫羊茅	2.5 ~ 6.5	杂交狗牙根	1.3 ~ 2.5
细叶羊茅	3.8 ~ 7.6	野牛草	6.4 ~ 7.5
硬羊茅	2.5 ~ 6.5	地毯草	1.5 ~ 5.0
匍匐剪股颖	0.5 ~ 1.3	假俭草	2.5 ~ 5.6
细弱剪股颖	0.8 ~ 2.0	钝叶草	3.8 ~ 7.6

（二）与草坪的用途有关

草坪的用途不同，对其修剪留茬高度的要求也不同。如各种球类运动场草坪，为获得运动性能良好的草坪表面，通常要求留茬高度较低。高尔夫球场的球穴区为 0.5cm 左右，足球场一般在 2 ~ 4cm 范围内，游憩草坪可高一些，可达 4 ~ 6cm，各种设施性草坪的留茬高度通常无严格要求，一般可控制在 8 ~ 13cm 之间。

（三）与环境条件有关

当草坪受到不利因素的压力时，最好是提高修剪高度，以提高草坪的抗性。在夏季，为了增加草坪草对热和干旱的忍耐度，冷季型草坪草的留茬高度应适当提高。草坪修剪得越低，草坪根系分布越浅。当天气变冷时，在生长季早期和晚期也应适当提高暖季型草坪草的修剪高度。如果要恢复昆虫、疾病、交通、践踏及其他原因造成的草坪伤害时，也应提高修剪高度。树下遮荫处草坪也应提高修剪高度，以使草坪更好地适应遮荫条件。此外，休眠状态的草坪，有时也可把草剪到低于忍受的最小高度。在生长季开始之前，应把草剪低，以利枯枝落叶的清除，同时生长季前的低刈还有利于草坪的返青。

五、草坪修剪方向

修剪方向的不同，草坪茎叶的取向和反光也不同，会产生明暗相间的条带，增加美学效果。一般庭院用小型滚刀式剪草机也可在几天内保持这种图案。剪草要避免同一方向、同一路线多次修剪，防止剪草机轮子在同一方向反复走过，压实土壤成沟，对草坪草生长不利。草坪修剪路线示意见图 7 - 3 - 1。

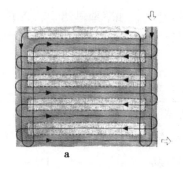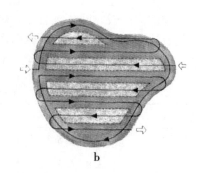

图7-3-1 草坪修剪路线示意图

a. 规则式剪草路七；b. 不规则式剪草路线

（引自《草坪建植与养护彩色图说》王彩云，2002）

六、草坪修剪的技术要点

（一）修剪一定要遵循1/3原则

合理、科学的修剪是使草坪生长良好、使用年限增长的主要措施之一，无论何时修剪都要严格遵守1/3原则。长时间留茬的过低，会出现"脱皮"现象，留茬过高会影响观赏，景观效果差。

（二）修剪机具的刀片要锋利

草坪修剪前要对剪草机进行全面的检查，其中包括检查刀片是否锋利。刀片钝会使草坪草叶片受到机械损伤，严重的会把整个植株拔出来。叶片切的不齐，有"拔丝"现象出现，修剪完太阳光一晃，坪面上像撒了一层干草碎屑，观赏效果极差。

（三）同一草坪避免同一地点、同一方向重复修剪

修剪时最好要不断变换剪草的样式，每次剪草不应总从同一地点开始、朝同一方向修剪。否则，草坪草易向剪草的方向倾斜或生长，形成谷穗状样式。另外，每次剪草机的轮子压过同一地方，时间长了会使土壤板结、草坪草矮化或出现秃斑，严重影响景观。

（四）修剪完的草屑要处理干净

草坪每次修剪下来的草屑该如何处理是一个有争议的问题，有人认为，该收集好挪出草地，以免影响景观，引起病虫害；也有人认为，该把草屑留在坪床上使养分再返回土壤。在实际操作中我们要试情况而定，草屑细碎时可以留在坪床上，进行养分循环，而草屑过长时最好移出坪地，以免草茎分解缓慢或不彻底，引起病害等难以控制的后果。

（五）修剪机具的刀片和工作人员的衣服要经常消毒

草坪修剪机的使用频率很高，但在病害高发季节要特别注意刀片和工作人员服装的消毒工作。一旦局部的病菌被修剪机具的刀片和工作人员带到其他草坪上，就会使病害广泛传播，造成严重的经济损失。

（六）修剪避免在有露水和阳光直射时进行

修剪时为何要避开露水和直射的阳光呢？原因是修剪必定要对草坪形成剪口，也就是创伤，如果有露水易使切口腐烂、引发病害；直射的阳光会使草坪草脱水严重，造成草坪草萎蔫，甚至死亡。

七、特需剪草

按草坪一般生育规律和1/3原则剪草，谓之常规剪草。根据需要，可以因利用目的、草坪的调整或其他原因，不按草坪一般生育规律和1/3原则进行剪草，可称为特需剪草。常规剪草前面有所叙述，通常在下列情况下需要特需剪草。

（一）草坪返青期

在冬季休眠或夏季休眠后的第1次剪草按各种草种适宜留茬高度的低限，调整剪草机的剪草高度进行剪草。这次剪草的成功为一年的草坪景观、平整度、均匀度、长势等打下了基础，对盖度、密度、强度、青绿度、控制芜枝层都会有利。为什么此次剪草留茬可取适宜低限？第一，萌发不久的草坪草，以至整个草坪高度较低；第二，因越冬与越夏，再生部位有所降低，贮藏器官内积累的养分和能量均较多。

（二）养草越冬、越夏

在草坪越冬或越夏前，需要适当地提高留茬高度，通常少剪1~2次草，把草养高，以便度过深冬或盛夏的不利时期，让草坪草在初夏或秋末充分进行光合作用，借休眠过程，转化、贮藏光合产物，育肥越冬、越夏的休眠芽。

（三）准备套种

整个生长季内控制芜枝层，是套种常绿草坪的特需剪草。与"养草越冬、越夏"相反，不仅不"养草"，而且按照套种常绿草坪"套种"的要求，对草坪实行"低剪"和铺砂（或培土）相结合的操作。套种常绿草坪是长江流域以南地区草坪冬季养护的主要措施之一。

（四）失剪后的补救

自然的（如阴雨）和人为的（如剪草机故障不能及时修复）原因所导致的剪草失时，称为失剪。失剪草坪的草高均超越常规剪草高度；茎、枝（蘗）基部的叶片提前黄枯；新发生的枝、蘗瘦弱、纤细，甚至提早黄枯；芜枝层增厚，整个草坪呈"浮肿病状"，甚至促发了病害。若不及时纠正，则殃及地下部营养器官，甚至导致整个草坪衰退。若失剪后，仍按常规恢复剪草，将出现一个不平、不匀、青绿度特差的景观。此时可以利用因失剪而贮藏养分较多的特点，来一次留茬适度低限剪草，剪后施以肥、水，恢复景观。但在严重失剪已殃及地下部营养器官时，应取两至多次剪草，逐步降到规定留茬高度的低限。

图7-3-2　草坪修剪图案

（五）创造图案

前面提过，调整剪草方向在平面上可创造出各种花纹或图案。除此之外，还有一种剪草也可以创造图案，即间歇式剪草，又称间隔剪草，即将一块草坪先间隔地剪1/2，间歇一定天数，再剪另外的 1/2。色彩一深一浅的彩条草坪或彩块草坪等都是间歇剪草的产物。时间差因草种、长势、季节等而异：最短是隔天剪草，其余是隔二天、三天不等，只要能显出色差，间歇时间短比长好。条、格的宽度，通常依据场地和所用剪草机的剪幅来决定，一般 2m 左右。初剪者最好拉起绳索。一般从场地中线开始，向两端推移，以期均称。间歇剪草形成的彩条、彩格草坪，比较美观，有利于抵抗磨损及恢复。

（六）以压代剪

作为草坪草的植物，有些不适合修剪如白三叶、麦冬及马蹄金，这类植物形成的草坪要想坪面整齐、美观，可以对其进行滚压，使生长点降低、促进分枝，从而得到一个均匀、整齐的坪面。滚压时要注意辊子的重量，一般 50 ~ 100kg，不要造成草坪草的机械损伤。

第四节　草坪营养与施肥管理技术

草坪施肥是草坪养护管理的重要环节。草坪植物在整个生育过程中只有满足所必需的各种营养物质，才能健康的生长，增强抗逆性，延长绿期，维持草坪应有的功能。如果草坪植物生育过程中的某个时期，植物缺乏任何一种营养元素，其正常生长就会减慢或受到抑制，甚至引起死亡。

一、草坪草缺素的诊断与防治

（一）草坪草缺氮的诊断与防治

氮素是草坪植物生长发育的限制因素之一，素有 "生命元素" 之称。一旦缺氮，叶片表现最明显：叶片细小直立，变薄，叶色变黄，缺氮症状通常先从老叶开始，逐渐扩展到上部的幼叶，缺氮的植株生长矮小，分蘖能力差，根系停止生长、易衰退，植株容易早熟。缺氮轻则影响草坪质量，重则导致草坪衰退。但氮肥过量会导致草坪疯长，增加修剪工作量；植物体内含氮物质增加，机械组织、贮藏组织易受损，糖储备减少，导致草坪的耐热、抗旱、抗寒、耐磨、抗病等性能的下降。因此，氮肥要施，必须合理。

日常养护过程中，要通过形态诊断和化学诊断相结合的方法及时准确的诊断草坪植物的营养状况。观察草坪植株外形特征，可取土样测定土壤中的全氮或水解性氮，一般认为小于 20mg/kg 为缺氮，大于 50mg/kg 为含氮丰富。当然，土壤中有效氮的供应是否充足，与草坪植物的种类及品种、发育阶段、环境条件的变化及土壤中其他离子的相互影响也有关，在同样土壤有效氮水平下，草坪植物对氮素营养常有不同反应。

通常氮的施量可根据植物的生长状态来定。各种铵态氮肥不易淋失，可用作基肥深施，如硫铵；硝态氮不被土壤吸收，移动性大，宜作追肥，如硝铵。

（二）草坪草缺磷的诊断与防治

植物缺磷的症状在形态表现上没有缺氮明显。缺磷时，各种代谢过程受到抑制，植株生长缓慢、矮小、瘦弱、直立，上部叶片常常不够开展，根系发育不良。严重时，叶片枯死脱落。缺磷可使禾本科类植物分蘖延迟或不分蘖，整个植株成簇状。一般草坪绿地植物缺磷先老叶暗绿，后呈紫色或微红。磷过多会引起叶片肥厚而密集，繁殖器官过早发育，茎叶生长受到抑制，引起植株早衰。

磷肥的有效施用是一个极其复杂的问题，必须根据土壤状况、植物特性、轮作制度、磷肥品种及施用技术等加以综合考虑，才能作到磷肥的合理施用。首先，测定土壤供磷状况。我国土壤全磷量在 0.04% ~ 0.25% 的范围内，土壤全磷量在 0.10% 以下时施磷有效，而在 0.10% 以上时效果减退，一般情况下，土壤有效磷大于 15mg/kg 时施磷无效。其次，施入适量磷肥。不同植物对磷的需量和吸收能力是不同的，因此对磷肥的反应也有一定的差异。一般豆科植物对磷的反映敏感，禾本科植物对磷反应不敏感。再次，各种营养元素之间互相影响。土壤缺磷往往也可能缺氮，如果缺氮，施磷也不可能表现出增产效应，所以，要调节好各元素之间的用量，以保证磷肥的利用率明显提高。磷在土壤中易被固定，要求微酸性土壤，在施肥过程中一定要少量多次，调好酸碱度。常用磷肥有过磷酸钙、钙镁磷肥、磷矿粉等。

（三）草坪草缺钾的诊断与防治

植物缺钾初期，表现生长缓慢，叶片呈暗绿色。缺钾通常是老叶和叶缘先发黄，进而变褐，焦枯似的灼烧状，叶片上会出现褐色斑点、斑块，但叶片中部和叶脉仍保持绿色。随着缺钾程度的加剧，整个叶片会变黄、坏死脱落；根系短而少，严重时腐烂，植物根际倒伏。

禾本科草坪植物缺钾时下部叶片出现褐色斑点，严重时新叶也会出现同样的症状。叶片柔软下披，茎细弱，节间短。我国南方酸性土壤、沙土易出现缺钾现象。磷酸钾用于禾本科草坪草，用量为每亩 667m² 5kg 左右，追肥和基肥效果都好。

（四）草坪草缺微量元素的诊断与防治

植物缺乏某一微量元素时，会在外部形态表现出一定的缺乏症状，如叶片的大小和形状，叶片的颜色变化，茎的生长速度等。其主要症状见表 7 - 4 - 1。

表 7 - 4 - 1　草坪草缺乏微量元素的症状表现

元素	干物质含量	营养元素缺乏症状
钙 Ca	0.2% ~ 0.4%	幼叶生长沟状，叶尖、叶缘向内枯黄，茎尖、根尖坏死
镁 Mg	0.1% ~ 0.3%	叶条状失绿，具枯斑，叶缘鲜红，茎、枝或蘖细、短
硫 S	0.2% ~ 0.6%	嫩叶失绿，叶脉失绿
铁 Fe	30 ~ 500mg/kg	幼叶失绿，叶脉仍绿，无坏死斑
锌 Zn	15 ~ 200mg/kg	生长受阻，叶薄皱缩，具大坏死斑
锰 Mn	15 ~ 100mg/kg	幼叶失绿，叶脉仍绿，坏死斑小
硼 B	5 ~ 30mg/kg	幼叶生长受阻，具捲曲，基部失绿。顶芽蓰亡
铜 Cu	4 ~ 20mg/kg	嫩叶萎蔫，扭曲。茎尖弱
钼 Mo	1 ~ 100mg/kg	老叶淡绿，甚至金黄

常用微量元素肥料如硼酸、硫酸锌、钼酸铵、硫酸锰、硫酸亚铁和无水硫酸铜等，这些元素一般在缺素的土壤上施用。微肥用量较少，施用必须均匀，可施用含微量元素的大量元素肥料，也可将微量元素肥料混拌在有机肥料中施用。根外喷施微肥是既经济又有效

的方法。

二、草坪合理施肥的决定因素

草坪的施肥没有一个统一的模式，受很多因素影响，必须根据各种因素的变化不断调整施肥方案。其中影响最大的主要是以下几方面。

（一）养分的供求状况

养分的供求状况主要是指草坪草对养分的需求和土壤可供给养分的状况，这是判断草坪草是否需要肥料和施用何种肥料的基础。养分的供求状况可以从植株诊断、组织测试、土壤测试三方面来判断，常将这三项或其中的两项结合起来应用。

植株诊断在氮肥的应用上是非常重要的技术，但是在应用中还必须了解有些特征并非总是由于养分缺乏所致，必须排除某些相关因素的可能性，如病虫害、土壤紧实或积水、盐害、温度、水分胁迫等，只有将这些因素排除之后，才可根据植株的表现症状来进行判断。

组织测试的优点在于可以直接测到草坪草实际吸收与转化的养分数量，尤其对衡量草坪草微量元素的营养状况时采用更多。

草坪草营养元素正常含量范围土壤测试在草坪管理者确定肥料的某些养分构成、元素间的适宜比例和肥料施用量时常起决定作用。磷、钾肥料的施用主要取决于土壤中的有效水平。

（二）草坪对养分的需求特性

各个草种对养分的需求存在一定的差异，施肥时必须考虑这个因素。紫羊茅对氮需求较低，高氮时密度和质量下降；结缕草在高肥力下表现更好，也能够耐低肥力；狗牙根尤其是一些改良品种，对氮需求量较高；假俭草、地毯草等生长量较低，肥力要求较低。

（三）具体的环境条件

当环境条件适宜草坪草快速生长时，要有充足的养分供应满足其生长需要。充足的氮、磷、钾供应对植株的抗旱、抗寒、抗胁迫十分必要，但在胁迫到来之前或胁迫期间，要控制肥料的施用或谨慎施用，当环境胁迫除去之后，应该保证一定的养分供应，以利于伤害后的草坪迅速恢复。夏季高温来临前冷季型草坪的氮肥施用要相当小心，夏季氮肥用量过高常伴随严重的草坪病害发生。

（四）草坪用途及维护强度

草坪的用途和维护强度决定了肥料的施用量和施用次数。高尔夫球场的果领和发球台，是草坪质量要求最高的区域，其维护强度也是最高，要求施入的肥料全面、薄肥勤施；还有其他运动场草坪由于使用强度大，应注意施肥，促进草坪草恢复。对于防护类型的草坪，其质量要求低，每年只需要施一次肥或根本不施肥。

（五）土壤的物理特性

土壤质地和结构直接影响肥料的施用和养分的保持。如颗粒粗的砂质土壤持肥能力差、易通过渗漏淋失。施肥时应该采用少量多次的方式或施用缓释肥料，以提高肥料的利用效率。

（六）草坪养护管理措施

草坪的养护管理措施包括草屑是否移出草坪、草坪灌溉量的大小，这些都对施肥有影响。有相关报道表明：高频修剪下来的草屑，如果移出草地，会使草坪养分的30%流失。其他相关的因素还有肥料对草坪叶片灼烧力大小、残效期的长短、颗粒特性是否易于撒施等。

三、草坪施肥计划的制定

一个理想的施肥计划能使整片草坪在整个生长季节里充分发挥其利用价值和观赏价值。虽然在实施过程中会受到自然条件的控制，但是人们可以通过合理的施肥数量和次数、施肥时间及正确的施肥方法等关键技术，使施肥计划趋于理想化。

（一）肥料用量

在所有肥料中，氮是首要考虑的营养元素。草坪氮肥用量不宜过大，否则会引起草坪徒长增加修剪次数，并使草坪抵抗环境胁迫的能力降低。一般高养护水平的草坪年施氮量每亩30~50kg，低养护水平的草坪年施氮量每亩4kg左右。草坪草的正常生长发育需要多种营养成分的均衡供给。磷、钾或其他营养元素不能代替氮，磷施肥量一般养护水平草坪每亩为3~9kg，高养护水坪草坪每亩（667m²）为6~12kg，新建草坪每亩（667m²）可施3~15kg。对禾本科草坪草而言，一般氮、磷、钾比例宜为4∶3∶2。

（二）施肥时期和频率

1. 施肥时期　一般情况下，暖季型草坪在一个生长季节可施肥两三次，春末夏初是最重要的施肥时期。南方地区暖季型草坪，可在秋季施一次缓释肥，避免草坪因缺肥而缺绿，秋季施肥不能过迟，以防降低草坪草抗寒性。冷季型草坪深秋施肥是非常重要的，这有利于草坪越冬。特别是过渡地带，深秋施肥可以使草坪在冬季保持绿色，且春季返青早。磷、钾肥对于草坪草冬季生长的效应不大，但可以增加草坪的抗逆性。夏季施肥应增加钾肥用量，谨慎使用氮肥。如果夏季不施氮肥，冷季型草坪草叶色转黄，但抗病性强。过量施氮则病害发生严重，草坪质量急剧下降。

2. 施肥频率　实践中，草坪施肥的频率常取决于草坪养护管理水平。对于低养护管理的草坪，每年只施用1次肥料或不施，如防护草坪；对于中等养护管理的草坪，一年可施2~3次，如冷季型草坪草在春季与秋季各施肥1次；暖季型草坪草在春季、仲夏、秋初各施用一次即可；对于高养护管理的草坪，在草坪草快速生长的季节，无论是冷季型草坪草还是暖季型草坪草可根据实际情况每月一次或两次施肥的间隔更短些。

（三）施肥方法

草坪施肥均匀是关键，施肥不均匀，会破坏草坪的均一性，肥多处草生长快、颜色深而草面高出；肥少处色浅草弱；无肥处草稀、色枯黄；大量肥料聚集处，出现"烧草"现象，形成秃斑，降低草坪质量和使用价值。

根据肥料的形态和草坪草的需肥特性，草坪施肥方法通常分喷施、撒施和点施。一般大面积草坪采用机械施肥，小面积草坪可采用人工施肥。人工施肥，通常是横向撒施一半、纵向撒施一半。施用液体肥料一定要掌握好浓度。固体肥料用量较少时，应用沙或细干土拌肥，目的是使肥料撒施更均匀。

四、草坪施肥的技术要点

（一）做好季节性施肥工作

1. 春季施肥 春季冷季型草坪草生长速度快。施肥应以磷、钾肥为主，早春尽快施，但施肥量不能过大，如果过大将加速草坪草生长，草坪修剪频繁而消耗大量营养，导致越夏能力下降。

2. 夏季施肥 冷季型草坪夏季处于高温高湿的逆境胁迫下，施氮肥常加重病害的发生。结合浇水和修剪等管理措施的调控，一般只在草坪出现严重缺绿时施用少量氮肥或叶面喷施尿素，但施用磷酸二氢钾可促进草坪草植物根系的生长发育，培养健壮的根系，从而提高草坪的抗病性。而暖季型草坪在晚春或初夏可增施氮肥，促进草坪夏季旺盛的生长。

3. 秋季施肥 冷季型草坪秋季施肥应在 9 月份进行，主要以尿素为主。施用 $25g/m^2$ 的氮、磷、钾按 9：6：4 比例的复合肥，再追施 $10g/m^2$ 尿素，这样可以促进草坪草从夏季高温高湿的逆境中恢复过来，以促进新分蘖枝生长发育和养分的积累，并满足秋季草坪生长需要。而暖季型草坪在秋季尽早补施磷钾肥，可增加草坪草的抗性，有利于越冬。

4. 冬季施肥 为使冷季型草坪安全越冬，加强冬季草坪施肥也非常重要。草坪进入封冻前要增施有机肥，如牲畜粪尿、草炭及腐殖酸，并灌足越冬水，可保证草坪根系安全越冬，并进行适当培土，将沙子或土壤与有机肥的混合物覆盖在草坪上，可起到保温、持水、供肥的作用。

（二）施肥要均匀

施肥要均匀，不要使草坪颜色产生花斑。施肥前要对草坪草进行修剪，施肥后要立即灌水，可使肥料迅速吸收，以免出现灼伤。

（三）平衡施肥，每次施肥要遵循少量多次的原则

为确保草坪草所需养分的平衡供应，不论是冷季型草坪草，还是暖季型草坪草，在生长季节内要施 1～2 次复合肥。另外，每次施肥要控制好施肥量，薄肥勤施，目的是提高肥料利用率并避免烧苗。

（四）调节土壤 pH 值

大多数草坪土壤的酸碱度应保持在 pH 值 6.5 左右。一般每 3～5 年测一次土壤 pH 值，当 pH 值明显低于所需水平时，需在春季、秋末或冬季施石灰等进行调节；当 pH 值明显高于所需水平时，需在春季、秋末或冬季施石膏或硫磺粉等进行调节。

第五节 草坪水分管理

灌溉是草坪养护管理中最重要的措施。草坪以美化、绿化、观赏休闲及运动为目的，绿油油的一片草地，的确使人心旷神怡，也是居住在高楼大厦的都市居民所向往的。草坪的美观在于其拥有的绿色，草坪水分管理不当可使其失去本来的美丽，水分胁迫还可使草坪加速老化，缩短草坪使用年限。

一、草坪水分的循环

水分在草坪中是如何循环的？首先，草坪草水分的获得主要通过自然降水、人工灌溉及毛细管作用从土壤中获得水分；而草坪草水分的损耗大部分是地表蒸发、植物蒸腾损失到大气中，另一部分是土壤的大空隙渗漏。

（一）草坪草对水分的吸收

水分通过降雨或灌溉进入土壤，草坪草通过根系从土壤中吸收水分，再经过输导组织向地上输送，满足生命活动的需要。通过蒸腾作用，草坪植物产生一种吸收水分的动力，使水分源源不断的被根系吸收，这一过程是一个被动的过程。另一种吸水的动力是根压，这是一个主动的过程，需要消耗能量，草坪草吸收水分的能力决定于其根系的活力和土壤中有效水含量。水分的吸收还受草坪草生长状况、土壤温度、土壤通气性等这些制约根系生长发育的因素有关。

另外，毛细管作用对土壤中水分的移动有很重要的意义。土壤中小空隙内的水能够依靠毛细管作用向上输送的比较干燥的地方。当土壤表面变干后，由于毛细管水不断被输送的表面，保证了土壤表层的湿润。但是，水的毛细管移动是缓慢的，因此，根系主要靠伸入含水量较大的地区，而不是靠毛细管长距离输送来吸收水的。

（二）草坪耗水

草坪对水分的消耗主要是大气蒸散和土壤空隙渗漏。蒸散是指单位面积草坪在单位时间内通过植物蒸腾和地表蒸发损失的水分总量。这是植物失水的主要部分。渗漏是水经过土壤向下移动。一般来讲，粗质地土壤的渗漏速度快，而细质地土壤渗透慢，例如在沙质和黏质土壤中水渗入相同深度需要的时间相差很大，前者需要 30min 而后者需要 4h。影响草坪耗水的因素有以下几个方面。

1. 草坪草种类 暖季型草坪草的蒸散一般低于冷季型草坪草，由于暖季型草坪草的挂那个和系统效率高，它合成 1 克干物质所用水只相当冷季型草坪草的 1/3，在气孔关闭的逆境下，这一特征更显得重要。另外，不同草种和品种之间根系的发达程度不同，对水分的利用效率也不同，根系分布深，抗旱性就强；叶片的宽度与质地也对水分的消耗有影响，如细羊茅叶片细而卷曲，有效的降低蒸腾水分的损失。

2. 土壤类型 土壤类型是影响水分蒸散的另一重要因素，质地粗糙和沙质土壤的持水能力差，土壤接受的水分很快渗到土壤深处，不能被植物根系吸收利用。

3. 空气流通 风是影响水分损失的重要因素，叶片表面有一层相对静止的空气分子构成的界面层，它起到减少水分损失屏障的作用，有风会扰乱界面层，加快水分的散失，特别是在干燥温暖的条件下。

4. 空气温湿度 高温和干燥的空气加快水分的蒸发，使草坪植物消耗更多的水分，草坪植物可通过植物表面水分的蒸发吸热而减低高热和强光对植物组织的伤害，这一自我保护措施在极端高温和干燥条件下会丧失。因此，在草坪处于高温时常采用喷水增加空气的湿度，降低温度来保护草坪免受伤害。

5. 地上植被 草坪上是否有其他植被对水分蒸散也有影响，如果有冠层，会对水分的蒸散产生阻力。植被枝条的密度、叶片的朝向、宽度及生长速率都是影响草坪冠层水分损失的重要因素。

二、草坪需水的判定

草坪何时需要灌水，是草坪灌溉中重要的环节之一，也是草坪管理中一项复杂而又必须解决的问题，灌溉时间的确定需要丰富的经验，要求对草坪植物和土壤条件进行细心的观测。灌溉时间的确定有目测法和仪器测量法。

（一）目测法

1. 植株观测　当草坪草缺水时，首先是草坪草表现出不同程度的萎蔫，进而失去光泽，变成暗绿色。另外，踩过或修剪机械压过后能留下印迹的草坪，则说明草坪已严重缺水。

2. 土壤观测　缺水的草坪坪床呈现浅白色，水分充足则呈现暗黑色。一般也可用刀片等工具挖开坪床，如果坪床 10～15cm 深土壤较干时，则说明需要灌水。

目测法只能确定草坪是否缺水，而不能确定到底需要补充多少水才能满足草坪正常生长的需要，要想确定草坪的需水量可以通过仪器来测定土壤的需水量。

（二）仪器测定

草坪土壤的水分状况可用张力计测定，是通过测量土壤的水势，确定土壤中草坪草可利用的水分含量。在张力计陶瓷制作的杯状底部连接一个金属管，在另一侧装有可计数的土壤水压真空表。张力计中装满水，插入土壤中，当土壤干燥时，水从多孔杯里析出，张力计指示较高的水分张力即土壤水势变低。草坪管理者能根据测定的数据，决定灌溉的恰当时间。

现有土壤含水量测量技术除以张力为基础（千帕或巴）的测定土壤水分的方法以外，人们现在广泛应用的还有中子仪（NP）、时域反射仪（TDR）及频率传导仪等测量方法。时域反射仪（TDR）是被公认为最可靠和快速的表层以下土壤水分测定工具。时域反射仪（TDR）确定土壤母基的介电常数（Ka），凭经验 Ka 与容积含水量有关。这是一种快速方法，相对不受土壤类型的影响，不损坏土壤，适合于表面和剖面测定，可在原位置上重复测定。TDR 测量仪是一个便携式的装置，它可测定土壤某一点水分，并可以连接多路传感器，测定一排埋在土里的波导。TDR 测定的土壤含水量是整个波导长度的水分平均值。因此，要测定 20cm 土层的水分，波导必需水平地放在这一深度上。

草坪灌水时间的确定，应尽量选择水分蒸发少的时候进行，最好在天气凉爽的早晨或傍晚进行。不过，在草坪病害高发期应避免晚间灌水，在高温干旱季节最好早晨灌溉。冷季型草坪草晚秋至早春均以中午前后灌水为好。

三、草坪灌溉水的选择

（一）水源

草坪灌溉水源主要有地下水，静止地表水体（湖、水库和池塘）和流动地表水体（河流、溪水），正在变得重要的第四个水源是来自城市处理的污水。在地下水丰富的地方，可以打井为草坪提供一个独立的灌溉水源。井水中不含杂草种子、病原物和各类有机成分水质一致，盐分含量稳定，是理想的水源。大河流是可靠的水源，但污染可能妨碍其利用。小河流和溪水能改造成小型水库而作为灌溉水源。小湖泊或池塘，是良好的灌溉水源。地址设置得当，其储备水可由泉水、地面排水、降雨和自来水补充。应注意不使静止水体，以防污染或藻类和水生杂草蔓延。

（二）水质

灌溉水的质量决定于溶解或悬浮在水中的物质类型及浓度。决定水质量的因素是盐浓度和钠及其他阳离子的相对浓度。总的盐分可通过水的电导率（EC）来确定。按 EC 值可将水分为四级：当 EC < 250um hos/cm 时为 C1，表明盐分含量偏低；EC = 250～750um hos/cm 时为 C2，其在有适当量淋溶作用的条件下能被利用；EC = 750～2 250um hos/m 时为 C3，这种水在限制排水的土壤及排水良好的土壤，但具有盐敏感性草种的草坪上避免利用；EC > 2 250um hos/cm 为 C4，这种水一般不适宜灌溉。土壤中钠离子含量高对草坪是有害的。灌溉水在碳酸氢盐离子（HCO_3^-）浓度高的条件下，钙和镁有沉淀的趋势，结果增加了土壤溶液中钠的吸收率。如果剩余 $NaHCO_3$ 浓度大于 2.5ml/L 时，这种水不宜用于草坪灌溉，低于 1.25ml/L 的水是安全的。硼是一种重要的微量元素养分，但在灌溉水中浓度超出 1%（1mg/kg）时，它将对草坪造成毒害。各类有机和无机颗粒可能悬浮在水流中，特别是流动的溪水、河水，应考虑过滤，以避免对灌溉系统的危害。

四、灌溉方案的确定

（一）灌溉时间

根据草坪和天气状况，应选择一天中最适宜的时间浇水。早晚浇水，蒸发量最小，而中午浇水，蒸发量大。黄昏或晚上浇水，草坪整夜都会处于潮湿状态，叶和茎湿润时间过长，病菌容易侵染草坪草，引起病害，并以较快的速度蔓延。所以，最佳的浇水时间应在早晨，除了可以满足草坪一天需要的水分外，到晚上叶片已干，可防止病菌孳生。但对于宽敞通风良好的地方，适宜傍晚浇水，如高尔夫球场、较大的公园等。

（二）灌水量

草坪每次的浇水量取决于两次浇水之间的消耗量。其主要受草种和品种、土壤质地、养护水平及气候条件等因素的影响。

1. 与草种和品种有关　不同的草坪草种或品种，需水量是不同的，一般暖季型草坪草比冷季型草坪草耐旱性强。例如高羊茅比其他冷季型草坪草更适应干旱的气候。

2. 与土壤质地有关　土壤质地对草坪灌水量的影响很大，沙质土保水能力差，黏土保水能力强，黏土的保水量是沙质的 4 倍或更多。

3. 与养护水平有关　某些高养护水平的草坪需要每天灌水，如高尔夫球场的果领。这些草坪修剪频繁并留茬很低，水分蒸发很快，根系浅化，抗旱性降低，如果不经常灌溉草坪会萎蔫。而防护用的草坪，管理粗放，根系发达，抗旱性强。

4. 与气候条件有关　我国地域辽阔，各地气候条件差异大，南方雨水充沛，北方则雨水稀少；降水在季节分配上也不平衡。此外，不同的气候条件以及不同的生长季节，草坪的耗水量也不相同。

（三）灌水方法

草坪浇水主要以地面灌溉和喷灌为主。地面灌溉常采用大水漫灌和用胶管浇灌等多种方式。这种方式常因地形的限制而产生漏水、跑水和不均匀灌水等现象，对水的浪费也大。在草坪管理中，最常采用的是喷灌。喷灌不受地形限制，还具有灌水均匀、节省水源、便于管理、减少土壤板结、增加空气湿度等优点，因此，是草坪灌溉的理想方式。

（四）灌水技术要点

1. 草坪任何时候灌水，都不要只浇湿表面，而要一次灌透。

2. 为减少病虫危害，在高温季节应尽量减少灌水次数，应在早晨和傍晚浇水。

3. 一年中要做好两次灌水工作。一次是入冬前的封冻水，应在地表刚刚出现冻结时进行，灌水量要大，充分湿润土层，以漫灌为宜，但要防止"冰盖"的发生。另一次是返青水，开春土地开始解冻之前，草坪要萌发时浇返青水。

4. 若有霜冻，应在融化之后再浇水。

五、草坪节水途径

（一）工程节水

工程节水主要包括合理设计和安装灌溉、喷头等装置，减少灌溉水在运输和喷洒时的无效浪费。合理建造或改造坪床，减少灌溉水的深层渗漏和过量蒸发。严格控制设计喷灌强度，避免产生地表积水或径流。选用处理后的废水或地表水作为水源。

（二）养护管理措施节水

1. 提高修剪高度　较高的草坪草其根系较深。因为土壤是从表面向下干燥的。根系在深处更易吸收到水。留茬增高，会增加叶面积而使蒸腾作用增强，但根系较深的优点超过了叶面积增大的缺点。并且较大的叶片遮蔽土壤表面，减少土壤蒸发，并保护根茎不受高温伤害。

2. 降低剪草频率　剪割后的伤口处水分损失显著。剪草次数越多，伤口出现的次数就越多。应保持剪草机刀片锋利。钝刀片剪草，伤口粗糙，愈合时间较长。

3. 在干旱时期应少施氮肥　高比率的氮肥，使草生长快，需水较多，叶片葱绿、多汁，更易萎蔫。应使用富含钾的肥料，能增加草的耐旱性。

4. 清除枯草层　如果枯草层太厚，可用梳草机或切割机进行梳草、切割。厚枯草层使草坪草根系变浅并延缓渗水速率，降低草坪的水分利用率。

5. 增加土壤的通透性　用芯土打孔器给土壤通气，可以提高水分的渗透性，改善茎和根的生长。

6. 少用除莠剂　有些除莠剂会对草坪植物的根产生一定的伤害。

7. 改良土壤　建新草坪时，施加有机质和其他改良土壤的物质，以提高土壤的持水能力。

8. 灌溉前，注意天气预报，是否将要下雨　当降雨充沛时，可延迟灌溉或减少灌溉量。

9. 施用湿润剂　适当施用湿润剂，可增加草坪土壤中水的湿润度，促进根系吸收水分。

（三）选用抗旱品种

节水草坪植物培育、选用耗水量小的或耐旱的草种、品种。使用耗水量小的草坪草可以直接降低灌水量。耐旱的草种则会减少灌水的频率。科学测定的结果已表明，不同的草坪草种及不同的品种间，草坪的耗水量和耐旱性均存在较大的差异，选择适当的草坪草，可节约适量的水资源。

另外，分子生物学技术的应用大大推动了抗旱草坪草的培育，为草坪节水开辟了新的前景。草坪节水的 3 个途径在草坪建植与养护管理中具有同等重要的地位，综合利用会提高草坪的节水效率。

第六节　草坪更新复壮技术

在现代园林中，草坪已成了不可缺少的部分。草坪经过一段时间的使用后，会出现斑秃甚至整块草坪退化。造成这种情况的原因有多种，如草坪地低洼积水，排水不良；病虫害、冻害、干旱；草坪过度使用；践踏严重，土壤板结；草种选择不当以及杂草的侵害等等。因此，除了要改善草坪土壤基础设施，加强水肥管理，防除杂草和病虫害外，还要对局部草坪进行修补和更新。具体措施如下。

一、打孔

（一）打孔目的

草坪经过人为的践踏或机械的滚压，会造成土壤板结、通透性差，从而影响草坪草根系的正常生长。要摆脱草坪土壤板结带来的种种影响，通常采用穿刺打孔等措施来增加草坪土壤的通透性，使草坪草根系很容易吸收到水、肥和空气；促进草根向更深生长，促进草坪的更新，见图 7 - 6 - 1；还可改善地表排水，促进草根对地表营养的吸收；有时还可达到补播的目的。

打孔是可以改善土壤的通透性，但也会使草坪外观暂时受到影响，易造成草坪草的脱水，加速了杂草和地老虎等地下虫害的为害。

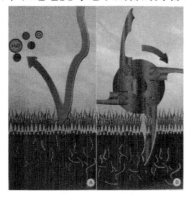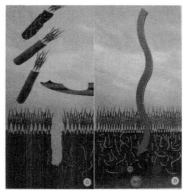

图 7 - 6 - 1　草坪打孔

（引自 www. weibang. com）

（二）打孔时间

打孔时间十分重要，在干旱的条件下，会产生草坪草局部严重脱水。因此，草坪打孔的最佳时间应是草坪生长茂盛、恢复力强而且没有逆境胁迫时。冷季型草坪草最适宜的打孔时间是夏末秋初，暖季型草坪草最好在春末夏初进行。打孔不但要注意时间，也应和其他措施紧密配合。例如：在打孔之后，立即进行表面施肥和灌水，能有效地防止草坪草的脱水并能提高根部对肥料的利用率。

（三）打孔工具

打孔机械很多，然而常用的主要有两种类型：一种是滚动式打孔机，另一种是垂直运动打孔机。垂直运动打孔机具有空心的尖齿，它工作时对草坪表面造成的破坏小，打孔的深度大，可达 8~10cm，并同时具有向前和垂直两种打孔方式。滚动式机械具有开放铲式空心尖齿，其优点是工作速度快，对草坪表面的破坏小，但是打孔深度却比垂直运动式打孔机浅。

（四）打孔注意事项

1. 打孔前要检查草坪土壤湿度。土壤太干，作业困难，打不到理想的深度，机械磨损严重，草坪易失水；土壤太湿，打出的孔洞壁太光滑，影响通气透水的效果，不好恢复，机械对土壤的破坏性也大。所以，打孔必须在土壤湿润时进行。

2. 打孔前先做试验。要根据打孔目的，调节好打孔的深度和密度，试验合理后再进行大面积作业。

3. 选择好打孔的时间。打孔作业在一天中，上午 10 点以前、下午 4 点以后最好，尽量避免中午打孔。

4. 打孔通常要配合其他作业进行。

（1）配合灌溉作业：打孔后要及时补水，以免造成草坪失水过多，发生萎蔫或死亡。

（2）配合施沙作业：打孔后要及时用土壤或沙填充孔洞，否则草坪根系和附近的土壤会很快把孔洞填满，降低打孔效果。而施沙可以有效的改善打孔对草坪外观的破坏，同时也使打孔效果更好更持久。

（3）配合拖耙作业：打孔产生很多土条，移走土条会带来很多问题，所以，在大面积草坪上，人们常通过拖耙把土条原地破碎，这样，一部分土壤回到洞内，一部分留在枯草层内，加速枯草层分解，促进草坪生长发育。

（4）配合施肥作业：打孔后可立即进行施肥，通过灌溉，使肥料流入洞中，提高肥效。

（5）配合施药作业：打孔后施入除草剂和杀虫剂，能有效的控制打孔后杂草的和地下虫害的发生。

二、草坪梳草

梳草是用梳草机或梳草耙（见图 7-6-2）等工具清除草坪枯草层的一项作业。枯草层是由枯死的根茎叶形成的，堆积在草坪上，久而久之，阻碍了土壤吸收水分、空气和肥料，这将导致土壤贫瘠，引起草坪草的浅根发育，最终导致干旱和冬季死亡。

（一）梳草目的

超厚的枯草层是有害昆虫和细菌的理想藏身之所。

图7-6-2 梳草耙

草坪梳草机的活动刀片在机械离心力的作用下能有效地消除枯草层，减少杂草蔓延，改善表土的通气透水性、促进草坪生长，恢复草坪健康。普通草坪不用年年梳草，只有枯草层超过1cm厚时才进行的一项作业。过度梳草，反而会降低草坪的抗性，加大肥料的施入量，增加管理费用。

（二）梳草工具

梳草可用梳草机、梳草耙或垂直刈割机来完成，小面积的梳草也可用钢丝制成的短齿铁耙。梳草机的工作宽度一般为46～50cm，工作深度0～2.8cm。垂直刈割机的工作宽度一般35～50cm，工作深度0～7.6cm。

垂直刈割机的刀片安装位置一般有上、中、下3种位置，能达到不同的垂直修剪效果。当刀片安装在上位时，可切掉匍匐枝或匍匐枝上的叶，从而提高草坪的平整性。当刀片安装在中位时，可粉碎打孔留下的土条，使土壤重新混合，有助于枯草层的分解。当刀片安装在下位时，能有效地清除枯草层，达到梳草的目的。刀片深度再深一些。使之刺入土壤中，则能达到划破草皮、打孔通气的目的。

（三）梳草时间

什么时候梳草最好？最适宜梳草的时间是草坪草生长旺盛，环境胁迫小，恢复力强的季节。冷季型草坪可在春季返青前用细齿耙进行梳草，也可以通过烧荒的方法清除枯草层，在生长季最适宜的梳草时间是夏末秋初；暖季型草坪最好在春末夏初行。土壤和枯草层干燥时梳草作业较易进行。

（四）梳草注意事项

1. 梳草前要对场地进行检查，清除坪床上的障碍物，最好在土壤和枯草层比较干燥时进行。

2. 根据草坪情况和梳草目的调节梳草深度。特别是在使用垂直刈割机时，要先做试验，梳草深度调节好后再大面积作业。

3. 梳草后要对坪床进行整理，把碎屑移出草坪外，以免影响景观。

4. 梳草后及时灌溉，补充水分，以免造成草坪脱水。

5. 梳草作业完成后，要马上清洁梳草机，并上油保护，放置于干燥通风处。

三、表施土壤

草坪表施土壤是将沙、土壤和有机质适当混合，均匀施入草坪床面的一项作业。可以使草坪表面平整，提高耐践踏能力，促进枯草层分解，有利于更新。这对草坪凹凸不平、枯草层过厚的情况尤其适用。表施土壤也可结合施有机肥一起进行。

（一）表施土壤的作用

1. 平整坪床表面 对于凹凸不平的坪床面，可起到补低拉平，平整坪床表面的作用。

2. 促进草坪草的再生 促进草坪草的分枝、分蘖，使受伤草坪尽快恢复生长。对于运动场草坪来说，这项管理措施是必不可少的，一般在比赛前后都要进行表施土壤，赛前表施土壤是为了保护草坪草的生长点，赛后表施土壤是为了使过度践踏的草坪尽快恢复生长。

3. 控制枯草层 沙、土和有机质混入枯草层以后，能改善微生物的生存条件，加强微生物的活动，从而加速枯草层的分解，改善草坪表土的物理性状。

4. 延长草坪绿期 在南方，秋季表施土壤，会有效的延长草坪的绿期；在北方，秋末冬初表施土壤即可延长草坪的绿期，也可以保护草坪安全越冬。

（二）表施土壤的时间与次数

表施土壤方法 在草坪草的萌芽期及生长期进行最好。暖季型草坪在4～7月和9月，冷季型草坪在3～6月和10～11月进行。表施土壤的次数与草坪的功能及草坪草的生育特点有关。一般草坪如庭院、绿地草坪，每年一次或两年一次，一般结合冬季或春季返青前施有机肥进行。而运动场草坪每年多次表施土壤，一般每场比赛的前后都要进行。

（三）表施土壤的工具

小面积草坪表施土壤时，可直接用人工撒施；大面积时可用草坪拖拉机牵引式覆沙机或播种机进行作业，见图7－6－3。表施土壤后要用拖耙耙平。

（四）表施土壤的材料

1. 与床土无多大差异。土壤成分有差异会影响草坪草的生长。

2. 肥料成分含量要低，以免烧苗。

3. 具有沙、有机物和土壤改良材料的混合物；其适量的组合为土：沙：有机物＝1：1：1或2：1：1。土要过筛，粒径要小于6mm；沙最好用河沙或山沙；有机质采用腐熟的有机肥。

4. 混合土含水分较少，否则不易撒施。

5. 土壤混合物要过筛，并对土壤进行消毒，除去杂草种子、病菌、害虫等有害物质。

图7－6－3 表施土壤

（五）表施土壤的注意事项

1. 施土前必须先对草坪进行修剪或梳草。以免草叶过长，被土壤覆盖后变黄或死亡；枯草层过厚进行表施土壤，导致枯草层腐烂过慢或不完全，引发病害。

2. 土壤材料应干燥，并过筛。土壤过湿，难以撒施均匀，越干越松散，也越易撒施。

3. 严格控制表施土壤的厚度。表施土壤过多时，要分多次进行，每次撒土的厚度不应超过0.5cm。

4. 表施土壤要结合其他作业进行。如草坪打孔后要表施土壤，施后必须拖平、滚压，以免带来草坪土壤分层问题。

四、滚压

滚压又称镇压，是用一定的碾压机械在草坪上边滚边压的一项作业。适度的滚压对草坪的生长是有利的，但也会导致土壤板结等问题，因此，滚压要慎重，视具体情况而定。

（一）滚压的作用

1. 滚压促进草坪草分蘖及匍匐茎生长，使匍匐茎的上浮受到抑制，节间变短，增加草坪密度。

2. 生长季节滚压，使叶丛紧密而平整，抑制杂草入侵。

3. 草坪铺植后滚压，使草坪根部与坪床土紧密结合，吸收水分，易于产生新根，以利于成坪。

4. 可对因冻胀和融化或蚯蚓等引起的土壤凹凸不平进行修整。

5. 对运动场草坪可增加场地硬度，使场地平坦，提高草坪的使用价值。

6. 滚压可使草坪形成花纹，提高草坪的观赏效果。

7. 对不宜修剪的草坪可以以压代剪。如白三叶。

（二）滚压时期

草坪滚压时期依情况而定。出于栽培要求则宜春季和草坪草生长期进行，如：苗床准备、播种后、起草皮前、草皮铺植后；若出于利用要求，则适宜在草坪成坪后、运动场赛前赛后、降霜期、早春刈剪时期进行滚压。

（三）滚压机械

草坪滚压机分为人力滚压机和机动滚压机。一般人力滚压机重量为 60～200kg，机动滚压机为 80～500kg，机动滚压机为空心的铁轮，可通过充水量来调节重量。用于坪床修整以 200kg 为宜，幼坪及生长期为促进分蘖等的滚压，则以 50～60kg 为宜。

（四）滚压注意事项

1. 土壤过黏，水分过多时不可镇压。在土壤潮湿时，由于滚压特别是采用重型滚压机会造成土壤板结，限制新根系向土层伸展，所以，切忌滚压。

2. 草坪较弱时不可滚压。滚压会使草坪植物的茎叶挫伤，甚至损坏生长点。

3. 滚压不是单独的措施，一般结合修剪、施土或沙进行。

五、草坪修补

草坪在使用过程中，由于严重践踏草坪边缘、过度使用运动场区、建植时坪床处理不到位、草种选择不恰当及后期的养护管理不善等，都会造成草坪边缘受损、局部空秃、坪床凹凸不平等退化现象的发生。

（一）草坪退化的原因

1. 过度使用　对于开放式的游憩场所和运动场所，人流量特别大，草坪的承载量过重，造成坪床土壤板结、草坪草生长点遭到损害，从而引起草坪长势弱或枯黄、死亡。

2. 坪床整理不到位　在草坪建植前，坪床的翻耕、平整做不到位，会使坪面凹凸不平，给修剪和灌溉带来麻烦，这种隐患长期下去会引起草坪局部斑秃或死亡。

3. 养护管理不善　是否能够拥长期有一片美丽的草坪，关键在养护管理，日常要科学的修剪、灌溉、施肥，否则就会导致草坪过早退化。

（二）修补方法

损坏的草坪要及时修补，主要方法有补播和补铺。如果草坪使用不紧迫时可补播，若要立即使用草坪则需采用快速恢复草坪的补铺法。

1. 补播 首先标出需要修补的草坪，用铲子对补播地块的表土稍加松动，均匀的撒播草籽，压实、浇水。补播所用草籽要与原草坪草种一致。

2. 补铺 首先标出需要修补的草坪，用铲子铲除原有的草皮，然后翻土、施肥、平整压实、铺草皮、镇压、灌溉，之后加强水肥管理，几周后便可恢复景观和使用。

六、草坪染色剂

草坪染色剂主要用于冬季休眠的暖季型草坪的染色。施在草坪上的颜色受染色剂特性、施用量、施用次数、处理前草坪的颜色的影响。一般为蓝绿色到鲜绿色，可以使草坪看起来像真的一样。草坪染色有不同用途如下。

（一）草坪染色剂的用途

1. 草坪染色剂主要用于冬季休眠的暖季型草坪的染色。干燥后，大多数染色剂会被磨掉，一般可保持一个冬季。但目前，通过套种黑麦草装饰冬季草坪的较多。

2. 装饰生病或褪色草坪。在比赛前，染色剂常作为高尔夫和其他运动场的装饰材料。对偶然的病虫害和其他类型损伤，可以用染色剂来装饰一下。

3. 用于草坪标记。

（二）草坪染色剂的用法

1. 施用前，最好先修剪草坪，以减少增绿剂的施用量；秋季在草坪完全休眠之前施用效果最好。

2. 秋、冬季节，北方地区气候干燥，草坪绿地上会附有大量尘土，常会影响增绿剂的着色效果。如草坪上有尘土附着，应先将其冲洗掉，然后再施用。

3. 喷洒时，人在前，避免施后践踏，喷雾机要求压力足且喷雾细，以达均匀一致。在草坪干燥、温度在6℃以上喷洒效果最好。喷雾作业2次，效果更佳。

4. 草坪染色剂适宜保存温度5~35℃。

5. 冬季完全枯黄的草坪，每升可喷施200m^{3}左右。

6. 其他季节使用草坪染色剂时，可根据当时的草坪色泽状况和使用目的，适当调制其使用浓度。

7. 草坪染色剂喷施后，正常情况下持续期可达70~90d。

8. 草坪染色剂也可用于破损、遭病虫害、干旱威胁、营养缺乏的草坪。

（三）草坪染色剂施用的注意事项

1. 禁止食用，用过的瓶子不可重复使用。

2. 如不慎溅入眼中应立即用清水冲洗，并向医生咨询。

3. 在晴日无雨时使用，用后不宜立即浇水，喷后完全固着需5~8h。若喷后5~8h内被雨淋，需重喷。

4. 施用时尽量避免喷在不需染色的物体上，如误喷，可在未干之前用清水冲洗。使用后，应立即清洗喷雾器喷头和滤网。

七、交播

在盐碱地城区，草种的抗逆性（抗病虫、耐高温或低温等）差异及水、盐等环境胁迫是造成草坪退化的主要原因。草坪退化业已成为管理中的一个突出问题，对此，目前尚难以找出解决这一问题的有效方法。

（一）交播的应用

交播亦称覆播或追播。草坪交播技术原来主要是用于暖季型草坪冬季延长绿色期。其原理在于充分发挥冷、暖季型草坪草生长发育规律不尽相同的特点，利用冷季型草坪草较长的绿色期，减少暖季型草坪在秋冬季褪绿。而在草坪整体更新中，采用交播技术，通过种间竞争，使一种类型草淘汰另一种类型草，促进交播前不稳定的单一草坪群落向交播后稳定的复合（或单一）草坪群落演替，以达到草坪整体更新的效果。

（二）交播存在的问题

交播技术的生态效益、经济效益、社会效益都极为显著，但目前的难点在于，如何选用适宜的种和交播量，保证在交播后，交播种能在尽可能短时间内达到在复合草坪群落的种群数量和竞争力处于优势。

八、封育

封育即封场育草的简称，也就是封闭场地，禁止使用，待草坪恢复或提高生长发育能力和改善景观之后再开放使用。这项管理措施主要针对开放的游憩草坪和运动草坪，由于这类草坪使用频率高，践踏严重，因此，必须定期的封场育草，保证草坪的使用效益。

（一）封育类型

1. 常规封育 根据草坪的生育规律和使用状况，定期的实施季节性封场。如草坪草的萌发阶段和换蘖阶段必须封场。这类封场的时间是有规律可循的。

2. 特需封育 根据草坪的使用目的进行封场，如足球场、网球场为迎接某场比赛，需要草坪培育到较高水平，也有可能前期使用过度需要复壮，特需封场育草。这类封场的时间根据使用需要而定。

（二）封育措施

新建草坪，为防止过早、过重的践踏，在开放使用前应采取立警告牌、拉隔离绳、设置围栏等措施来阻止人们早期进入。而对于人们频繁活动的草地，如运动场、露天草坪音乐场、草坪赛马场的跑道等，应根据草坪的损坏程度进行封育。例如：定期移动足球场球门的位置、定期移动高尔夫球场果领区球罐的位置、赛马场实行跑道使用轮换制度、限制草坪音乐会场的人数和场次等方法进行调节。

（三）封育的注意事项

1. 把握好封场时间 常规封场一般以草坪休眠结束，开始萌芽或返青时为起始期，待草坪成坪并经过 1~2 次修剪，并恢复一周后开始使用。特需封场则按需定夺。

2. 严格管理 封场育草关键在于封闭。因此，宣传教育、规章制度二者必不可少。

3. 封场期实施正常管理 封场的目的在于育草。因此，灌溉、施肥、修剪、除草等养护管理必须照常进行。

九、设置保护体

目前，为缓解草坪践踏强度，增加草坪的承压力和耐水冲击能力，防止草坪因机械损伤产生枯萎，草坪建植时在坪床上设置三维植被网，来增加草坪的抗压性，延长草坪的使用寿命，充分发挥其使用功能。

三维植被网是以热塑性树脂为原料，采用科学配方，经挤出、拉伸等工序精制而成。它无腐蚀性，化学性稳定，对大气、土壤、微生物呈惰性。三维种植网表层为一个起泡层，蓬松的网包以便填入土壤、种上草籽帮助固土，这种三维结构能更好地与土壤相结合。

（一）三维种植网的作用

1. 固土　在草皮没有长成之间，可以固定表层土壤，保护坡面免遭风雨侵蚀。

2. 固草　草种撒播后，网垫可保护草种不受风吹、雨冲而流失，并保护其播种时的均匀分布，保证其安全成长。

3. 固坡　草皮长成后，草皮、网、泥土形成一个牢固的覆盖层，有效地防止暴雨、狂风的冲袭，由于网表面粗糙不平，可使风、水流在网的表面产生小涡流，减轻冲击能量。

4. 可代替混凝土、沥青、浆砌石片和传统的塑料三维网垫等材料作为永久性的护坡层。

5. 耐磨　对于开放式的运动场所来说，解决草坪的高频践踏是关键，设置三维草坪种植网可缓解坪床压力，保护草坪草生长点，有效的延长草坪使用期。

（二）施工程序

场地处理→挂网→固定→回填土→撒播草籽→覆盖无纺布→养护管理

第七节　冷季型草坪草季节性管理实例分析

以上六节内容主要是针对某种管理措施做具体的阐述，但草坪管理还需要计划，如冷季型草坪春季该如何管理、夏季管理会出现哪些管理误区、秋季该采取哪些管理措施为越冬作准备、冬季如何管理才能尽量延长草坪绿期和保证春季提早返青等等。这些问题都必须提前想好、做好，否则，会给草坪管理带来不必要的损失。

一、草坪的春季管理

春季是草坪一年中的第一个生长阶段，管理好坏，直接影响草坪后期的生长。做好草坪春季管理，以下几项措施较为关键。

（一）梳草

草坪生长一年或多年后，禾草密集，枯草堆积。若不及时进行梳草，会造成通风透气不良，影响草坪的生长发育以及病虫害的发生。北方地区雪融化温度升高后，返青前用耙子对枯草层进行清理或烧荒，或者返青后先对草坪进行一次低修剪，再用草坪专用梳草机进行梳草。

（二）打孔、通气

草坪生长一年或多年后，由于人为践踏等原因，土壤结构变得紧密，出现板结现象，容易造成草坪根系呼吸不畅，影响草坪的生长发育。北方地区每年土壤化冻后，宜对板结地段进行打孔等通气处理。有条件的可用草坪专用打孔机，无条件的可用铁叉在草坪地上刺孔，孔深30cm左右，孔径1~2cm，每平方米刺孔20~30个。打孔时应与补播、施肥相配合。

（三）施肥、浇水

返青前施肥能促进顶芽提前7~10d生长，并有利于根系的生长和扩展。春季以施含氮量高的有机肥为主，施肥的品种和数量应根据草坪的用途、品种和土壤的水肥条件来决定。一般情况下，新建草坪施肥要多些，而2~4年生的草坪应少些；老化草坪要多施；单播早熟禾草坪宜施入适量的氮肥、膨化干燥肥和磷钾混合肥；高羊茅、黑麦草混播草坪应施入少量氮肥和缓释有机肥、缓释复合肥或泥炭等。若土壤的碱性太大，则施些硫酸亚铁。

施肥后，应立即灌返青水，浇透浇匀。这样，有利于肥料快速渗透到根系，被根系充分吸收，促进草坪苗壮生长。返青水必须在晚霜过后浇灌，以漫灌为主，要浇透，但不能有积水。

（四）补播草坪

草坪返青后，检查整个草坪，对斑秃或退化的坪床进行补播。破除斑秃或退化地段，翻松土壤，形成精细种床，然后再进行草种补播，用细土薄覆表层并镇压，播种期宜安排在日平均气温为20~25℃时进行。

（五）镇压

返青前，对坪床上冻裂的地方或凹地填土进行镇压，达到平整坪床的目的。另外，对新建草坪，在返青之后进行镇压，促进草坪草的分枝、分蘖，增加草坪草的覆盖能力。镇压一般选用草坪专用滚压机，轮子表面要光滑，可根据需要调节镇压重量。

（六）病虫害

春季气候凉爽、湿润，更易发生像叶斑病和根腐病等病害，因此，必须细致地做好病害的观测工作，及时予以防治。

（七）杂草防除

杂草的防除是草坪早春管理的一项重要工作，特别是新建草坪。人工除草宜早宜快，在浇第一次水后进行，尽可能连根拔除。如采用化学除草的方法，要根据杂草确定除草剂品种和使用剂量，且最好是选择在天晴少风、气温较高时进行。

（八）修剪

冷季型草坪草只要还在生长，就应进行适当的修剪，一般情况下，春季生长较为缓慢，不宜过度修剪，否则会减少根系营养物质积累，进而使草坪草丧失抗旱、耐热、抗病虫害及与杂草竞争的能力。把握好第一次修剪的时间和高度。新建的草坪和需要改善的草坪，当草坪草长到8~10cm时就应该进行第一次修剪，留茬高度4~5cm。单播早熟禾草坪的修剪，一般应比高羊茅与黑麦草混播草坪修剪时间稍晚，留茬稍低。

春季采用上述养护管理，可使草坪返青早，生长季节中长势良好、外观优美、病虫害发病率低，盛夏高温季节半休眠期和冬季枯黄期变短，全年绿色期延长。

二、草坪夏季管理常出现的误区

冷季型草坪草性喜凉爽湿润，最适宜生长温度为 15～25℃。其后期养护管理是一项看似简单实际却是技术含量较高的工作，很多人在养护管理过程中存在一些误区。冷季型草坪养护管理中易出现的养护管理误区如下。

（一）片面强调低修剪对草坪的通风透光作用，而忽视了冷季型草自身的生长特性

草坪修剪的目的在于保持草坪整齐、美丽以及充分发挥草坪的坪用功能。修剪给草坪草以适度的刺激，可抑制其向上生长，促进匍匐枝生长和枝条密度的提高，还有利于改善草层的通风透光机能，使草坪健康生长，因此，修剪是草坪养护管理的重要内容。为了增加草坪的通风透光而对草坪过度低修剪，或因管理不善而生长过高后一次修剪到标准高度，这些都会导致草坪地上营养部分失去过多，影响草坪的光合及其他代谢，草坪长势会迅速减弱，生长缓慢，对环境的适应性急剧下降，为各类病害的发生创造了有利条件，极易受到各种病原菌的侵染而造成病害的大面积发生。

正确的做法是在夏季将草坪修剪高度提高 1～2cm，以增强草坪抵抗不良环境的能力。另外，修剪频率也要降低。

（二）片面强调水分对草坪生长的作用，而忽视了灌溉时间、灌溉方式和灌溉量

灌溉是调节土壤水分、满足草坪草对水分的需求，是提高草坪质量的重要措施之一；要让草坪生长良好，正常的灌溉是十分必要的。水是决定冷季型草坪长势好坏的关键因素，但不是水越多越好，浇水要根据草坪的需求来确定浇水量，水浇的太多会使草坪根系分布变浅，进而使草坪的抗性降低；同时浇水时还应注意浇水的时间，如夏季要避开高温时段，防止高温高湿条件同时出现而导致草坪病害的大面积发生。

正确的做法是结合土壤水分状况，尽量减少浇水频率，每次要浇透；浇水时间宜选在早晚进行，以喷灌为主。

（三）片面强调肥料对草坪生长的作用，而忽视了施肥的时间、数量和种类

肥料是草坪草正常生长的物质基础。草坪的生长需要在恰当的时节获得足量且配比合理的肥料供给，使其对营养的需要与生长同步，保持草坪的适当生长速度，提高草坪对杂草和病虫害的抵抗能力。施肥量和种类要根据草坪的生长状况和季节决定，施肥前要对草坪进行诊断，根据诊断结果进行配方施肥，如夏季就要少施氮肥或不施氮肥，以磷钾含量高的缓效肥为主，防止草坪草徒长。

（四）片面强调对草坪病虫害的治疗，而忽视了对病虫害的预防

在草坪的养护管理中大多数管理者都是发现了病虫害时才去治疗，此时才采取措施为时已晚，只能控制住不再蔓延，无法再完全恢复，既影响了草坪观赏效果，又造成一定的经济损失。对草坪的病虫害应以预防为主、进行综合防治才是最有效的养护管理，而防治病虫害的工作绝不仅仅局限于打药。首先应采取正确的养护管理措施，培养出健壮的草坪，增强草坪的自身抗性。另外，以预防为中心，加强预防意识，将预防工作贯穿于整个

养护管理过程，要了解主要病虫害的发生规律，弄清诱发因素，杜绝病原菌和虫卵的生存环境，采取综合防治措施。

（五）片面强调打孔、清除枯草层等管理措施对草坪根系生长的重要性，而忽视了冷季型草坪夏季长势弱的生理特点

打孔、除枯草层等项管理措施对增加草坪透气性、增强草坪长势有重要作用，但由于夏季草坪长势较弱，不宜进行。应选择春秋季草坪草生长旺季时进行。

（六）片面强调杂草存在的特殊性，忽略了杂草存在的普遍性

除杂草是夏季草坪管理的重要环节。许多人在对冷季型草坪除杂草时，认为其中的野牛草等暖季型草也是草坪草种，将其留下。由于野牛草等暖季型草具有发达的匍匐茎，成坪速度较冷季型草快，结果造成新建的草坪在二三年之内很快变成了野牛草等暖季型草坪，导致建植失败。

三、草坪草的秋季管理

冷季型草坪在秋季是生长茂盛期，但立秋过后，随着气温下降，冷季型草坪开始进入秋季储存养分的关键时期，对此阶段要加强浇水、施肥、修剪、打孔、补种草坪、病虫害防治等养护，为来年的生长奠定基础。

（一）修剪

冷季型草坪在秋季是生长高峰期，应加强修剪，合理修剪可以直接降低害虫的数量，促进草坪的快速生长，增加分蘖。但立秋以后，随着气温的下降，草坪草生长速度减缓，为了使其能有足够的营养越冬，晚秋以后逐渐减少修剪次数，同时适当提高留茬高度。

（二）浇水

草坪草在秋季仍在生长，需要合理的灌溉，当然，与夏季相比，由于气温降低，蒸发量减少，秋季灌溉的次数相对少一些，灌溉的频率及浇水量应视土壤的墒情来确定。

（三）施肥

施肥是秋季管理的一项重要内容。秋季根系生长旺盛，应在 10 月中、上旬增施一次氮肥，以增强草坪越冬抗病能力和对冬季不良环境胁迫的抵抗。

（四）打孔

经过一段时期的生长，草坪根系密，盘根错节，低洼处易出现烂根现象，需要用打孔机进行透气。秋季是草坪打孔的最佳时机期。打孔可以使土壤表面通透性大大改善、改善地表排水，还能促进草根对地表营养的吸收，有时还能达到补播的目的。

（五）补种草坪

由于人们践踏或夏季因病虫害造成的草坪斑秃地块，在做好土壤消毒的基础上，可补种、补铺。这样既可以清除草坪上不美观的景象，又可以改良草坪的生长状态，增加草坪的密集度和平整度。

（六）病虫害防治

秋季的虫害主要有草地螟、蝼蛄、金龟子、黏虫、蜗牛等，其防治方法：在草坪上安装杀虫灯，诱杀成虫；可根施 50% 辛硫磷乳油 500～800 倍液或喷洒 2.5% 溴氰菊酯 2 000～3 000 倍液进行防治。

主要病害有褐斑病、草坪锈病、草坪白粉病等。防治可采用20%粉锈宁乳油1 000~1 500倍液、50%多菌灵可湿性粉剂1 000倍液、50%退菌特可湿性粉剂1 000倍液等交替使用防治，连续喷施3~5次，每次间隔7~10天，但甲基托布津和多菌灵不能交替用。为了增强草坪的抗性，并结合每次修剪对草坪喷洒百病清、多菌灵、大生45等杀菌剂，将病害消灭在萌芽状态，使草坪正常生长。发病后适时剪草，修剪的叶要能时收集清除，减少菌源数量。

四、草坪草的冬季管理

冷季型草坪草的管理冷季型草坪草在土壤温度高于5℃时仍可有生命活动。虽然地上部叶片不生长，但能进行光合作用，地下根系仍能生长。绿色期长是冷季型草坪草的一大优点，如果冬季管理不当，草坪叶片也会过早干枯变黄，影响美观。管理措施如下。

（一）施肥

当温度下降到8℃以下，草坪草地上部已基本停止生长，但有良好的光合作用，积累能量，可提高抗冻性。晚秋施肥可促进地下根系的生长，为草坪的安全越冬提供了保证，同时草坪的冬季绿期也会延长。晚秋或初冬可增施一次有机肥。

（二）浇水

虽然冷季型草坪草冬季生长慢，用水量减少，但其生命活动仍需要一定水分，加之我国北方地区冬季特别干旱，如果不及时补充水分，土壤过于干旱，草坪叶片会过早枯黄，绿色期大大缩短，失去了冷季型草坪草的优越性。入冬上冻前要灌一次透水，以漫灌为主，但不能形成"冰盖"。

（三）霜冻期间草坪禁止使用和践踏

当温度降到0℃以下，草坪草的地上器官会结冰，变得僵硬，此时如果有机械镇压或践踏会使草的茎叶折断，严重破坏草坪，此时禁止在草坪上进行任何活动（包括修剪）。直到太阳出来，温度升高，茎叶中的冰融化后，再开始活动。这一点在体育场和高尔夫球场草坪维护中尤为重要。

复习思考题

1. 草坪修剪机该如何选择？
2. 草坪缺素该如何诊断和防治？
3. 如何掌握修剪频率？
4. 草坪修剪应注意的事项有哪些？
5. 怎样养护草坪才能做到节约用水？
6. 草坪更新复壮的措施有哪些？
7. 冷季型草坪草四季该如何管理？

第八章　园林草坪杂草危害与防治技术

【教学目标】
- 掌握草坪杂草的特点
- 了解除草剂的作用机理
- 掌握草坪杂草综合防治的方法

第一节　草坪杂草

任何植物出现在人们不愿意它出现的草坪之中时称之为草坪杂草。如果草坪中有其他植物生长和存在，很可能会影响草坪的密度、颜色和质地，即使它们是草坪草，这些植物也被认为是草坪中的杂草。因此，草坪杂草也是草坪上除栽培的草坪植物以外的其他植物。

杂草是一个相对的概念，具有一定的时空性。在时间上，同一种植物某一时间下是杂草，这个时间以外，就不一定是杂草。在空间上，同一种植物在某地域范围内是杂草，在其他地方就是一种很好的草坪草。当高羊茅出现在绿地时是合适的，但当它出现在高质量的草坪中（如高尔夫球场的果领）时就成为杂草。匍茎翦股颖建植高尔夫球场时是优良草种，但混入草地早熟禾草坪时，则因其构成斑块而需要防除。有些植物，如藜、蒲公英、车前草等不论在哪种草坪中，都被看成是杂草。杂草损害草坪的整体外观，并与草坪草竞争阳光、水分、矿物质和空间，降低草坪草的生活力。

一、草坪杂草的生物学特性

草坪杂草的生物学特性是指杂草与环境条件之间相互作用的表现。杂草能引起草坪危害，主要就是由于其具有某些生物学特性所致。了解草坪杂草的生物学特性，就可以掌握草坪杂草发生和危害的规律，从而采取有效的防除措施，减少杂草对草坪的危害。

（一）惊人的多实性

草坪杂草同栽培作物相比，具有更惊人的结实力，一株杂草往往能结出成千上万甚至数十万粒细小的种子。据资料，稗草平均每株能产生 7 160 粒种子，皱叶酸模每株产生的种子数为 29 500 粒，马齿苋为 52 300 粒，反枝苋为 117 400 粒，荠菜为 38 500 粒，马唐为 5 000 粒。这种大量结实的能力，是杂草在长期竞争中处于优势的重要原因之一。

（二）繁殖方式的多样性

杂草除了能用种子繁殖外，还可以进行无性繁殖，尤其是多年生杂草，具有很强的营养繁殖和再生能力。如狗牙根的根状茎，每一节都能够发芽、生根、向四周伸展。据统计，在 1 亩地（667m²）中其根状茎的总长可达 60km，有近 30 万个芽。香附子贮藏养分的块茎和向四面扩展的根状茎能够产生新芽，当它出土形成新的植株时，它的下端又能形成新的块茎，从块茎上又产生新的根状茎，以致在地面上成片发生。

很多多年生杂草的根茎和块茎的再生能力很强。白茅的根茎挖出风干后，再埋入土中仍能发芽生长。10cm长的蒲公英直根，埋在5～20cm的土层中，成活率可高达80％。人工拔除的稗草，只要有一定的水分，节上不定根就能继续生长。茎叶肥厚的马齿苋拔起后，即使晒至干瘪，在适宜的条件下仍能产生新的植株。

（三）传播途径的广泛性

杂草的种子或果实有容易脱落的特性。某些杂草具有适应于散布的结构或附属物，借助外力可以向远处传播，分布很广。如菊料杂草的种子上有冠毛，可以随风飘扬；牛毛草、水苋菜等杂草的种子小而轻，能够随水漂流；苍耳等杂草的种子具有小刺毛，可附着于他物进行传播。此外，草坪种子、有机肥料中往往携带有一定量的杂草种子，可由交通工具或动物携带而传播。

（四）强大的生命力

许多杂草种子埋藏于土壤中，多年后仍具有生命力。如荠菜种子在土壤中可存活6年，马齿苋种子在土壤中可存活40年。有些杂草种子如稗、马齿苋等，通过牲畜的消化道排出以后，仍然有部分可以发芽。如牛粪中的稗草种子有26％能够发芽，猪粪中有9.5％能发芽。一般杂草种子在未经腐熟的堆肥里，不会丧失其发芽能力。

（五）参差不齐的成熟期

杂草种子的成熟期通常比栽培作物早，且其成熟期也不一致。杂草种子有即成熟即脱落散布田间的习性，从而增加了杂草对土壤的感染，使其一年可繁殖几代。杂草的种子多有后熟特性，正在开花的杂草被拔除后，其植株上的种子仍能继续成熟。

草坪杂草的这些特性都给防除工作造成了很大的困难。

二、草坪杂草的分类

危害草坪的杂草种类繁多，根据杂草的植物学、生态学、生物学等特性，有多种分类方法。这些分类方法分别就杂草的某些特性进行了归纳总结，对于草坪养护管理中杂草识别、防除有很大的作用。

草坪杂草在分类学上可分为单子叶杂草和双子叶杂草两大类群。单子叶草坪杂草多属于禾本科，少数属于莎草科，其形态特征是须根系、叶片狭长、叶脉平行、无叶柄。双子叶杂草与单子叶杂草相比，分属多个科，其形态特征是直根系，叶片宽阔，掌状或网状叶脉，常具叶柄。

依据防治目的，杂草又可分为三个基本种类，一年生杂草、多年生杂草和阔叶杂草。依此可采用不同的除草剂进行防除。

（一）根据生活周期分类

草坪杂草依其生活周期可分为一年生、二年生和多年生杂草。

1. 一年生杂草

在一年的时间内完成其生活周期。它包括冬季一年生植物（在夏末或秋初发芽，冬季休眠，来年春天又继续生长，在夏季产生种子后枯死，如蟋蟀草）和夏型一年生植物

（夏季萌发到秋季温度变冷时枯死，在生长季内产生的种子落入土壤过冬，来年春季土温升高时重新萌发生长），如藜、稗草等。

2. 二年生杂草

在两年时间内完成其生活周期。种子在春季萌发，第一年只进行营养生长，第二年开花结实，如黄花蒿、牛蒡、萎陵菜、夏至草等。这类杂草较少，对草坪的危害也较小。

3. 多年生杂草

在 3 年或 3 年以上的时间完成其生活周期；既可通过种子繁殖又能以其营养器官繁殖。因营养繁殖的方式不同，又可分为匍匐茎类，如狗牙根、结缕草等；根状茎类，如芦苇、蒲公英、车前草等。匍茎冰草、香头草和白三叶等匍匐型多年生杂草，则是通过地下茎、匍匐枝及地下营养储藏器官的球茎、块根等进行蔓延与繁殖。多年生杂草抗药性强且不易除尽。

（二）根据除草剂的防除对象分类

根据除草剂的防除对象的不同可把杂草分成 3 大类，即禾本科杂草、莎草科杂草和阔叶杂草。禾本科杂草和莎草科杂草统称为单子叶杂草，阔叶杂草又称为双子叶杂草。

单子叶杂草是指在种子胚内只含有一片子叶的杂草。双子叶杂草是指在种子胚内含有两片子叶的杂草。

1. 禾本科杂草

主要形态特征：叶片狭长，茎圆筒形，节与节之间常中空，须根系。如稗草、马唐、牛筋草、早熟禾等。

2. 莎草科杂草

与禾本科杂草的主要区别是：茎大多为三棱形、实心、无节，少数为圆柱形、空心。如香附子、碎米莎草、水蜈蚣等。

3. 阔叶杂草

主要形态特征：叶片圆形、心形或菱形，叶脉常为掌状或网状，茎圆形或方形。如空心莲子草、一年蓬、蓼菜等。

三、草坪杂草的种类

草坪杂草种类较多，有些草类因草坪的类型、使用目的、培育程度不同，在某些情况下可作为草坪草，并能形成优质草坪，而在另一些情况下则是草坪杂草应予以灭除。在我国常见的单子叶一年生草坪杂草有狗尾草、马唐、褐穗莎草、画眉草、虎尾草等。多年生杂草有香附子、冰草、白茅等。双子叶一年生杂草有灰菜、苋菜、马齿苋、蒺藜、鸡眼草、萹蓄等。二年生杂草有萎陵菜、夏至草、附地菜、臭蒿、独行菜等。多年生杂草有苦菜、田旋花、蒲公英、车前草等。

四、草坪杂草的危害

据联合国粮农组织报道，全世界杂草总数约 5 万种，其中有 18 种危害极为严重的杂草被称为世界恶性杂草。中国杂草种类现有 1 万多种，其中较常见的农田杂草有 600 余种。其中草坪杂草有 450 种左右。

草坪杂草的危害主要表现 4 个方面。

（一）影响草坪草生长

抱茎苦荬菜、荠菜、独行菜等杂草，早春出苗比草坪草快，草坪草返青后，杂草在高度上已经领先，草坪草对生长空间的占据处于劣势。马唐、狗尾草、牛筋草等禾本科杂草在雨季生长迅速，3～5d 内其生长高度即可超过草坪草，分蘖的数量和分枝在雨季或水分较多条件下快速生长，迅速超过草坪草。阔叶和禾本科杂草的这种生长状况，对草坪草的生长构成了极大威胁。

草坪中的一年生和二年生杂草，繁殖生长速度快，成熟速度也快，北京地区 6 月初，一些早春杂草就开始落籽，9 月中旬，一些禾本科杂草种子脱落。牛筋草、狗尾草等的根系分布在浅层土壤中，截留水分和养分。独行菜、小蓟等杂草的根在土层中扎得比草坪草深，植物地下生长的空间比草坪草广阔，群体生长上杂草占有很强的优势。紫花地丁、蒲公英等杂草的地下部分几乎平铺生长，它们排挤和遮蔽草坪，影响草坪草生长。稗草、牛筋草等杂草的分蘖能力和平铺生长习性都较草坪草强，因此，能侵占草坪面积。

萹蓄的根系能分泌一些物质，影响草坪草的生长，如果不加强管理，其生长之处，草坪草急剧退化。

马唐、狗尾草、紫花地丁、车前等杂草与草坪草竞争，若不加管理，在 2～3 年内杂草会完全侵占草坪。运动场草坪的质量受杂草的影响极为严重，一些一年生禾本科杂草不耐践踏，例如马唐、狗尾草等，但它们对草坪草的竞争能力非常强，能够降低草坪的坪用质量。如萹蓄，能够排挤草坪草造成草坪的退化。

一些杂草，例如菊科阔叶杂草和禾本科杂草，在同样的水分和湿度条件下，春季的萌发速度和生长速度均快于草坪草，所以春季建植的草坪，一旦杂草管理滞后，会使建植失败。

杂草生长比栽培植物快，其中部分原因是杂草中存在一定量的 C4 结构的杂草。25 万种植物中，C4 结构杂草数量不足 1 000 种；世界农田 2 000 种杂草中，有 140 多种杂草具有 C4 结构；世界 18 种恶性杂草中，14 种为 C4 结构。香附子、升马唐、光头稗、蟋蟀草、地肤、猪毛菜等均为 C4 植物。

（二）病虫的寄宿地

草坪杂草的地上部分是一些病虫的寄宿地，利用杂草越冬、繁殖。生长季节被感染，会造成草坪草生长缓慢或死亡。

夏至草在花季，能散发出一种气味，吸引飞虫，包括蚊子，给管理草坪和在草坪休闲的人们带来不便。

草坪病害对草坪是一大危害，病害一旦发生，成片的草坪将会死亡。而杂草给病虫带来了便利的生存条件，使病虫长期在草坪上潜伏。

（三）破坏环境美观

杂草破坏环境美观有两层意义：一是纯粹的降低环境美观程度，二是导致草坪的退化。

抱茎苦荬菜，一旦侵入草坪，1～2 年内就能遍布整块草坪。春季萌发较早的草中，苦菜类杂草的生长高度和空间占据力都比较强，草坪草返青后，它很快就进入开花时期，此时，草坪就成为了"野地"。

每年的春季，由于杂草的侵袭，草坪几乎成了野地。蒲公英、紫花地丁、车前等杂草，在草坪中形成小区域，远处看，像一个小凹，破坏草坪的均一性，2～3年内，即能挤走草坪草，成为杂草群落，破坏草坪的整齐度，使草坪退化。

有的杂草，侵染能力极强，它占领土地后，本身招引病虫，然后自灭，造成草坪土壤光秃，致使草坪出现裸地或秃斑。例如：夏至草、藜。

公园杂草、居住区杂草以及曼陀罗、藜、苋菜、禾本科杂草，其发生与水分关系密切，它们在雨季的生长速度快，一旦侵入草坪，遇上雨季，很快能覆盖地面上的草坪草。

（四）影响人畜安全

草坪是人类休闲的地方，一旦有杂草侵入，而且是有毒和有害的杂草，将威胁到人们的安全，造成外伤和诱发疾病。

有毒杂草，其威胁人畜安全的部分是杂草的种子、汁液和气味，例如：打破碗碗花、白头翁、罂粟、酢浆草、曼陀罗、猪殃殃、大巢草、龙葵、毒麦（种子）等。

有物理伤害作用的杂草，其威胁人畜安全的器官是杂草的利器，即杂草的芒、叶、茎、分枝，例如：白茅和针茅的茎，黄茅、狗尾草的芒（能钻入皮下组织）。杂草致病，指的是杂草的花粉和针刺，例如：豚草导致呼吸器官过敏，最后哮喘发作。人体裸露部位一旦碰到荨麻草，疼痛会持续10h以上。

五、草坪杂草的发生规律

杂草的危害在7～8月份最为严重。此时温度高，湿度大，各类杂草竞相发生，且生长迅速，其中一年生单子叶杂草是主要的危害种类。春季造成主要危害的则是二年生双子叶杂草，它们的生长特点是从前一年秋天由种子萌发生长，进入冬季后地上部分枯死，但根系留存，返青后迅速生长，5～6月份开花结实，待种子成熟后枯死，9～10月份再度萌发生长。一年生双子叶杂草多为春天萌发，秋季枯死，一般上半年发生较为严重。从全年情况看，草坪中杂草的发生一般表现出双子叶杂草——单子叶杂草——双子叶杂草的规律性。

六、草坪杂草的分布危害特点

杂草作为草坪的伴生植物，其发生和危害程度取决于环境因素综合作用的结果，主要表现为以下7个方面。

（一）地理位置

调查结果表明，我国草坪杂草从南到北由于气温、降雨量的不同，呈现出十分明显的纬度分布特点。如海南省地处热带，气温高、降雨量大，杂草种类多达119种，鲫鱼草、三点金、叶下珠、脉耳草等热带杂草危害严重，但没有看麦娘、牛繁缕等冬性杂草。上海地处亚热带气候带北部，四季分明，年降雨量达1 000mm以上，杂草种类有123种，喜暖湿气候的狗牙根、空心莲子草、香附子、双穗雀稗、马唐等杂草危害严重。属温带的北京地区，年平均气温11.6℃，年降雨量780mm左右。狗牙根、空心莲子草、香附子虽有分布，但不构成危害，而牛筋草、狗尾草、马唐、车前、紫花地丁等杂草危害严重。

（二）养护水平

就同一地区而言，草坪养护水平的高低，是草坪杂草发生及其危害程度轻重的主要原因。养护水平高的高尔夫球场或城市标志性绿地，草坪草生长旺盛，杂草种类少，危害轻；相反，养护水平低的公路、新村草坪，由于疏于管理而使杂草丛生，甚至引起草坪的严重退化。据调查，不同功能的草坪，杂草的发生和危害程度，由轻到重有下列趋势：高尔夫球场（包括运动场）<大型公共绿地<公园绿地<草皮基地<新村绿地<公路绿地。

（三）建植方式

建植方式也是影响草坪杂草发生及其危害程度轻重的因素之一。草坪的建植方式有种子繁殖和营养繁殖两种。种子繁殖除苗期杂草发生和危害较重外，生长期与铺植草坪并无明显差异。铺植草坪时，在草皮块之间留有一定的间隙，这使杂草有了一个较为有利的生长空间，杂草的发生和危害就明显重于草皮块之间相互衔接较好的铺植草坪。另外，草坪赖以生存土壤的质地及其所含杂草种子数量的多寡，也直接影响到成坪草坪杂草发生和危害的轻重。

（四）草坪品种

不同的草坪品种具有不同的生长特性，这些特性直接或间接地影响到草坪杂草的发生和危害。据调查，暖地型草坪杂草的危害明显大于冷地型草坪，这是因为暖地型草坪，一方面多以营养繁殖方式建植，空隙大，有利于杂草的发生和生长；另一方面暖地型草坪草生长低矮，修剪次数少，使很多杂草能顺利地进行生殖生长并开花结实，落入坪床增加了第二年草坪的杂草感染机率和危害程度。相反，冷地型草坪多以种子繁殖方式建植，植株密度较大，提高了草坪草与杂草的竞争力，加之冷地型草坪草多属高型草坪草，修剪次数多，阻断了杂草的生殖生长，减少了坪床中杂草种子的含量，因而减轻了杂草的下季危害。

（五）生长环境

草坪草生长环境的不同，也会影响草坪杂草的发生和危害。以上海地区为例，新村绿地和公路绿地草坪，由于土壤长期干旱，一些耐旱杂草特别是多年生杂草狗牙根、香附子等危害较为严重，而双穗雀稗、鲤肠、千金子等杂草则很少发生；相反，很多租用农田的草皮生产基地，地势低洼，土壤潮湿，湿生杂草双穗雀稗、鲤肠、千金子等危害较为严重，却少见狗牙根和香附子等旱生杂草。沿海地区由于土壤 pH 值呈碱性，草坪中耐盐碱性杂草如芦苇、扁秆藨草等时有发生，而在土壤呈酸性地区的草坪则以耐酸性杂草为多。

（六）茬口

新建草坪杂草的发生和危害与前茬有较大关系。如前茬为水稻田，草坪中则有部分水生和湿生杂草危害草坪；如前茬为蔬菜、棉花等旱作田，则旱生杂草牛筋草、马唐、香附子等危害严重。

（七）除草剂的使用

除草剂是控制草坪杂草危害的有效手段。由于我国的草坪化学除草技术还不够完善，因此，草坪杂草的防除在很大程度上依赖于人工拔草。人工除草对一年生杂草较为有效，但对多年生杂草只能拔除地上部分，对地下部分却不能完全清除，这也是多年生杂草危害较重的原因之一。另外，禾本科草坪中的阔叶杂草或阔叶草坪中的禾本科杂草，出于其形态的不同而较易控制，危害相对较轻；但禾本科草坪中的禾本科杂草以及阔叶草坪中的阔叶杂草尤其是多年生杂草防治难度较大，危害也较为严重。

七、常见的草坪杂草

中国目前杂草的种类有1万多种，草坪杂草约有450种左右，分属45科，127属。其中：菊科47种；梨科18种；蔷薇科13种；禾本科9种；玄参科18种；莎草科16种；石竹科14种；唇形科28种；豆科27种；伞形科12种；蓼科27种；十字花科25种；毛茛科15种；茄科11种；大戟科11种；百合科8种；罂粟科7种；龙胆科7种。

根据防治目的可把草坪杂草分为3类，即一年生杂草、多年生杂草和阔叶杂草。

（一）一年生杂草

1. 一年生早熟禾 *Poa annua* L.

又名稍草、绒球草。冬季一年生禾草，疏丛型或匍匐茎型，株高不超过20cm，在潮湿遮阳的土壤中生长良好。在寒冷气候条件下，在草坪中产生旺盛生长的淡绿色稠密斑块，在炎热的夏季经常死亡，并留下枯黄斑块，整个生长季均能抽穗。在北方寒冷地带低修剪能形成一种夏季持续存在的、具有吸引力的草坪（图8-1-1）。

2. 马唐 *Digitaria sanguinalis*（L.）Scop.

又名面条筋。夏季一年生禾草，喜温、喜光，株高20~30cm；穗的顶部具指状突起。在庭院或其他草坪中散生的马唐产生不良的草坪外观，第一次重霜后死亡，在草坪中留下不雅观的棕色斑块（图8-1-2）。

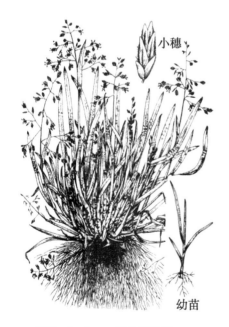

图8-1-1　一年生早熟禾

图8-1-2　马唐

3. 狗尾草 *Setaria viridis*（L.）Beauv.

又名狗尾巴草、莠草。夏末一年生禾草，秆高 30～100cm；叶片粗糙；圆锥花序紧缩呈圆柱状，黄色；秋天结实。常存在于新播种的庭院草坪中（图 8－1－3）。

4. 牛筋草 *Eleusine indica*（L.）Gaertn.

又名蟋蟀草、油葫芦草。夏季一年生禾草，根系发达，深扎；茎丛生，扁平，茎叶均较为坚韧，叶中脉白色；穗状花序 2 至数枚指状着生秆顶，小穗呈紧密地双行复瓦状排列于穗轴的一侧。在马唐萌发后几周开始萌发。在暖温带和较暖气候带下，在紧实和排水不良的土壤上生长良好（图 8－1－4）。

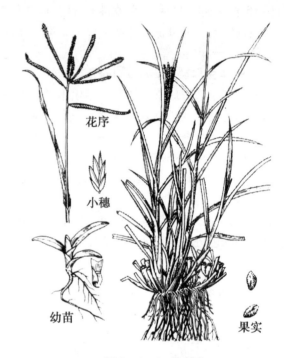

图 8－1－3　狗尾草　　　　　　　　　　　　图 8－1－4　牛筋草

5. 少花蒺藜草 *Cenchrus pauciflorus* Benth.

夏季一年生禾草，子叶一对长矩形，叶面绿色，背面灰绿色；茎平铺地面生长。分布于稀疏草坪中，尤其在贫瘠、粗糙的土壤上分布广泛。

6. 稗 *Echinochloa crusgalli*（L.）Beauv.

一年生禾草，叶光滑无毛，无叶舌；圆锥花序直立而粗壮，第一外稃革质，脉上有硬刺疣毛，顶端延伸成一粗糙的芒，芒长 5～10mm，第二外稃成熟呈革质，顶端具小尖头。由于茎基部常平卧，因而即使经常修剪的草坪，也发生严重（图 8－1－5）。

7. 日照飘拂草 *Fimbristylis miliacea*（L.）Vahl.

又名水虱草。一年生丛生型莎草科杂草，株高 10～60cm，秆扁四棱形，秆基部有1～3 无叶片的叶鞘；叶基生；聚伞花序顶生，花序下的苞片刚毛状；小坚果倒卵形、三棱形或双凸状。分布于热带、亚热带草坪中（图 8－1－6）。

图 8 - 1 - 5　稗

图 8 - 1 - 6　日照飘拂草

8. 碎米莎草 *Cyperus iria* L.

一年生莎草科杂草，株高 10 ~ 25cm，秆扁三棱形，丛生；叶状苞片 3 ~ 5；聚伞花序常复出；穗状花序卵形或圆形，有 5 至多数小穗，小穗有不明显的短尖，叶线状披针形，

191

叶片横剖面呈 "U" 字形。多分布于温暖多雨潮湿的草坪中（图8-1-7）。

9. 看麦娘 *Alopecurus aequalis* Sobol.

　　冬季一年生禾草，秆多数丛生，基部膝曲；叶鞘疏松包茎；穗状圆锥花序呈细棒状；叶片呈带状披针形，长1.5cm，具直出平行脉3条。常生长于温暖多雨的草坪中（图8-1-8）。

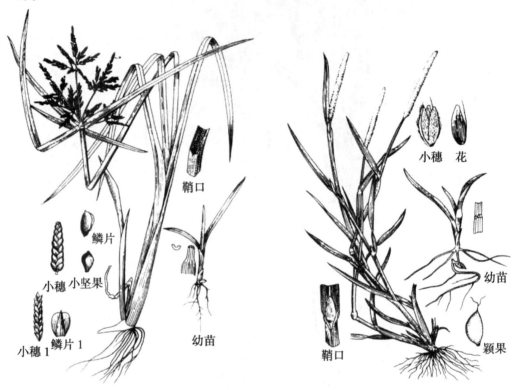

图8-1-7　碎米莎草　　　　　　　　　　　　图8-1-8　看麦娘

10. 秋稷 *Panicum dichotomiflorun* Michx.

　　夏季一年生禾草，短紫色叶鞘；圆锥花序舒展；发芽较迟。在秋季新建草坪上危害较重。

（二）多年生杂草

1. 隐子草 *Muhlenbergia shreberi* J. F. Gmel.

　　匍匐型多年生禾草，秆高20~30cm，分支稀疏；叶片大而扁平；圆锥花序开展。生长于温暖、潮湿、遮荫的地方，在草坪中形成分散稠密的斑块。

2. 毛花雀稗 *Paspalum dilatatum* Poir.

　　多年生禾草，秆高约50cm；叶片扁平，质地粗糙；圆锥花序偏于一侧。生长于南方潮湿的地方，在草坪中能形成茂密的簇丛，降低草坪的观赏性。

3. 匍茎冰草 *Agropyron repens*（L.）Beauv.

　　多年生禾草，秆疏丛，高30~60cm，基部膝曲或匍匐；叶片常内卷抱于茎秆，色暗绿；具强壮根茎；穗状花序。生长于北方较寒冷的地区。

4. 匍茎翦股颖 *Agrostis stolonifera* L.

多年生禾草，有较长的匍匐茎；叶片宽3~8mm，微粗糙；圆锥花序。在草坪中形成分散成稠密的斑块，通过修剪培育能形成较好的草坪（图8-1-9）。

5. 白茅 *Imperata cylindrica*（L.）Beauv.

多年生禾草，有匍匐根状茎横卧地下；叶片条形或条状披针形，主脉明显突出于背面；圆锥花序，成熟后小穗宜随风传播（图8-1-10）。

图8-1-9　匍茎翦股颖

小花　花序

图8-1-10　白茅

6. 狗牙根 *Cynodon dactylon*（L.）Pers.

多年生禾草，有根茎及匍匐茎；叶鞘有脊，叶互生，下部叶因节间短缩似对生；穗状花序指状着生秆顶；小穗灰绿色或带紫色；叶片带状或线状披针形，叶缘有极细的刺状齿，叶片具5条平行脉，叶鞘紫红色。常生长于光照较强且温暖的地方，通过修剪培育可形成较好的草坪（图8-1-11）。

7. 香附子 *Cyperus rotundus* L.

多年生莎草科杂草，具匍匐根状茎，顶端具褐色椭圆形块茎。秆锐三棱形。鞘棕色，常形成纤维状。叶状苞片2~3；聚伞花序简单或复出，穗状花序有小穗3~10；小穗线形；叶线状披针形，常从中脉处对折，横剖面三角形。全国各地草坪均有分布（图8-1-12）。

（三）阔叶杂草

1. 车前 *Plantago asiatica* L.

多年生车前科杂草，高约20~40cm，须根；茎生叶卵形或宽卵形，叶有柄；穗状花序，绿白色。种子繁殖，叶片形成莲座叶丛，指状花轴，直立生长。常见于植株稀疏、肥力低的草坪（图8-1-13）。

2. 蒲公英 *Taraxacum mongolicum* Hand. -Mazz.

多年生菊科杂草，叶莲座状展开，长圆状倒披针形，羽状分裂，基部渐窄成短柄，边缘有齿；花梗直立、中空，上端有毛，顶生头状花序，花黄色；种子繁殖，主根长，具再生能力。花浅黄，种子成熟后变白，随风飘移（图8-1-14）。

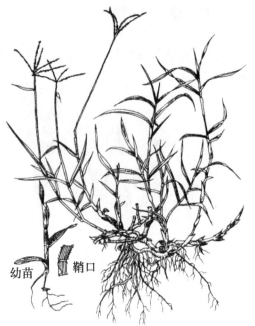

图8-1-11 狗牙根

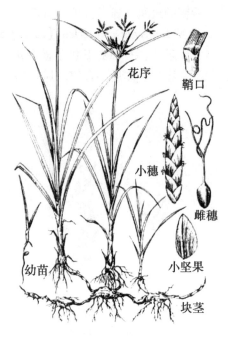

图8-1-12 香附子

图8-1-13 车前

图8-1-14 蒲公英

3. 酸模 *Rumex acetosa* L.

多年生蓼科杂草，株高50cm以上，茎直立不分枝；直根大而肥；叶卵状矩圆形，基部箭形；种子繁殖。喜在潮湿肥沃地方生长，易感染白粉病，并侵染草坪草。

4. 婆婆纳 *Veronica arvensis* L.

草本，一年生或多年生玄参科杂草；直立或匍匐；叶对生、轮生或互生，无托叶；唇形花冠，总状花序，花淡蓝色或白色。常在草坪上形成致密斑块。漂亮的蓝花，常用于园林中的装饰植物，一旦侵入草坪则很难用传统的阔叶除草剂去除（图8－1－15）。

5. 匍匐大戟 *Euphorbia supina* Raf.

一年生大戟科草本，茎纤细、匍匐，近基部分枝；小叶对生，矩圆形。生长缓慢，夏季出现，茎断后有乳汁状液体（图8－1－16）。

图8－1－15　婆婆纳　　　　　　　　图8－1－16　匍匐大戟

6. 反枝苋 *Amaranthus retroflexus* L.

一年生苋科杂草，叶互生。茎直立，幼茎近四棱形，老茎有明显的棱状突起；叶菱状卵形或椭圆状卵形，顶端尖或微凹，有小芒尖，两面及边缘有柔毛，脉上毛密；花小，白色，圆锥花序顶生或腋生（图8－1－17）。

7. 藜 *Chenopodium album* L.

又名灰条菜，一年生藜科杂草，高30～120cm，茎直立，粗状，有沟纹和绿色条纹，带红紫色。单叶互生，肉质，无托叶；花小，绿色，圆锥花序；茎下部的叶片菱状三角形，有不规则牙齿或浅齿，基部楔形；上部叶片披针形，尖锐，全缘或稍有牙齿；叶片两面均有银灰色粉粒，以背面和幼叶更多。生长于田间、路边、荒地及住宅旁等处，常出现于新播草坪中（图8－1－18）。

8. 地锦 *Euphorbia humifusa* Willd.

夏季一年生大戟科草本，茎纤细，匍匐伏卧多分枝，带紫红色，无毛。叶对生，叶两面绿色或淡红；叶卵形或长卵形，全缘或微具细齿，叶背紫色，具小托叶；杯状聚伞花序，单生于枝腋或叶腋，淡紫色。常出现于新播草坪中（图8－1－19）。

9. 黏毛卷耳 *Cerastium viscosum* L.

多年生石竹科杂草，簇生，微匍匐茎；叶对生，阔卵形，全缘，深绿色；植株密被长柔毛和腺毛，触其有黏感；花倒卵形，白色。是潮湿和板结土壤的指示植物（图8－1－20）。

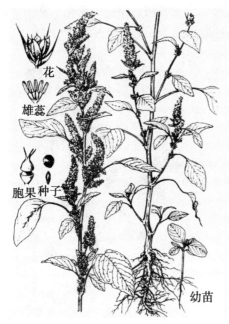

图8－1－17　反枝苋

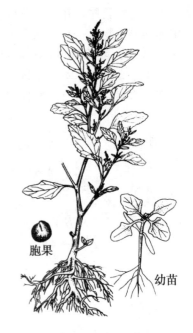

图8－1－18　藜

图8－1－19　地锦

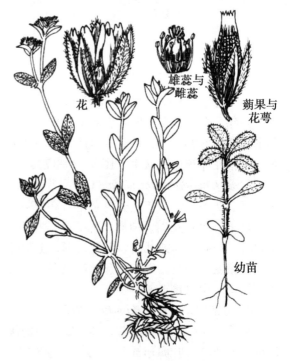

图8－1－20　黏毛卷耳

10. 天蓝苜蓿 *Medicago lupulina* L.

夏季一年生豆科杂草，与白三叶极相似，但花为黄花，叶阔，茎生，具短叶柄。晚春或夏季草坪缺水的干旱季节蔓延发展。

11. 宝盖草 *Lamium amplexicaule* L.

冬季一年生唇形科杂草，常具芳香气味；茎四棱形，常带紫色；叶对生，无托叶，圆形或肾形，边缘有钝齿或浅裂，两面有细毛，茎下部有柄，上部叶无柄；轮伞花序，花冠粉红或紫红色。种子繁殖，主要分布于潮湿肥沃的土壤，草坪中常呈块状分布（图8-1-21）。

12. 田旋花 *Convolvulus arvensis* L.

又名箭叶旋花、中国旋花，多年生旋花科杂草，春夏发生；地下根茎白色，线状；地上茎缠绕，有棱角或条纹；基部叶均为戟形或箭形，叶柄长约为叶片长的1/3。花腋生，具长梗，粉红色。新坪及成坪中均有生长。

13. 繁缕 *Stellaria media*（L.）Cyr.

冬季一年生石竹科杂草，植株呈黄绿色，茎蔓生呈叉状分枝，上部茎上有一纵行短柔毛；叶片小，浅绿色。由枝生根，向四周扩展面积大，与草坪草竞争力强，冷凉季节白色星状花出现，是潮湿、板结土壤的指示植物，常见于高尔夫球场果领上病虫引起的稀疏草坪区（图8-1-22）。

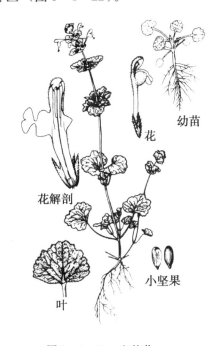

图8-1-21 宝盖草

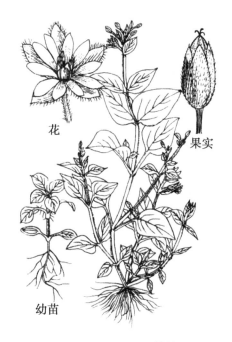

图8-1-22 繁缕

14. 酢浆草 *Oxalis corniculata* L.

又名酸味草、野草头，一年生或多年生酢浆草科植物，春夏发生；茎匍匐或倾斜生长，多分枝，叶互生，紫绿色，小叶阔倒心脏形，无叶柄；茎叶被疏毛，有酸味；花黄色，五瓣。一般生长在潮湿、肥沃的土壤上。在温带气候区的新播草坪中易形成危害。

15. 马齿苋 *Portulaca oleracea* L.

夏季一年生马齿苋科草本，肉质茎，光滑，带紫红色，匍匐状；叶楔状长圆形或倒卵形，互生或近对生；花 3～5 朵生枝顶端，黄色。在温暖、潮湿肥沃土壤上生长良好。在新建草坪上竞争力很强（图 8 – 1 – 23）。

16. 独行菜 *Lepidium apedalum* Willd.

冬季一年生十字花科草本，株高 20～30cm，茎直立，上部分枝；茎生叶具短柄，倒披针形或条形；花小，白色。喜干旱的荒地、路边生长，萌发早，易在草坪返青前形成星星点点小丛状。

17. 轮生粟米草 *Mollugo verticillata* L.

夏季一年生番杏科草本，茎直立或铺散，高 10～30cm，光滑，浅绿；基生叶莲座状，叶片倒卵形或倒卵状匙形，茎生叶 3～7 片假轮生或 2～3 片生于节的一侧，叶片倒披针形或线状倒披针形；叶柄短或几无柄；花淡白色或绿白色，3～5 朵簇生于节的一侧，有时近腋生。在草坪中形成窝状凹坑。

18. 萹蓄 *Polygonum aviculare* L.

一年生蓼科草本，早春发芽生长；植株被白粉，茎丛生，匍匐或斜生；叶片线形至披针形，近无柄；托叶鞘膜质，下部褐色，上部白色透明；花簇生叶腋，花被略绿色，边缘白色或淡红色。在板结土壤上生长良好，主要分布在温带和亚热带气候区（图 8 – 1 – 24）。

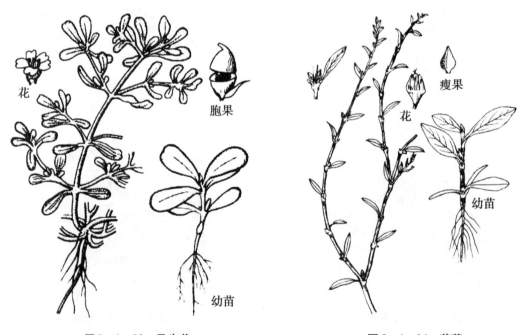

图 8 – 1 – 23　马齿苋　　　　　　　　　　图 8 – 1 – 24　萹蓄

19. 猪殃殃 *Galium aparine* L. var. *tenerum*（Gren. et Godr.）Rchb.

冬季一年生茜草科草本，枝多蔓生或攀援状，茎四棱形，棱和叶背中脉及叶缘具倒生的细刺；叶轮生，叶片线状或倒披针形；花顶生或腋生，聚伞花序，黄绿色。能生长在各种条件土壤中（图8-1-25）。

20. 天胡荽 *Hydrocotyle sibthorpioides* Lam.

多年生伞形科草本，有气味；茎细长而匍匐，平铺地上成片，节上生根；叶片膜质至草质，圆形或肾圆形，不分裂或5~7裂，裂片阔倒卵形，边缘有钝齿，表面光滑，背面脉上疏被粗伏毛，有时两面光滑或密被柔毛；伞形花序与叶对生，单生于节上；花瓣卵形，绿白色，有腺点。多出现在新播草坪中。

21. 空心连子草 *Alternanthera philoxeroides*（Mart.）Griseb.

又名水花生、革命草，多年生苋科草本，茎基部匍匐，上部上升，着地或水而生根，圆形中空；根肉质，地下根茎为粉红色；头状花序单生于叶腋，花白色。在草坪中能形成较小的凹坑（图8-1-26）。

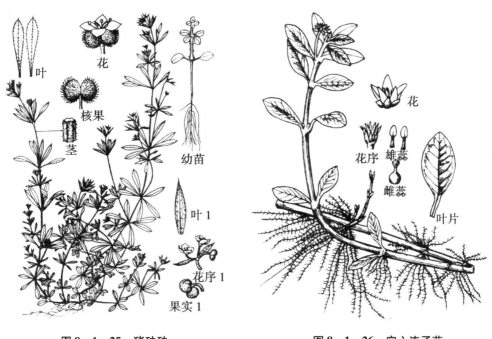

图8-1-25　猪殃殃　　　　　　图8-1-26　空心连子草

第二节　草坪杂草的化学防除

杂草防除的方法很多，常见的有植物检疫、清洁草坪周边环境、生物防除、物理防除、草坪养护管理防除、化学防除等。其中尤以化学防除简单、便捷。

化学防除是通过使用化学药剂（即除草剂）引起杂草生理异常导致其死亡，以达到杀死杂草的目的的方法。

一、草坪除草剂

化学除草剂通常为有机化学药剂，它们能不同程度的保持在土壤内并进入植物机体。它们分解（代谢）的产物是较小的有机或无机化学药物。

（一）草坪除草剂的分类

1. 依除草剂作用方式分类

除草剂按作用方式可分为选择性除草剂和灭生性除草剂两类。

选择性除草剂　这类除草剂在杂草和草坪草之间具有选择性，即能够毒害或杀死某类杂草，对草坪植物没有伤害，如使它隆、绿茵 L－1 号等除草剂。

灭生性除草剂　这类除草剂在杂草和草坪草之间缺乏选择性或选择性很小，既能杀死杂草，又会毒害或杀死草坪草，因此，必须谨慎使用，草甘膦、克芜踪等均为灭生性除草剂。

除草剂的选择性和灭生性不是绝对的。选择性除草剂只有在适宜的用药量、用药时期、用药方法和用药对象时才具有选择性。提高用药量或改变用药对象也可将选择性除草剂作为灭生性除草剂应用。如绿茵 L－12 号是选择性除草剂，正常剂量下对结缕草草坪和冷地型草坪安全，若用量高于推荐用量则会对草坪造成伤害；如用于狗牙根草坪，也会对草坪造成伤害。相反，灭生性除草剂在一定条件下也可用于防除某些草坪中的杂草。

2. 依除草剂传导性能分类

除草剂按传导性能可分为内吸性除草剂和触杀性除草剂两类。

内吸性除草剂　被植物茎叶或根系吸收后，能够在植物体内传导，将药剂输送到植物体内的其他部位，直至遍及整个植株，如二甲四氯、百草敌、草甘膦等。

触杀性除草剂　这类除草剂被吸收后，不在植物体内移动或移动较小，主要在接触部位起作用，如绿茵 S－6 号、苯达松、克芜踪等。

3. 依除草剂杀灭作用与杂草生育期关系分类

依其杀灭作用与杂草生育期的关系，又可分为萌前除草剂和萌后除草剂两种。

必须在目标杂草萌发前使用才有效的除草剂叫萌前除草利。如在温带的中春到末春是马唐的萌发期，必须在萌发前几周就应用除草剂才能确保防治效果。此种除草剂一般撒入土壤，药效较长。

在杂草生长期使用的除草剂叫萌后除草剂，该除草剂一般表施（叶施），药效较短。

由于分类方法不同，同一种除草剂可能有多种称呼。如绿茵 S－6 号既是选择性除草剂，也是触杀性除草剂。

（二）草坪除草剂的选择性

除草剂能杀死杂草又不伤害草坪草的特性被称为除草剂的选择性。有些除草剂本身就具有一定的选择性，而有些除草剂本身虽不具备选择性，但通过恰当的使用方式也能达到安全有效的除草目的。除草剂的选择性主要有 6 个方面。

1. 形态选择性

有些杂草和草坪草在形态结构上的差异很大，除草剂能利用这些形态上的差异杀死杂草，而草坪草则不受伤害。如阔叶杂草叶面阔大，叶片平伸，叶片表面的角质层较薄，叶片很容易粘住药液，因而受药量大、中毒重，易被杀死。反之，禾本科草坪草的叶片狭小角质层和蜡质层较薄，药液喷洒到叶面很难粘住，受药量小，受害轻，则不易被杀死。

2. 生理选择性

由杂草和草坪草对除草剂吸收与传导的差异而产生的选择性，称为生理选择性。一般情况下，杂草或草坪草吸收和传导除草剂的量越多，就越容易被杀死。如 2，4－D 能被阔叶杂草很快地吸收，并向杂草各部位传送，造成其中毒死亡，而在禾本科草坪草中很少被吸收传导。

3. 生化选择性　利用除草剂在杂草和草坪草体内的生物化学反应的差异产生的选择性，称为生物化学选择性。主要包括活化或钝化两方面的差异。

钝化反应即解毒作用。除草剂本身对杂草和草坪草都有毒害作用，但某些草坪草体内含有某种解毒物质，能将除草剂分解成无毒物质，从而能够防止草坪草受到毒害。如绿茵L-13号能安全地用于高羊茅草坪草，是因为它能与高羊茅体内的化合物迅速轭合，形成无毒轭合物；而稗草、马唐等杂草则不具备这种能力。

有些除草剂本身对杂草无毒害，但吸收后，能将无毒物质转化为有毒物质，致使杂草死亡。如2，4-D丁酯用于豆科草坪，对杂草和草坪草都没有毒害作用，但杂草吸收后能将其转化成具除草活性的2，4-D，使其中毒死亡；而豆科草坪草却没有这种转化能力。

4. 时差选择性　对草坪草有较强毒性的除草剂，可利用施药时间的不同，达到安全有效的除杂草目的，这种差异被称为时差选择性。如，利用暖地型草坪草冬季休眠的特性，可安全使用灭生性除草剂克芜踪和草甘膦，杀死已萌发的冬季杂草，而对第二年草坪草生长则没有任何影响。

5. 位差选择性　利用杂草与草坪草根系分布深浅或生育期的不同杀灭杂草，称为位差选择性。

6. 改变使用方法而获得的选择性　施药方法的改变通常可把一些对草坪草有伤害的除草剂安全地用于草坪杂草防除。如在马蹄金草坪中施用绿茵S-6号防除杂草时，采用喷雾法施药，会对草坪草的生长造成较大伤害，表现为叶片发黄甚至枯萎。但用毒土法撒施，对马蹄金草坪的伤害则大为减轻。

（三）草坪除草剂的作用机理

除草剂的作用主要在于干扰和破坏了杂草的某个或几个生理环节，使杂草的生理过程发生紊乱，丧失平衡，从而抑制了杂草的正常生长发育，从而导致杂草死亡。已知的作用机理主要为以下4个方面。

1. 抑制光合作用　光合作用是植物各种生理生化活动的物质基础，植物依靠光合作用来积累干物质。有些除草剂对杂草的光合作用具有强烈的抑制作用，造成杂草体内养分的缺乏，杂草只能依靠消耗贮存的养分来维持生命，最后由于养分的匮乏而死亡。这类除草剂使用后，光照越强，除草效果越明显。

2. 破坏呼吸作用　植物通过呼吸作用释放能量，以供生命活动的各种需要，植物在呼吸作用中需经过氧化磷酸化过程，形成高能键化合物，为光合作用传递能量。该类除草剂可扰乱或中断这个过程，使呼吸释放的能量不能被利用，造成能量缺乏，使杂草体内各种生理生化过程无法进行，从而导致杂草死亡。

3. 干扰激素平衡　激素是调节植物生长、发育、开花和结果所必需的物质。植物不同组织中的激素含量与比例都有严格的要求。激素型除草剂如氧羧酸类、苯甲酸类可以破坏杂草生长的平衡，低浓度时能够刺激植物的生长，但高浓度时则对植物的生长产生抑制作用。由于杂草的不同器官对药剂的敏感程度及积累药量的差别，受药杂草常可见到刺激与抑制并存的症状，导致杂草产生扭曲与畸形，严重时则致使杂草整株死亡。

4. 妨碍核酸、蛋白质和脂肪的合成　蛋白质与脂肪是细胞的基础物质，当除草剂抑制其合成时，杂草在形态、生长发育及代谢活动均会产生变化，从而导致杂草生长畸形，甚至死亡。这类除草剂几乎包括所有的重要除草剂，如苯甲酸类、氨基甲酸酯类、酰胺类、二硝基苯胺类、二硝基苯酚类等。

除草剂的作用机理是非常复杂的，许多除草剂的作用机理至今尚不十分清楚。此外，许多除草剂的杀草作用并不限于一种，而常常是多种机理共同作用的结果。

（四）草坪除草剂的使用方法

草坪除草剂的使用方法通常有土壤处理（封闭）和茎叶处理2种。

1. 土壤处理（封闭） 把除草剂施用于土壤表面的称为土壤处理，又称土壤封闭。根据施药时间，土壤处理又可细分为草坪播前或移植前土壤处理、草坪播后苗前土壤处理和草坪生长期土壤处理3种。

草坪播前或移植前土壤处理是在草坪播种或移植前把除草剂喷洒到土壤表面，然后再播种或移植草皮。

冷地型草坪一般采用种子直播建坪，从种子播种到出苗需要一定时间，利用这段时间把除草剂喷洒到坪床表面的方法即为草坪播后苗前土壤处理，又称苗前土壤处理。

草坪生长期土壤处理即在草坪草生长期把除草剂喷洒到坪床表面，这是成坪草坪养护中最常用的控制杂草的方法。

土壤处理可用喷雾法，也可用毒土法，其中以喷雾法为最常用。毒土法施药时不仅毒土要拌得均匀，而且要撒均匀，最好在洒后喷水，使药剂均匀地分布于坪床表土中。土壤处理一般在杂草萌芽期或幼苗期进行。

2. 茎叶处理 把除草剂直接喷洒到杂草茎、叶上即为茎叶处理。根据施药时间，茎叶处理也可分为草坪播前或移植前茎叶处理和草坪生长期茎叶处理2种。

草坪播前或移植前茎叶处理是在草坪尚未播种或移植前，把除草剂喷洒在已长出的杂草上的方法。这种方法通常要求除草剂具有广谱性，药剂易被茎叶吸收，落在土壤上失去活性或不致影响草坪草生长。其常用的药剂有灭生性的草甘膦和克芜踪。该方法的缺点是仅能消灭已长出的杂草，对未出苗的杂草则难以控制。

草坪生长期茎叶处理是在草坪草生长期间施用除草剂控制已出苗的杂草。采用这种方法，除草剂不仅接触到杂草，也会碰到草坪草，因而使用的除草剂要有良好的选择性。

茎叶处理一般采用喷雾法，它能使药剂附着并渗入杂草组织。草坪生长期茎叶处理，宜选择在杂草对药剂敏感而药剂对草坪草安全的时间。

需要注意的是，茎叶处理除草剂一般要求在天气晴朗的条件下使用，以防雨水冲掉药液而降低除草效果。而土壤处理除草剂则要求土壤有一定湿度，所以，用药后的灌溉有利于除草剂药效的发挥。

（五）草坪除草剂的混用

草坪杂草种类很多，草坪中的主要杂草一般都有不只一种。除去多种杂草，有时一种药剂很难达到除杂草的目的，因此，很多情况下需要施用多种药剂。每次施用一种药剂，进行多次施用不同药剂会造成管理成本的加大，基于这点，就需要对除草剂进行混用。生产实践表明，除草剂的混用可以扩大杀草谱、提高除草效果、节省劳动力和减轻劳动强度、降低残留量和成本，达到一次用药即可防除草坪中大部分杂草的目的。

除草剂的混用不是随意的混合，混用往往可产生加成作用、增效作用和颉颃作用3种效应。

加成作用是指两种除草剂混用后，其混合的效果是它们各自施用效果的总和

增效作用是指两种除草剂混用后，其混合的效果大于它们各自施用效果的总和。

颉颃作用是指两种除草剂混用后，其混合的效果小于它们各自施用效果的总和，甚至小于单种除草剂施用的效果。

（六）常用除草剂

我国常用除草剂主要有以下几类。

2，4－D类：是典型的选择性除草剂。能杀死双子叶杂草，对单子叶植物安全。主要种类有2，4－D丁酯、二甲四氯等。药液喷洒到枝条或叶片后，进入体内，引起正常生理活动紊乱，最后致死。

西玛津、扑草净、敌草隆类：这类除草剂主要是对土壤起封闭作用。当药液均匀分布于土表后，犹如在地表罩上了一张毒网，可抑制杂草的萌生或杀死已经萌生的杂草幼苗。

草甘膦、百草枯类：这是一类灭生性的除草剂，它们对任何植物均具杀伤作用。主要用于建坪前的坪床处理。

草坪除草剂的用量一般按单位面积草坪上承受的药量来计算。如20%的二甲四氯乳剂用量为 $0.2 \sim 1.0 ml/m^2$，50%西玛津粉剂与50%扑草净粉剂的用量为 $0.2 \sim 1.0 g/m^2$，常用除草剂见表8-2-1。

表8-2-1　常用除草剂及其使用方法

（引自《草坪学》孙吉雄，2004）

除草剂类型	除草剂名称	参考用量	目标杂草	药剂特点
苯氧羚酸类	2，4－D丁酯（72%乳油）	$700 \sim 1\,000$ ml/hm²	一年生和多年生阔叶杂草及莎草、藜、苍耳、问荆、芥、苋、萹蓄、葎草、马齿苋、独行菜、蓼、猪殃殃、繁缕等	选择性内吸传导型、激素型除草剂
	二甲四氯（20%水剂）	$2\,300 \sim 3\,000$ ml/hm²	异型莎草、水苋菜、蓼、大巢菜、猪殃殃、毛茛、荠菜、蒲公英、刺儿菜等阔叶杂草和莎草科杂草	选择性内吸传导型、激素型除草剂
芳氧苯氧丙酸类	稳杀得（35%乳油）	$700 \sim 1\,200$ ml/hm²	稗草、马唐、狗尾草、雀稗、看麦娘、牛筋草、千金子、白茅等一年生及多年生禾本科杂草	高度选择性的苗后茎叶处理剂
	禾草克（10%乳剂）	$600 \sim 1\,200$ ml/hm²	看麦娘、野燕麦、雀麦、马唐、稗草、牛筋草、画眉草、秋稷、狗尾草、千金子等一年生及多年生禾本科杂草	高度选择性内吸型苗后除草剂
	高效盖草能	500ml/hm²	一年生或多年生禾本科杂草，如稗草、千金子、马唐、牛筋草、狗尾草、看麦娘、雀麦、野燕麦、狗牙根、双穗雀稗等杂草	选择性内吸传导型茎叶处理剂（也可作土壤处理剂）
	盖草能（12.5%乳油）	$600 \sim 1\,200$ ml/hm²	稗草、千金子、马唐、牛筋草、狗尾草、芒稷、雀麦、野黍等一年生或多年生禾本科杂草	选择性内吸传导型苗后除草剂
	精禾草克	$450 \sim 1\,000$ ml/hm²	对禾本科杂草有很高的防效，野燕麦、马唐、看麦娘、牛筋草、狗尾草、狗牙根、双穗雀稗、两耳草、芦苇等	高选择性内吸型茎叶处理剂

续表

除草剂类型	除草剂名称	参考用量	目标杂草	药剂特点
芳氧苯氧丙酸类	膘马（10%乳油）	41~83 g/hm²	看麦娘、野燕麦、稗草、狗尾草、黑麦草等禾本科杂草	传导性芽后除草剂
	禾草灵（28%乳油）	1 950~3 000 ml/hm²	野燕麦、稗草、狗尾草、牛筋草、牛毛草、看麦娘、马唐、毒麦、画眉草、千金子等禾本科杂草	高选择性苗后除草剂
三氮苯类	阿特拉津（40%胶悬剂）	1 600~4 500 g/hm²	马唐、稗草、狗尾草、莎草、看麦娘、蓼、藜及十字花科、豆科等一年生禾本科杂草和阔叶杂草	选择性、内吸传导型苗前及苗后除草剂
	杀草净（80%可湿性粉剂）	1 500~2 300 g/hm²	野苋、龙葵、牵牛花、藜、苍耳、曼陀罗、蓼、稗、马唐、牛筋草、狗尾草、画眉草等	选择性土壤处理剂
	西玛津（40%胶悬剂）	3 000~7 500 ml/hm²	狗尾草、画眉草、虎尾草、莎草、苍耳、野苋、马齿苋、灰菜、马唐、牛筋草、稗草、荆三棱、藜等一年生阔叶杂草和禾本科杂草	选择性内吸型土壤处理剂
取代脲类	绿麦隆（25%可湿性粉剂）	3 000~4 500 g/hm²	看麦娘、牛繁缕、雀舌草、狗尾草、马唐、稗草、苋、地肤、藜、苍耳、婆婆纳等一年生杂草	高选择性、内吸传导型土壤、茎叶处理剂
	杀草隆（50%可湿性粉剂）	1 500~4 250 g/hm²	异型莎草、香附子等莎草科杂草，对稗草有一定的防效	选择性土壤处理剂
	敌草隆（25%可湿性粉剂）	2 250~3 750 g/hm²	马唐、狗尾草、稗草、旱稗、野苋菜、蓼、藜、莎草等一年生禾本科杂草和阔叶杂草，对多年生杂草香附子等也有良好的防除效果	内吸型除草剂、低剂量时具选择性，高剂量为灭生性
氨基甲酸酯类	杀草丹（50%乳油）	2 250~3 750 g/hm²	稗草、马唐、牛筋草、马齿苋、繁缕、看麦娘等	选择内吸型除草剂
酰胺类	拉索（48%乳油）	3 000~3 750 ml/hm²	稗草、马唐、牛筋草、狗尾草、马齿苋、苋、蓼、藜等一年生禾本科杂草和阔叶杂草，对菟丝子也有一定的防效	选择性芽前除草剂
	乙草胺（86%乳油）	1 500~2 550 ml/hm²	稗草、马唐、牛筋草、狗尾草、马齿苋、苋、藜、菟丝子、香附子等	选择性芽前除草剂
	丁草胺（60%乳油）	1 500~1 800 ml/hm²	稗草、异型莎草、碎米莎草、千金子等一年生禾本科及莎草科杂草	选择内吸型芽前除草剂
	敌稗（20%乳油）	11 250~15 000ml/hm²	稗草、水芹菜、马齿苋、马唐、看麦娘、狗尾草、苋、蓼等	高度选择性触杀型除草剂
苯甲酸类	百草敌（48.2%水剂）	300~370 ml/hm²	猪殃殃、大巢菜、牛繁缕、繁缕、蓼、藜、香薷、猪毛菜、苍耳、荠菜、黄花蒿、问荆、酢浆草、独行菜、刺儿菜、田旋花、苦菜、蒲公英等大多数一年生及多年生阔叶杂草	高效选择性内吸激素型芽后除草剂
	敌草索（50可湿性粉剂）	4~10 ml/hm²	狗尾草、马唐、马齿苋、繁缕等一年生禾本科杂草及某些阔叶杂草	调节型播后苗前土壤处理剂

续表

除草剂类型	除草剂名称	参考用量	目标杂草	药剂特点
二苯醚类	除草醚（25%可湿性粉剂）	6 000～7 500 g/hm²	稗草、鸭舌草、异型莎草、日照飘拂草、瓜皮草、三方草、节节草、碱草、蓼、藜、狗尾草、蟋蟀草、马唐、马齿苋、野苋菜等一年生禾本科杂草和阔叶杂草	具有一定选择性的触杀型除草剂
二硝基苯胺类	氟乐灵（48%水剂）	1 130～2 250 ml/hm²	稗草、马唐、牛筋草、假高粱、千金子、大画眉草、雀麦、苋、藜、马齿苋、繁缕、蓼、萹蓄、蒺藜、猪毛草等一年生禾本科杂草和部分阔叶杂草	选择性芽前土壤处理剂
	除草通（33%乳油）	3 000～4 500 ml/hm²	稗草、马唐、狗尾草、苋、藜、蓼、鸭舌草等一年生禾本科杂草和部分阔叶杂草	选择性土壤处理剂
有机杂环类	恶草灵（12%乳油）	1 500～2 250 ml/hm²	稗草、千金子、雀稗、异型莎草、球花碱草、鸭舌草、以及苋科、藜科、大戟科、酢浆草科、旋花科等一年生的禾本科阔叶杂草	选择性触杀型除草剂，芽前与芽后均可使用
	苯达松（48%水剂）	2 000～4 500 ml/hm²	黄花蒿、小白酒草、蒲公英、刺儿菜、春葵、铁苋菜、问荆、马齿苋、苍耳、苣荬菜等阔叶杂草及莎草科杂草，对禾本科杂草无效	选择性触杀型茎叶处理剂
有机磷类	草甘膦（10%水剂）	7 500～11 250g/hm²	一年生及多年生禾本科杂草，莎草科杂草和阔叶杂草	灭生性内吸型茎叶处理剂
	莎敌磷（30%乳油）	750～1125 ml/hm²	稗草、异型莎草、碎米莎草、鸭舌草等	选择性内吸型除草剂
酚类	五氯酚钠（80%可湿性粉剂）	7 500～9 000 g/hm²	稗草、鸭舌草、节节草、蓼等有一定抑制作用	触杀型灭生性除草剂
脂肪类	茅草枯（87%可湿性粉剂）	1 500～7 500 g/hm²	茅草、芦苇、狗牙根、马唐、狗尾草、牛筋草等一年生及多年生禾本科杂草	选择性内吸型除草剂
磺酰脲类	阔叶散（75%悬浮剂）	20～45 g/hm²	反枝苋、马齿苋、婆婆纳茅草、芦苇、狗牙根、马唐、狗尾草、牛筋草等一年生及多年生杂草	选择性内吸传导型芽后茎叶处理剂
	阔叶净（75%悬浮剂）	12～45 g/hm²	繁缕、直立蓼、播娘蒿、地肤、藜、荠菜、反枝苋、短叶莴苣、荠菜、猪毛菜等一年或多年生阔叶杂草	选择性苗后茎叶处理剂
	稗净（50%乳油）	2 250～3 750 ml/hm²	对稗草有特效	选择性内吸传导型茎叶处理剂
	农得时（10%可湿性粉剂）	225～450 ml/hm²	对水苋菜、鸭舌草、眼子草、异型莎草、碎米莎草、水莎草、水芹菜有一定抑制作用	选择性内吸传导型除草剂
	治莠灵（20%乳油）	975～1 500 ml/hm²	猪殃殃、卷茎蓼、繁缕、马齿苋、龙葵、野豌豆、酸模、小旋花	内吸传导型茎叶处理剂

除草剂类型	除草剂名称	参考用量	目标杂草	药剂特点
磺酰脲类	巨星（75%巨星干悬乳剂）	15～30 g/hm²	繁缕、地肤、荠菜、蓼、猪毛菜、播娘蒿、猪殃殃、田蓟、苍耳、反枝苋、问荆、苣荬菜、刺儿菜等一年生及多年生阔叶杂草	选择性内吸传导型苗后除草剂
	草克星（10%可湿性粉剂）	150～300 g/hm²	一年生阔叶杂草和莎草科杂草，泽泻、繁缕、鸭舌草、节节草、蓼、水苋菜、浮生水马齿、异型莎草、眼子草、野慈姑	高活性选择性内吸传导型茎叶处理剂
联吡啶类	百草枯（20%水剂）	3 000～4 500 ml/hm²	对一年生杂草效果较好，对多年生杂草只杀地上部分	快速灭生性触杀型兼有一定内吸作用的茎叶处理剂
	敌草快（20%水剂）	370～1 000 g/hm²	阔叶杂草和禾本科杂草	非选择性有一定传导性能的触杀型苗前除草剂
吡啶类	使它隆	1 275～1 500 ml/hm²	天胡荽、马兰、猪殃殃、繁缕、田旋花、蒲公英、播娘蒿、问荆、卷茎蓼、马齿苋等	选择性内吸传导型茎叶处理剂

二、草坪杂草的化学防除

（一）草坪杂草的多样性

草坪杂草种类繁多，草相复杂，不同地区草坪杂草谱不同，即使同一地区不同草坪的杂草谱也不尽相同，而化学除草剂一般只对某一种或几种杂草有防除功效，不可能杀死或杀伤所有杂草。因此，除草前首先必须掌握草坪中杂草的种类及其消长规律，然后对不同草坪中的不同杂草有针对性的施用除草剂，以充分发挥药剂的除草功效。另外，有些多年生杂草，如莎草科的水蜈蚣、香附子等，对除草剂很不敏感，目前市场上还没有一种药剂能对它真正有效，用混用除草剂（复配剂）除这类杂草目前仍在实验中，因此，这类杂草就必须人工拔除。

（二）除草剂本身的特性

除草剂品类繁多，不同的除草剂有不同的施用方法，施用时应根据不同的除草剂及不同的杂草种类、群落结构，确定不同的施用方法。施用时应根据具体情况确定欲使用的药剂和施用方法。只有充分了解和掌握了除草剂本身的特性，才能很好地发挥除草剂的杀草作用。目前，在草坪杂草中，绝大多数双子叶杂草都能有效防除，而禾本科草坪中的单子叶杂草防除则相对比较困难，选择性除草剂对有些单子叶杂草没有效果。另外也有极少数多年生双子叶杂草，如何首乌、田旋花、葎草等，对除草剂极不敏感，甚至有的灭生性除草剂的防除效果也不明显，这类杂草需进行人工挖除。

（三）除草剂的施用

除草剂的除草效果在很大程度上取决于除草剂的作用特性和使用技术，正确的使用方法应是能让杂草充分接触并吸收药剂，而尽量避免或减少草坪接触药剂，使除草剂的施用有效、安全、经济。如果使用方法不当，不但除草效果差，有时还会对草坪草产生伤害作用。因此，施药的时间、复配剂的配比、水质、施药时使用的器具及施药人员的素质，都直接影响着除草的效果。

1. 适当的施药期对有效控制杂草至关重要　除灭生性除草剂外，大多除草剂都是在杂草三叶一心期之前施用，才能更好地发挥除草功效，但这一时期的杂草较小，对草坪美观的影响不大，因此，生产上往往忽略这一时期的杂草防除，从而错过了最佳杂草防除时期，至杂草生长到破坏草坪美观时再去防除，既增加了用药量又耗费了更多的人力，结果是事倍功半甚至劳而无功，而且大剂量的药剂投放还有可能造成环境污染、产生药害。因此，在草坪管理中，必须密切注意杂草的发生动向，掌握杂草的发生、消长规律等生物学特性，将杂草消灭在萌芽或幼苗状态。

2. 为了有效防除杂草，有时需用多种除草剂混用　混用的复配剂中各种成分的配比及施药的浓度、施药的方法，是影响除草剂效果的重要因素。因此，除草剂复配剂的筛选和使用是杂草防除工作的重要环节之一。

3. 草坪杂草的化学防除（表 8 – 2 – 1）

（四）环境因素对除草剂药效的影响

1. 草坪建植前土壤中如果有多年生杂草生存，建植后这类杂草用一般除草剂很难防除，因此，草坪建植前必须进行土壤处理，清除多年生杂草，减少杂草基数，为建植后的杂草防除工作打下良好的基础。

2. 有些草坪草种中混有恶性杂草的种子，这类恶性杂草可能对一般除草剂都不敏感，因此，播种前应对草坪草种进行检疫，选用无杂草的草种播种，减少杂草种子的侵入机会，杜绝恶性杂草种子混入草坪种子中，以免造成不必要的药剂及人力的浪费。

3. 土壤质地、有机质含量、pH 值和墒情等因素，直接影响土壤处理剂在土壤中的吸附、降解速度、移动和分布状态，从而影响除草剂的药效。因此，施药前必须了解土壤性状，针对具体情况选择适当的时期和适当的药剂进行处理，才能保证土壤处理剂药效的充分发挥。

4. 温度、湿度、风、光照、降雨等对除草剂药效均有影响。一般来说，高温、高湿有利于除草剂药效的发挥。风主要影响药剂雾滴的沉降，风速过大会造成雾滴飘移，减少在杂草植株上的沉降量，而使除草剂的药效降低。光照是除草剂活性发挥的必要条件，但对于易光解的除草剂而言，光照则加速其降解，降低其活性。对于土壤处理剂，施药前后降雨可提高土壤墒情从而提高药效。但对于茎叶处理剂，施药后的降雨，使杂草茎叶上的除草剂被冲刷掉而药效降低。杂草的防除不是消灭杂草，而是在一定的范围内有效控制杂草，实际上是"除草勿尽"，从经济学、生态学观点看，既没有必要也不可能。

杂草防除作为草坪管理工作中的重要一环，其防除效果的好坏将直接影响草坪的观赏价值和使用价值，化学防除作为现代化的除草手段，在杂草的防除中发挥着巨大的作用。

第三节　草坪杂草的综合防除

杂草的防除方法很多，各种方法均可收到一定的效果，但也不可避免地存在着一定的缺陷。因此，要控制杂草的危害必须坚持"预防为主，综合治理"的原则，即从生物和环境关系的整体观点出发，本着预防为主的指导思想和安全、有效、经济、简易的原则，因地制宜，合理运用农业、生物、化学、物理的方法以及其他有效的生态手段，把杂草控制在不足以危害草坪的程度，以达到保护人类健康和确保草坪优良品质的目的。

我国地域辽阔，纵跨热带、亚热带、暖温带、温带、寒温带地区，各地的气候、土壤以及环境等条件差异很大，各地的草坪杂草群落结构也不同。因此，进行杂草防除之前首先应进行草情、草害调查，掌握杂草的种类及发生特点，以便确定正确的防除对策。

一、杂草防除的预防性措施

杂草防除是一项长期的工作，必须长期注意温度、湿度、日照长短、土壤水分等因子的变化，这些因子的变化决定着杂草生长的时间和分布的广度。有些杂草在早春出现，而有些杂草则只在夏季或秋季生长。在杂草大量生长时，若水热条件适宜，则杂草生长十分旺盛，反之，条件不适宜，则杂草不生长或很少生长。

竞争是抑制杂草种子发芽和生长的重要因素，调节草坪内草坪草与杂草的竞争机制与增强草坪草竞争能力，是杂草防除应遵循的一项原则。生产实践表明，杂草茂盛的草坪，都明显的表现出环境条件不适于草坪草。防除一定类型杂草的自然方法是提高草坪草的竞争能力，使目标植物逐渐被挤出、淘汰。因此，应采用适宜的草坪草种和适当的养护管理技术，建成健康的高密度草坪，而使杂草无法获得生存条件，最终被挤出草坪，从而就达到了防除杂草的目的。

为此，草坪杂草的防除必须注意：在持续的自然竞争中，必须通过科学的养护管理，使环境条件有利于草坪草的生长而不利于杂草的生长；使用不含杂草的草种或草皮定期补播或补植，阻止杂草种子产生，以减少杂草种子入侵的几率；在杂草生长的苗期使用化学药剂进行防除。

大多数的杂草是入侵性的，它们强的定植能力使之易于在不适合草坪草生长的条件下持续生长，尤其是开放退化的草坪更是这样。杂草从种子至定植阶段是其生活史中的弱点，特别是一年生杂草，每年必须通过种子重新繁殖，所以，阻止杂草种子的形成、防止新种子的进入等措施对于杂草的防除都是十分有效的。杂草除了能用种子繁殖外，还可以利用其匍匐茎、根茎乃至块茎进行无性繁殖，尤其是多年生杂草，具有很强的营养繁殖能力和再生能力。

选择适应性强的草坪草种并在适宜的时期播种也有利于杂草的防除，秋季或早春（冷地型草坪）和春末夏初（暖地型草坪）是建坪的较好季节，但也要考虑当地某些杂草的流行时间。如在北方，某些冬性二年生杂草，如繁缕、荠菜等比较普遍，从这个意义上讲，冷地型草坪春季建坪优于秋季建坪。

二、草坪杂草的防除

草坪杂草的防除方法依其作用原理主要有物理防除、生物防除和化学防除。

（一）物理防除

物理防除包括人工拔除和养护管理防除。

人工拔除尽管费工、费时，但在生产实践中仍然应用广泛，特别是在杂草危害不严重时，效果较好。采用人工拔除方法除杂草时，应注意作到"拔早、拔小、拔了"，其中，拔了指必须连根拔除，有根状茎、匍匐茎的应将根状茎和匍匐茎全部拔掉。对于新建草坪中的杂草，拔除时应注意保护草坪幼株不被伤害。

养护管理防除是指通过合理的养护管理措施，造成利于草坪草生长而不利于杂草生长的环境条件，从而抑制杂草的生长，以达到防除杂草的目的。如定期的修剪、合理的水肥管理等。其中，定期修剪是对阔叶杂草最为直接，也是最为有效的措施。草坪草生长点低，耐低修剪，合理的修剪可以有效地促进草坪草分蘖，使草坪更致密。而阔叶杂草生长点高，被剪除顶端生长点后，再生能力差，因此可有效的控制阔叶杂草的有性繁殖和侵害能力。因此，合理的修剪高度，在提高草坪整齐、美观的同时，也可起到防除杂草的效果。

（二）生物防除

理论上讲，生物防除是草坪杂草防除的最佳方法，这类生物包括：异株克生植株、昆虫、病原菌等。

1. 异株克生　在自然界或农业生态系统的任何一个植物群体中，生活在一起的植物常常会发生相互干扰作用。这种作用，除了表现对资源（如光、水、二氧化碳、养分等）的竞争之外，还表现为异株克生现象，即植物向环境中释放体内合成的化学物质，该物质对同种或异种的其他植物的萌芽、生长及发育产生直接或间接危害。异株克生现象分为两类：自毒作用和异毒作用。自毒作用是异株克生的种内类型，指一种植物释放出化学物质，阻止或延迟同种植物萌芽和生长发育的现象；反之，如果释放的化学物质对其他物种有害，则称为异毒作用。

草坪草中许多都具有异毒作用，其植物分泌物或残体，经淋溶扩散，会对不同种的其他植物的萌芽和幼苗生长产生毒害作用，如狗牙根、小糠草、黑麦草、蓝茎冰草、沟叶结缕草、羊茅等。

植物的异株克生化合物须释放到环境中才能发生作用。其进入环境有4种方式，即挥发、淋溶、渗出和分解。许多事例表明淋溶和分解起的作用较大。

异株克生化合物的形成除受植物本身的遗传特性决定以外，还因生长环境条件而异，光质、光量与光照时间是影响异株克生化合物的重要因素，在病虫危害及环境胁迫下其产生化合物的量将会增加。值得注意的是，不仅草坪草对杂草有异株克生作用，杂草对草坪草也有异株克生的抑制作用。据报道，早熟禾能使匍匐翦股颖生长衰弱，早熟禾迅速扩展，并逐渐将匍匐翦股颖排挤出去。因此，及时防除杂草不仅对草坪的质量、功能和美学价值极有意义，而且也是防止草坪衰退的重要举措。

2. 植食性昆虫　利用植食性昆虫防除杂草是指引进目标杂草专一寄生性的原产地天敌。要在目标杂草原产地进行取食杂草昆虫调查。若发现取食目标杂草昆虫有生物防除潜力，必须进一步进行专一性寄生测试，确保昆虫取食专一目标杂草，对其他非目标作物不造成危害。

对昆虫的筛选、专一性测定表明，在不久的将来用昆虫防除杂草将成为现实。如叶甲

Lema Cyanella 取食杂草加拿大蓟，其越冬率高，防除前景良好。

3. 微生物 当前，许多国家的科研人员都在对杂草防除的生物农药进行研究，即利用致病微生物进行杂草的防除。并且取得了一定的进展。如圆叶锦葵已可利用生物农药进行防除，即 BioMal，这是由 Colltrotrichum gloeosporiooides f. sp. Malvae. 的有活力的孢子制成的可湿性粉剂。当与水混合，喷雾于圆叶锦葵时，高密度的真菌将会侵染并杀灭锦葵。

（三）化学防除

在草坪杂草的防治中，化学防除是较为直接的方法。化学防除即使用化学药剂引起杂草生理异常导致其死亡，以达到杀死杂草的目的。

1. 一年生杂草的防除 一年生禾草如蟋蟀草、牛筋草、稗、早熟禾、秋黍和田野莎刺等，宜用萌前除草剂灭除。夏季一年生禾草，应在夏季施药。

萌前除草剂在表土形成的毒药层，根据药物的不同，药效可以持续 6～12 周，最后为微生物所破坏。因此，萌前除草剂的施用必须在杂草种子萌发前 1～2 周，最迟也要在杂草种子的始萌期。

对于冬性一年生禾草，宜在夏末或秋初杂草萌发前施用萌前除草剂，可用非选择性的除草剂进行择株防除。

2. 多年生杂草的防除 多年生禾草类杂草，其生理与形态结构与禾本科草坪草相似，施用除草剂也会伤害草坪草，因此，不宜使用选择性除草剂。生产中多采用如达拉朋之类的非选择性除草剂，并采用选择植株喷施的方法进行个体杀灭。

香附子是莎草科的多年生单子叶植物，多用有机砷制剂进行防除。灭草松对香附子就有良好的防除作用，且对草坪草毒性很小。

3. 阔叶杂草的防除 阔叶杂草是除草剂杀灭的主要对象，药效明显并且不伤害草坪草。在生产中常使用 2，4－D 和麦草畏等选择性除草剂，施于杂草叶表来防治阔叶杂草。

阔叶杂草除草剂使用时必须小心，因为药液如果接触到草坪附近的树木、灌丛、花果和蔬菜等植物，也会对这些植物产生伤害。

暖地型草坪阔叶杂草的防除应在晚春、秋季或冬季草坪草休眠时进行，冷地型草坪则应在春季或夏末秋初进行。

复习思考题

1. 杂草的概念。
2. 草坪杂草的生物学特性有哪几点？
3. 草坪杂草的危害有哪些？
4. 草坪杂草除草剂的选择性有哪些？
5. 草坪除草剂的作用机理有哪几点？
6. 如何进行草坪杂草的综合防除？

第九章　园林草坪病虫害与防护技术

【教学目标】
- 掌握草坪病害的概念及其症状
- 掌握草坪病虫害防治方法
- 了解危害草坪的其他有害生物

第一节　草坪病害类型与发生环境

草坪草在生长发育过程中需要一定的外界条件（如阳光、温度、水分、养分、空气等），如果这些环境条件不适宜，或者遭受有害生物的侵染，使其新陈代谢受到干扰或破坏、内部生理机能或外部组织形态发生改变，生长发育就会受到明显的阻碍，甚至导致局部或整株死亡，这种现象就称为草坪病害。

一般机械创伤，如雹害、风害、器械损伤以及昆虫和其他动物的咬啮伤害等与草坪病害的性质是不同的，这些创伤由于没有病理变化过程，故不能称为草坪病害。

一、草坪病害类型

目前，草坪病害的分类还没有统一的规定，现有的分类方法有以下几种。

（1）按草坪草分类：早熟禾病害、结缕草病害、翦股颖病害等。

（2）按发病部位分类：叶部病害、根部病害等。

（3）按生育阶段分类：幼苗病害、成株病害等。

（4）按传播方式分类：气传病害、土传病害、种传病害等。

（5）按病原分类：引起草坪病害的各种原因称为病原。根据病原的不同，可将草坪病害发生的原因分为两大类：由不适宜的环境条件引起的病害，称为非侵染性病害；由有害生物的侵染而引起的病害，称为侵染性病害。侵染性病害又可分为真菌病害、细菌病害、病毒病害、植原体病害、线虫病害等。

按寄主植物分类的优点是便于了解一类或一种草坪草的病害问题；按发病部位分类便于诊断；一种草坪草上往往能发生许多种病害，各个时期病害的性质不同，防治措施也不一样，按生育阶段分类有利于在不同时期采用不同的防治方法；按传播方式分类便于根据传播特点考虑防治措施；病害的发生和发展规律以及防治方法依病原的种类不同而明显不同，按病原分类便于针对感病原因对病害进行综合防治。

（一）非侵染性病害

虽然草坪草对外界各种不良环境因素具有一定的适应性，但如果这些不良环境因素作用的强度超过了草坪草适应的范围时，草坪草就会发生病害。这类病害引起的原因，不是由生物因子引起的，是不能传染的，所以，叫做非侵染性病害，又称为生理性病害。非侵染性病害的发生，决定于草坪草和环境两方面的因素，在这类病害中只存在两者关系，不适宜的环境条件即是非侵染性病害的病原。

1. 非侵染性病害发生的原因 引起非侵染性病害的原因很多，其中包括土壤缺乏草坪草必需的营养元素，或营养元素的供给比例失调；土壤中盐分过多或过少；水分或多或少；温度过高或过低；光照过强或不足；环境污染产生的一些有毒物质或有害气体等，这些因素都会影响草坪草生长发育的正常进行导致病害的发生。在非侵染性病害中各种因子是互相联系的，一种环境因子的变化超过了草坪草的适应能力而引起其发病，其他环境因素作为环境条件也在影响这种非侵染性病害的发生发展。例如：土壤酸碱度影响土壤中营养元素的有效性；环境中的生物因素也可以影响非侵染性病害。

2. 非侵染性病害的诊断 非侵染性病害的原因有很多，而且有些非侵染性病害的症状与病毒或植原体的侵染或根部受病原物侵染时的表现很相似，因而给诊断带来一定的困难。在诊断非侵染性病害时，现场的观察尤为重要，它的发生一般与特殊的土壤条件、气候条件、栽培措施及环境污染源等相关，非侵染性病害往往在草坪上成片发生，这与侵染性病害先出现发病中心，然后向四周蔓延是完全不同的。

常见的非侵染性病害症状有：变色、坏死、萎蔫、畸形等。其特点是没有病征出现，而且通常是整株、成片甚至大面积发生，这一点易与病毒病及植原体病害相混淆，但是非侵染性病害是不能相互传染的，因此，其识别可通过接种来鉴别。此外，化学诊断是缺素症有效的诊断方法。

（二）侵染性病害

病害的发生和流行，必须具备 3 个条件，即必须有大量的感病的寄主植物、致病力强的病原物和适宜的环境条件。侵染性病害是由生物因素引起的。引起草坪病害的生物称为病原物，主要包括真菌、细菌、病毒、类病毒、类菌质体、植原体、衣原体、立克次氏体等。这些病原物尽管差异很大，但作为草坪草的病原物，它们具有某些共同持征。它们绝大多数对草坪草都具有不同程度的寄生能力和致病能力；具有很强的繁殖力；可以从已感病的植株上通过各种途径，主动地或借助外力传播到健康植株上；它们在适宜的环境条件下生长、发育、繁殖、传播，周而复始，逐步扩大蔓延。由于这类病害对草坪草造成的危害最大，因此，需要及时做好防治工作。

二、草坪病害的症状

症状是指草坪草生病后的不正常表现（病态）。症状是由病状和病征两部分组成。草坪草本身的不正常表现称为病状。病害在病部可见的一些病原物结构（病原物的表现）称为病征。凡是植物病害都有病状，真菌和细菌所引起的病害有比较明显的病征，病毒和植原体等由于寄生在植物细胞和组织内，在植物体外无表现，因而它们引起的病害无病征。非侵染性病害也无病征。

草坪病害的症状既有一定的特异性又有相对的稳定性。因此，它是诊断病害的重要依据之一。同时，症状反映了病害的主要外观特征，许多草坪病害通常是以症状来命名的。

因而认识和研究草坪病害一般从观察症状开始。

（一）病状类型

常见的病害病状可归为 5 种类型，即变色、坏死、腐烂、萎蔫和畸形。

1. 变色　草坪草生病后发病部位失去正常的绿色或表现出异常的颜色称为变色，其病部细胞并未死亡。变色主要表现在叶片上，全叶变为淡绿色或黄色的称为褪绿，全叶发黄的称为黄化，叶片变为黄绿相间的杂色称为花叶或斑驳。如冰草、狗牙根、羊茅、黑麦草和早熟禾等草坪草的黄矮病，翦股颖、羊茅、黑麦草和早熟禾等草坪草的花叶病等。

2. 坏死　草坪草发病部位的细胞和组织死亡称为坏死，其病部细胞和组织的外形轮廓仍保持原状态。斑点是叶部病害最常见的坏死症状，其形状、颜色、大小不同，一般具有明显的边缘。叶斑根据其形状可分为圆斑、角斑、条斑、环斑、网斑、轮纹斑等，如狗牙根网斑病、环斑病；根据其颜色可分为褐（赤）斑、铜斑、灰斑、白斑等，如翦股颖铜斑病、赤斑病等。坏死类病状是草坪草病害的主要症状之一。

3. 腐烂　腐烂是指草坪草发病部位较大面积的死亡和解体。植株的各个部位都可发生腐烂，尤其幼苗或多肉的组织更容易发生腐烂，含水分较多的组织由于细胞间中胶层被病原物分泌的胞壁降解酶分解，致使细胞分离，组织崩解，造成其软腐或湿腐，腐烂后水分散失，成为干腐。根据腐烂发生的部位，可分为芽腐、根腐、茎腐、叶腐等。如禾草芽腐、根腐、根颈腐烂以及冬季长期积雪地区越冬禾草的雪腐病等。

4. 萎蔫　草坪草因生病而表现的失水状态称为萎蔫。萎蔫可以由各种原因引起，茎基坏死、根部腐烂或根的生理功能失调都会引起植株萎蔫，但典型的萎蔫是指植株根和茎部维管束组织受病原物侵染造成导管阻塞，影响水分运输而出现的凋萎，这种萎蔫一般是不可逆的。萎蔫可以是全株性的，也可以是局部性的，如匍匐翦股颖细菌性萎蔫等。

5. 畸形　植物发病后因植株或部分细胞组织的生长过度或不足，表现为整株或部分器官的不正常状态称为畸形。有的植株生长得特别快而发生徒长；有的植株生长受到抑制而矮化。如黑麦草、高羊茅和早熟禾黄矮病等。

（二）病征类型

1. 霉状物　病原真菌的菌丝体、孢子梗和孢子在病部构成各种颜色的霉层，霉层即为真菌病害常见的病征，据其颜色、形状、结构、疏密程度等，可分为霜霉、青霉、灰霉、黑霉、赤霉、烟霉等。如草坪草霜霉病等。

2. 粉状物　某些病原真菌一定量的孢子密集在病部产生各种颜色的粉状物，依其颜色有白粉、黑粉等。如草坪草的白粉病所表现的白色粉状物，黑粉病在发病后期表现的黑色粉状物。

3. 锈状物　病原真菌中的锈菌的孢子在病部密集所表现的黄褐色锈状物，如锈病。

4. 点（粒）状物　某些病原真菌的分生孢子器、分生孢子盘、子囊壳等繁殖体和子座等在病部构成的不同大小、形状、颜色（多为黑色）和排列的小点，如草坪草炭疽病病部的黑色点状物。

5. 线（丝）状物　某些病原真菌的菌丝体或菌丝体和繁殖体的混合物在病部产生的线（丝）状结构。如白绢病病部形成的颗粒状物。

6. 脓状物（溢脓）　病部出现的脓状黏液，干燥后成为胶质的颗粒，这是细菌性病害特有的病征，如细菌性萎蔫病病部的溢脓。

三、草坪病害的病原

草坪病害的发病原因有两类，生物因素和环境因素，即病原物和不良环境条件。

（一）侵染性病害的病原

侵染性病害的病原包括真菌、细菌、病毒、类病毒、朊病毒、植原体、衣原体、立克次氏体等。

1. 真菌　真核生物，真菌的细胞具有真正的细胞核和含有几丁质或纤维素或二者兼有的细胞壁，其营养体通常是丝状分枝的菌丝体。繁殖方式是产生各种类型的孢子，没有叶绿素，不能进行光合作用，属于异养生物。能够引起草坪病害的主要真菌有：

鞭毛菌亚门的腐霉属（Pythium）引起草坪禾草的芽腐、苗腐、苗淬倒、叶腐、根腐、根颈腐等病；指疫霉属（Sclerophthora）可引起多种禾草的霜霉病。

子囊菌亚门的白粉菌属（Erysiphe）引起多种禾草的白粉病；Myriosclerotinia 引起草坪草的白色雪腐病；黑痣菌属（Phyllachora）引起禾草的黑痣病；顶囊菌属（Gaeumannomyces）引起草坪草的全蚀病；小球腔菌属（Lephtosphaeria）引起狗牙根春季死斑病。

担子菌亚门的锈菌引起草坪禾草的锈病，锈菌引起草坪病害的属有柄锈菌属（Puccinia）和单胞锈菌属（Uromyces）；黑粉菌属（Ustilago）引起多种草坪草的条形黑粉病，而且有多种转化型；条黑粉菌属（Urocystis）引起草坪禾草黑粉病；叶黑粉菌属（Entyloma）引起翦股颖、羊茅、早熟禾和梯牧草的叶黑粉病；伏革菌属（Corticium）危害翦股颖、羊茅、黑麦草、早熟禾等多种草坪草，引起红丝病；核瑚属（Typhula）造成禾草的雪腐病；鬼伞属（Coprinus）引起禾草雪腐病。另外还有杯伞属（Clitocybe）、小皮伞属（Marasmius）、环柄菇属（Lepiota）、马勃属（Lycoperdon）、硬皮马勃属（Scleroderma）和口蘑属（Tricholoma）能造成草坪的仙人圈。

半知菌亚门的德氏霉属（Drechslera）主要引起多种草坪禾草的叶斑和叶枯，也可危害芽、苗、根和根颈，产生种腐、芽腐、苗腐、根颈腐等症状；离蠕孢属（Bipolaris）侵染草坪禾草引起叶枯、根腐和颈腐等症状；弯孢霉属（Curvularia）引起草坪禾草的叶枯、根颈和叶鞘腐烂；喙孢霉属（Rhynchosporium）危害羊茅、黑麦草、早熟禾、鸭茅、梯牧草、翦股颖等多种草坪禾草，引起叶枯病，也叫云纹斑病；捷氏霉属（Gerlachia）引起雪霉叶枯病；镰孢霉属（Fusarium）引起禾草的苗枯、根腐、基腐、叶斑、叶腐、穗腐等；丝核菌属（Rhizoctonia）引起多种草坪禾草的综合性症状，有苗枯、根腐、基腐、鞘腐和叶腐；小核菌属（Sclerotium）危害翦股颖、羊茅、黑麦草、早熟禾等多种草坪禾草，造成白绢病。还有尾孢属（Cercospora）引起翦股颖、狗牙根、羊茅等禾草叶斑病；芽枝霉属（Cladosporium）引起梯牧草的眼斑病；胶尾孢属（Gloeocercospora）引起翦股颖的铜斑病：黑孢属（Nigrospora）引起草地早熟禾、黑麦草和紫羊茅的叶枯病；梨孢霉属（Pyricularia）引起钝叶草的草瘟病，也叫灰斑病；壳二孢属（Ascochyta）引起各种草坪禾草的叶枯病；壳针孢属（Septoria）引起多种禾草的叶斑病。

2. 细菌　原核生物，单细胞，不含叶绿素，寄生或腐生，异养生物。细菌对草坪的危害目前还不明显。

植物细菌病害的病状有组织坏死、萎蔫和畸形3种类型，病征为脓状物。目前已知的草坪细菌性病害不多，主要有薄壁菌门假单胞杆菌属（Pseudomona）细菌引起的冰草和雀稗的褐条病，羊茅、黑麦草和早熟禾的孔疫病；厚壁菌门棒状杆菌属（Corynebacterium）引起的蜜穗病；薄壁菌门黄单胞菌属（Xanthomonas）引起的黑麦草和梯牧草的细菌性萎蔫病等。细菌性叶斑病发生初期病斑常呈现半透明的水渍状，其周围由于毒素作用形成黄色的晕圈，天气潮湿时病部常有滴状黏液或一薄层黏液，通常为黄色或乳白色。叶斑有的因受叶脉限制常呈角斑或条斑，有的后期脱落呈穿孔状。

3. 病毒 病毒是非细胞生物，比细菌小，其形态可分为杆状、线状、球状、弹状、双联体状等多种形态，不同类型的病毒粒体大小差异很大。

病毒病的病状主要有变色、坏死、畸形 3 种类型。植物病毒的病状容易发生变化，引起变化的原因很多，主要是病毒、寄主和环境 3 方面的因素。

4. 植原体（MLO） 植原体是界于细菌和病毒之间的一类原核生物，无细胞壁，通常呈圆形或椭圆形。在植物组织或培养基中可见哑铃状、纺锤状、马鞍状、出芽酵母状、念珠状、丝状体等不规则形状。

植原体病害属于系统性病害，其病状表现为变色（黄化、红化等）、枯萎等。目前发现 4~5 种草坪病害是由植原体引起的。如狗牙根白化病、结缕草黄矮病、冰草黄化病等。

（二）非侵染性病原

非侵染性病害的病原主要有营养失调、水分不均、温度不适和有害物质引起的中毒等。

1. 营养失调 较为常见的是缺乏某种营养元素造成的缺素症或氮肥过量造成的草坪草叶色深绿、叶片细长柔弱和由于缺铁造成的黄化病、白化病等。

2. 水分不均 水分失调（缺少或过量）会使植株发生不正常的生理现象。长期干旱可引起细胞失去膨压，植株萎蔫、黄化等；发生涝害时，由于土壤中缺少氧气，抑制了根系的呼吸作用，会使植株变色、枯萎，最后引起根系腐烂甚至全株死亡。

3. 温度不适 植物体内一切生理生化活动必须在一定的温度下进行，过高或过低的温度都会影响植株的正常生长，甚至伤害植物器官或整个植株，如高温易发生日灼病，低温可以引起霜害和冻害等。

4. 有害物质引起的中毒 空气或土壤中的有害气体或物质有时会引起植物中毒，如二氧化硫、三氧化硫、硫化氢、二氧化氮、氟化氢、四氟化硅、氯气、粉尘等。化学农药（杀虫剂、杀菌剂、杀线虫剂、除草剂、杀鼠剂等）、化肥和生长调节剂的过量使用也有可能对草坪草造成毒害作用。

四、侵染性病害的发生

病害从一个生长季节开始发生，到下一个生长季节再度开始发生的整个过程，被称为病害的侵染循环。从内容上，病害循环包括 3 个方面：病原物的越冬和越夏、初侵染和再侵染、病原物的传播。从发生发展的时间上，病害循环包括 4 个阶段；病害发生前阶段、病害在寄主植物个体中的发展阶段、病害在寄主植物群体中的发展阶段和病害和病原物的延续阶段。

（一）病害发生前阶段

从寄主的生长季节开始，病原物就开始活动，从越冬或越夏的场所通过一定的传播介体传到寄主的感病点上并与之接触，即病害发生前阶段。病原物的繁殖结构或休眠结构可以通过各种途径（如风、雨水、昆虫等）进行传播，有的可能被传播到寄主植物的感病部位。进行一段时间的生长，如真菌的休眠结构或孢子的萌发、芽管或菌丝体的生长、细胞的分裂繁殖等，病原物进行侵入前的准备，并达到侵入位点，发病前阶段即告完成。

在侵入前期，病原物除了直接受到寄主植物的影响外，还要受到生物的、非生物的环境因素的影响。寄主植物表面的淋溶物和根的分泌物可以促使病原体休眠结构或孢子的萌发，或引诱病原物的聚集。土壤和植物表面的拮抗微生物可以抑制病原物的活动。非生物环境因素中以温度、湿度对侵入前病原物的影响最大。

病原物的繁殖体，如真菌的孢子、细菌的细胞、病毒的粒体等，都必须先与寄主植物的感病部位接触才有可能从体外到体内，对寄主造成侵染。病原物与寄主接触后，并不是都能立即侵入寄主体内，真正的侵染还没有开始，在这段时间内，环境条件起着重要的作用。因此，这一时期是病原物在病害循环中的薄弱环节，也是防止病原物侵染的最有利阶段。

（二）病害在寄主植物个体中的发展阶段

在适宜的条件下，到达寄主感病部位的病原物就可以侵入寄主体内吸取营养物质、建立寄生关系，并在寄主体内进一步扩展，使寄主组织破坏或死亡，最后出现症状。病原物从侵入到引致寄主发病的过程称为侵染过程，简称病程。由越冬和越夏的病原物在寄主植物生长期内引起的初次侵染称为初侵染。病程一般分为 3 个阶段，即侵入期、潜育期和发病期。

1. 侵入期　从病原物开始侵入寄主到病原物与寄主建立寄生关系的一段时期称为侵入期。植物病原物几乎都是内寄生的，都有侵入的阶段，即使外寄生的白粉菌也要在表皮细胞内形成吸器。

病原物的种类不同其侵入途径也不同，在真菌、细菌、病毒这三类最主要病原物中，病毒只能通过活细胞上的轻微伤口侵入；病原细菌可以从自然孔口（如气孔、皮孔、水孔、蜜腺等）和伤口侵入；真菌大都是以孢子萌发后形成的芽管或以菌丝侵入，侵入途径除自然孔口和伤口外，有些真菌还能穿过表皮的角质层直接侵入。

真菌不论是从自然孔口侵入、伤口侵入，还是直接侵入，进入寄主体内后，孢子和芽管里的原生质即沿侵染丝向内输送，并发育成为菌丝体，吸取寄主体内的养分，建立寄生关系。细菌的侵染途径只有自然孔口和伤口两种方式。细菌个体可以被动地落到自然孔口里或随植物表面的水分被吸进孔口；有鞭毛的细菌靠鞭毛的游动也能主动侵入。从自然孔口侵入的植物病原细菌，一般都有较强的寄生性，寄生性较弱的细菌则多从伤口侵入。病毒只能从伤口与寄主细胞原生质接触来完成侵入。由于病毒是专性寄生物，所以，只有在寄主细胞受伤但不丧失活力的情况下（即微伤）才能侵入。

湿度和温度是影响病原物侵入的重要环境条件。湿度对侵入的影响包括对病原物和寄主植物两方面的影响。大多数真菌孢子的萌发、孢子的游动、细菌的繁殖以及细菌细胞的游动都需要在水滴里进行，因此，湿度对侵入的影响最大。在高湿度下，寄主愈伤组织形成缓慢，气孔开张度大，水孔泌水多而持久保持组织柔软，从而降低了植物抗侵入的能力。温度能影响孢子萌发和侵入的速度。各种真菌的孢子都具有其最高、最适及最低的萌发温度，在适宜的温度下，萌发率高、所需的时间短、形成的芽管长。

2. 潜育期　从病原物侵入后与寄主建立寄生关系到表现明显症状的时期称为病害的潜育期。潜育期是病原物在寄主体内吸取营养和蔓延扩展的时期，也是寄主对病原物的扩展表现不同程度抵抗性的时期。无论是专性寄生病原物还是非专性寄生的病原物，在寄主体内扩展时都消耗寄主的养分和水分，并分泌酶、毒素和生长调节素，扰乱寄主正常的生理活动，使寄主组织遭到破坏、生长受到抑制或促使其细胞增殖膨大，最后导致症状的出现。

3. 发病期　植物受侵染后，从出现明显症状开始就进入发病期，此后，症状的严重性不断地增加。在发病期真菌性病害随着症状的发展在受害部位产生大量无性孢子，提供再侵染的病原体来源。适应休眠的有性孢子则大多在寄主组织衰老和死亡后产生。细菌性病害在显现症状后，病部往往产生脓状物，含有大量的细菌个体。病毒是细胞内的寄生物，在寄主体外无表现。

（三）病害在寄主植物群体中的发展阶段

越冬或越夏的病原物在寄主个体上通过初侵染的侵染过程，不一定在生产上造成严重危害。大多数病害只有在群体中不断传播、蔓延，发生多次侵染，使大量个体发病，才能在经济上造成严重损失。

1. 再侵染　在初侵染的病部产生的病原体通过传播引起的侵染称为再侵染。在同一生长季节中，再侵染可能发生许多次。按再侵染的有无，病害循环可分为多病程病害和单病程病害两种类型。多病程病害是一个生长季节中发生初次侵染过程以后，还有多次再侵染过程，也称多循环病害，这类病害有很多，如草坪草的白粉病、锈病和炭疽病等。单病程病害是指一个生长季节只有一次侵染过程，也称单循环病害。

2. 病原物的传播方式　病原物传播是联系病害循环中各个环节的纽带，其传播方式有主动传播和被动传播两种。有些病原物可以通过自身的活动主动地进行传播。但是，病原体自身放射和活动的距离有限，只能作为传播的开端，一般都还需要依靠外力把它们传播到距离较远的植物感病点上，即被动传播。病原物主要的被动传播的传播方式有风力传播、雨水传播、昆虫传播和人为传播。

病原体的来源和传播有多种可能性。大多数病原体都有固定的来源和传播方式，且是与其生物学特性相适应的。例如：真菌以孢子随气流和雨水传播，细菌多半由风、雨传播，病毒常由昆虫和嫁接传播。

（四）病害和病原物的延续阶段

病原物在生长季经过一定的传播途径完成其初侵染和再侵染之后，如何度过寄主成熟收获后的一段时间或休眠期，即所谓病原物的越冬和越夏，亦即病害和病原物的延续阶段。大部分的寄主植物冬季是休眠的，由于冬季气温较低，病原物一般处于不活动状态，因此，病原物的越冬问题，在病害防治中就显得更加重要。病原物的越冬场所也就是寄主植物在下个生长季节内的初侵染来源，因此，及时消灭越冬的病原物，对减轻下一季节病害的严重度有着重要意义。病原物越冬或越夏的场所主要有田间病株、肥料、病株残体、土壤和种子、苗木及其他繁殖材料 5 类。

五、病害的流行

病害的流行是指植物病害在一定时期或者一定地区内大量发生，造成生产上显著损失的现象。病害流行是以个体发病为基础的，但是，与个体发病又有不同。

（一）病害流行的类型

植物病害的流行可分为两种类型。一种是积年流行，即病害在田间出现的时候病株百分率虽然很高，但不再上升或上升不明显，病情一般比较稳定，发病率不会继续增加。这类病害只有初侵染而没有再侵染（单病程病害），或者再侵染极少，其流行决定于初侵染来源的多少和初侵梁的效率，往往要积累若干年后才能达到流行的程度，如土传的枯萎病等。另一种类型是单年流行，病害在田间的出现往往要经过一个由轻到重、由点到片的过程，发病初期面积较小，之后通过不断的再侵染，使发病面积逐渐扩大，感病植株急速增加，以致流行。这类病害的流行主要决定于再侵染，病原体多或气候条件有利时，当年即可达到流行的程度。多病程病害和一些受气候条件影响较大的气流传播的单病程病害的流行一般都属于此类。如白粉病、霜霉病、锈病等。

（二）病害流行的条件

侵染性病害的发生是由病原物、寄主植物和环境条件 3 个因素综合引起的，因此，病害的流行也必须具备以下 3 个基本因素。

1. 大量的感病寄主　每种病原物都有其一定的寄主范围，感病植物的数量和分布，是病害能否流行和流行程度轻重的基本因素之一。不同种和品种的寄主对某一病害具有不同的感病性，大面积栽种感病的种或品种，就会造成病害的流行。即使当时是抗病的品种，若大面积单一化栽培，也会造成病害流行的潜在威胁，因为病原物的致病力有时可以发生变化，抗病品种有可能丧失其抗病性而成为感病品种，所以，会引起病害大面积的严重危害。因此，合理的布局、组合草种，可以减轻病害流行程度和降低危害。

2. 大量致病力强的病原物　病原物的数量多和致病力强，是病害流行的基本条件之一。对于没有再侵染或再侵染次要的病害，病原物越冬或越夏的数量，即初侵染来源的多少，在具备感病寄主和适宜的环境条件下，对病害的流行起着决定性的作用；对再侵染重要的病害，除初侵染源外，再侵染次数多，潜育期短，病原物繁殖快，也会直接导致病害的流行。病原体寿命长和大量传播媒介以及其他有利的传播方式等都可以增强其侵染效率，从而加速病害的流行。病原物大多是微生物，容易受环境的影响而发生变异，同时病原物本身遗传物质的重组也能发生变异。因此，新的致病力强的生理小种的形成也是病害流行的重要因素。

3. 适宜发病的环境条件　在具备病原物和感病寄主的情况下，适宜的环境条件是病害流行的主导因素。环境条件主要指气象条件、栽培条件和土壤条件。其中以气象条件的影响较大。

（三）病害流行的季节性

各种病害在不同季节的流行情况有很大差异，季节之间的差异称为病害流行的季节性。每一种病害在一个植物生长季节里都有它的特定的流行季节，其原因仍在于寄主、病原物和环境条件 3 个方面。

（四）病害流行的逐年变化

同一种病害在 1 年中虽有其大体一致的流行时期，但在不同年份常因气候变化差别很大。病害逐年的变化与寄主植物、病原物和环境条件有关，但主要因素是环境条件的温度和湿度的变化。在不同年份，温度的差异一般比较小，而湿度的差异则十分显著。因此，对于病害流行的逐年变化来讲，不同年份的降雨期、降雨量和雨日、露日的分布以及大气湿度等起着极大的作用。此外，感病品种的大规模种植或更换以及寄主植物抗病性和病菌致病性的改变也有可能成为病害流行年份变化的主要因素。

第二节　草坪病害与防治方法

草坪对人类的生产和生活，对人类赖以生存的环境起着美化、保护和改善的良好作用。草坪病害的发生和流行，则使得草坪草的生长受到影响，草坪景观遭到破坏，甚至导致草坪局部或大部面积的衰败直至死亡，从而也就使得草坪的功能荡然无存。因此，识别并防治病害就成了草坪保护的重要内容之一。

一、草坪病害

草坪的侵染性病害种类很多，发生的机理及危害的对象不同，其发病的症状也千差万别，这就为草坪病害的防治带来了一定的困难。对于一些常见的侵染性病害，现将其症状及危害对象列表如下。

表 9 - 2 - 1　常见草坪草病害症状及危害对象

病名	症状	危害对象
褐斑病	该病主要侵染草坪植株的叶鞘、茎，引起叶片和茎基的腐烂，一般根部不受害或受害很轻。发病初期，感病叶片出现水渍状斑块，边缘呈红褐色，后期变成褐色，最后干枯、萎蔫。受害草坪有近圆形的褐色枯草斑块，条件适宜时，病情快速蔓延，枯草斑块可从几厘米迅速扩大到 2m 左右。由于枯草斑中心的病株比边缘病株恢复得快，因此，枯草斑就出现中央呈绿色，边缘呈枯黄色的环状	能侵染所有已知的草坪草，如草地早熟禾、粗茎与熟禾、紫羊茅、高羊茅、多年生黑麦草、细弱翦股颖、匍匐翦股颖、野牛草、狗牙根、结缕草等 250 余种禾草
腐霉枯萎病	该病主要造成芽腐、苗腐、幼苗猝倒和整株腐烂死亡。尤其在高温高湿季节，常会使草坪突然出现直径 2~5cm 的圆形黄褐色枯草斑。清晨有露水时，病叶呈水浸状暗绿色，变软、黏滑，连在一起，用手触摸时，有油腻感。当湿度很高时，腐烂叶片成簇趴在地上且出现一层绒毛状的白色菌丝层，在枯草病区的外缘也能看到白色或紫灰色的菌丝体（依病菌不同种而不同）。修剪很低的高尔夫球场翦股颖草坪及其他草坪上枯草斑最初很小，但迅速扩大。剪草高度较高的草坪枯草斑较大，形状不规则。在持续高温、高湿时，病斑很快联合，24h 内就会损坏大片草坪	所有草坪草都感染腐霉病，而冷地型草坪草受害最重，如草地早熟禾、细弱翦股颖、匍匐翦股颖、高羊茅、细叶羊茅、粗茎早熟禾、多年生黑麦草和暖地型的狗牙根、红顶草等

病名	症　状	危害对象
夏季斑枯病	发病最初出现直径约 3~8cm 的枯斑，以后逐渐扩大。典型的夏季斑为圆形的枯草圈，直径大多不超过 40cm，最大时可达 80cm，且多个病斑愈合成片，形成大面积的不规则形枯草区。在翦股颖和早熟禾混播的高尔夫球场上，枯斑环形直径达 30cm。典型病株根部、根冠部和根状茎黑褐色，后期维管束也变成褐色，外皮层腐烂，整株死亡	可以侵染多种冷地型草坪草，其中以草地早熟禾受害最重
镰刀霉枯萎病	病株根及根茎部位呈褐红色椭圆形病斑，逐渐变褐干腐，病死株呈直立状，感病草坪出现黄色圆形或不规则形枯死斑，在潮湿条件下根茎及茎基部有白色和粉红色菌丝。病原菌尚能侵染幼苗及种子，造成烂芽和苗枯。枯草层过厚、高温、土壤干旱尤其夏季高温强日照等条件易发生该病	可侵染多种草坪草，如早熟禾、羊茅、翦股颖等
币斑病	是低刈草坪最有破坏性的病害之一，对匍匐翦股颖的危害尤重。在 15.5℃ 开始发病，在 21~27℃ 最旺盛。症状是形成圆形、凹陷、漂白色或稻草色的小斑块，斑块大小从 5 分硬币到 1 元硬币面积大小不等。在高尔夫球场果岭上，出现的症状为：细小、环形、凹陷的斑块，斑块直径很少超过 6cm。如果病情变得严重时，斑块可愈合成更大的不规则形状的枯草斑块或枯草区。庭院草坪、绿地草坪和其他留茬较高的草坪上，可能出现不规则形的、褪绿的呈漂白色的枯草斑块，斑块 2~15cm 宽或更宽。愈合后的斑块可覆盖大面积的草坪。清晨，当植株叶片上有露水存在而病原菌又处于活动状态时，在发病的草坪上可以看到白色、棉絮状或蛛网状的菌丝体。叶片变干后，菌丝体消失	侵染早熟禾、巴哈雀稗、狗牙根、假俭草、细叶羊茅、细弱翦股颖、匍匐翦股颖、多年生黑麦草、草地早熟禾、匍茎羊茅、结缕草等多种草坪草
全蚀病	草坪感染全蚀病时产生枯黄至淡褐色小型枯草斑，可逐年扩大（每年可扩大 15cm），直径可达 1m 甚至更大，病株变暗褐色至红褐色。病株的根、根状茎、匍匐茎腐烂，呈暗褐色至黑色，重病植株死亡	翦股颖属草受害最重，也可侵染羊茅和早熟禾属草
德氏霉叶枯病	主要危害茎部，病斑水渍状，病势发展迅速，多雨潮湿时病株很快死亡，感病部位长出白色棉絮状菌丝体	可侵染多种草坪禾草，以草地早熟禾、小糠草、黑麦草、狗牙根较为严重
离孺孢叶枯病	危害叶、叶鞘、根和根颈等部位，造成严重叶枯、根腐、颈腐，导致植株死亡、草坪稀疏、早衰，形成枯草斑或枯草区。典型症状是叶片上出现不同形状的病斑，中心浅棕褐色，外缘有黄色晕。潮湿条件下有黑色霉状物。温度超过 30℃ 时，病斑消失，整个叶片变干并呈稻草色。在天气凉爽时病害一般局限于叶片。在高温高湿的天气下，叶鞘、茎、根颈和根部都受侵染，短时间内就会造成草皮变薄和枯草区	发生在画眉草亚科和黍亚科草上，而狗牙根离孺孢可以侵染所有草坪草
湾孢霉叶枯病	发病草坪草衰弱、稀薄，有不规则形枯草斑，枯草斑内草株矮小，呈灰白色枯死。草地早熟禾和细叶羊茅，病叶是从叶尖向叶基由黄变棕色变灰，直到最后整个叶片皱缩凋萎枯死，有时还能看到中心棕褐色、边缘红色至棕色的叶斑。匍匐翦股颖病叶从黄色变到棕褐色最后凋落	主要侵染画眉草亚科和羊茅亚科的草坪草

病名	症　状	危害对象
喙孢霉叶枯病	主要危害叶片、叶鞘。病叶呈烫水渍状，有梭形或长椭圆形病斑，后期叶片枯萎死亡。早熟禾、黑麦草上常为长条形、不规则形褐斑。病斑边缘深褐色，两端有与叶脉平行的深褐色坏死线，中间枯黄色至灰白色。病斑上有霉层产生。后期多个病斑汇合呈云纹状，病叶常由叶尖向基部逐渐枯死。叶鞘上的病斑可绕鞘1周，导致叶片枯黄死亡	主要危害羊茅、早熟禾、鸭茅、黑麦草和翦股颖等
锈病	锈菌主要危害叶片、叶鞘和茎秆，在感病部位生成黄色至铁锈色的夏孢子堆和黑色冬孢子堆，被锈病侵染的草坪远看是黄色的。不同锈病依据其夏孢子堆和冬孢子堆的形状、颜色、大小和着生部位等特点进行区分	所有禾草都能被侵染发病，尤其多年生黑麦草、高羊茅和草地早熟禾等受害最重
黑粉病	条黑粉病和秆黑粉病症状基本相同，单株病草在草坪上或零星分布或形成大面积斑块（斑块里的大部分草都发病）。在春秋雨季凉爽天气里，病草呈淡绿色或黄色，植株矮化，叶片变黄，根部生长减缓。随其发展，叶片卷曲并在叶片和叶鞘上出现沿叶脉平行的长条形冬孢子堆，稍隆起。最初白色，以后变成灰白色至黑色，成熟后孢子堆破裂，散出大量黑色粉状孢子，如用手触摸这些黑色的或烟灰状的粉末能被抹掉。严重病株叶片卷曲并从顶向下碎裂，甚至整株死亡。叶黑粉病的症状多种多样，与条黑粉病和秆黑粉病症状的区别在于它主要表现在叶片上，病叶背面有黑色椭圆形疤斑，即冬孢子堆，长度不超过2mm，疤斑周围褪绿。严重时，整片叶褪绿变成近白色	以早熟禾属、翦股颖属、羊茅属等草易感染此病
白粉病	白粉病菌主要浸染叶片和叶鞘，也危害茎秆和穗部。受侵染的草皮呈灰白色，受害禾草首先在叶片上出现1~2mm大小的褪绿斑点，以正面较多。之后病斑逐步扩大成近圆形、椭圆形绒絮状霉斑，初白色，后变灰白色、灰褐色。霉斑表面着生一层粉状分生孢子，易脱落飘散，后期霉层中形成棕色到黑色的小粒点。老叶发病通常比新叶严重。随着病情的发展，叶片变黄，早枯死亡	可侵染狗牙根、草地早熟禾、细叶羊茅、匍匐翦股颖、鸭茅等多种禾草
炭疽病	冷凉潮湿时，病菌主要造成根、根颈、茎基部腐烂，以茎基部症状最为明显。病斑初期水渍状，颜色变深，并逐渐发展成圆形褐色大斑，后期病斑长有小黑点（分生孢子盘）。当冠部组织也受侵染严重发病时，植株生长瘦弱，变黄枯死。 天气暖和时，特别是当土壤干燥而大气湿度高时，病菌很快侵染老叶，明显加速叶和分蘖的衰老死亡。叶片上形成长形的、红褐色的病斑，而后叶片变黄、变褐以致枯死。当茎基部被侵染时，整个分蘖也会出现以上病变过程。草坪上出现直径从几厘米至几米的、不规则的枯草斑，斑块呈红褐色—黄色—黄褐色—褐色的变化，病株下部叶鞘组织和茎上经常可看到灰黑色的菌丝体的侵染垫，在枯死茎、叶上还可看到小黑点	给1年生早熟禾和匍匐翦股颖上造成的危害最重

病名	症　状	危害对象
红丝病	红丝病的典型症状是草坪上出现环形或不规则形状、直径为 5～50cm、红褐色的病草斑块。病草水渍状，迅速死亡。死叶弥散在健叶间，使草坪呈斑驳状。病株叶片和叶鞘上生有红色的棉絮状的菌丝体（长度可达 10mm）和红色丝状菌丝束（可以在叶尖的末端向外生长约 10mm），清晨有露水或雨大时呈胶质肉状、干燥后，呈线状。红丝病只侵染叶片，而且叶的死亡是从叶尖开始	危害翦股颖、羊茅、黑麦草和早熟禾、狗牙根等属草坪草
霜霉病	霜霉病的主要特点是植株矮化萎缩，剑叶和穗扭曲畸形，叶色淡绿有黄白色条纹。发病早期植株略矮，叶片轻微加厚或变宽，叶片不变色。发病严重时，草坪上出现直径为 1～10cm 的黄色小斑块。在翦股颖属草和细叶羊茅上，典型斑块较小，一般不超过 3cm；黑麦草和早熟禾上斑块较大，每一斑块里面都有一丛茂密的分蘖，根黄且短小，容易拔起。在凉爽潮湿条件下，叶面出现白色、霜状霉层。钝叶草表现出类似病毒病害的症状，病叶上出现沿叶脉平行伸长的白色线状条斑，条斑上表皮稍微突起	危害黑麦草、早熟禾、羊茅、剪股颖等草坪草
病毒病	禾草病毒病的症状，主要表现在叶片均匀或不均匀褪绿，出现黄化、斑驳、条斑，还可观察到植株不同程度的矮化、死蘖，甚至整株死亡等。被两种或两种以上病毒侵染的植株，症状要比只受其中一种病毒侵染严重得多。病毒的不同株系引起的症状不同，并且弱毒株系可对同一病毒病的强毒株系或近似病毒产生交叉保护作用，有时还会因温度等原因出现隐症现象	钝叶草、冰草、鸭茅
钝叶草衰退病（SAD）	初期引起钝叶草叶片出现褪绿的斑驳或花叶症状，第 2 年斑驳变得更严重，第 3 年受害植株死亡，造成草坪出现枯死斑块，枯草斑块被杂草侵占。时间越长，症状越严重	钝叶草
细菌性萎蔫病	细菌病害在草坪草叶片上的症状：出现细小的黄色叶斑，叶斑可愈合形成长条斑，叶片变成黄褐色至深褐色；出现散乱的、较大的、深绿色的水渍状病斑，病斑迅速干枯并死亡；出现细小（1mm）的水渍状病斑，病斑扩大，变成灰绿色，然后变成黄褐色或白色，最后死亡。病斑经常愈合成不规则的长条斑或斑块而使整片叶枯死。在潮湿条件下可从病斑处渗出菌脓	匍匐翦股颖

二、草坪病害的防治方法

草坪病害有非侵染性病害和侵染性病害两大类，防治非侵染性病害的主要措施是改善环境条件，消除不利因素，增强草坪草的抗病能力。侵染性病害的防治措施，应从下列 3 个方面考虑：①提高寄主植物的抗病能力；②防止病原物的侵染、传播和蔓延，对已感病的草坪进行处理；③创造有利于草坪草、不利于病原生物的环境条件。

病害防治方法多种多样，按其作用原理和应用技术，可分为植物检疫法、农业防治法、生物防治法、物理防治法和药剂防治法五类。各类防治法各有其优缺点，需要互相补充和配合，进行综合防治，方能更好地控制病害。在综合防治中，应以农业防治为基础，因地制宜，合理运用药剂防治、生物防治和物理防治等措施。

（一）植物检疫

植物检疫是国家通过颁布有关条例和法令，对植物及其产品，特别是种子等繁殖材料进行管理和控制，防止危险性病害传播蔓延。主要任务有：禁止危险性病害病原物随着植物及其产品由国外输入和由国内输出；将国内局部地区已发生的危险性病害封锁在一定的范围内，不让其传播到尚未发生该病的地区，并且采取各种措施逐步将其消灭；当危险性病害传入新区时，应采取紧急措施，就地彻底肃清。因而植物检疫是病害防治的重要的预防性措施。我国绝大多数的草坪草种是从国外引入，传带危险性病害的几率较高，因此，由境外引进或调入草坪草的种子或无性繁殖材料必须执行严格的检疫措施。

植物检疫分为对内检疫和对外检疫两类。每个国家都有其对内和对外检疫性病害。随着国内外贸易发展和种子调运频繁以及危险性病害种类的不断变化，检疫性病害也不是固定不变的，必须根据实际情况进行修订和补充。在现行的植物检疫性病害中以草坪禾草作为寄主的检疫性病害有：禾草腥黑穗病、小麦矮腥黑穗病、小麦印度腥黑穗病。

（二）农业防治

农业防治又称栽培措施防治，是病害防治的根本性措施，也是最经济、最基本的病害防治方法。其防治措施有以下几种。

1. 选用健康无病的种子和繁殖材料　有些病害是随种子等繁殖材料而扩大传播的，因此，对于新建草坪，要把使用无病种子放在最重要的位置上，以免造成不必要的损失。

2. 选用抗病的草种、品种　不同种和品种的草坪草对病害的抗病性不同，因此，使用抗病品种是防治草坪病害经济有效的方法。如有可能可以通过各种育种手段，培育新的抗病品种。

3. 合理修剪　合理修剪不但有利于草坪草生长发育，使植株健壮，能够提高其抗病能力，而且结合修剪可以剪除病枝、病梢、病芽等，减少病原菌的数量。但也要注意修剪造成的伤口，伤口不仅是多种病菌侵入的门户，且伤口的伤流液有利于病菌的生长和繁殖，因此需要用喷药或涂药等措施保护伤口不受侵染。

4. 及时除草　杂草不仅影响草坪草的生长，它们还是病原物繁殖的场所。因此，及时清除杂草，也是防治病害的必要措施。

5. 消灭害虫　有些病原物是靠昆虫传播的，例如：软腐病病原菌、病毒等就是由蚜虫、介壳虫、蓟马等害虫传播的，故消灭害虫也可以防止或减少病害的传播。

6. 及时处理被害株　发现病株要及时除掉深埋，或烧毁。同时对残茬及落地的病叶、病枝等要及时清除。

7. 加强水肥管理　合理的水肥管理，可促进草坪草良好生长发育，提高其抗病能力。草坪的灌溉和排水直接影响病害的发生与发展，排水不良是引起草坪草根部腐烂病的主要原因，并引起侵染性病害的蔓延，故在低洼或排水不良的土地上建植草坪，应设置排水系统。施肥要全面、均衡，施肥时应遵循"重施秋肥、轻施春肥、巧施夏肥"的原则。

（三）生物防治

利用有益生物或其代谢产物防治植物病害的方法称为生物防治。按其作用可分为颉颃作用、重寄生作用、交互保护作用、植物诱导抗病作用等。如在草坪上，可用链霉素防治细菌性软腐病，用内吸性好的灰黄霉素可以防治多种真菌病害，对植株接种某些内生真菌可以防治高羊茅的褐斑病。

相对于化学防治，生物防治有对环境污染小、无农药残留、不杀伤有益生物等优点，因此，在病害防治中有广阔的发展前景。

（四）物理防治

物理防治主要利用热力、冷冻、干燥、电磁波、超声波、核辐射、激光等手段抑制、钝化或杀死病原物，达到防治病害的目的。各种物理防治方法多用于处理种子、草皮卷、其他繁殖材料和土壤。常用的方法有：

1. 利用热力处理　这种方法主要用于无性繁殖草坪草的热力消毒，对于草坪种子，可用温汤浸种杀死种子感染的病原菌。用 50～55℃ 温水处理 10min 即可杀死病原物而不伤害种子。

2. 利用比重法清选种子　一般携带病原物的种子比健康种子轻，利用筛子、簸箕等，把夹杂在健康种子中间的感病种子筛除，也可用盐水、泥水、清水等漂除病粒。

3. 微波　微波加热适于对少量种子等进行快速杀菌处理。目前微波炉已用于植物检疫，处理旅客携带或邮寄的少量种子与农产品。

（五）化学防治

利用化学药剂杀死或抑制病原微生物，防止或减轻病害造成的损失的方法，即为化学防治，亦称药剂防治。由于我国草坪业起步较晚，对于草坪病害的防治来讲，化学防治仍是一项重要措施。

草坪病害防治的药剂类型很多，不同的剂型、不同的药剂，其施药方式也不一样。施药方式要根据农药剂型、植物形态、栽培方式以及病原物的习性和危害特点等来确定，主要有以下几种。

1. 土壤处理　目的是杀死和抑制土壤中的病原物，防止土传病原物引起的苗期病害和根部病害。用药措施有表施粉剂、药液浇灌、使用毒土、土壤注射等，前者主要作用在于杀灭在土壤表面或浅层存活的病原物，后 3 种主要用于杀灭或抑制在土壤中分布广泛并能长期存活的病原物。土壤药剂处理目前主要用于草皮基地、局部草坪草根系周围等的土壤。

药剂处理土壤，可以引起土壤的物理化学性质和土壤微生物群落的改变。在进行土壤药剂处理前，要详细分析，以免带来不良后果。

2. 种子处理　许多病害是通过种子传播的，因此，可以通过种子消毒来防止病害的发生和传播。种子处理即是消灭种子表面和内部的病原物，同时保护种子不受土壤中病原物的侵染，若使用内吸性杀菌剂还可以使药剂通过幼苗吸收输导到地上部，使其不受病原物的侵染。常用的种子处理方法有浸种、拌种、闷种和包衣。

3. 草坪草茎叶处理　其方法主要有喷雾、喷粉 2 种。

喷雾的药剂有可溶性粉剂、可湿性粉剂、乳油和悬浮剂等，通过加水稀释均匀，利用喷雾器均匀喷洒于草坪上。雾滴直径应在 200μm 左右，雾滴过大不但附着力差，容易流失，面且分布不匀，覆盖面积小。

喷粉是用喷粉器把粉剂农药均匀喷撒在植物表面的施药方法。喷粉的药剂都是固体的粉剂，一般是在生长季节喷撒在植物上防止病原菌的侵染，也可用于地面喷撒，以杀死越冬菌源。喷粉应选择晴天无风、露水未干的早晨进行。

对于成坪草坪，应在其进入发病期前，喷适量的波尔多液或其他广谱保护性杀菌剂 1 次，以后每隔 2 周喷一次，连续喷 3 至 4 次。这样可防止多种真菌或细菌性病害的发生。病害种类不同，所用药剂也各异。但应注意药剂的使用浓度、喷药的时间和次数、喷药量等。一般草坪草叶片保持干燥时喷雾效果好，叶片潮湿时喷粉效果较好。喷药次数应根据药剂残效期长短而确定，一般 7~10d 一次，共喷 2~5 次即可。雨后应补喷。此外，应尽可能混合施用或交替使用各种药剂，以利于充分发挥药效和防止抗药性的产生。

常见草坪病害的防治方法见表 9-2-2。

表 9-2-2　常见草坪病害的防治方法

病名	危害对象	防治方法
褐斑病	能侵染所有已知的草坪草，如草地早熟禾、粗茎早熟禾、紫羊茅、高羊茅、多年生黑麦草、细弱翦股颖、匍匐翦股颖、野牛草、狗牙根、结缕草等 250 余种禾草	1. 加强草坪的科学养护管理　在高温高湿天气来临之前或其间，土壤高含 N 量会加剧病情。因此，在这个季节要少施 N 或不施 N 肥，但适量增施 P、K 肥，有利控制病情。避免串灌和漫灌，特别强调避免傍晚灌水，在早晨尽早去掉吐水（或露水）有助于减轻病情。及时修剪，过密草坪要适时打孔、梳理，以保持通风透光，降低田间湿度 2. 枯草和修剪后的残草要及时清除，保持草坪清洁卫生 3. 选育和种植耐病草种　目前没有能抵抗此病的品种，但品种间存在明显的抗病性差异，粗茎早熟禾和早熟禾较为抗病。因此，根据各地具体情况，选用相对耐病草种 4. 药剂防治　选用甲基立枯灵、五氯硝基苯、粉锈宁等 0.2%~0.4% 药剂拌种，或进行土壤处理。成坪草坪要在早期防治，北京地区防治褐斑病的第一次用药时间最好在 4 月底或 5 月初。可用代森锰锌、百菌清、甲基托布津、50% 灭霉灵可湿性粉剂、3% 井冈霉素水剂等 800~1 000 倍喷雾。也可用灌根或泼浇法，控制发病中心
腐霉枯萎病	所有草坪草都感染腐霉病，而冷地型草坪草受害最重，如草地早熟禾、细弱翦股颖、匍匐翦股颖、高羊茅、细叶羊茅、粗茎早熟禾、多年生黑麦草和暖地型的狗牙根、红顶草等	1. 改善草坪立地条件　建植前要平整土地，改良土壤，设置排水设施，避免雨后积水，降低地下水位。良好的土壤排水对有效防治腐霉枯萎病是非常重要的。在排水不良或过于紧实的土壤中生长的草坪草根系较浅，大量灌水会加重腐霉枯萎病的病情。良好的通风也有助于防治该病 2. 合理灌水，要求土壤见湿见干　无论采用何种灌溉方式，要多量少次灌水，降低草坪小气候相对湿度。灌水时间最好在清晨或午后。感病时，任何情况下都要避免傍晚和夜间灌水 3. 加强草坪管理　及时清除枯草层，高温季节有露水时不修剪，以避免病菌传播。平衡施肥，少施氮肥，适当增施磷肥和有机肥。氮肥过多会造成徒长而加重腐霉枯萎病的病情 4. 种植耐病品种，提倡不同草种混播或不同品种混合播种 5. 药剂防治用 0.2% 灭霉灵或杀毒矾药剂拌种是防治烂种和幼苗猝倒的有效的方法；高温高湿季节可选择 800~1 000 倍甲霜灵、乙磷铝、杀毒矾和甲霜灵锰锌等药剂，进行及时防治控制病害。为防止抗药性的产生，提倡药剂的混配使用或交替使用

病名	危害对象	防治方法
夏季斑枯病	可以侵染多种冷地型草坪草，其中以草地早熟禾受害最重	1. 夏季斑是一种根部病害，凡能促进根生长的措施都可减轻病害的发生。避免低修剪（一般不低于5~6cm），特别是在高温时期。最好使用缓释氮肥，如含有硫黄包衣的尿素或硫铵。多量少次灌水。打孔、梳草、通风、改善排水条件、减轻土壤紧实等均有利于控制病害发展。 2. 选用抗病草种（品种）混播或混合种植，改造发病区是防治夏季斑枯病的最有效而经济的方法之一。多年生黑麦草与高羊茅较为抗病。 3. 药剂防治 用0.2%~0.3%的灭霉灵、杀毒矾、甲基托布津等药剂拌种；用500~1 000倍（或根据具体药剂的说明）灭霉威、杀毒矾、代森锰锌等药剂喷雾，对夏季斑枯病均可取得较好的防治效果。防治的关键时期，应基于以预防为目的的春末和夏初土壤温度定在18~20℃时使用药剂。
镰刀霉枯萎病	可侵染多种草坪草，如早熟禾、羊茅、翦股颖等	1. 种植抗病、耐病草种或品种 草种间的抗病性差异明显，如：翦股颖＞草地早熟禾＞羊茅。提倡草地早熟禾与羊茅、黑麦草等混播。 2. 用0.2%~0.3%灭霉灵、绿亨一号、代森锰锌、甲基托布津等药剂拌种。在发生根颈腐烂始期，可施用多菌灵、甲基托布津等内吸杀菌剂。 3. 重施秋肥，轻施春肥。适量增施有机肥和磷、钾肥，少施氮肥。 4. 减少灌溉次数，控制灌水量以保证草坪不干旱亦不过湿。斜坡需补充灌溉。 5. 及时清理枯草层，使其厚度不超过2cm。感病草坪修剪高度不应低于4~6cm。保持土壤pH值在6~7。
币斑病	侵染早熟禾、巴哈雀稗、狗牙根、假俭草、细叶羊茅、细弱翦股颖、匍匐翦股颖、多年生黑麦草、草地早熟禾、匍茎羊茅、结缕草等多种草坪草	1. 轻施常施氮肥，使土壤维持一定的氮肥水平，是最好的防病方法。多量少次灌水，不在傍晚浇水。高尔夫球场草坪可用竹杆或软管"去除露水"来防止币斑病。不要频繁修剪和修剪高度过低。保持草坪的通风透光。 2. 目前匍匐翦股颖、早熟禾还没有较好的抗病品种，但已知草种中的有些品种容易感病，如早熟禾的Nuggett、Sydsport；紫羊茅的Dawson；多年生黑麦草的Manhattan；结缕草的Emerald。 3. 适时喷洒800~1 000倍的百菌清、粉锈宁、丙环唑等药剂。
全蚀病	翦股颖属草受害最重，也可侵染羊茅和早熟禾属草	1. 使用酸性肥料，如硫酸铵。均衡施肥，增施磷、钾肥。如要改良土壤，确实需要使用石灰时，也只能使用最粗糙的石灰（20~30目之间）以避免急剧改变土壤的pH值。保持草坪优良的排灌水系统。 2. 对于高尔夫球场，当只有小面积发病时，最好移走病草，更换新土后再铺植新的草皮。 3. 选用抗病草种。如紫羊茅、草地早熟禾、粗茎早熟禾等。 4. 用0.1%~0.3%的粉锈宁、立克锈（戊唑醇）等三唑类药剂拌种。发病初期可用上述药剂1 500倍液（按药剂说明）泼浇、灌根或喷施，能较好地控制病情。

病名	危害对象	防治方法
德氏霉叶枯病	可侵染多种草坪禾草，以草地早熟禾、小糠草、黑麦草、狗牙根较为严重	1. 选用抗病和耐病的无病种子，提倡混播或混合播种。 2. 适时播种，适度覆土，加强苗期管理以减少幼芽和幼苗发病。合理使用氮肥，特别避免在早春和仲夏过量使用，增加磷、钾肥。 3. 浇水应在早晨进行，特别不要傍晚灌水。多量少次灌水，避免草坪积水。 4. 及时修剪，保持植株适宜高度。如绿地草坪最低的高度应为5~6cm。 5. 及时清除病株残体和修剪的残叶，经常清理枯草层。 6. 播种时用种子重量0.2%~0.3%的25%三唑酮可湿性粉剂或50%福美双可湿性粉剂拌种。草坪发病初期用25%敌力脱乳油、25%三唑酮可湿性粉剂、70%代森锰锌可湿性粉剂、50%福美双可湿性粉剂、12.5%速保利可湿性粉剂等药剂喷雾。喷药量和喷药次数，可依草种、草高、植株密度以及发病情况不同而定。
离孺孢叶枯病	发生在画眉草亚科和黍亚科草上，而狗牙根离孺孢可以侵染所有草坪草	同德氏霉叶枯病。
湾孢霉叶枯病	主要侵染画眉草亚科和羊茅亚科的草坪草	同德氏霉叶枯病。
喙孢霉叶枯病	主要危害羊茅、早熟禾、鸭茅、黑麦草和翦股颖等	同德氏霉叶枯病。
锈病	所有禾草都能被侵染发病，尤其多年生黑麦草、高羊茅和草地早熟禾等受害最重	1. 种植抗病草种和品种并进行合理布局，提倡混播或混合播种，如：草地早熟禾、多年生黑麦草和高羊茅（7:2:1）的混播，或草地早熟禾不同品种的混合播种。 2. 科学的养护管理。增施磷、钾肥，适量施用氮肥；合理灌水，降低田间湿度，发病后适时剪草，减少菌源数量。 3. 药剂防治　三唑类杀菌剂防治锈病效果好、作用的持效期长。常用药剂有：粉锈宁、羟锈宁、特普唑（速宝利）、立克锈等。可在播种时按每1kg种子用三唑类纯药0.02~0.03mg拌种，或生长期喷雾。一般在发病早期（以封锁发病中心为重点时期），常用25%三唑酮可湿性粉剂1 000~2 500倍液，12.5%特普唑（速保利）可湿性粉剂2 000倍液等喷雾。修剪后，用15%粉锈宁乳剂1 500倍液喷雾，间隔30d后再用1次，防治锈病效果可达85%以上。
黑粉病	以早熟禾属、翦股颖属、羊茅属等草易感染此病	1. 种植抗病草种和品种，更新或混合种植改良型草地早熟禾品种能有效地控制病害。 2. 播种无病种子，使用无病草皮卷或无性繁殖材料建植草坪。 3. 适期播种，避免深播，缩短出苗期。 4. 用0.1%~0.3%三唑酮、三唑醇、立可锈等药剂进行拌种。对于叶黑粉病，在发病初期，用三唑类的粉锈宁等药剂喷雾。

病名	危害对象	防治方法
白粉病	可侵染狗牙根、草地早熟禾、细叶羊茅、匍匐翦股颖、鸭茅等多种禾草	1. 种植抗病草种和品种并合理布局是防治白粉病的重要措施。品种抗病性根据反应型鉴定：免疫品种不发病，高抗品种叶上仅产生枯死斑或者产生直径小于1mm的病斑，菌丝层稀薄，中抗品种病斑亦较小，产孢量较少。粗茎早熟禾、多年生黑麦草和早熟禾及草地早熟禾的 Nugget 和 Bensun 两个品种比较抗病。 2. 降低种植密度，适时修剪，注意通风透光；少施氮肥，增施磷钾肥；合理灌水，不要过湿过干。 3. 药剂品种及施药方法，可参照锈病。此外，还可选用25%多菌灵可湿性粉剂 500 倍液，70%甲基托布津可湿性粉剂 1 000～1 500倍液，50%退菌特可湿性粉剂 1 000 倍液喷雾。
炭疽病	对 1 年生早熟禾和匍匐翦股颖上造成的危害最重	1. 加强科学的养护管理，适当、均衡施肥，避免在高温或干旱期间使用过量氮肥，增施磷、钾肥；避免在午后或晚上浇水，多量少次灌水；避免造成逆境条件，保持土壤疏松；适时修剪，及时清除枯草层；种植抗病草种和品种。 2. 发病初期，及时喷洒杀菌剂控制病情。百菌清、乙磷铝 500～800 倍液喷雾，防治效果较好。
红丝病	危害翦股颖、羊茅、黑麦草和早熟禾、狗牙根等属草坪草	1. 加强科学的养护管理保持土壤肥力充足且平衡、增施氮肥有益于减轻病害的严重度，但应避免过量；土壤的 pH 值，一般应保持在6.5～7.0；及时浇水以防止草坪上出现干旱胁迫，多量少次浇水，时间应在上午，避免午后浇水。 2. 草坪周围的树木和灌木丛，或设计风景点时要精心布局，增加草坪日照和空气对流。 3. 适当修剪，及时收集剪下的碎叶集中处理，以减少菌量。 4. 种植抗病草种和品种。 5. 在科学养护管理的基础上，进行必要的化学防治。发病初期可用代森锰锌、福美双等药剂喷雾。
霜霉病	危害黑麦草、早熟禾、羊茅、剪股颖等草坪草	1. 确保良好的排水条件，保证灌溉或降雨后能及时排除草坪表面过多的水分。 2. 合理施肥，避免偏施氮肥，增施磷钾肥。 3. 发现病株及时拔除。 4. 药剂防治用 0.2%～0.3%瑞毒霉、乙磷铝、杀毒矾等药剂拌种或用其 1 500～2 000 倍液喷雾，都可取得较好的防治效果。
病毒病	钝叶草、冰草、鸭茅	1. 种植抗病草种和品种，混播或混合播种。 2. 治虫防病是防治虫传病毒病的有效措施，通过治虫来达到防病的作用，灌水可以减轻线虫传播的病毒病害。 3. 加强草坪管理能有效地减轻病害。避免干旱胁迫，平衡施肥，防治真菌病害等措施均有利于减少病毒危害。 4. 化学防治目前没有直接防治病毒病的化学药剂，但可试用抗病毒诱导剂 N3－83 等。
钝叶草衰退病（SAD）	钝叶草	1. 种植钝叶草抗病品种 Floratam 或与其他品种混合播种。 2. 治虫防病是防治虫传病毒病的有效措施，通过治虫来达到防病的作用。 3. 避免干旱胁迫，平衡施肥，防治真菌病害等措施均有利于减少病毒危害。 4. 化学防治试用抗病毒诱导剂 N3－83 等。

续表

病名	危害对象	防治方法
细菌性萎蔫病	匍匐翦股颖	1. 种植抗病品种并采取多品种混合播种是防治细菌萎蔫病害的有效措施。匍匐翦股颖的 Toronto（C－1S）、Nimisilla、Cohancey 品种和狗牙根的 Tifgreen 品种易感染此病。 2. 精心管理，合理水肥，注意排水，适度剪草，避免频繁表面覆沙等措施都可减轻病害。 3. 药剂防治抗菌素如土霉素、链霉素等对细菌性萎蔫病有一定的防治效果。要求高浓度，大液量，一般有效期可维持 4～6 周，但价格昂贵，只能在高尔夫球场作为发病时的急救措施，而真正解决问题的办法还是补种抗病品种。

第三节　草坪虫害类型与发生特点

在草坪草生长发育过程中，往往遭受到很多有害动、植物的侵害，影响草坪草生长、降低草坪品质。在有害动物中，绝大部分是昆虫。为了确保草坪的正常、优质，就必须对有关害虫进行有效的控制，从而获得良好的草坪外观和最佳的使用质量。

一、草坪虫害类型及常见害虫

（一）草坪虫害类型

依据动物学的特征，草坪害虫属节肢动物门，可以分为昆虫纲动物和蛛形纲动物。昆虫纲害虫主要包括直翅目、同翅目、半翅目、鞘翅目、鳞翅目、双翅目、膜翅目、缨翅目、脉翅目等目的昆虫。蛛形纲害虫主要包括蜘蛛和螨类。

草坪害虫主要是通过咀嚼和刺吸来危害草坪草。它们直接吞食草坪草的组织和汁液，有时也传播病害，从而减少或抑制草坪草的正常生长。按它们对草坪草的危害方式，可分为食根昆虫、食枝条昆虫和掘穴昆虫三大类。

依据草坪害虫的栖息、取食部位、生态条件的不同，可将草坪害虫划分为土栖类、食叶类、蛀茎潜叶类和刺吸类四个生态类型。它们有些是历年发生的严重害虫，有些是偶发性害虫，有些是次要害虫，有些是潜在性害虫。潜在性害虫则可能随生态条件改变和气候的变迁而成为重要害虫。

（二）常见草坪害虫

常见的草坪害虫见表 9－3－1。

表 9－3－1　常见草坪害虫特征与危害

类别	名称	特征	危害
食根昆虫	蛴螬	鞘翅目金龟科幼虫的统称，成虫一般不采食草坪草。蛴螬头部黄褐色，较坚硬；身体乳白色，柔软，多皱褶和细毛；有 3 对发达的胸足；腹部无足并向腹面弯曲，身体呈"C"状；咀嚼式口器发达，主要取食禾草根部	损伤草坪草根系，造成危害，甚至死亡

类别	名称	特征	危害
食根昆虫	象虫	鞘翅目象甲科幼虫的统称。体型大小和颜色各异，但共同特点是，成虫呈黑色，头有一部分延伸成象鼻状或鸟喙状，长0.6~2.1cm，咀嚼式口器生在延伸部分的端部。身体坚硬。跗节5节。腹部可见节5节。幼虫身体柔软，呈白色，肥胖而弯曲，光滑或有皱纹。头发达，呈橙褐色，背部黑色，体长1.5~2.4cm，没有足。气门二孔式	采食草坪草
	金针虫	鞘翅目叩头虫甲科昆虫幼虫的统称。金针虫身体细长，圆柱状，略扁；多为黄色或黄褐色；体壁光滑、坚韧，头和体末节坚硬。成虫体狭长，末端尖削，略扁；多暗色；头紧镶在前胸上，前胸背板后侧角突出呈锐刺，前胸与中胸间有能活动的关节	咀嚼草根
食枝条昆虫	草坪野螟	属鳞翅目螟蛾科的幼虫。成虫体为中至小型。有单眼，触角细长，下唇须伸出很长，如同鸟喙。足细长。前翅常呈狭窄三角形，后翅宽阔扇状。昼伏夜出，有趋光性。幼虫光滑只有少数刚毛，有3对胸足，5对腹足。蛹多裸露，包于丝质茧内。食性杂，初孵幼虫取食嫩叶，3龄后食量大增，可将叶片吃成缺刻、孔洞，仅留叶脉，造成草坪出现褐色的斑块	咀嚼叶鞘基部附近的叶
	黏虫	属鳞翅目夜蛾科的幼虫。成虫体长1.6~2.0cm，翅展4.0~4.5cm，体色淡灰褐色或黑褐色，雄蛾色较深。前翅中室外端有2个淡黄色圆斑，后翅内方淡灰褐色，向外方渐带棕色。幼虫，一般6龄，体色变化较大。末龄幼虫体长3.8cm左右，头部淡黄褐色，沿蜕裂线有褐色纵纹，呈"八"字形。左右颅侧区有褐色网状纹。圆筒形，体背有5条纵线；背线白色较细，两侧各有两条黄褐色至黑色纵线，上下镶有灰白色细线的宽带，腹足基节有阔三角形黄褐色或黑褐色斑，大发生年体色较深	咀嚼草叶，严重的可毁灭整个草坪
	地老虎	属鳞翅目夜蛾科的幼虫。成虫为中至大型，色深暗，体较粗壮，多毛。触角雌的多为线形；雄的多为羽毛状。前翅狭，三角形，多灰暗，密被鳞毛，常形成环状、肾形等斑纹和各种带纹；后翅比前翅阔，多为灰白色或灰色。幼虫粗壮，光滑少毛，颜色较深，具3~5对腹足	咀嚼草坪表面及地表下禾草枝条
	长蝽	半翅目长蝽科。触角4节，具单眼，前翅膜片具5条纵脉。体小型至中型，以小型为多。大部分种类体色灰暗，灰黄色、黄褐色至黑色不等，只少数属种具有鲜红的体色。体壁坚实。体形多样，多数为长椭圆形	吸食时将唾液注入植株，在干热条件下，草坪草褪绿，最后死亡
	蚜虫	同翅目蚜科。体微小而柔软。触角长，通常为6节，丝状，上有感觉孔。腹部第六节背面两侧有1对腹管。分有翅和无翅2型。前后翅膜质，前缘具有翅痣。刺吸植物汁液，并能传播植物病毒	受害草坪草先呈黄色，然后枯黄，最后棕褐色，植株死亡
	瑞典秆蝇	双翅目秆蝇科。成虫体小，多为绿色或黄色。后头顶毛相同或无。翅前缘脉在亚前缘末端中断，无臀室。幼虫圆柱形，多数钻蛀在茎内	在炎热干燥条件下，感染植株会死亡
	叶蝉	同翅目叶蝉科昆虫的通称。体长约0.5cm。触角刚毛状，着生于头前方两复眼之间。前翅革质。后足发达，善跳跃，腿节下方有1列或2列刺状毛。雌虫有锯状产卵器，产卵于植物组织内。刺吸植物汁液，有些种类还能传播植物病毒	吸取植物汁液，引起褪绿和妨碍生长，禾草幼苗被严重损害以致需要重播

类别	名称	特征	危害
食枝条昆虫	螨类	蜱螨目的统称。常生活于植株叶片上。头部与腹部愈合，不分节，体小，在 0.1cm 以下。一般圆形或椭圆形，多半为红色、暗红色或暗绿色	刺吸植物汁液，采食草坪草，引起叶斑，不断采食会引起褪绿，以致死亡
	介壳虫	同翅目盾蚧科。大多数虫体上被有蜡质分泌物。雌雄异体。雌虫无翅，雄虫有 1 对膜质前翅，后翅特化为平衡棒；针状口器	吸取茎叶汁液，引起草坪草凋萎，死亡
掘穴昆虫	蚂蚁	膜翅目蚁科。一般体小（0.05 ~ 3cm），颜色有黑、褐、黄、红等，体壁具弹性，光滑或有毛。口器咀嚼式，上颚发达。触角膝状，4 ~ 13 节，柄节很长，末端 2 ~ 3 节膨大。腹部第 1 节或 1、2 节呈结状。有翅或无翅。前足的距离大，梳状，为净角器（清理触角用）	群居于草坪时，挖出大量土壤，在地表形成土堆，破坏草坪的一致性；在刚播的位点，还会搬走种子
	周期蝉	同翅目蝉科。多生活在热带亚热带和温带地区，寒带较少见。最大的蝉体长 4 ~ 4.8cm，翅膀基部黑褐色。幼虫栖息土中 13 年或 17 年	成虫吸取草坪草茎叶汁液，幼虫吸取根系汁液，且在孵化出洞时在草坪上产生大量的小洞
	杀蝉泥蜂	属膜翅目泥蜂总科。体壁坚实，体长 2.0 ~ 5.0cm。体色暗，具红色或黄色斑纹。口器咀嚼式。上颚发达，足细长。雌性腹部末端螫刺发达，一些种类的头或体上由浓密的银色毛组成斑。幼虫无足，有些在胸部和腹部侧面具有小突起。完全变态	可在草坪上形成土堆

二、草坪虫害的危害

我国地域辽阔，气候条件、土壤条件复杂多样，危害草坪的害虫种类也非常复杂。它们严重地威胁着草坪草的生长和发育，极大地破坏了草坪对环境的绿化和美化效果。其危害主要表现在：

（一）取食草坪草的根部，造成草坪的退化和死亡

如蝼蛄、金针虫、象虫、蛴螬等害虫的危害。使草坪草生长衰弱、枯萎致死，影响草坪的外观和使用质量，破坏绿地景观的完整性及其美学效果，带来严重的经济损失。

（二）卷缩或蚕食植物叶片，影响草坪植物的生长、发育及其观赏价值

一些蚜虫、木虱、食心虫、卷蛾、卷叶象和螟蛾等害虫，常使绿地植物的叶片卷曲，皱缩成团，使植物的顶梢弯曲或枯萎。一些鳞翅目、鞘翅目、直翅目和膜翅目害虫如：舞毒蛾、天幕毛虫、榆紫金花虫、杨毒蛾、柳毒蛾、美国白蛾、刺蛾和叶蜂等害虫经常在绿地植物上猖獗成灾，把成片的草地和树木的叶片全部吃光，使绿地失去其观赏价值。

（三）蛀食植物的叶片、花、枝干和顶梢，造成植物萎蔫、枯黄和死亡

不少害虫，如象虫类、茎蜂类、小卷蛾类和螟蛾类害虫等，经常危害植物的梢部和枝干。植物受害后，嫩梢萎蔫、枯黄，甚至枯死。严重影响了草坪的绿化景观效果。

（四）刺吸植物组织，影响草坪草生长发育，造成植株萎蔫、褪色、死亡

一些半翅目、同翅目、缨翅目昆虫、蛾类，叶蝉、蚜虫、介壳虫、蓟马、红蜘蛛及螨

类等，经常吸取植物汁液，造成植物营养物质的匮乏，使草坪植物器官组织褪色、生长缓慢，严重时导致植物枯萎、死亡。

（五）害虫孳生、随处迁移、污染环境

有些害虫，如草履蚧，在草坪上吐丝，随处迁移。蚜虫排出蜜露，使植物表面以及附近的地方被黑色的排泄物污染，并造成病菌滋生。

（六）影响人畜安全

有些害虫，如蟎类、跳蚤类、蜱类能够吸食人畜血液，传播疾病；刺蛾、毒蛾和枯叶蛾等害虫，被有毒毛，人接触后可产生皮肤过敏等不良症状。草坪是人类休闲的地方，这些害虫的存在，将威胁到人们的安全，造成外伤和诱发疾病。

此外，还有一些害虫，如蚂蚁、周期蝉、杀蝉泥蜂等，不但能够通过掘穴影响到草坪的景观效果，有时还会采食草坪草。

三、草坪虫害的发生特点

（一）虫害发生的条件

发生虫害，需要一定的条件。首先，必须有害虫的来源（简称虫源），而在相同的环境条件下，虫源发生基数愈大，发生虫害的可能性就越大。其次，害虫必须在有利的环境条件下，繁殖发展到足以危害草坪的群体数量。最后，有些害虫只能在寄主植物一定的生育期才能形成危害或危害程度更为严重。如二叉蚜最喜幼苗，常在苗期开始危害。长管蚜喜光照，较耐潮湿，多分布在植株上部和叶片正面，抽穗灌浆后，繁殖量大增，并集中穗部危害。

（二）虫害发生的影响因素

虫害能否大量发生和严重危害，受两方面因素的影响，即内部因素（繁殖力、适应性、危害习性等）和外部因素（环境条件）。

1. 内部因素　该因素对害虫能否大量发生和危害程度起着决定作用。内部因素主要包括害虫的繁殖力、适应性和生态习性。

昆虫是卵生动物，其生殖方式有两性生殖和孤雌生殖2种。绝大多数昆虫为两性生殖，少数为孤雌生殖（或称单性生殖）。即使有一头雌虫被带到新的地方，如果环境条件适宜，也可以在这个地方繁殖起来，因此，孤雌生殖对昆虫的分布有重要作用。有的昆虫一个时期进行两性生殖，一个时期进行孤雌生殖。两种生殖方式交替进行，称异态交替，如蚜虫。有些昆虫可以同时进行两性生殖和孤雌生殖。如蜜蜂，在交配后产下的受精卵发育成雌蜂（蜂王和工蜂），未受精卵发育成雄蜂。还有的昆虫可以由一个卵发育成两个到几百个，甚至上千个个体，称为多胚生殖，如一些内寄生蜂。有些昆虫的卵是在母体内发育成幼体后才产出来的，称为卵胎生。蚜虫不经交配直接胎生幼蚜，所以，称为孤雌胎生生殖。昆虫的繁殖力很强。如小地老虎，一头雌蛾一生可产卵800～1 000粒，最多可达2 000余粒；蜜蜂、白蚁甚至可产几万至几百万粒卵。有些种类产卵则较少，如非洲蝼蛄只产60～80粒卵；蚜虫每头只产60～70头若蚜，但繁殖速率高，仍具有惊人的繁殖力。

昆虫的个体发育，可分为两个阶段：第一阶段在卵内进行至孵化为止，称为胚胎发育；第二阶段从孵化后开始到成虫性成熟为止，称为胚后发育。昆虫从卵中孵化后，在生长发育过程中要经过一系列外部形态和内部器官的变化，才变为成虫，这种现象称为变

态。昆虫的变态可以分为两大基本类型，即不完全变态和完全变态。不完全变态的昆虫具有 3 个虫期，即卵、若虫、成虫。其幼体与成虫在外形上很相似，仅个体大小、翅及生殖器官发育程度不同，故称若虫。除个别种类外，其若虫与成虫的生活习性基本相同。如蝗虫、蝽类、蚜虫等。完全变态具有 4 个虫期，即卵、幼虫、蛹、成虫。其幼虫与成虫在形态和生活习性上完全不同，如金龟子、蛾、蝶、蜂、蝇等。

昆虫的幼虫期（或若虫期）是昆虫的取食生长时期，也是主要危害时期。因昆虫为外骨骼动物，坚硬的体壁，限制了它的生长，所以昆虫生长到一定程度，必须将束缚过紧的旧表皮蜕去，重新形成新表皮。昆虫在蜕皮前后，不食不动，抵抗力很差，是利用药剂触杀的较好时机。幼虫每蜕一次皮，虫体的重量、长度、宽度、体积都显著增大，在形态上也会发生相应的变化。两次蜕皮间的时期称龄期。从孵化出来到第一次蜕皮，称为第一龄期，此时的幼虫称 1 龄幼虫（或若虫）；第一次与第二次蜕皮之间为第二龄期，余者依此类推。由孵化到幼虫化蛹称为幼虫期。幼虫（若虫）龄期不同，食量与活动范围差异很大。一般在 2、3 龄前，活动范围小，取食少，抗药能力差；幼虫生长后期，则食量骤增，常暴食成灾，且抗药性增强。所以，在害虫防治上，常要求将其消灭在 3 龄前或幼龄阶段。掌握昆虫蜕皮、龄期及其习性，与虫害防治有着密切的关系。

完全变态的幼虫老熟后便进入蛹期。蛹表面上不食不动，内部进行着分解旧器官、组成新器官的剧烈地新陈代谢作用。所以，蛹期是昆虫生命活动中的薄弱环节，易受损害。了解这一生理学特性，就可利用这个环节来消灭害虫和保护益虫。如翻耕土地、灌深水等都是有效的灭蛹措施。

若虫或蛹经过最后一次蜕皮变为成虫即为羽化。成虫主要是交配产卵，繁殖后代，因此，成虫期是昆虫的生殖时期。有些昆虫羽化后，即可交尾、产卵，这类成虫的口器往往退化，寿命很短，一般对作物危害性不大。大多数昆虫羽化为成虫后，需要继续取食、补充营养，使性器官成熟，才能交配产卵。有些昆虫性发育必须有一定的营养补充，如蝗虫、椿象等。也有一些成虫没有取得补充营养时，也可以交配产卵，但产卵量不高，而取得丰富的营养后，可以大大提高繁殖力。如黏虫、地老虎等。昆虫的产卵期短的只有几天，长的可达几个月。通常喷药防治虫害时，多在成虫产卵盛期进行杀灭虫卵，防治效果较好。

2. 环境因素　了解昆虫种群对环境条件的要求，以及它在环境条件作用下的消长规律，就能主动的改造环境，使之不利于害虫而有利于农业生产和益虫的保护，为消灭和控制害虫的发生创造条件。影响虫害发生的环境因素主要有气象因素、土壤因素和生物因素三方面。

（1）气象因素包括温度、湿度、光照、风、降雨、气压等。在自然条件下，这些因素是综合作用于昆虫的。

昆虫是变温动物，它的体温基本上决定于环境温度。因此，环境温度对昆虫的生长、发育和繁殖有极大的影响。另一方面，温度还通过影响食物、天敌和其他气候因素，间接作用于昆虫。昆虫在过高或过低的温度下，生长会停滞，甚至休眠。温度对昆虫的繁殖力影响也很大，在最适温区内，昆虫的性成熟随温度的升高而加快，产卵前期缩短，产卵量也较大。温度过低或过高，都能使其繁殖力下降。如黄地老虎蛹的发育最适温度为 17 ~ 20℃（相对湿度 65% ~ 85%），当温度为 10 ~ 12℃时，羽化后成虫繁殖力下降 50%；当温度高达 30℃时，羽化后成虫的繁殖力只有正常的 10%。小地老虎也有类似的情况。温度对昆虫地理分布的影响也很显著。如东亚飞蝗不能生存在冬季平均温度 -4℃ 以下的地区；水稻三化螟不能分布在冬季平均温度 -3.5℃ 以下的地区。

水是昆虫必需的生存条件。不同种类的昆虫，虫体含水量不同，不同虫期，虫体的含水量也不同，通常幼虫期含水量高，越冬期含水量低。昆虫主要是从食物中获得水分，有些种类也可直接饮水，如蜜蜂、蛾类等，并以此调节体温。如果昆虫体内的水分失去平衡，就会使正常的生理机能受阻，严重时，导致死亡。昆虫对湿度的反应，也和温度一样，有一定适宜范围，但不如对温度反应明显，适应范围也较温度为大。湿度对昆虫生长的影响，主要在于制约昆虫的种群数量。一般，在湿度适应范围内，较低湿度能延缓昆虫发育时期，反之则加速其发育。湿度对昆虫的繁殖力、成活率都有显著的影响，如黏虫当温度在 25℃ 时，相对湿度 60% 以下的产卵数，仅有在相对湿度 90% 以上的一半；湿度高时，其卵的孵化率和幼虫成活率也较高，如黄地老虎。降雨可以直接影响昆虫的数量变化，因为湿度与降雨有着密切的关系。湿度远较温度变化大得多，所以，降雨和湿度常常成为影响许多害虫当年发生量和危害程度大小的主要因素。如小地老虎、棉铃虫等，生长发育和繁殖都需要较高的湿度，常在多雨时猖獗发生。暴雨对弱小的昆虫和虫卵等有机械地冲刷和杀伤作用。如蚜虫和一些初孵化的幼虫遇暴雨后，死亡率很高，常使虫口显著下降。

实际上，温度和湿度是综合作用于昆虫的。对一种昆虫来说，在适宜的温度范围内，对不适宜的湿度适应能力较强。同样，在适宜湿度范围内，昆虫对不同温度的适应能力也较强。

许多害虫对 330～400nm 的紫外光非常敏感，夜间活动的昆虫多趋向这种光源的习性。黑光灯的光源在 360nm 左右，所以诱虫最多。还有些昆虫，如蚜虫对 550～600nm 的黄光有反应，因此，它们在白天活动飞翔时，可以用黄色诱杀。一般可见光的强度对昆虫的生长发育没有直接关系。但一定剂量以上的 X 射线和 γ 射线对昆虫有杀伤、抑制或使其不育的作用。光照对昆虫的年生活史影响很明显。它不但影响昆虫的活动规律，而且对昆虫的滞育也有显著的影响。

风有利于一些昆虫的迁移和分布，也能阻碍另一些昆虫的活动。对一般昆虫来说，风常与温度、湿度共同作用，影响其体内水分的蒸发。

昆虫受大自然中气候因素影响很大，但受栖息地的气候，即小气候的影响更为重要。有时大气候虽不适合某种害虫的发生，但由于栽培条件、地理环境等影响，小气候却非常适合，仍会引起害虫的大发生。

（2）土壤因素中的温度、湿度、物理结构、酸碱度等，对一些长期生活在土壤中或某些虫态潜居在土壤中的昆虫的生长、发育、活动规律和分布等都有很大的影响。

由于太阳辐射、降水和灌溉、耕作等各种因素的影响，土壤表层温、湿度的变化很大，越向深层变化越小。随着土壤日夜温差和 1 年内温度变化的规律，生活在土壤中的昆虫，常因追求适宜的温度条件而做规律性的垂直迁移；大雨、灌水造成土壤深层水分暂时过多的状态，也可以迫使昆虫向下迁移或大量出土。

土壤质地及酸碱度也影响害虫的活动。如蝼蛄喜欢生活在含沙较多且湿润的土壤中；在黏性很大且板结的土壤中发生很少。金针虫多喜酸性（pH 值 5～6）土壤；小麦吸浆虫则适宜生活在碱性（pH 值 7～11）土壤中。

土壤条件除对昆虫直接影响外，还可以通过影响植物，间接影响昆虫。

（3）生物因素主要包括植物、动物和人等。

昆虫有不同的食性。对植食性昆虫来讲，不同的植物能够影响其生长发育和繁殖。各种昆虫都有自己的取食范围，在取食适宜食物时，生长发育快，死亡率低，繁殖力强。例如：东亚飞蝗能取食禾本科、豆科、锦葵科、茄科、旋花科等多个科的植物，但以禾本科、莎草科中的一些种类最为适宜，取食这类植物，不仅发育良好，而且产卵率高。同种植物的不同发育阶段，对昆虫的影响也不相同。

在农业生态系统中，昆虫处于食物链的某个位置。食物链中任何一个环节的变化，都会造成整个食物链的连锁反应。如果人工创造有利于害虫天敌的环境或引进新的天敌种类，及增加某种天敌的数量，都可有效地抑制害虫，并会改变整个食物链的组成。

昆虫的天敌有动物或使其致病的微生物。如捕食性的瓢虫、草蛉、食蚜蝇等；寄生性的赤眼蜂、金小蜂、寄生蝇等；能使昆虫致病的苏云金杆菌、杀螟杆菌、多角体病毒等，以及食虫蜘蛛、蛙类、鸟类等。它们都可以消灭大量害虫，对害虫的发生有显著的抑制作用。

（三）虫害的发生

草坪虫害的发生，必须具备三个条件，即虫源，有利的环境条件和寄主植物。

草坪害虫数量的激增，引起其猖獗危害，即所谓虫害的"大发生"。造成害虫消长的原因，是由于在一定环境条件作用下，害虫的发育速度、成活率和繁殖力变化的结果。也就是内部因素和环境因素共同作用于昆虫的结果。种群变化的内因，即"种"所具有的特性，如繁殖力、世代长短、适应性等，这些变化对于一个种来说，在历史进化过程中是不会重复的。所以有些种的数量很多，常严重危害草坪；而另一些种的数量很少不能对草坪造成大的伤害。另一类是由于环境条件，即外因对"种"的特性发生作用引起的变化，这种变化可以发生在多年内，也可以在很短的时期内发生。当环境条件超出了某种昆虫已经适应了的当地正常环境而发生激烈的改变时，如果这一变化破坏了有机体与生存条件之间的统一性，其结果就会使种的繁殖力变弱，或使之滞育，死亡率增加，从而引起种群数量的下降。如严冬、秋季的寒潮、夏季不正常的湿凉等，都会导致昆虫种群数量的减少。反之，如果环境条件变得更适合"种"的要求时，会使害虫某一种群成活率和繁殖力提高，有时还可使其发育速度加快，增加发生世代，种群数量显著上升，引起草坪虫害的大发生。

由于各种昆虫要求的生活条件各不相同，因此，同一种环境因素，对不同种昆虫的作用也是不相同的。各种因素对不同种害虫的发生动态所起的相对作用是有很大变动的。

此外，人为因素对改变昆虫的数量，控制其发生也起着重要作用。人类积极的、有目的地农业活动，可以创造有利于植物生长发育而不利于害虫繁殖的条件，从而可以在一定程度上控制害虫的发生。

四、草坪虫害的防治方法

草坪害虫防治并不是要求将害虫彻底消灭，而是要求控制害虫的发生数量不足以造成草坪的经济损失，即防治害虫是指控制虫害。在草坪生态系统中，取食草坪的昆虫种类很多，但造成虫害的种类往往只有几种。

由虫害发生的条件可知，害虫防治的主要途径有三。

（1）控制田间的生物群落，即争取减少害虫的种类与数量，增加有益生物的种类与数量。

（2）控制主要害虫种群的数量，使其被控制在足以造成作物经济损失的数量水平之下。具体措施可以从三方面考虑：①消灭或减少虫源；②恶化害虫发生危害的环境条件；③及时采取措施控制害虫在大量发生危害以前。

（3）控制草坪植物易受虫害的危险生育期与害虫盛发期的配合关系，使草坪草能避免或减轻受害。

按照各类防治方法的性质和作用，草坪虫害的防治方法通常可分为五类，即植物检疫、农业防治、生物防治、物理机械防治、化学防治。这些方法各有利弊，要全面考虑，综合防治。

（一）植物检疫

植物检疫，又称法规防治。是指一个国家和地区，明令禁止人为地传入或传出某些危险的病、虫、草害，或者在传入以后，限制其传播和蔓延。

1992 年我国规定的检疫植物危险性病、虫、杂草有 84 种，分为一类和二类。其中一类危险性害虫包括菜豆象、地中海实蝇、谷斑皮蠹等 10 种。二类危险性害虫包括美国白蛾、稻水象甲、巴西豆象等昆虫、蛹虫和软体动物 30 种。

1. 植物检疫的任务主要有：

（1）做好植物及植物产品的进出口或国内地区间调运的检疫检验工作，杜绝危险性病、虫、杂草的传播与蔓延。

（2）查清检疫对象的主要分布及危害情况和适生条件，并根据实际情况划定疫区和保护区，同时对疫区采取有效的封锁与消灭措施。

（3）建立无危险性病、虫的种子、苗木基地，供应无病、虫种苗。

2. 根据植物检疫任务的不同，植物检疫可包括以下两方面内容：

（1）对外检疫：防止将危险性病、虫、杂草随同植物及植物产品（如种子、苗木、块茎等）由国外传入和由国内传出。

（2）对内检疫：当危险性病、虫、杂草已由国外传入或在国内局部地区发生，应将其限制、封锁在一定范围内，防止传播蔓延到未发生的地区，并采取积极措施，力争彻底肃清。如对局部发生的检疫对象如苹果绵蚜、葡萄根瘤蚜等，将其发生地区划为疫区，严格禁止带有检疫对象的种子、苗木和农产品调运出区外，把检疫对象封锁在疫区内，并在疫区内加强防治逐步压缩发生面积，力争彻底肃清。

（二）农业防治

农业防治即利用栽培措施防治草坪害虫。栽培措施对害虫发生消长的影响是多方面的，每一项具体措施对害虫发生消长的作用大小，往往受到多种条件的限制，因此，在生产中采取的各项措施，需与其他防治方法进行综合协调，才有可能收到显著的效果。

目前，常用的栽培措施有：

1. 改变害虫生活环境条件 自然生态条件发生变化，必然引起生物群落剧烈改变，彻底破坏某些害虫的适生环境，从而抑制害虫的发生发展。

2. 整地和有关措施的运用 土壤不仅是草坪草生长的基质，还是许多害虫生活和栖息的场所。土壤环境的变化不但影响草坪的生长发育，也影响害虫的发生发展。整地耕翻是不可缺少的栽培技术措施，它对害虫有着重要影响：直接将地面或浅土中的害虫深埋使其不能出土，或将土壤中害虫翻出地面使其暴露在不良气候或天敌侵袭之下；可直接杀死一部分害虫；可以改善土壤理化性质，调节土壤气候，提高土壤保水保肥能力，促进草坪草健壮生长，增强抗虫能力，从而对害虫的发生危害产生影响。

3. 合理施肥 合理施肥对害虫的防治也可起到多方面的作用：改善草坪的营养条件，提高草坪的抗虫能力；促进草坪草的生长发育，加速虫伤部分愈合；改变土壤性状，使土壤中害虫的生活环境恶化；直接杀死害虫。

4. 播种事项的改进 选用抗虫草种和品种、调节播种期、改变作物生育期、适当调整播种深度均可达到防治虫害的目的。适当提早或延迟播种期，避开害虫的高发期，可使草坪避免或减轻受害。

5. 加强草坪管理 草坪管理涉及多种栽培措施。合理的修剪，及时排灌，适时清除枯草层，均有利于草坪生长发育，而不利于害虫的发生。

（三）生物防治

生物防治是指利用生物有机体或它的代谢产物来控制害虫种群，使其不能造成损失的方法。生物防治主要包括利用天敌昆虫、病原微生物、捕食性动物和昆虫激素等方法。

1. 利用天敌昆虫防治害虫 我国近年来利用澳洲瓢虫来防治吹绵蚧；利用平腹小蜂防治荔枝蝽象；种用赤眼蜂防治甘蔗螟虫、松毛虫、玉米螟、松梢螟、稻纵卷叶螟、棉铃虫等，都已取得成功并在生产上日益扩大利用。利用天敌昆虫防治草坪害虫，具有方法简便，经济有效，安全可靠，对生态系统中其他非目标生物无害等优点。我国幅员辽阔，可供利用的天敌昆虫资源十分丰富，应用潜力很大。其途径和方法有：利用自然天敌昆虫；人工大量繁殖释放天敌昆虫；从外地或国外引进天敌昆虫。

2. 利用病原微生物防治害虫 当前，能够对昆虫致病的微生物已陆续在生产上得到应用，并取得了较好的效果。这些病原微生物主要包括细菌、真菌、病毒、立克次氏体、原生动物和线虫等，我国应用最多的是真菌、细菌和病毒，其中主要的是苏云金杆菌和白僵菌。

3 利用其他有益生物防治害虫 这些有益生物包括：节肢动物门蛛形纲蜱螨目的一些捕食性和寄生性种类、两栖类动物和鸟类。两栖类有蟾蜍、蛙和雨蛙，这些蛙的捕食对象为各种小型昆虫。食虫鸟类也很多，约占鸟类总数的一半以上，且绝大多数益鸟捕食害虫。

4. 利用昆虫不育技术防治害虫 导致昆虫不育的技术手段，目前应用的主要是辐射、化学不育剂和遗传操纵等。

5. 利用昆虫激素和信息素防治害虫 昆虫的激素调节昆虫生长、发育、蜕皮变态等生理过程。应用于害虫防治的主要有保幼激素和蜕皮激素两类。各种保幼激素对昆虫的作用有以下几方面：阻止正常变态或导致异常变态；打破滞育，使已滞育的昆虫解除滞育从而失去对恶劣环境的抗性而死亡；致使成虫不孕或卵不能孵化。蜕皮激素在昆虫幼虫期施用，可使昆虫立即脱皮，过量则致死亡。用于蛹则可使蛹再次脱皮变成第2次蛹，但不能成活。对成虫使用很高剂量的蜕皮激素虽不能使其再行蜕皮，但可导致不孕。

昆虫的信息素即昆虫的外激素。目前用于防治害虫的主要是性信息素，许多昆虫的性信息素结构已经明了，某些昆虫的性信息素已能人工合成并可投入使用。

（四）物理机械防治

应用简单工具以及光、电、辐射等物理技术来消灭害虫，或改变物理环境，使其不利于害虫生存、阻碍害虫侵入的方法，称为物理机械防治法。其具体措施有：

1. 捕杀 直接利用人力或简单工具，捕杀在小面积的草坪、花木上的害虫，特别是在害虫群聚阶段，效果更好。

2. 诱杀 即利用害虫对某些物质或条件的强烈趋向，将其诱集后捕杀。常用的方法有：灯火诱杀、潜所诱杀、饵木诱杀。

3. 高温的利用 主要用于消灭种子所携带的虫卵或害虫。如：用50～55℃温汤浸种10min，可以杀死象甲幼虫。

（五）化学防治

化学防治法就是利用化学药剂的生物活性来防治害虫，也称为药剂防治。尽管化学防治有副作用，如破坏生态平衡、污染环境以及威胁人类健康等，但在害虫的综合防治中，它具有其他防治方法不可比的优点如见效快、应用广泛、经济有效等。因此，在草坪虫害防治中，化学防治仍然是必不可少的有效措施。

各种药剂，必须按照一定的用量，均匀地散布到被保护的植物体、害虫生活的环境或害虫身体上，才能发挥其杀虫作用。散布的方法，依药剂的剂型及其作用于害虫的途径及使用场合而有所不同。主要的使用方法有：

1. 喷粉 这是散布粉剂最常用的方法，主要借助于喷粉机械来实现。此法不需水，工效高，使用方便，但用药量大，易飘散，最好在草坪湿度较高时使用。

2. 喷雾 可用来喷洒可湿性粉剂、乳油、胶悬剂、水溶剂等，其特点为用药量少，漂移性小，药效高，但需要大量的水、工效低，最好在天气干燥时喷洒。

3. 拌种 将药剂与种子按一定的重量比混匀，使药剂附着在种子表面，可分为干拌种和湿拌种2种方法。

4. 熏蒸 利用能在常温下气化的药剂——熏蒸剂，蒸发成气体毒杀害虫，主要用于防治温室、仓库和其他密闭容器中的害虫。此法杀虫效率高，但应注意安全。

5. 土壤处理 将药剂施入一定深度的土壤中防治地下害虫。这种方法，药物不易飘散，药效较长。

6. 毒饵 将药剂与饵料混合后，撒在害虫活动的地方，使其取食饵料后死亡，常用来防治地下害虫。

7. 烟雾 释放烟剂来杀灭害虫。此方法省工、省药、高效、适用于防治密闭容器内的害虫。

害虫不是使用一种方法或手段就可以完全控制、消灭的，它需要因地因时因虫制宜地综合运用各种措施，才能经济有效地将虫害控制在经济危害水平之下。

常见草坪害虫的防治见表9-3-2。

表9－3－2 常见草坪害虫的防治

名称	对草坪的危害	防治方法
蛴螬	蛴螬除咬食种子、侧根和主根外，还能将根皮剥食尽，造成缺苗。成虫以叶片或花为食，个体数量多时，可在短期内造成严重危害。 鼹鼠、臭鼬以及一些鸟类对蛴螬的危害有制约作用，但其对草坪造成的破坏比蛴螬更甚	1. 人工防治 可用食物诱捕，也可用捕获不同性别或信息素的成虫作为诱饵进行捕捉。还可直接用性诱剂来诱捕。这些捕捉方法可在仲夏成虫出现时施行。 2. 化学防治 ①种子处理的药剂有25%对硫磷（1605）微囊缓释剂、50%辛硫磷乳油、25%辛硫磷微囊缓释剂、20%或40%甲基异柳磷乳油；②土壤处理。在播种与蛴螬发生危害之间历期较长时，应考虑进行土壤处理（即撒施毒土），方法为每公顷地用50%辛硫磷乳油或25%辛硫磷微囊缓释剂或20%或40%甲基异柳磷乳油或25%对硫磷（1605）微囊缓释剂或甲拌磷（3911）颗粒剂1.5kg对水22.5kg，拌细土或细沙225kg，撒施后翻地。
蟋蟀	食性杂，成虫和若虫均能危害草坪，均喜食草的幼嫩部分，咬食草茎，造成枯草	1. 清洁草坪 清除草坪内和草坪周围的垃圾堆，减少其栖息场所。 2. 药剂防治 ①毒饵诱杀：将1份90%敌百虫晶体用30倍温水化开，喷洒在100份炒香的麦麸上，边喷边搅拌均匀，黄昏撒施草坪；②堆草诱杀：利用油葫芦喜存身于薄层草堆的习性，可在草坪周围堆6~7cm厚的小草堆，诱集成虫和若虫，于早晨捕杀，也可在草堆中放置毒饵；③喷粉：每公顷用4.5%甲敌粉或2.5%1605粉剂30kg，于黄昏从草坪四周逐渐向中心喷洒，以防蟋蟀向外逃窜；④喷雾：每公顷用90%敌百虫晶体450g或50%1605乳油450g，2.5%溴氢菊酯75~150ml对水喷雾。
金针虫	金针虫危害草根，致使草坪出现不规则的枯草斑块或死草斑块	1. 农业防治 沟金针虫发生较多的草坪应适时灌水，保持草坪湿润状态可减轻危害；细胸金针虫较多时，要保持草地适当的干燥以减轻危害。 2. 药剂防治 用5%辛硫磷颗粒剂撒施、每公顷30~45kg。若发生较重，用40%乐果乳剂、50%辛硫磷乳剂1000~1500倍液灌根。
大蚊	幼虫取食草根	一般无防治的必要，需要时，可用40.7%的毒死蜱乳油1000~2000倍液喷洒受害草坪。
草地螟	主要分布于我国北方，食性杂，初孵幼虫取食嫩叶，3龄后食量大增，可将叶片吃成缺刻、孔洞，仅留叶脉。造成草坪出现褐色的斑块	1. 人工防治 利用成虫白天不远飞的习性，用拉网法捕捉。将网贴地迎风拉网，成虫即可被拉入网内，一般在羽化后5~7天拉第一次网，以后每隔5天拉网1次。 2. 药剂防治 用2.5%敌百虫粉剂喷粉，每公顷22.5~30kg。90%敌百虫晶体1000倍液、50%马拉硫磷和50%辛硫磷乳油1000倍液、25%鱼藤精乳油800倍液喷雾。还可用每克菌粉含100亿活孢子的杀螟杆菌菌粉或青虫菌菌粉2000~3000倍液喷雾。
蝗虫	食性广，喜食草坪禾草，成虫和若虫（蝗蝻）蚕食草叶和嫩茎，大发生时可将草全部吃光	1. 药剂防治 常用的药剂有2.5%敌百虫粉剂、3.5%甲敌粉剂、4%敌马粉剂喷粉，每公顷30kg。50%马拉硫磷乳剂、75%杀虫双乳剂、40%氧化乐果乳剂1000~1500倍液喷液。 2. 毒饵防治用麦麸100份+水100份+1.5%敌百虫粉剂2份（或40%氧化乐果乳油0.15份）混合拌匀，每公顷22.5kg，也可用鲜草100份切碎加水30份拌入上述药量，每公顷112.5kg。随配随撒，不要过夜。阴雨、大风和温度过高或过低时不宜使用。 3. 人工捕捉数量不太多时，可用捕虫网全面捕捉。

名称	对草坪的危害	防治方法
黏虫	幼虫的食性很杂，1、2龄幼虫白天隐藏于草的心叶或叶鞘中，晚间取食叶肉，形成麻布眼状的小条斑（不咬穿下表皮）；3龄后将叶缘咬成缺刻，此时有假死和潜入土中的习性。6龄为暴食期，能吃光叶片，食量为整个幼虫期食量的90%以上。该期幼虫的抗药性也比2~3龄幼虫高10倍左右。幼虫老熟后喜欢在含水量15%左右的松土中化蛹。幼虫发生量大时常成群结队由一块田向另一块田转移危害	1. 诱杀成虫　利用成虫对糖醋酒液的趋性，在成虫数量开始上升时，用糖醋酒液盆诱杀成虫。糖醋酒液的配方是：白糖6份，米醋3份，白酒1份，水2份，加少量的敌百虫。每5~7天换1次。 2. 药剂防治　幼虫在3龄以前是防治适期。①喷粉。2.5%敌百虫粉剂、3.5%甲敌粉、5%杀螟松粉，以每公顷22.5~30kg为宜；②喷雾。90%敌百虫晶体1000~1500倍液、50%辛硫磷乳剂、50%杀螟松乳剂1000倍液、50%西维因可湿性粉剂200~300倍液、2.5%溴氢菊酯2000~3000倍液效果均好。以上药剂每公顷750~1500kg药液较适宜。用80%敌敌畏乳剂或50%马拉硫磷乳剂，每公顷1125kg超低量喷雾，效果较好；③用"77-21"苏云金杆菌菌粉稀释30~50倍，20%灭幼脲1号10~20mg/kg药液和25%灭幼脲3号15~20mg/kg药液，杀虫效果均在90%以上。
地老虎	地老虎是多食性害虫，有时咬断草坪草根茎、叶片基部，嚼食草冠上部的草叶，造成草坪草枯萎	1. 诱杀成虫和幼虫　利用黑光灯、糖醋酒液或性诱剂，从3月初至5月底，黑光灯下放置盛水的缸或盆，撒上农药或机油。天黑前放置在草坪上天明后收回，收回蛾子并深埋。 2. 人工捕杀幼虫　在发生量不大，枯草层又薄的情况下，在被害苗的周围，用手轻抚苗周围的表土，即可找到潜伏的幼虫。 3. 药剂防治　药剂防治应掌握防治适期，在3龄以前防治。一般防治适期 = 发蛾高峰日 + 1龄历期 + 2龄历期的1/2，或以田间卵孵化率达80%时为防治适期。①施毒土：2.5%敌百虫粉每公顷22.5kg与337.5kg细土混匀，均匀的撒在草坪上；②喷粉：2.5%敌百虫粉，每公顷30~37.5kg，1周后再喷1次；③喷雾：喷洒90%敌百虫800~1000倍液或50%地压农1000倍液或50%辛硫磷1000倍液。对3龄前幼虫防治效果较好；④毒饵诱杀：90%敌百虫7.5kg用水稀释5~10倍，喷拌碎的鲜菜叶等750kg，傍晚以小堆撒在草坪上诱杀，每公顷毒草300kg。也可用粉碎的豆饼、油渣、棉籽饼、麦麸等300~375kg炒香后用50%辛硫磷或马拉硫磷7.5kg稀释5~10倍的药液喷拌均匀，也可用90%敌百虫15kg混匀，按每公顷30~37.5kg的毒饵撒入草坪。
长蝽	主要危害草坪草叶片，有时也危害茎。被刺吸式口器刺伤的叶片，先出现黄色小斑点，小斑点扩大成黄褐色大斑，造成叶片皱褶，轻者阻碍草坪草生长、发育，重者造成植株干枯而死亡	1. 农业防治　冬春期清除草坪杂草，可减少越冬虫源。 2. 化学防治　当数量多时，可用90%敌百虫晶体、40%乐果乳油、50%马拉硫磷乳油、50%辛硫磷乳油1000倍液或80%敌敌畏乳油1500倍液喷雾防治。

名称	对草坪的危害	防治方法
蚜虫	蚜虫主要以成、若虫吸食植物叶片、茎秆和嫩穗的汁液，吸取寄主的营养和水分，影响植株的正常生长发育，严重时可导致草坪草生长停滞，最后枯黄，同时蚜虫还可传播病毒病害	1. 农业防治　冬灌可恶化蚜虫越冬环境，杀死大量蚜虫。喷溉可以抑制蚜虫的发生、繁殖以及迁飞扩散。耙糖草坪，对蚜虫具有机械杀伤作用。清除杂草，也可以减少虫源。 2. 药剂防治　1.5%乐果粉，2.5%敌百虫粉，2%杀螟松粉或1.5%甲基对硫磷粉或5%西维因粉喷粉，每公顷用量22.5~30kg；或用40%乐果乳油或氧化乐果乳油1 500~2 000倍液，10%吡虫啉可湿性粉剂1 500倍液，50%辛硫磷乳油1 500~2 000倍液，50%马拉硫磷1 000~1 500倍液，50%辟蚜雾可湿性粉剂7 000倍液，2.5%功夫5 000倍液，50%杀螟硫磷1 000倍液，50%磷胺乳油3 000倍液，50%甲基对硫磷2 000倍液等，喷雾防治。 3. 生物防治　可采取人工助迁或人工繁殖释放天敌防治蚜虫危害的发生。
秆蝇	秆蝇以幼虫危害，从叶鞘与茎间潜入，在幼嫩的心叶或近基部呈螺旋状向下蛀食幼嫩组织。分蘖拔节期，幼虫取食心叶基部与生长点，使心叶外露部分干枯变黄，成为"枯心苗"	1. 农业防治　在越冬幼虫化蛹羽化前，及时清除越冬幼虫的杂草寄主以降低当年的虫口基数；选择抗虫品种。此外，合理的养护管理措施，能创造对草坪生长发育有利，对秆蝇繁殖危害不利的条件，从而达到减轻危害的效果。 2. 药剂防治　第一代幼虫危害重，盛孵期明显，发生整齐，有利于药剂防治。掌握成虫盛发期或幼虫盛孵期，可用50%甲基对硫磷乳油3 000倍液喷雾，对成虫和卵效果都很好，或用40%乐果乳油与50%敌敌畏乳油1∶1混合1 000倍液、50%马拉硫磷乳油2 000倍液、50%杀螟威乳油3 000倍液喷雾；也可用1.5%对硫磷粉剂、4.5%甲敌粉剂喷粉，每公顷用量22.5kg。
叶蝉	叶蝉食性杂，以成虫、若虫危害寄主植物的叶片，以刺吸式口器刺入植物组织内吸取汁液，叶片受害后，多褪色呈畸形卷缩现象，甚至全叶枯死。有的种类还能传播病毒病	1. 农业防治　冬季和早春清除田间及周围的杂草。 2. 物理防治　在成虫盛发初期利用黑光灯或普通灯火诱杀雌虫，可以减少虫口基数。 3. 化学防治　在若虫盛发期喷药。用40%乐果乳油1 000倍液，50%叶蝉散乳油、90%敌百虫晶体、50%杀螟硫磷乳油1 000~1 500倍液或25%亚胺硫磷400~500倍液喷雾。
螨类	麦螨于春秋两季吸取寄主汁液，被害叶先呈白斑，后变黄，轻则影响生长，造成植株矮小，重则整株干枯死亡，秋苗严重被害后，抗寒力显著降低。棉叶螨则在叶背吸食营养汁液，轻则红叶，重则落叶垮秆，状如火烧，甚至造成大面积死苗	1. 农业防治　①麦岩螨喜干旱可结合灌溉灭虫；对于麦圆叶爪螨在其潜伏期进行灌水，或在危害期将虫震落进行灌水，能使它陷入于泥中而死。②虫口密度大时，耙糖草坪，可大量杀伤虫体。 2. 药剂防治　用来防治害螨的农药有0.15°（苗期用）或0.2°~0.3°波美的石硫合剂；5%尼索朗可湿性粉剂或20%三氯杀螨醇乳油800~1 000倍液；20%双甲脒乳油1 000倍液；50%久效磷2 000倍液等。
介壳虫	吸取茎叶汁液，引起草坪草凋萎，死亡	1. 生物防治　保护和利用天敌，如澳洲瓢虫、大红瓢虫、金黄蚜小蜂、软蚧蚜小蜂、红点唇瓢虫等都是有效天敌，可用来控制介壳虫的危害。 2. 药剂防治　在若虫盛期喷药，此时大多数若虫多孵化不久，介壳未形成，用药易杀死。可用40%氧化乐果1 000倍液，或50%马拉硫磷1 500倍液，或25%亚胺硫磷1 000倍液，或50%敌敌畏1 000倍液，或2.5%溴氰菊酯3 000倍液，喷雾。每隔7~10天喷1次，连续2~3次。

名称	对草坪的危害	防治方法
蚂蚁	通过掘穴，在地表形成土堆，破坏草坪的均一性；撕破草坪草根系；啃噬幼苗，在新播的位点，还会搬走种子	1. 农业防治　适时梳耙和碾压以平整床面。 2. 化学防治　在种群数量大时，可在蚁巢中施入地压农、毒死蜱等药剂。
杀蝉泥蜂	可在草坪上形成土堆	用土壤杀虫剂如 50% 二嗪农乳油、26% 西维因可湿性粉剂，在早晨或黄昏浸湿受害地块可控制泥蜂危害。
蝼蛄	成、若虫均在土中采食刚发芽的种子、根及嫩茎，使植株枯死。还可在土壤表层穿掘隧道，咬断根或掘走根周围的土壤，使根系吊空，造成植株干枯而死	1. 物理防治　利用黑光灯或普通灯光诱集蝼蛄并处理。 2. 化学防治　①可用 50% 辛硫磷乳油、25% 对硫磷微囊缓释剂拌种；25% 辛硫磷微囊缓释剂拌种；20% 或 40% 甲基异柳磷乳油拌种；②毒谷、毒饵　将 15kg 谷子或秕子或秕谷子加适量水，煮成半熟，稍晾干，用上述任一种乳油或微囊缓释剂 0.5kg，加水 0.5kg 与 15kg 煮好晾干的饵料混匀，播种时随种子撒施。

第四节　草坪其他生物危害

草坪危害物是指引起草坪品质、欣赏价值和功能等方面显著退化的任何有机体。危害物除包括杂草、致病微生物、某些昆虫外，还包括其他对草坪具有危害作用的动物，如线虫、软体动物、环节动物、啮齿动物、鸟类等。

一、线虫

线虫属线虫门，是广泛分布于海水、淡水、土壤中以及其他生物体中的一大类假体腔无脊椎动物。线虫类和其他任何门都没有紧密亲缘关系。线虫对草坪的危害主要是通过其对草坪草的寄生来形成的。

（一）形态特征

寄生于草坪草的线虫一般个体都较小，一般肉眼不易看见。长 0.3 ~ 1mm，宽 0.015 ~ 0.035mm，多呈线形，无色或乳白色，不分节，假体腔，左右对称。其口腔壁加厚形成吻针的特征，是大多数植物寄生线虫与其他线虫的重要区别之一。

（二）生活史和习性

植物寄生性线虫大都生活在土壤耕作层中，从地面到 15cm 的土层内线虫最多，尤其是在草坪草的根际中更多。在高温潮湿又通气的土中，线虫活动性强，养分消耗快，存活时间短。反之，在低温干燥的土壤中，其寿命相对较长。线虫在土壤中自动蠕动，活动范围极其有限，一个生长季节很少超过 1m。但线虫的传播力很强，主要进行被动式的传播移动。它们能通过土壤中植物组织的运输、土壤中的外寄主、土壤耕作机具、运动的牲畜、移动的风沙等多种途径传播。强烈的风暴可将线虫传到 200km 以外，根据电子计算机模拟计算，当风速大于 3m/s，线虫可传出 10km（高 10m）。

植物线虫的寄生方式和习性大致可分为内寄生、半内寄生或半外寄生以及外寄生 3

种，每一种又可根据线虫寄生后移动与否分为定居型和移动型。内寄生线虫的全部体躯进入寄主植物体内，其定居型有根结线虫和胞囊线虫、移动型有短体线虫和松材线虫等。半内寄生线虫只以头部或身体的前半部进入植物体内取食，而后半部则留在植物体外，其定居型有柑橘半穿刺线虫，移动型有拟环线虫、针线虫和鞘线虫等。外寄生线虫不进入植物体内，只以口针刺破植物表皮吸取营养，其定居型有肾形线虫，移动型有剑线虫和锥线虫等。

植物寄生性线虫的生殖方式有有性生殖和孤雌生殖2种类型。有性生殖时受精卵经减数分裂而形成胚胎；孤雌生殖时卵母细胞不经过受精，而通过有丝分裂后形成胚胎。发育历经卵、幼虫和成虫3态。幼虫有4个龄期，经4次蜕皮后成为成虫。世代长短因种类不同而有很大差别，短的7~10d，一般3~4周，由于线虫分泌物的刺激，长的可达9个月。大多可在土壤、虫瘿或病植物残体上越冬。

因线虫的种类、为害部位及寄主植物的不同而异。大多数植物线虫为害植物的地下部分，并使地上部分表现叶片发黄、植株矮小、营养不良。根部症状可表现为：①结瘤。入侵线虫周围的植物细胞由于受到线虫分泌物的刺激而膨大、增生，形成结瘤。通常由根结线虫、鞘线虫和剑线虫引起；②坏死。植物被害部分酚类化合物增加，细胞坏死并变成棕色，由短体线虫引起；③根短粗。线虫在根尖取食，根的生长点遭到破坏，致使根不能延长生长而变短粗。常由毛刺线虫、根结线虫和剑线虫引起；④丛生。由于线虫分泌物的刺激，根过度生长，须根呈乱发丛状丛生。根结线虫、短体线虫、胞囊线虫、长针线虫及毛刺线虫均可引起这种症状。

此外还有一些植物线虫侵袭植物的茎、叶、花和果实等地上部分，表现的症状有萎蔫、枯死、茎叶扭曲、叶尖捻曲干缩、叶斑、虫瘿和花冠肿胀等。

除吻针对寄主的刺伤和虫体在植物组织中的穿行所造成的机械损伤以及因寄生消耗植物养分而造成的危害外，植物线虫可通过穿刺寄主时分泌各种酶或毒素来造成各种病变。线虫的侵害活动可为次生病原微生物提供入口，线虫取食根部造成伤口，为其他细菌和真菌提供了通道。线虫也可与其他病原物形成复合侵染，经常和线虫造成复合病害的有镰刀菌、疫霉、轮枝菌和丝核菌等。线虫还可传播病毒，一般球形或多面形的病毒由剑线虫和长针线虫传播，而杆状或管状病毒则多由毛刺线虫传播。

（三）线虫防治

线虫分布于整个根带以及植物的根上或根内，因而给防治带来一定的困难，用农药往往达不到完全根除的目的。适当的施用杀线虫剂，可大大的减少其危害，尤其是外寄生性线虫的危害。

常用的杀线虫剂有熏杀剂和触杀剂两类。熏杀剂即在土壤中迅速产生有毒气体，杀灭效果最好。但对草坪，其毒性较高，通常只在种植前使用。常用的熏杀剂有溴化钾、三氯硝基甲烷、威百亩和氰土利。触杀剂必须在浸透定植的草坪草根带时才能起作用，只有与线虫直接接触时才具有杀灭能力。常用的触杀剂有二嗪农、内吸磷、灭克灵、克线磷和丰索磷等。

杀线虫剂液喷洒后应立即灌水，以减少草坪草灼伤。一般撒施颗粒制剂较为安全。

杀线虫剂一般在春季草坪草开始生长或秋季地温在13~16℃时进行较好，如施药前进行土壤中耕可提高杀灭效果。

利用线虫被动传播为主的特点，对种植材料进行检疫，是防止线虫传播进入草坪，避免感染线虫危害的主要方法。采用无线虫的建植材料、保持草坪的清洁卫生、注意机具的消毒等，都是有效的防治措施。

二、软体动物

危害草坪的软体动物主要有蜗牛类、野蛞蝓、蚯蚓等。

（一）蜗牛

蜗牛别名蜓蚰螺，属软体动物门腹足纲柄眼目巴蜗牛科。危害草坪的种类主要有同型巴蜗牛和灰巴蜗牛两种。2 种蜗牛均为多食性，此虫幼贝食量很小，初孵幼贝仅食叶肉，留下表皮。稍大后用齿舌刮食叶、茎，造成孔洞或缺刻，严重时将苗咬断，造成缺苗。

1. 形态特征

同型巴蜗牛　成贝，头部发达，在身体前端。头上具 2 对触角，眼在触角的顶端。口位于头部腹面，并有触唇。足在身体腹面，面宽，适于爬行。体外具有 1 螺壳，呈扁球形，壳高 12mm，宽 16mm，有 5~6 层螺层。壳质较硬，壳面呈黄褐色或红褐色，有稠密而细致的生长线。体螺层周缘或缝合线处常有一条暗褐色带（有些个体无）。壳口呈马蹄形，口缘锋利，轴缘外折，遮盖部分脐孔。脐孔小而深，呈洞穴状。个体之间形态变异较大。幼贝，体较小，形态与成贝相似。卵，圆球形，直径 2mm，乳白色有光泽，渐变淡黄色，近孵化时为土黄色。

灰巴蜗牛　螺壳中等大小，壳质稍厚，坚固，呈圆球形。壳高 19mm、宽 21mm，有 5.5~6 个螺层，顶部几个螺层增长缓慢、略膨胀，体螺层急骤增长、膨大。壳面黄褐色或琥珀色，并具有细致而稠密的生长线和螺纹。壳顶尖。缝合线深。壳口呈椭圆形，口缘完整，略外折，锋利，易碎。轴缘在脐孔处外折，略遮盖脐孔。脐孔狭小，呈缝隙状。个体大小、颜色变异较大。卵圆球形，白色。

2. 生活史和习性

同型巴蜗牛 1 年繁殖 1 代，灰巴蜗牛 1 年繁殖 1~2 代，以成贝和幼贝越冬，越冬场所多在潮湿阴暗处。越冬蜗牛于第二年 3 月初逐渐开始取食，4~5 月间成贝交配产卵，并危害植物幼苗，夏季干旱季节或遇不良气候条件，便隐蔽起来，常分泌黏液形成蜡状膜将壳口封住，暂时不吃不动。待条件适宜时，又恢复活动，继续危害，最后转入越冬状态。蜗牛雌雄同体异体受精，亦可自体受精繁殖，任何个体均能产卵，每 1 成贝可产卵 30~235 粒，卵多产在根际疏松潮湿的土壤中或枯叶下。蜗牛从 3~10 月多次产卵，以 4~5 月和 9 月卵量较大。每次产卵 50~60 粒，堆集成堆。卵期约 14~31 天，若土壤过干则卵不孵化，若将卵翻至地面，易爆裂。

蜗牛的天敌已知的有步行虫、沼蝇、蛙、蜥蜴以及微生物等。天敌数量的多少，可直接影响蜗牛数量的增减。

3. 蜗牛防治

（1）清洁草坪，铲除杂草，并撒上生石灰粉，以减少蜗牛的滋生。

（2）在草坪中撒石灰带，每公顷用 75~112.5kg 生石灰粉，或茶枯粉每公顷 45~75kg，可毒杀蜗牛。

（3）清晨或阴雨天人工捕捉，集中杀灭。

（4）用茶籽饼粉 3kg 撒施或用茶籽饼粉 1～1.5kg 加水 100kg，浸泡 24 小时后，取其滤液喷雾，也可用 50% 辛硫磷乳油 1 000 倍液喷雾。

（5）每公顷用 3% 灭蜗灵颗粒剂 22.5～45kg，碾碎后拌细土或饼屑 75～105kg，于天气温暖，土表干燥的傍晚撒在受害株附近根部的行间，2～3 天后接触药剂的蜗牛分泌大量黏液而死亡，防治适期在蜗牛产卵前，田间有小蜗牛时再撒 1 次效果更好。或用蜗牛敌（四聚乙醛）配制成含 2.5%～6% 有效成分的豆饼（磨碎）或玉米粉等毒饵，于傍晚施于草坪中进行诱杀；或撒施 6% 密达（四聚乙醛）颗粒剂，每公顷用量为 7～10kg 混合于沙土 150～225kg。

（6）将氨水用水稀释 70～100 倍，于夜间喷雾，既毒杀蜗牛，又同时施肥。

（二）野蛞蝓

野蛞蝓别名鼻涕虫，属软体动物门腹足纲柄眼目蛞蝓科。以齿舌刺刮叶片危害，受害植物叶片被刮食，并被排留的粪便污染，菌类易侵入，使叶片腐烂。大发生时，叶片被吃，仅剩叶脉。严重时可导致植株枯死。

1. 形态特征

长梭型，柔软、光滑而无外壳，体表暗黑色、暗灰色、黄白色或灰红色。成虫伸直时体长 30～60mm，宽 4～6mm；内壳长 4mm，宽 2.3mm。触角 2 对，暗黑色，下边一对短，约 1mm，称前触角，有感觉作用；上边一对长约 4mm，称后触角，端部具眼。口腔内有角质齿舌。体背前端具外套膜，为体长的 1/3，边缘卷起，其内有退化的贝壳（即盾板），上有明显的同心圆线，即生长线。同心圆线中心在外套膜后端偏右。呼吸孔在体右侧前方，其上有细小的色线环绕。黏液无色。在右触角后方约 2mm 处为生殖孔。初孵幼虫体长 2～2.5mm，淡褐色；体形同成体。卵椭圆形，韧而富有弹性，直径 2～2.5mm。白色透明可见卵核，近孵化时色变深。

2. 生活史和习性

野蛞蝓在全年内可发生 2～6 个世代，世代重叠。以成虫体或幼体在作物根部湿土下越冬。5～7 月在田间大量活动为害，入夏气温升高，活动减弱，秋季气候凉爽后，又活动为害。完成一个世代约 250d，5～7 月产卵，卵期 16～17d，从孵化至成贝性成熟约 55d。成贝产卵期可长达 160d。野蛞蝓雌雄同体，异体受精，亦可同体受精繁殖。卵产于湿度大又隐蔽的土缝中，每隔 1～2d 产一次，约 1～32 粒，每次产卵 10 粒左右，平均产卵量为 400 余粒。野蛞蝓怕光，强光下 2～3h 即死亡，因此，均夜间活动，从傍晚开始出动，晚上 10～11 时达高峰，清晨之前又陆续潜入土中或隐蔽处。耐饥力强，在食物缺乏或不良条件下能不吃不动。阴暗潮湿的环境易大发生，当气温 11.5～18.5℃，土壤含水量为 20%～30% 时，对其生长发育最为有利。

3. 野蛞蝓的防治

（1）撒施石灰粉保护草坪，能阻碍其活动，甚至致死。石灰应在傍晚时撒施，每公顷用量约 75～112.5kg。也可每公顷用 95% 氯化钡晶体 3kg 混鲜石灰粉 30kg 喷粉。

（2）夜晚喷施 70～100 倍的氨水，可杀灭野蛞蝓，同时达到施肥的目的。

（3）在野蛞蝓早晚活动时，浇洒茶饼液剂。用茶饼粉 0.5kg 加水 5kg 浸泡 1 夜，过滤再加水至 50kg 喷洒。

（4）喷施灭蛭灵 800～1 000 倍液，灭蛭灵是由 10% 硫特普和 30% 敌敌畏混合制成；或撒施 6% 密达颗粒剂，每公顷用量为 7～10kg 混合干沙土 150～225kg。

（5）施用蜗牛敌毒饵诱杀。

（6）堆草诱集，人工捕捉。收割绿肥后，可每隔 133～167cm，放置绿肥一小堆，每日清晨翻开绿肥堆，即可捉到大量野蛞蝓，也可用莴苣、白菜叶诱捕。

（7）施用充分腐熟的有机肥，创造不适于野蛞蝓发生和生存的条件。

三、环节动物

环节动物为两侧对称、具分节的裂体腔的动物。常见种有蚯蚓、蚂蟥、沙蚕等。体长从几毫米到 3m。栖息于海洋、淡水或潮湿的土壤，是软底质生境中最占优势的潜居动物。

蚯蚓中，对草坪危害较大的是参环毛蚓，参环毛蚓白天蛰居于泥土内，夜晚爬出地面活动，数量较多时，其粪便形成许多凸凹不平的"蚓粪"堆，就会破坏草坪景观，损伤草根，甚至引起草坪退化。

（一）形态特征

参环毛蚓，体圆柱形，长 11～38cm，宽 5～12mm，全体由多数环节组成。头部包括口前叶和围口节 2 部，围口节腹侧有口，上覆肉质的叶，即口前叶；眼及触手等感觉器全部退化。自第 2 节起每节有刚毛，成环状排列，沿背中线，从 11～12 节始，节间有一背孔。背部紫灰色、后部稍淡、刚毛圈稍白；14～16 节，为生殖环带，其上无背孔和刚毛，此环带以前各节，刚毛较为粗硬。雌性生殖孔 1 个，位于第 14 节腹面正中；雄性生殖孔 1 对，位于第 18 节腹面两侧；受精囊孔 3 对，位于 6～7，7～8、8～9 节间，第 6～9 各节间无隔膜。附近常有乳头突，受精囊球形，管短，盲管亦短，内 2/3 微弯曲数转，为纳精囊。

（二）生活史和习性

蚯蚓雌雄同体，两对精巢囊在第 10、第 11 节的后侧；贮精囊两对位于第 11 节和第 12 节内。雌性生殖器官有葡萄状的卵巢一对，附着在第 12、第 13 节隔膜的后方，雌生殖孔一个。另外，在第 6 至第 9 节内，有受精囊 2 或 3 对，为接受和储存异体精子的场所，开口于 6 至 9 节间腹部节间沟两侧。蚯蚓由于性细胞成熟时期不同，故仍需异体受精。卵成熟后环带分泌黏稠物质，在环带外形成蚓茧，成熟的卵由雌生殖孔排至蚓茧中，在茧中受精。每个蚓茧有 1～3 个胚胎，2～3 周内孵化。如环境不适宜，可延至翌年春季孵化。

蚯蚓是变温动物，体温随着外界环境温度的变化而变化。其活动温度在 5～30℃范围内，0～5℃进入休眠状态，0℃以下死亡，最适宜的温度为 20～27℃左右，此时能较好地生长发育和繁殖。28～30℃时，能维持一定的生长；32℃以上时生长停止；10℃以下时活动迟钝；40℃以上时死亡，蚓茧孵化最适温度 18～27℃。

蚯蚓生活于潮湿疏松之泥土中，行动迟缓。以富含有机物的腐殖土为食。虽有松土的作用，并能使土壤疏松和肥沃，但草坪中蚯蚓达到一定数量后，就会造成危害并破坏草坪景观，损伤草根，甚于引起草坪退化。蚯蚓有很强的再生能力，横切成 2 段仍可再生出头部或尾部，并且可以将切下的 2 段任意接起来，形成长短不一的畸形蚯蚓。

（三）蚯蚓的防治

蚯蚓大量发生造成危害后，可施用14%毒死蜱颗粒剂，用量22.5kg/公顷，也可用40.7%毒死蜱乳油浇灌，用量3L/公顷，对水200L。

四、其他节肢动物

草坪有害节肢动物，除昆虫纲和蛛形纲外，多足纲倍足亚纲山蛩虫科的马陆也可对草坪造成危害。马陆别名千足虫，一般危害植物的幼根及幼嫩的小苗和嫩茎、嫩叶。

（一）形态特征

马陆最明显的特征是每一体节有2对行动足。全体长25～30mm，体暗褐色，背面两侧和步肢赤黄色。每1体节有浅白色环带，全体有光泽。体呈圆形。头部有1对触角。卵白色、圆球形。初孵幼体白色、细长、经几次蜕皮后，体色逐渐加深。幼体和成体都能卷缩成圆环状。

（二）生活史和习性

马陆性喜阴湿。一般生活在草坪土表、土块、石块下面，或土缝内，白天潜伏，晚间活动危害。马陆受到触碰时，会将身体卷曲成圆环形，呈"假死状态"，间隔一段时间后，复原活动。马陆一般危害植物的幼根及幼嫩的小苗和嫩茎、嫩叶。马陆的卵产于草坪土表，卵成堆产，卵外有一层透明黏性物质，每头可产卵300粒左右。在适宜温度下，卵经20d左右孵化为幼体，数月后成熟。马陆1年繁殖1次，寿命可达1年以上。

（三）马陆的防治

（1）保持草坪卫生，清除草坪中的土、石块，减少马陆的隐蔽场所。

（2）在马陆危害严重时，可用2 000倍氰戊菊酯或50%辛硫磷乳油1 000倍液喷治。

啮齿动物尤其是鼠类，通常对小面积草坪危害不大，对于大面积草坪，如高尔夫球场较有威胁，主要通过采食草坪草根系、打洞对草坪形成危害。

鸟类通常在草坪播种期采食种子形成危害。

复习思考题

1. 草坪病害的概念。
2. 非侵染性病害的病原有哪些？
3. 侵染性病害发病时是由哪些微生物引起的？
4. 草坪害虫的危害主要表现在哪几方面？
5. 草坪病害的防治方法有哪些？如何进行防治？
6. 草坪虫害的防治方法有哪些？如何进行防治？

第十章　特殊草坪的建植与管理

【教学目标】

- 了解高尔夫球场的构造及养护管理措施；足球场草坪的特点和要求
- 掌握高尔夫球场各部分的建植与养护技术；足球场草坪的养护管理措施
- 能够独立进行高尔夫球场的常规维护，能对足球场草坪进行养护管理
- 能独立制定高尔夫球场、足球场的养护管理计划，并参与指导，解决实际问题

第一节　高尔夫球场草坪建植与养护

一、高尔夫、高尔夫球和球杆

（一）高尔夫

高尔夫是英文"golf"一词的译音。高尔夫是一种在室外草坪上，使用不同的球杆并按一定的规则将球击入指定洞的体育娱乐运动，通常一场球打十八洞，杆数即击球次数少者为胜。《中国大百科全书》体育卷（1982年）用一句话为高尔夫球下了定义："以棒击球入穴的一种球类运动。"有趣的是，人们发现 golf 一词是以绿色（green）、氧气（oxygen）、阳光（light）、步履（foot）四个英文单词的第一个字母组成，这和高尔夫在充满新鲜空气和阳光的绿草地上漫步击球，是一种让人惊奇的吻合。

高尔夫可以一个人打，也可以几个人打，人多时可分组打，球场通常会要求每组不超过 4 人，不论年龄和水平上的差异均有同等的获胜机会，实在是有趣和吸引人。

打高尔夫球时，在某一个球洞，球手击球入洞的杆数与标准杆相同的，称"帕"（Par）。低于标准杆 1 杆的，称"小鸟"球；低于标准杆 2 杆的，称"老鹰"球；高于标准杆 1 杆的，称"柏忌"球。

（二）高尔夫球

高尔夫球是一个质地坚硬、富有弹性、用橡胶制成的实心球，表面像蜂窝的白色球。球的直径 42mm，重 46g。

（三）球杆

比赛时，每一选手最多可备 14 根棒杆，包括 5 支木头棒杆和 9 支铁头棒杆。击远距离球时使用木杆。铁杆根据用途可分为 3 种：劈起杆，杆头冲高角较大，专打高远球；沙杆，易在沙坑中击球；拨打杆，又称推击杆，其击球面是笔直的，用以推击。杆长从 0.91～1.29m 不等。

二、高尔夫球场概述

高尔夫球场占地面积约 60hm²，标准球场长 5 943.60～6 400.80m，宽度不定。按国际标准，高尔夫球场由 18 个洞穴组成，运动员打 18 个洞为 1 个循环，但也有 9 个洞的小球场，运动员需要打两圈才完成 1 局，更大的球场也有 36 洞的。

18 洞的高尔夫球场，标准杆为 72 杆，打一场比赛需要 4.25～4.25h。每个球穴由 4 个主要部分组成，即发球区（发球台）、球道区、障碍区（高草区）和果领区（球穴区）。见图 10 - 1 - 1。

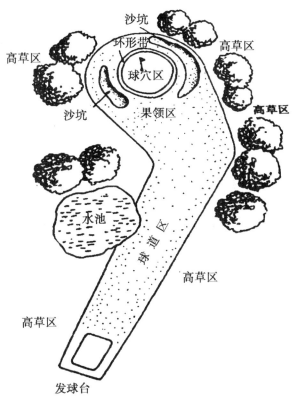

图 10 - 1 - 1　高尔夫球场的基本结构

（一）球场布局

高尔夫球场球洞的布局依地形特征和自然风光设计而成，所以，世界上没有两个一样的高尔夫球场，这也是与其他球类运动所不同的，也正是打高尔夫球的乐趣所在。

1. 横向式　场地呈横长方形，其球洞布局形式则呈横向式排列。按照运动员活动路线，要求打完一轮后能回到原出发地，基本不走重复路线。即要求使第一号洞的发球台接近于最后一个球洞的果领，见图 10 - 1 - 2，若原地形无法安排首尾相接，应在终止地附近设停车场和休息亭。

2. 纵向式　若球场为竖长方形，地形为几条平行宽谷，其布局方式可按图 10 - 1 - 3 形式设计。这种地形可以尽量利用沟、谷、溪流和山石变化进行造景处理，而且上下水系

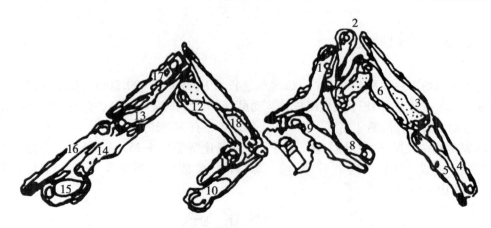

图 10 - 1 - 2　18 洞高尔夫球场的横向布局方式（引自网络）

统建筑较简单。

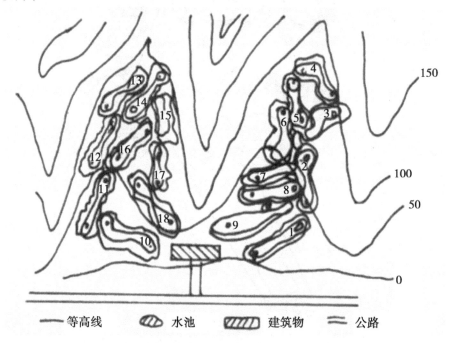

—— 等高线　　🍞 水池　　▨ 建筑物　　= 公路

图 10 - 1 - 3　18 洞高尔夫球场的纵向布局方式（引自网络）

3. 扇形或半圆式　若高尔夫球场选在海滨或大水库的半岛上，球洞布置可呈扇形展开（图 10 - 1 - 4）。扇形的中心集中修建球场的附属建筑物，扇形外围的海岸沙滩或湖岸沼泽地要尽量改造成人工水池，使球场充满湖光山色。

4. 周边式　在地形平坦、面积有限的场地，可将附属建筑物集中在中心，球洞以建筑物为圆心在四周展开布局（图 10 - 1 - 5）。

5. 边坡式　如果湖岸或海岸比较狭长，道路在远离湖岸或海岸，场地十分狭长，可将停车场和其他建筑物分成两处设立，球洞号的次序倒顺两用，如第 18 号洞正视为 18号，后视为第 1 号球洞，或用 18（1）来表示即可。狭长地上的布局形式如图 10 - 1 - 6所示。

250

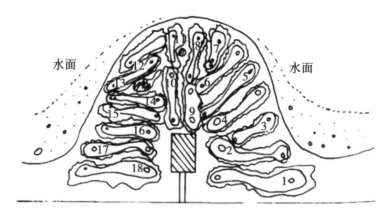

图 10 - 1 - 4 18 洞高尔夫球场的扇形或半圆式布局方式（引自网络）

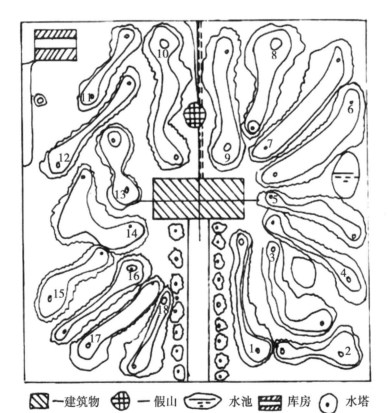

◨—建筑物 ⊕—假山 ⊂⊃—水池 ▨—库房 •—水塔

图 10 - 1 - 5 18 洞高尔夫球场的周边式

（二）果领

果领由推球面、环形带、果领裙和沙坑等组成，如图 10 - 1 - 7。

1. 推球面 大小因地而异，场地大，地形开阔者其面积可达 1 100m²，若场地小，地形复杂，其面积可采用 300 ~ 400m²，一般为 400 ~ 600m²。

2. 环形带 其宽度为 0.8 ~ 1.5m，窄的可用 30 ~ 50cm。它是剪草时使留茬高度保持 3 ~ 4cm，以区别于推球面和障碍区。

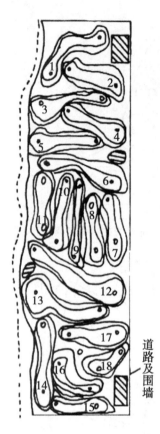

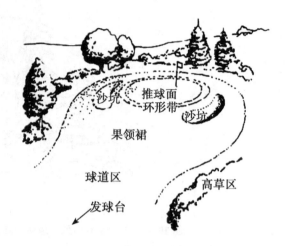

图 10 - 1 - 7　高尔夫球场果领区结构

3. 沙坑　沙坑造型多样，果领上设置沙坑的目的是增加击球的难度。沙坑可以置于推球面的两侧，也可设在果领后面。

4. 果领裙　连接果领与球道的接合部，可以是向上的斜坡，其形状呈龟背形。当果领位置低于球道时，可以是球道伸向果领的缓斜坡。其草坪草组成和养护水平与球道相同。

5. 洞穴　洞穴为埋在地下的金属杯，直径 10.8cm，深 10.2cm。每个洞穴插有标明该穴顺序号码的标志旗，为远离目标的选手指明方位。当欲击球入洞时，则先拔出旗杆。

█▒▒ -停车场和服务亭 ⬭ -水池 --- 湖岸线

图 10 - 1 - 6　18 洞高尔夫球场的周边式布局方式

（三）发球台

标准的高尔夫球发球台是一座长方形锥体平台，其上设 4 组发球座，分别为黑、蓝、白、红四个 T；黑 T 通常为职业男选手的发球台；蓝、白 T 为业余选手和男士的发球台；红 T 为女士发球台。如图 10 - 1 - 8。发球座是用防腐木材或塑料棒材做成的一根木桩，大小约 5cm×5cm×30cm～8cm×8cm×40cm，打入地下后，顶部与发球台草坪齐平，上面再涂上规定颜色的油漆。如果男女运动员使用同一果领，根据男女运动员球道长度设计要求，发球座设在同一平台上，男女发球座间差距为 37m。所以，发球台最好分别建筑 3 个独立的发球座，其面积 5m×5m～10m×10m，高度以运动员能看到果领标志旗为准，如球道长 500m，地形无大的起伏，则发球台有 1～2m 高即可。若地形起伏大，果领设在低处，则发球台不必筑台，直接平整出一块地，建植草坪设立发球座。发球台表面要有 1%～2% 的坡度，以利排水。

高尔夫球台可建成正方形、长方形或圆形。由于男女运动员的击球位置不同，可将发球台建成阶梯式，如图 10 - 1 - 9。

（四）障碍区

高尔夫的障碍区又称高草区，一般由沙坑、水池和乔灌木树丛组成，也可人造些假山

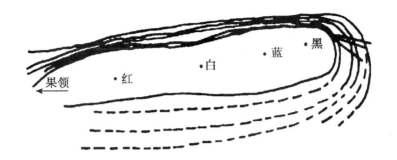

图 10 - 1 - 8　高尔夫球场平台式发球台

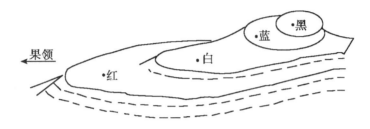

图 10 - 1 - 9　高尔夫球场阶梯式发球台

竖立在障碍区。

沙坑的形状常模仿自然产生的洼地，其形状有新月形、花瓣形或圆形。沙坑地面要铺 10 ~ 15cm 厚的白沙层。沙坑边缘与草坪连接线称为唇线，其棱角要清楚，生长草坪草的基础必须做坚实，否则修剪时容易塌落。18 洞球场一般有 40 ~ 80 个沙坑，每个沙坑的约面积 140 ~ 380m^2。

水池在高尔夫球场内既是障碍也是造景，其形状需因地形设计。造景方式主要通过护岸处理来表现，常用的护岸方式有块石或毛石。顶制水泥桩，加工条石或钢筋混凝土浇注。水池建造必须做好防渗漏工程和多余水的排放。

（五）球道

从发球区到球穴区之间是球道。球道一般长为 228 ~ 500m，宽 30 ~ 70m。设计时，横向是普通的排水坡度，横向与纵向的搭配一定自然和谐，球道上应有坡度、凹凸、纵横、弯直等复杂地形。

球道常分为长道、中道和短道。长道一般长 400 ~ 500m，标准杆为 5 杆；中道长 300 ~ 400m，标准杆为 4 杆；短道长 100 ~ 200m，标准杆为 3 杆。

（六）高尔夫球场的配套设施

1. 高尔夫球练习场　标准的高尔夫球练习场由发球台、球道区和果领组成。以球台有简易（只设简单防雨棚）和风雨楼式发球台。它常附设有酒吧、浴室、更衣室、捡球机和投球机等。

2. 道路与停车场　高尔夫球场内必须设有通行车辆、机具的主干道路及停车场。主干道一般宽为 6 ~ 10m，按机动车行驶路而设计，可用水泥路面或沥青路面。主干道路网的分布主要决定于物料的运输地点和使用率，要求连接仓库，职工生活区和停车场。高尔夫球场内的停车场是供宾客用的，一定要有足够面积，而且建筑要具有一定的艺术性。高级的停车场是用花岗岩建材建造的，并与纪念性雕塑建在一起，形成一个高雅的广场。地面也可用草坪与石料进行造型处理，形成一些图案。

3. 高尔夫球场的其分建筑　除了击球场和练习场外，还有豪华宾馆、高级别墅、机具库、职工宿舍、食堂和通信设施。要考虑高尔夫球场养护设施，停车场及其他一些球场附属的运动设施和游泳池、网球场、草地保龄球场及马厩等的位置布置。同时，还要规划服务道路。

（七）高尔夫球场场址的选择

要使高尔夫球场有一个优美环境，场地选择和勘察是十分重要的。选择场地要注意：

1. 要远离污染源或在污染区的上风处，多数高尔夫球场选在海滨或大的水体旁。

2. 地质条件不影响高尔夫球场建筑物的安全。地下水不能过高，否则会影响建筑物的安全。

3. 高尔夫球场必须有充足水源。水质要求无污染和低矿化度，符合饮水卫生标准。

4. 不能占用农耕土地建设高尔夫球场，应尽量利用低等的非农用土地。

5. 交通要方便，最好在交通线附近建场，电力和通信设施也应接近建场地点。

三、高尔夫球场的种植

（一）发球台

发球台处的草坪击打损坏频率较高，要求具有快速的恢复能力和耐磨性，并能适应较低的修剪，可形成质地致密平坦，有弹性的草坪面。草种的选择尤其重要，北方多选用匍匐剪股颖和草地早熟禾，南方则多选取杂交狗牙根，也可用结缕草。在种植上多用直播法，也可用铺植法。

（二）果领区

果领是高尔夫球进洞的区域，是每个球洞最重要的部位，在设计、建造和管理上都是最重要的区域，也是体现设计、建植和管理的最佳区域。果领对草坪质量的要求极其严格，出了适应性、观赏性外，还要具有耐低修剪、叶片质地细致、覆盖紧密、均匀平坦等特点。选用较多的是冷季性的匍匐剪股颖和暖季型的杂交狗牙根。在种植上多用直播法。

（三）球道

球道是球场草坪的主体，面积大。在管理上相对于果领和发球台较为粗放，可选的草种较多，但所选的草种要求对当地气候和土壤有很强的适应性，其要求的养护管理水平要与球场计划投入的管理费用及管理水平相符合。同时，作为球道草坪，应具有色泽优美、质地良好，并能适应较低的修剪高度、恢复能力强等特点。草坪早熟禾、匍匐剪股颖、细弱剪股颖、狗牙根、结缕草及野牛草等都可以选作球道的草坪草，也可以将多个草种混播。

（四）障碍区球道

障碍区也称高草区，是发球台、果领、球道外围的管理粗放的草坪区域，其内种植树木、花卉等园林植物，增加击球难度和趣味性。高草区的草坪应选用适应性强、耐粗放管理的草种。如：高羊茅、多年生黑麦、结缕草、野牛草等。

四、高尔夫球场的管理

高尔夫球场每个洞穴都由 4 个主要区域组成，即发球台、球道、障碍区和果领。其中果领的草坪草质量要求最高，要管理好果领的草坪草，需要注意的问题有：

（一）果领区

1. 剪草　要想获得满意的击球效果，草的高度必须在 3～6.4mm 之间，所以，如果天天有人打球，除非下雨，球穴区必须每天在运动员还没上场前进行剪草。修剪时间要对时，一般第一天的上午 10 点修剪，那么，第二天的修剪也必须在上午 10 点开始。每次剪草要"米"字形交替进行。

2. 灌溉　由于果领砂基坪床的持水能力较差，低矮修剪又会在一定程度上降低草坪草对水分的吸收能力，所以要使此区域草坪保持良好状态就必须经常浇水，浇水可在晚间球场不用时进行。

浇水应遵循少量多次的原则，尤其在夏季或干燥的秋季，要注意保持表层沙、根茎的湿润，每天浇水次数不限，3 至 6 次不等。

3. 洞罐移动　果领球洞的位置，每周应更换几次，具体的次数要看球穴周围草坪受践踏磨损的程度来定，以免使局部草坪过多地受到践踏。旧的洞罐穴要用草皮补好。

4. 施肥　根据生长情况、土壤混合物、气候、使用肥料的类型和其他可变因素来定，每 100m² 草坪在每一个生长月约需施氮肥 0.37～0.73kg。磷和钾的用量根据土壤分析结果来定。

5. 打孔通气　果领区践踏严重，要定期的对该区域进行打孔通气，增加土壤的通透性，有利于根系的生长和水肥的吸收。

6. 覆沙、滚压　频繁的低修剪会使草坪根系浅化，耐践踏性降低，分蘖能力减退。通过覆沙可增强草坪的耐践踏性，保护生长点，促进草坪草的分枝。覆沙一般在修剪后进行，覆沙后要滚压，使坪床平整并增加坪床的硬度，保证比赛的顺利进行。每 3～4 周薄薄地加一层沙子。

7. 病虫害防治　许多病原体和昆虫会严重地危害球穴区，即使是轻微地伤害也能暂时损坏球穴区的击球质量。当病虫害一有明显症状时，应立即喷洒或撒布适当的农药。

8. 修复球斑　当球落到果领时，由于撞击会在坪床上留下一个凹坑，如不及时修复，会影响果领的推球效果和美观。修复时，用刀子或 U 形叉插入凹痕的边缘，向上拖动土壤，使凹痕表面高于推球面，再用手压平即可。

（二）发球台

1. 剪草　留茬高度要求足够低，以保证叶片的生长不会阻碍杆面与球的接触。留茬高度介于果领和球道之间，一般为 8～25mm 之间，最常用的范围是 10～18mm。剪草频率为每周 2～4 次。剪草方式是交叉两个方向轮流进行。

2. 施肥　根据发球台的使用频率作好施肥工作。使用频率高的发球台践踏严重、破坏性大，施肥时次数和量上都要高于其他发球台，以促进草坪的恢复。一般每月施肥一次。

3. 补沙、补草　球手在挥杆时，杆头常将草皮削去，形成一个无草的、内凹的秃斑。这种斑痕要及时修复，修复措施除合理的浇水、施肥外，补沙、补草最简单易行。草皮破坏小的可直接补沙，补沙能覆盖裸露的根茎，减少水分蒸发，使匍匐茎或根状茎恢复生长，保持台面的平坦。草皮破坏面积大的，可直接补种草皮，保证发球台草坪的生长状态和使用效率。

4. 打孔、覆沙和滚压　这项作业的作用和程序与果领相似。

5. 发球台标志要经常移动　一般每天移动一次。

（三）球道

1. 修剪　球道草坪修剪高度一般为 1.3~3.2cm。因草种不同留茬高度也有差异，如早熟禾的多数品种只修剪 2.5cm；剪股颖可修剪到 2.5cm 一下。球道面积在高尔夫球场比例很大，修剪工作量也最大，一般选用大滚筒型联合剪草机，切幅近 6m，修剪效果好。修剪频率通常每周 2 次。

2. 施肥、浇水　球道区常施用缓效肥，一年施用 2 次。也可酌情追施速效肥，具体施肥量要根据草坪生长状态而定。冷季型草坪对氮的年需量为 10~20g/m^2。灌水可采用自动式喷灌，能保证经常浇水即可。

3. 打孔　球道土壤板结也要进行打孔作业，保障土壤的通透性。由于球道面积大，不宜全部作业，只对板结严重的区域进行打孔。

4. 覆沙　在条件允许的情况下，球道全面性覆沙应进行 1~2 次，覆沙要结合打孔、施肥进行。球道覆沙每次 4~10mm 厚。球道覆沙是一项难以实施的措施，往往数年进行一次。

（四）障碍区

1. 高草区草坪管理　高草区的管理粗放，草坪质量要求不高，修剪高度在 2.5~12.7cm 之间。靠近球道的半高草区留茬高度为 2.5~7.6cm，远高草区留茬高度为 7.6~12.7cm，再远者可以不修剪。在管理水平高的球场，半高草区常采用球道的管理模式。

高草区一般很少浇水。在养护管理水平高的球场，其初级高草区每年施肥 1~3 次，随后就自然生长，不作施肥措施。

2. 沙坑的养护　为了提高球场难度，有时也需要增加果领和球道沙坑数量，也需要加大沙坑边缘坡度，对大雨冲刷的沙坑边缘也要整修、加固。沙坑沙层的厚度要达到 13~15cm，每个沙坑的沙层厚度都要一样，耙沙时要对着果领旗杆方向拉平。

3. 水障碍的养护　主要是改善球场内湖的水质。可以在湖面开阔的水域安装喷泉，既可增加景观效果，又可改善水质。对湖的边缘也要进行美观修整，也可以移植一些造型美观的水生植物，放养野鸭等野生动物。

4. 树木花卉养护　现在大型比赛一般都有电视转播，这就要求球场更加美观。可以在球场的会所、进场道路、练习场等附近增加花卉景点，移植造型美观的树木。在球道的某些区域，根据球道难度的要求，提前移栽一些比较高大的树木。定期对树木花卉进行施肥、浇水养护。

第二节　足球场草坪建植与养护

一、我国足球草坪的发展

我国对草坪运动场的建造技术基本上还没有研究。进入 20 世纪 80 年代后有些足球场采用移植天然草皮来造成足球场地。到 90 年代随着足球事业的蓬勃发展从南到北建起了不少运动场馆。但是，足球场地的建造水平并没有提高，一些场地只是简单的理解国外建造理论而建成。结果全国绝大部分场地使用效率很低、维护难度大，为了完成比赛任务，不得不反复进行表层的改造。有时为了重要比赛，提前半年就得封场。而一些欧美国家的草坪足球场地在草坪完好的状态下每周可使用 2 ~ 3 天。苗床以沙壤土和有机质为主。草种的选择也多种多样。实际讲，我国的草坪足球场建造技术距一些足球发源地国家如：英国、德国等还相差甚远。在足球运动竞争激烈的今天，足球场地的微小变化就会影响运动员技能水平的发挥。现在很多国家的足球训练场使用要求和正式比赛场地一样。中国足球要走向世界，如何做成一流的足球训练场和比赛场，使运动员在平时的训练中具有良好的感觉，练就高超球技是我们专业人员今后研究的课题。

二、足球场的类型

足球场有专用足球场和田径足球场 2 种。按国际足球联合会规定，标准足球场应为 $68m \times 105m$，而边线和端线外各有 2m 宽的草坪带，故其面积为 $72m \times 109m$。一般草坪外还有 10 ~ 15m 的缓冲地带。

田径足球场是足球场与田径赛场的结合，即足球场布置在田径跑道中间，如学校的运动场等。一般田径跑道的内圈不少于 400m，故足球场只在周长 400m 的圈内布局，但具体大小依场地环境和用途而定。球场中间高四周低，坡度为 3% ~ 5%，呈龟背形，有利于排水。

三、足球场坪床结构

坪床建设是足球场草坪建设中最基础的环节。目前，国外很多运动场地的建设都依照美国高尔夫协会推荐的建坪方法（USGA 法），这种方法首先用于高尔夫球场的果岭建设，能使坪床达到良好的透水和持水性能，经过不断修改和完善，现已逐渐应用到足球场等其他类型的运动场草坪的坪床铺建。

根据 USGA 法，沙子是足球场草坪主要坪床材料，坪床结构由 3 层不同材质的沙和砾石组成。其中，坪床上层是 30cm 的混合根系生长层，由经过改良的沙构成，其下是 5 ~ 100mm 厚的过渡层，该层是由粗沙和细砾石（粒径 1 ~ 4mm）构成，过渡层的下面是 10cm 厚的卵石层（粒径 6 ~ 9cm），卵石层中铺设有排水管道系统。过渡层的作用是能够防止生长层中所含的黏粒在灌溉和使用过程中逐渐进入下层卵石层中，阻塞排水孔道及排水管的孔洞。这样的坪床结构不但具有良好的持水性能，提供草坪生长所需水分，而且具有优良的排水性能，保证足球场正常使用。

四、足球场排灌系统

（一）排水系统

一是地表排水，主要利用坪床坡度。二是地下排水系统，也称盲沟排水系统，足球场地下排水系统可采用直径 10cm 硬 PVC 的有孔排水管，呈鱼骨状排列，垂直向下渗水，进入排水支管，排水支管接入四周排水总管，排水管纵向排水坡度为 0.3% ~ 0.5%，再由排水总管接入空气换气系统（有些田径足球场没有此设施），该管道既用作排水，又可通过空气换气系统进行空气调节和用于强排水。

（二）灌溉系统

足球场灌溉一般采用喷灌，喷灌系统主要由喷头、控制系统、增压泵及给水管组成，交叉式组织喷灌，是当前标准足球场最先进、最常用的喷洒系统。喷头一般采用 4 组 12 个地埋式自动伸缩喷头，其工作压力为 $7kg/cm^2$，流量为 $18.7m^3/h$；给水管采用 UPVC 管，耐压 $10kg/cm^2$；控制系统可采用进口 PC 全自动 12 路控制箱设备，此设备具有水泵起闭与喷头工作同步的功能，可设定自动工作时间，附有土壤湿度检测探头；增压泵一般用 DL 立式离心泵，功率为 45kW、扬程 80m、流量 $150m^3/h$；还需备有约 $40m^3$ 的蓄水池。对于投资少的足球场，可在预埋给水管上安装接水盒，采用移动式喷头进行喷灌，造价低廉，效果较好。

五、足球场草坪建植

足球场草坪建植主要包括建植时间、播种量、草种的选择及播种等方面。

（一）建植时间和播种量

冷季型草种的播种时间一般以春、秋两季为宜，特别是以 9 月下旬最好。秋季播种一方面减少杂草的侵害，另一方面草坪经过秋季和翌年春季的生长，能促进植株更为健壮，而有利于渡过夏季的高温气候；暖季型草种的播种时间，通常选择夏季即 6 ~ 8 月份的多雨季节进行。足球场草坪的播种量一般比其他地块的草坪播种量稍大一些，其中冷季型草种一般又比暖季型草种的播种量稍大一些。冷季型草种播种量以 $20 ~ 30g/m^2$ 为好，暖季型草种播种量以 $12 ~ 15g/m^2$ 为宜。

（二）草种选择及播种

标准的足球场草坪播种一般采用机械播种，以保证播种均匀，播后立即用无纺布覆盖，然后用重物将无纺布固定。冷季型草一般采用混播，选用 70% 的高羊茅 + 20% 的早熟禾 + 10% 的多年生黑麦草；或 80% 的高羊茅 + 20% 的早熟禾进行播种。先播早熟禾，再播高羊茅，分纵横 2 个方向撒播。播完后，采用特制的橡胶滚筒分别进行纵向、横向、对角线 4 次滚压。暖季型草坪在我国大部分地方难以保证四季常绿的效果，因此，草坪的补播就显得非常重要，如在结缕草草坪上秋季补播黑麦草。但在补播之前必须把原有草坪剪至 2.0 ~ 2.5cm 高度，条件具备时还需用打孔机打孔，且补播后立即灌水、施肥。

六、足球场草坪的养护管理

（一）苗期养护

建植后的新草坪需大约 4~6 个星期的特殊养护。在此期间，草坪需频繁浇水，以促进根系活跃生长与扎根，要保持土壤湿润直到幼苗达到 5cm 高，然后逐渐减少浇水次数。在这段时期，需供给幼苗充足的肥料以满足其活跃生长的需要。在新草坪首次修剪之前进行轻度滚压，可以促进草的分蘖与匍匐茎的生长。在建植草坪后的 6 个月内，对新建草坪要精心护理，尽量不使用，以减少对幼苗的损伤。

（二）成坪后养护

1. 灌水　由于沙质土壤持水力差，所以加强灌溉始终是足球场最关键的养护管理措施。灌水时间应少量多次，一般在清晨或傍晚灌溉较好。夏季为了降温，中午也可以进行喷灌，此外，冬季干旱时期加强灌水也是很必要的。

2. 修剪　修剪是维持草坪的最有效手段，在草坪草对修剪的耐受范围内，低修剪是增加草坪密度和维持旺盛生长的有效方法。足球场草坪第 1 次修剪应在草坪草长至 7.0~8.0cm 时进行，其留茬高度为 5.0~6.0cm，以后根据草坪草的生长状态，每 5~7d 修剪 1次，留茬根据草坪的类型不同保持在 2.5~4.5cm，修剪应遵循 1/3 原则。剪刀要锋利。

3. 施肥　根据运动场草坪草特性，施肥应本着低氮、中磷、高钾的原则（氮∶磷∶钾 =10∶15∶30，有效成分比）。草坪施肥量每年应达到 40~200g/m² 的水平（化肥），肥料种类以尿素和复合肥为佳。一年中有春、夏、秋三个施肥时期，春施高氮和足够的磷、钾，施量每月可达 30g/m²，其中氮∶磷∶钾 =1∶0.5∶0.5。每年至少要施 1~2 次有机肥（均应充分腐熟），在早春或任何时候与覆土、镇压同时进行。新生草不宜早施化肥，最少修剪 3 次后才能使用。

4. 滚压和覆沙　足球场草坪由于每次使用后，剧烈的运动会导致凹凸不平，因此，要定期覆沙，并进行镇压，使草坪保持平整。

5. 修复和补救　足球场草坪的球门区域践踏较严重，草坪损伤较大，应及时更换草皮和补播，补播品种要与原场地草坪草种相同。

6. 打孔通气　当草皮形成后，为促进草坪草的营养生长和改善草坪的通气透水状况，应定期打孔或划破改良。打孔或划破宜在早春或深冬进行，实心打孔锥长 10~15cm，直径 1.3cm。每平方孔数应少于 100 个。过度践踏的草坪场，在春季土壤湿润时，应进行 3~6 次的打孔或 2~3 次划破处理。

7. 赛前与赛后管理　赛前 1 周左右应对草坪进行综合的培育管理，如修剪、施肥和灌水等，有条件的可施用草坪染色剂，使之更加符合运动员的视觉，利于运动员的正常发挥。赛前 1~2d，划线、镇压、制造草坪花纹，使之出现美丽的景观。赛后立即清场，修补草坪、补播，特别注意损坏地块的修补和镇压。灌溉让草坪尽快恢复。1 个赛季结束后还应封闭场地，进行综合处理，以满足下一赛季的利用。

第三节　草地网球草坪建植与养护

一、概述

草坪网球运动起源于 1859 年，英国 Marry Gem 各 J. B. Pera 在伯明罕开始在 J. B. Pera 的草坪站适应打网球。最早的网球场地为长方形（1872～1877 年），1880 年所有的英格兰俱乐部制定标准，单打场地大小为 23.77m×8.23m，双打大小为 23.77m×10.97m，自 1882 年规定网的高度为中间 0.91m，两端 1.07m。球的重量和大小也有些变化，但直到 1978 年网球拍才正式规定。1872 年英国成立了第一个草地网球俱乐部。1881 年，美国草地网球协会成立，并在此年正式进行了网球锦标赛。

中国 19 世纪末就有了网球运动，但参加的人只有贵族；1949 年以后，此项运动在大城市开展起来；新中国第一次全国网球比赛于 1953 年 5 月在天津举行。1980 年 10 月中国第一次举办网球大型国际比赛——广州大赛，有 10 多个国家著名选手参加，1981 年，首次参加世界女子团体赛——第 19 届联合会赛。

二、坪床结构

网球场对坪床的准备要求类似足球场或更精细。坪床结构中土壤中黏粒的比例应占 18%～20%，分三层，即 15cm 营养土层（自然土壤：有机质：沙为 2：3：5），10cm 粗沙（直径 1～3mm）层，10cm 的砾石（直径 7～14mm）层，砾石下面是排水管，（直径 100mm），排水沟填充 15cm 厚的大卵石。

三、种植排灌系统设计

（一）排水

排水采用地表径流和地下渗透 2 种，网球场一般在喷灌或降雨后 30min 内就能进行打球，所以，采用暗管排水为主。排水支管间距为 2.8m，排水管最小铺设坡度为 0.5%，排水管沟内填充水洗的砾石直径为 10～20mm。为了防止鼠害，可在场地四周设硬塑橡胶或硬塑料网，架设好后，再分层回填坪床土。

（二）喷灌

喷灌设计原则是标准淡水量供给要充足，水压稳定，操作、管理及维修方便，同时与场地设施要协调。一般喷头的间距为取射程的 0.8 倍。

四、草坪草种选择

网球场多选用剪股颖、细羊茅、多年生黑麦草和草地早熟禾。在混播中多年生黑麦草不能超过 50%。也可用多年生黑麦草单播。选择的混播组合比例举例如下。

1. 60%非匍匐型紫羊茅 +25%细叶羊茅 +5%洋狗尾草 +10%猫尾草。

2. 60%非匍匐型紫羊茅 +20%细叶羊茅 +10%匍匐剪股颖 +10%猫尾草。

3. 45%非匍匐型紫羊茅 +25%多年生黑麦草 +10%匍匐剪股颖 +10%洋狗尾草 +10%猫尾草。

4. 40%匍匐剪股颖 +30%草地早熟禾 +10%细弱剪股颖 +20%洋狗尾草。

5. 40%非匍匐型紫羊茅 +30%细叶羊茅 +10%洋狗尾草 +20%草地早熟禾。

6. 45%非匍匐型紫羊茅 +30%细叶羊茅 +25%洋狗尾草。

五、草坪养护管理

1. 表施土壤　当球场草坪上出现枯草层，会影响网球的反弹性，易使草坪草感病。但在草坪上加土同样影响球的反弹性，因此，表施土壤的基本原则是：

（1）在表施土壤前，使用垂直刈割机划破土壤表面和草皮并修剪草坪（修剪使地上覆盖减少不要超过20%）；

（2）所施土壤成分与特性要同原有土壤的一样。

2. 灌溉　新建的草坪应立即灌溉，要始终保持土壤表面湿润，直到出苗，出苗后灌溉次数可以减少。

3. 修剪　新建的草坪草长到 5~8cm 时就开始第一次修剪，修剪高度为 3cm，但比赛时修剪高度为 0.8~1.0cm，比赛期间必须每 2d 修剪一次，修剪后要进行镇压。

4. 镇压　每次修剪后或比赛过后经过修补复壮的草坪都要进行镇压。镇压最好不要使用超过 2t 的滚筒。以免草坪土壤通气性急剧下降。

5. 施肥　一般根据草坪草种、比赛强度等而异。最好进行土壤测定来计算肥料的量。一般施复合肥效果好，氮、五氧化二磷、氯化钾比率为 4∶1∶3 较合适。每次施肥后要进行灌溉。在夏季炎热潮湿的地区最好不要施用氮肥。

6. 其他养护管理工作　草坪的病虫害防治可参考"草坪病虫害与防护"这一章。草坪土壤板结就进行孔通气，草坪枯草层厚或表面不平就进行表施土壤。比赛后草皮损坏较大，就进行更新，若网球草地建的面积较大，可以将场地的边线或端线做横向或纵向移动，这样可避免有的地方践踏过重。

第四节　住宅区草坪建植与养护

居住区绿地是绿化的重点，是城市人工生态平衡系统中重要组成部分。居民区绿化是居住区中不可缺少的有机成分之一。它利用植物材料构造了一个既有统一又有变化，既有节奏又有韵律感的生活空间，它是环境质量的一个重要标志，对居民的身心健康有着不可估量的影响。居民区绿地是城市绿地系统的重要组成部分，用地比例较大，其布置直接影响到居民的日常生活。

一、建植方法

（一）草种选择

居住区人口密集、活动频繁，管理条件较差，草坪易被践踏、破坏和退化，因此，一定要选择耐践踏、抗逆性强、生长低矮、较粗放管理的草种。居住区游园绿地多以观赏草坪为主，应选用绿期较长、叶色鲜艳、根系发达、形成草皮能力强、草质细密、低矮、平坦的剪股颖类、早熟禾类、匍匐紫羊茅、细羊茅和具有美丽花色、优美叶丛、叶面上具有美丽条纹或斑点的观赏性草坪，如白三叶、红三叶、多变小冠花、匍匐蒌陵菜、五色草等。上述草种可采用直播或栽植草皮块。在居住区楼群中和人行道树下透光性差，因此，要选较耐阴的草种。建坪草种可选用如野牛草、草地早熟禾、匍匐剪股颖、苔草、结缕草等耐践踏、耐遮阴的草坪。草坪四周可用马蔺、射干、沿阶草等镶边，草坪中还种植丰花月季、美人蕉、芍药等宿根花卉。

（二）居民区草坪可采用直播草坪和草皮块方法

1. 直播技术

（1）坪床准备：首先清理杂物（石块、树根、基建残土），然后翻松土壤 25～30cm，如土壤的 pH 值在 6～8。

（2）播前除草：在整地以后，用化学除草剂进行除草。一般应在播种前三周进行。

（3）播种：播种前用耙进行一次轻耙；进行人工或机械播种；播种后用耙耙平，使种子和土充分接触；用滚子进行镇压；用草帘子或稻草覆盖后及时喷水；待草苗出齐后，及时揭去稻草覆盖物。

2. 草坪移植技术

（1）疏松土壤：一般在 10～15cm 深，可用旋转耕耘机，或锹铲。

（2）地要平整：保证一个平滑的铺草土层。

（3）浇水：建植前对土质进行浇水，保持一定湿度一般深 10～15cm。

（4）铺草皮：用绳子拉线，然后依线铺设；将草皮砌成厚 2～3cm 的草皮块（30cm×30cm）。一块紧相衔接铺好。用土将缝填满，然后夯实；进行了适度均匀浇透水。约 1 周后，草皮再生根系基本固于土壤中。

3. 草坪植生带铺装

（1）在整好的土壤上，耙平。

（2）把成卷的植生带自然地铺放在整平的土壤上。

（3）均匀覆盖 0.3～0.5cm 厚度的细土。

（4）喷水，第一次要喷透，要保持湿润。

二、草坪养护管理

居民区的草坪要求草坪质量高，其管理水平要高于普通草地、要精细，因此正常地进行施肥、喷水、除杂草、修剪、防治病虫害等管理措施以外，要使草坪生长得特别平坦、整洁、美观。要经常清理草坪中的枯枝落叶、纸屑等。勤修剪草坪边缘及道边要修剪整齐。少量勤喷水，防止草坪地积水，保持草坪鲜绿。施肥、打药都应加强控制，不要污染环境和发生异味。总之，居民区内的草坪绿化要专门细致管理。

第五节 机场草坪建植与养护

一、机场草坪类型

随着我国经济的发展，国防和民用航空事业在不断的发展，飞机场的绿化必将兴起。飞机场草坪不仅具有重大的社会经济效益，也具有重大的生态效益。飞机场草坪是城市大面积绿化的重点工程，因为其面积大、空旷，飞机起飞时会造成尘土飞扬且噪音大，周围环境将受到很大的污染。因此，飞机场的绿化是航空事业必备的条件。它有利于飞机本身的安全、机组人员和旅客的身心健康。同时飞机场是一个城市的"大门"，其绿化反映城市的风格特点，绿化的好坏代表一个城市的文明程度。

建植飞机场草坪，可通过草坪植物的根系和茎叶覆盖地面，固定土壤，形成致密而富有弹性的草皮毯，保护土壤免被机轮和尾撬压坏，降低起降时尘土飞扬，防止沙土进入机内与机体摩擦，降低风速和日光反射，提高能见度，防止雨天泥泞、打滑减少起降事故，延长机体寿命。并能大大降低噪声，保持周围环境清新优美。现在有许多机场绿地就是完全由草坪构成的。

根据机场草坪的用途可以分为跑道两侧及安全地带草坪、迫降区草坪、停机坪草坪以及机场边缘和防护林的林荫草坪。

二、机场草坪的主要功能和特点

机场草坪是指应用于各类军用、民航机场、备用机场和需紧急着陆的机场中具有特殊使用特点的大面积草坪。随着国防和民用航空事业的不断发展，飞机场绿化将成为航空事业的重要内容之一。飞机场草坪是城市大面积绿化的重点工程。大部分机场除跑道之外，全部用草坪覆盖。一些小型的机场甚至完全由草坪构成。

飞机场草坪不同于一般绿地。由于飞机有高速、冲击力强、重量大，安全保险性要求强的特点，因此，机场草坪要求美观与安全相统一，其中安全功能特别重要。草坪着生表面要平坦，富弹性，基层坚实。机场草坪的景观设计中，要求宽阔、平坦，不能加入任何乔灌木。飞机场低矮的草坪，减少了鸟类栖息的可能性，从而避免飞机起降与鸟类相撞的恶性事故。绿色的草坪表面，广阔的视野可以减轻飞行员的视觉疲劳，减少事故发生的几率。因为在飞机起飞和降落时，不但噪声大而且尘土飞扬，周围环境受到较大污染。当机场有大面积草坪覆盖的情况下，可以降低噪声，减轻空气尘埃的污染，延长飞机的使用寿命，保证安全。此外，飞机场还是一个国家或城市的"门户"，机场环境的美化也反映了城市的风格特点和文明程度。

三、机场草坪的建植与养护管理要点

根据机场草坪的用途可以分为跑道两侧及安全地带草坪、迫降区草坪、停机坪草坪以

及机场边缘和防护林的林荫草坪。对于这几类草坪的不同作用，可依据承压性、抗断性、水平状况、草坪密度和使用特点等因素，来确定草坪最低的要求条件及其建植、管理中应采取的相应措施。

（一）坪床和草种要求

机场草坪的建植要求土壤基础要坚实、平坦，坪床土壤结构良好。对于直接以草坪作跑道的机场草坪，要求形成的草坪既能承受较大的负重，不使地面变形和草坪断裂，又能利于草坪草生长。因此含腐殖质高的砂壤土是建植此类机场草坪的理想土壤。草坪的承压性能主要通过机场飞机类型和种类，如机重、飞机起落架、起飞或降落时的速度、滑行长度等，以及飞机起飞频度来确定。

一般来讲，飞行区、迫降区和跑道两侧非水泥铺筑路面区域的土壤压实度应保持在0.9以上，为此，半刚性地面层土壤的压实度较高，而且每年还要用8至10t重的压路机镇压2至3次，以保证地面的承受能力。所以，要求这些区域内的草坪要有良好的坚固性和稳定性，应具有防止地面变形和草坪撕裂的能力，在高压和高磨损力下，草坪也不出现裂缝和损伤。

草坪草要求生长低矮、根系发达、适应性强，应该具有快速的再生能力和较高的密度，并应具有耐瘠薄土壤、固土能力强、植株低矮、抽穗结实能力低等特性（以减少鸟类采食和栖息的可能）。机场草坪由于面积较大，草坪草还要求能够耐粗放管理，要求修剪次数少、具有快速再生能力，以降低草坪的养护投入。飞机场草坪宜选用匍匐型、密生、抗逆性强、耐瘠薄、耐干旱和耐粗放管理的草种。如草地早熟禾、匍匐翦股颖、匍匐紫羊茅、多年生黑麦草等按一定比例混合直播的草坪。暖季型草坪草种或以营养繁殖为主的草种可采用野牛草、狗牙根、结缕草、假俭草、苔草等。

同时，在飞机起降过程中，由于喷气所产生的温度较高，会对草坪草造成强烈的伤害，要求跑道两侧草坪草具有较强的耐热性。在冬天积雪期，为保证机场的正常运行，常需施用融雪剂，使跑道两侧土壤中的盐分含量加大，这就要求草坪草不但具有良好的抗寒性，还应具备很强的耐盐能力。在跑道尽头的迫降区，为保护土壤不被飞机轮子及尾撬压坏、减少飞尘，又要求草坪草能够在土壤表层形成至少10cm厚的密集根系，并具有较好的弹性，以加大承载力度，便于飞机安全迫降，而且草根层的形成也有助于保护草坪。在停机坪周围的草坪则应具有质地较细，色泽美观以及绿色期长等特点。此外，耐阴性强也应是道路两侧林荫草坪的主要特征。

（二）建植方法

1. 整地

飞机场草坪不同于一般绿地，由于飞机有高速、冲击力强、重量大、安全保险要求强的特点，因此，要求草坪的表面平坦均一，富弹性，基层坚实。

（1）清除土层中杂物：新建草坪不论采用播种，还是铺种草皮，场地的土壤都必须进行整理，耕作，施肥，打下良好的基础。在种草之前，先将地面上及土壤中的杂草及杂物，用人工铲除。

（2）平整坚实：土壤要处理好，坪床一定要平坦，上下要坚实。对土壤进行全面翻耕，深度20~25cm，深耕后将土块打碎。然后地形平整，先进行等高处理，挖掉突起部分和填平低洼部分。翻耕土壤后要中间高0.2%的坡度向四周倾斜，以利排水。

（3）草种选择：选抗逆性强、耐瘠薄、耐践踏、耐干旱的草种，面积大，应当选择粗放管理的草种。常用草地早熟禾、高羊茅、结缕草、狗牙根、苔草、百喜草、野牛草、地毯草、昆士兰马唐、虎尾草、画眉草等。

（4）草坪建植：

①直播种子：大面积草坪多采用成本低、花费劳动力少的直播方式。在已整理好的坪床上，先用耙子将坪床耙成麻面，把欲建坪床划分若干等面积的地块，把种子按划分的块数平均分开，所用的种子量应均分两半，从两个方向交叉撒布。

②喷植种子：液压喷播技术优点有：机械化作业，操作简单、快速；成坪均一性好，尤其适用土质差的地区，绿化效果佳；非常适用于机场飞行区大面积草地的建植，通过加长管子，射程可达200m以上，方便操作，节省时间。

喷播建植时用喷播机把草籽、肥料、水、黏合剂、防蚀剂等混合一起，用高压水或压缩空气向地表撒布，生成生态植被层。

用耙子轻轻耙平，使种子与表土混合均匀，用石碌进行镇压后，再加覆盖物（稻草、无纺布、木纤维等）。在多风场地则应用桩和绳十字交叉固定。

播种时间，冷季型草种最好在夏末，但春秋季也可；暖季型草种在春末夏初进行。

播种后要适时适量喷水，保持土壤湿润（使土壤深1.5cm之内不干燥）。幼苗出齐后，应及时撤除覆盖物，要在傍晚进行，且忌在烈日阳光下进行。

③植生带：把成卷的植生带自然地铺放在整平的土壤上，其上均匀地撒上薄薄的一层细土（要生土，避免带入杂草种子）。铺后每天喷水，使植生带湿润与土壤紧密结合，一定要保持土壤湿润。

④铺草皮卷：将田地的草皮用起草机起成草皮块，直接铺在绿化场地上。但场地应在铺装前进行灌水，保持土壤湿润，铺后、镇压、喷水。第一周应每天浇透水，扎根以后可减少灌溉。

⑤栽草坯：把已长成草坪的小草坯（5cm×5cm坯，厚2～5cm）按一定的株行距栽植，栽植后碌压，要经常灌溉，直到根系扎入土壤。

（三）草坪的养护与管理要点

要根据草坪的具体使用目的和强度来定。大部分机场草坪管理较为粗放，修剪高度为5～8cm，每年修剪次数3～5次，一般不超过10次。对于使用频度高、直接以草坪作跑道的机场草坪，管理强度需适当增加，但留茬高度也不低于5cm，并注意要清除修剪后留在草坪上的草屑。机场边缘的草坪留茬高度可以提高，可用割灌机修剪或不修剪。有的机场草坪为了防止草坪草抽穗，减少修剪次数，还可喷洒生长调节剂的方法来抑制生长，控制草坪高度。

机场草坪的施肥也应根据地力和草坪草的生长状况而定。管理粗放的大面积草坪，冷季型草坪草可于每年初秋施肥1次，而暖季型草坪草于初夏时施用。有条件的地方可以缓效肥为主，来延长养分的供应时间，保证草坪质量。对于应用强度大而造成稀疏或斑秃的机场草坪，应及时修补和更新，并注意覆沙处理。在寒冷地区霜冻后还需要镇压，以保证草坪表面的平整，利于来年春天草坪根系恢复正常生长。

第六节　固土护坡草坪建植与管理

一、固土护坡草坪的概述

随着我国工农业、商业、旅游业等事业的发展，交通运输事业相应地迅速发展，新建铁路、公路，尤其是河流堤岸的护坡任务日益增多，树木、草坪绿化保持生态环境和防止水土流失的工作日趋得到广泛的重视。

草坪植被在保持水土、抑制地表径流的作用十分显著。草坪因具致密的地表覆盖和在表土中有絮结的草根层，可以吸收大量降水，并能大大延缓在强降雨的过程中地表径流的快速形成。因而具有良好的防止土壤侵蚀的作用。草坪植被及其根系可以有效地保护土壤免受雨水冲刷，草地上形成的径流几乎是清流而不含任何泥土的。

铁路、公路边的裸露坡面，许多地段含有较多数量的风化岩石、砾石、沙粒等，河流堤岸的坡地因裸露遭受风雨的侵蚀，均易产生地表径流、水土流失，甚至发生坍塌和滑坡。一旦塌方发生，将给经济建设和生命财产带来严重损失。过去多采用工程固土，石块、水泥铺在坡面上，投资大，效益差。随着我国铁路、公路和河流建设的日益发展以及吸取国外先进经验，采用生物与工程相结合的固土方法以及栽植灌木、种草来保护路基堤岸，把公路、铁路以及河流堤岸边坡绿化与景观建设结合起来，不但可以保护路基、边坡和沿线公路设施，而且可大大改善生态环境和景观质量；既起到绿化作用，又具有经济和生态双重效益的效果；对解除司机及旅客的疲劳、减少事故发生率起着重要的作用。发达国家的高速公路两侧、景观环境都经过了精心设计，看上去优美、舒展，形成一道流动的风景线。

二、固土护坡草坪主要功能和特点

固土护坡草坪是指建植在公路和铁路两侧以及河湖水库堤岸边的平地或坡地上，矿山和矿区植被恢复，国防工程的生态防护等边坡草坪。主要以水土保持为目的保护性草坪，即以保护坡面地表土壤及保护坡地环境保护为目的的绿化。通过建造固土护坡草坪，利用草坪草覆盖地面的能力以及根系束缚表土层，可以防止土沙移动、滑落，还可以阻挡降水对坡地的冲击，起着固土护坡的作用。这种草坪是管理较为粗放的一种草坪。

公路堤坝边坡植被立地条件较差，与其他区域相比，草坪建植、施工难度大，成坪后维护困难。在地形起伏的地区，不可避免地会造成陡坡的问题，致使土壤侵蚀强度大，易滑坡，土层薄，蓄水少，加之地势陡，降水与灌溉水易流失。与普通地面土壤相比，边坡土壤水分状况差，不利于植物生存。路基堤坝土壤一般是外来土。土壤类型和土壤的理化性质由于土壤的来源不同而有很大变化。土壤多数情况下是生土，有机质含量低，速效养分贫乏，结构性差，这不利于植物特别是幼苗的生长。

高速公路路基一般高于地面，加之行车速度快，空气流动快，土壤和植物水分散失快，不利于植物发芽出苗与生长。高速公路路面宽，多为黑色柏油路面，其热容量比一般土壤低，温度变幅大。夏季由于路面易吸收太阳辐射热，再加上行驶车辆放热，可造成公路附近大气温度高于周围的大气温度。温度高加速了土壤和植物水分损失，常使植物处于水分胁迫状态，加上高温，特别不利于冷季型草坪草的生长。冬季则温度散失快，路基附近地温降温明显。

另外，由于堤坝路基高于地面，边坡土壤接受太阳辐射也发生了变化，同时也有了阴坡与阳坡之分。阳坡接受热辐射多，温度上升快，土壤湿度常常低于阴坡。

与其他草坪比较，此类草坪的外观质量如色泽、质地要求相对较低，重要的是草坪要有发达致密的根系、较强的适应性和抗性，以及能耐低养护管理。因此，在草种选择上应选用根系发达，适应建植在极端的气候条件、耐旱，耐贫瘠的草种，由于护坡草坪面积较大，还应选择价格便宜的草种，如细羊茅、多年生黑麦草、普通早熟禾、草地早熟禾、高羊茅、冰草等冷季型草种，或野牛草、普通狗牙根、结缕草、钝叶草、假俭草、巴哈雀稗等暖季型草。应用上可与其他地被植物相配置。

三、固土护坡草坪的类型

在坡度大于45°、土壤条件差的地段采用生物与工程治理相结合的方法。采用草本植物与镶嵌石块相结合，石块或水泥砌成网格，在网格内播种栽植草坪植物，也可通过挂网（平面网、三维网）加锚（固定网的专用钉）填土，然后采用液压喷播来种植草坪。我国在许多高速公路的边坡绿化上，引进消化国外技术取得了很大的成绩。

坡度小于45°，土质好的坡面可采用草灌混栽，行间种植灌木和草本相结合，充分覆盖地面，综合治理。坡度小于15°以下的坡面，可采用草本植物护坡。

四、固土护坡草坪的规划设计

在坡度大于45°、土壤条件较差的地段，应首先采用工程固土，以种草为主，边缘用石块或水泥砌成网格，网格砌成菱形或方形，每边宽50cm，每块菱形面积9m² 左右，在菱形中栽植草本植物。在坡顶和坡脚应栽植1～2行固坡能力强的灌木，灌木即能防风固沙，又能封闭坡面，防止行人穿行践踏。

用石块、卵石、砾石先铺设在斜坡上，然后在间隙中种植草本植物或直播草种。用石块、砾石固坡和排水，首先在斜坡上进行土方调整，使之成为梯田型。外边缘用石块垒成石坝，石坝上斜坡上之间低层用砾石铺装，厚度一般为15～200cm，砾石与斜坡面交接处铺设排水管，在砾石面上覆土，厚度为15～25cm，播种草籽或栽植草本保土植物。

其他工程措施与种草结合。一般采用水泥、钢筋、空心砖等建材料筑成谷坊来代替石谷坊。例如用柳树枝编成篱笆，把树桩固定在斜坡上，将直径5～10cm、长1.5～2cm的树桩按间距为20～30cm埋在土里，露出地面50～80cm。每座谷坊可播3～5排，间距为40～50cm。坝的前端或其他适宜位置可培土，土层厚度为20～30cm，凡是有土层的地方，可以播种草籽或采用营养繁殖方法，栽植草本固土植物。

在坡度小于45°土质好的坡面可采用草灌混栽。一般是在底部栽植3～5行灌木，沿等高线每隔5～10m栽1～3行灌木，灌丛之间种植草本植物。

坡度小于15°以下的坡面可种植草本植物。

五、固土护坡草坪的建植与养护管理要点

（一）草种选择依据

1. 选择适合当地土壤、气候条件的植物　选择适合当地生长的植物是关键环节。每一种植物都有其最适合的环境条件，其中土壤和气候条件是决定因素，当地野生植物往往是最好的选择。它是在本地土壤与气候环境中长期进化的结果，对当地的生态环境最适宜。

2. 选择根系发达、分生能力强、发芽快、生长旺盛的植物　发芽速度快，生长旺盛的草坪草，能够很快覆盖地表。植物的分生能力强，可减少土壤裸露时间，快速形成致密的群落，地表致密的草层与地下絮结的草根结合起来能够减弱降水的侵蚀能力，有效防止水土流失。植物的根系直接关系到固土能力。地下部根系越发达，根系分布越深，固土效果越好，植物的抗逆性也越好。

3. 选择垂直生长缓慢或生长低矮的植物　植物垂直生长太快、太高，会影响景观，增加修剪次数，管护费用也随之提高。因而，选择植物类型时应选择垂直生长缓慢或生长低矮的地被植物。

4. 选择抗性强、耐瘠薄的植物　高速公路土壤瘠薄，土壤水分条件差，选择植物类型时应选择耐瘠薄、抗干旱的植物种，同时还应对病虫有较强的抗性。冷季型草坪草中以高羊茅抗性最强，暖季型的狗牙根和结缕草抗性最好。

在温带和寒带用于公路堤岸设施草坪的草坪草种有草地早熟禾、细羊茅和黑麦草及其混合配方；半干旱地区有野牛草、冰草和格兰马草；在热带和亚热带地区有普通狗牙根、巴哈雀稗、假俭草和结缕草。高羊茅可分布于亚热带和温带之间的广大过渡地带。

固土护坡的植物材料不一定必须是草坪草，其他类型的地被植物，只要能够快速形成覆盖并具有较强的固土能力，即可采用。某些生长缓慢的灌木也可用来与草坪植物相配置，以增加景观美学价值。

所选植物材料应对行车和人身安全起保护作用。致密柔软的草被能起到缓冲作用，事故发生时可减轻人员伤亡及车辆损坏。乔木和修剪后的灌木对人身安全不利。另外，尽可能选用不产生致敏花粉的植物。

（二）固土护坡草坪的建植方法

1. 植物的选择

（1）灌木：灌木要选择耐寒、耐旱、抗风和抗逆性好、茎叶繁茂、覆盖地面能力强的种类。其根系发达，根系易交织或呈网状，易固定土壤，如紫穗槐、沙棘、荆条、小叶锦鸡儿、枸杞、胡枝子等。

紫穗槐的根系发达，遇干旱时可深入土壤深层吸收水分，而且耐盐碱。1株3年生的酸刺根系水平方向延伸可达6m，主根可深入土中2m以下，侧根繁密，水平纵横交织在0～55cm土壤内，因此，具有极强的减缓径流、稳定坡面、固土防冲的作用。在阳坡、阴坡都可生长，一般4～5年郁闭成灌丛。小叶锦鸡儿耐旱、耐寒、耐瘠薄土壤，发达的根系具有盘结土壤、固土、减少侵蚀等本领，因此，用做固坡植物非常适宜。枸杞为蔓性灌

木，主根发达、侧根纵横交织、密集，在 1m 深处土壤中水平根系可达到 6m 左右、固土护坡效果好。耐寒、耐旱、耐碱，并且能抗炎热。阳坡、阴坡皆宜，生长迅速，根蘖性强。胡枝子枝叶繁茂、根系发达，具有耐寒、耐旱、耐瘠薄、萌生新枝能力强的特性，是固定斜坡的良好种植材料。

以上植物都是根蘖性强，串根自繁，形成密集茂盛的群体，主要用作保土、固沙、护坡植物。

（2）草本植物：草本植物则要求发芽快、茎叶繁茂、根系发达、覆盖地面能力强。一般选择主根粗大、侧根多、生长迅速，且能抵抗杂草、能产生多量种子、成熟迅速、种子落地能自行生长，具有多年生的习性和发达的匍匐茎、地下茎、根蘖分根等繁殖，与土壤固结能力强，耐寒、耐旱、抗逆性强的草本植物。草种可选择小冠花、紫花苜蓿、草木樨、羊草、沙打旺、无芒雀麦、高羊茅、结缕草、野牛草、狗牙根、葛藤、披碱草等。

多年生禾本科草类中，偃麦草、无芒雀麦、高羊茅、冰草、结缕草等，都是护坡能力较强的植物。它们都有繁茂的地上部分和发达的根状茎护卫着斜坡。偃麦草还有较强的耐盐碱能力，在含盐量 0.6%～0.8% 的土壤中，仍能正常生长。因此，它是盐碱地路基斜坡上的优良护坡植物之一。

2. 坡面处理　坡面一般为不易着生植物的裸地，土壤也为非耕作地，土壤硬度高、温度、水分条件十分差，因此建坪的难度很大。为使草坪定植，首先要对坡面土壤进行改良。在坡度较大的地方可以采用工程防护与生物防护相结合的办法，如在混凝土框架结构内或混凝土围成的鱼鳞坑内种植草坪植物；或者挖鱼鳞坑或水平沟，在坑或沟内栽植灌木或穴内播种草本植物。

3. 坪床处理　在坡面播种时为了防大雨引起水土流失、草种被水冲失，可用沥青乳剂对坪床面进行固化处理。可以采用物理的、化学的以及生物的技术进行处理。物理的有在坡面钉立和铺设金属网、塑料网、三维立体网、土工格式、塑料槽架、木工挡板以起固着基质的作用；在基质中加入草纤维、木纤维起加筋作用；化学方法是在喷射基质中加入高分子黏合剂以起固定土壤胶粒的作用，同时加入高分子保水剂期保水作用。

4. 建植方式　可采用灌木、草坪草植物混合栽植，铺草皮块、铺植生带、喷播等方法。

（1）灌木、草坪草混栽技术：采用灌木、草坪混栽，进行固定护坡，灌木生长初期比草本植物生长缓慢，覆盖地表能力较差，但其持久护坡能力好。草本植物初期就能很好地起到拦蓄斜面地表径流，覆盖地表速度快，减免侵蚀作用好。灌木、草坪草结合，能持久地保护铁路、公路、水库、河岸等斜坡。

可供混栽配置的保土植物种类很多，如紫穗槐与野牛草混栽效果较好，可采用 1 行紫穗槐 4 行野牛草，行距 20cm，形成横向水平沟栽植。注意压实土壤，使固土植物的根系与土壤紧密结合，才能确保新栽植物成活。

野牛草生长迅速，覆盖地面严密，杂草不易侵入，且能降低蒸腾强度，改善周围环境，对紫穗槐生长非常有利；紫穗槐地下部分有根瘤，可利用空气中的游离氮，增加土壤氮素，有利于野牛草的生长蔓延。紫穗槐的根系发达，遇干旱时可深入土层吸收水分；野牛草有 75% 的根系分布在 20cm 土层内；紫穗槐和野牛草都能耐盐碱，对保护在盐碱地上的铁路、公路、水库等斜坡非常有利。

小叶锦鸡儿、胡枝子等灌木都可与野牛草，其他禾本科草混合栽植。

（2）草皮直铺法：主要有满铺法、间铺法和条铺法3种。满铺法适用于希望快速绿化、坡度较缓的边坡，其抗水侵蚀能力较强。做法是将野生狗牙根、马尼拉草或其他草皮切成30cm×30cm×3cm左右的块状以1～2cm的草坪接缝铺装于边坡上，适量填入沙土，压平后用竹（铁）钎在边坡上固定好。注意草皮上粘附的土砂须保持不掉落，并且大量草皮不宜长时间堆积和干燥。间铺法适用于匍匐性强的草种（如野生狗牙根、结缕草等）大面积边坡种植。做法是将草坪分割成规格大小不等的长方形草皮块，间距1.5～2cm进行铺装，铺装时紧压并采用竹（铁）钎在边坡上固定好。此法也可快速成坪且节约草坪1/3～1/2。条铺法则是将铺装草皮切成宽6～10cm长条，以20～30cm的距离平行铺植，3～5个月成坪。移植时应注意不使附在根上的土砂散落，并避免其干燥和将大量草皮长时间露天堆放，同时要做到一面拍实边坡一面铺植。

在坡度大的地方，每块草坪应用桩钉加以固定。草皮块形成"瞬时草坪"成坪快。

（3）草坪植生带铺植：是高速公路生物护坡草坪建植的一种重要手段。做法是在专用设备上按照特定的生产工艺，草坪种子和其他成分（肥料），按照一定的密度和排列方式定植在可以自降解的无纺布基带上沿等高线将种子带开卷平铺在坪床上，边缘交接处要重叠3～4cm，然后在种子带上均匀覆土，覆土厚度以不露出种子带为宜，一般0.5～1cm。在喷灌条件好的地块可以少量覆土。如有条件，覆土后滚压效果更好。由于种子带基对种子有黏滞定位作用，铺设草坪植生带可防止因雨水冲刷而造成种子流失，还可减缓冲击力，并且可使水顺着纤维渗入土中，起到良好的保土作用；种子带基可在植入地中40d左右全部分解，不会造成环境污染；植生带上发芽和出苗迅速，很快成坪，同时植生带杂草较少，应用到铁路、公路等斜坡上的植生带，一般沿等高线铺设。

（4）草坪植生袋铺装：植生袋适用于机械播种有困难、易受侵蚀的高速公路填方边坡和土质较少的挖方边坡，是一种采用重点保土、固坡的种草方法。做法是选用质地柔软且有网眼的植生袋，装入沙质土壤（含水量保持在20%左右）和草籽，并在袋内底部放入基肥。采用竹（铁）钎子将植生袋固定在边坡上，使1/2露出坡面，1/2埋入土中。袋间距离以50cm为宜。应注意避免在强风日施工，重叠部分要做好，并与边坡密接。

（5）种子撒播：将肥料与多种混合草种、保水剂分别撒入高速公路边坡，覆土，洒水或借墒种植。若在雨季播种则用作物秸秆覆盖，以免暴雨冲刷种子。夏天播种，可用覆盖物保水，避免暴晒。

（6）液压喷播：利用流体力学原理把草种、土壤稳定剂、肥料、砻糠、保水剂、草炭土、水、黏合剂、防侵蚀剂、草纤维等混合在一起形成喷浆，用高压水或压缩空气向地表喷射进行绿化的方法。很快完成斜坡草坪播种，而且种子不会流失；或者先播种，再在撒种后的表面上撒防侵蚀剂。在植物未能发芽、草苗还很小时，防侵蚀剂可以暂时起到防止土壤侵蚀，防止种子或幼苗流失和播种面干燥。这种方法具有机械化程度高、适应性广、改良土壤、建坪迅速、质优、养护简单等优点，较适用于土壤成分少、土壤硬度高的挖方边坡。

喷射乳液植被法：应用合成树脂乳液防止土壤侵蚀的方法，最近几年得到广泛应用。在铁路、公路、高速公路、水库等斜坡上，采取化学的、生物的措施加以预防。以乳液防侵蚀，就是用稀释的乳液散布在土壤表面，使乳液中聚合物把土壤粒子团结起来。

一般使用的合成树酯乳液有丙烯酸酯聚合物乳液，醋酸乙烯—丙烯酸丁酯聚合物乳液和聚醋酸乙烯乳液等，其固体成分约50%含有增塑剂，即固体颗粒分布为50%。

合成树脂乳液和禾草种籽配合的实例较多，应选择发芽快、生根迅速、护坡固沙能力强的草籽。

（7）塑料三维植被网种植法：三维植被网是通过特殊工艺生产而成的，它不仅具有加固边坡的作用，而且在播种初期还起到防止冲刷、保持土壤以利草籽发芽、幼苗生长的作用。随着植物的生长和分蘖，坡面逐渐被植被覆盖，这样植物与三维植被网就共同对边坡起到了长期防护和绿化作用。

步骤：①修整坡面。预备坡设植被网的坡面要修整，并进行降低坡度处理；②预铺营养土。根据坡度和坡面的光滑度铺上5~10cm的肥土或有一定肥力的自然土，修整平滑（也可先固网后覆盖营养土）；③固定三维植被网。将植被网置于坡面上，搭接宽度不少于0.1m。用专用固定钉沿网四周及中间以1.0~1.5m间距固定；④加固网的上下部。每幅网的上下部各留1m左右埋入深25cm、宽45cm的沟内，用回填土或块石压紧；⑤将种子撒入网内。可用播种机或手工均匀播入网孔，必要时可用无齿耙轻耙使种子分布均匀；⑥将营养土填入植被网。用配好的营养土（有机肥、保水剂、杀虫剂和肥土）填满植被网；⑦轻压。用锨或长竹竿轻击植被网表面，使种子和土壤接触紧密，便于种子吸水萌发。

植被网安装完毕后，需要喷水、补种、防虫等养护。植被网若松动滑脱要随时修复加固，需要施肥时也要追施肥料。

也可以利用平面植被网生产草皮，然后进行草皮卷铺设护坡草坪。在铺设时，要将坡面进行修整，施足基肥。铺设坡度不应超过45°，太陡时草皮必须进行固定，否则就会发生滑脱或者断裂。草皮铺装后，进行压实，并用木槌进行击打，使草皮与土壤紧密接触，不能悬空，否则草皮难以成活和生长。

（8）陡壁垂直绿化法：一些黄土或岩石陡坡，破面直立，植物难以生长。因此，可在坡脚处整理出一块耕地，施足基肥，栽植可以攀援生长的藤本植物，例如：凌霄（Campsis grandiflora）、紫藤（Wisteria sinensis）、爬山虎（Parthenocissus tricuspidata）、金银花（Lonicera japonica）等。根据当地气候条件和坡向选择藤本植物。

植物栽完后在坡面上预理支架，固定供植物攀援的钢丝和绳索。加强苗期管理，促进枝蔓发育，并随时扶正固定脱落枝条，使其沿支撑物巡礼攀援。发现害虫及时防治，多余枝条应适时修剪。

（三）养护管理

固土护坡草坪的养护管理一般较为粗放。在能够修剪的平坦区域，草坪高度可控制在8~15cm，在坡度较大的区域可用割灌机修剪，草坪高度较高或干脆不修剪。但应用剪草机时为保证人员和机械的安全，应禁止在超过15°坡度上剪草。在坡度低于15°时，使用坐骑式剪草车，要顺斜坡上下割草，而不要横穿坡地。使用手扶式剪草机时，要沿斜坡横线来回使用，而不要顺斜坡上下割草。

坡地播种草坪易流失水分，要保持土壤有一定的水分，才能保证种子发芽、幼苗生长，因此在苗期为了保证出苗率和植株成活，应每隔1~3天适量喷水，水流要细，雾状喷灌为好。以免雨滴过大和水流集中对苗床形成冲刷，让边坡土壤0~20cm厚度内始终保持湿润，以利出苗和齐苗。建植成熟的边坡草皮，浇水量可根据草坪草生长状况或土壤含水量进行断定，时间最好在下午，一次性浇足浇透，至少应该达到湿透土层10cm以上，以提高茎叶的韧度，促进其正常生长发育。

为了防止坡面水分的过度蒸发和防止水土流失，采用在坡面加盖覆盖物。可用沥青乳剂对坪床面进行固化处理或加盖覆盖物（如秸秆、木屑、化学纤维等）。

为了更好地发挥灌木、草本植物固土、护坡的作用，使幼苗生长迅速，应及时松土、除杂草，定期施肥、灌水。除了播种时施用化肥外，固土护坡草坪尽量少施用化肥。多数情况下，两年中每公顷施用45t氮素即可保证正常生长。在个别地方，一旦草坪建植后，则很少施或不施肥料。在能够修剪的地方，修剪高度可控制在8~15cm。一年中可修剪1~4次。对于灌木，应在栽植后2~3年对灌木进行平茬复壮，平茬后能萌生出繁茂的新枝。

为了防止草坪抽穗，减少修剪次数，可施用生长调节剂，如矮壮素、乙烯利、青鲜素等。杂草防治可用物理机械灭除法和化学除草法进行防除。物理机械灭除法对一、二年生的杂草，在未开花前进行刈割效果较好。此外，对一些高大散生的单株杂草，可人工加以挖除。如果面积过大或杂草较多，则应用除草剂杀除。常用的除草剂有2，4-D、二甲四氯、环草隆等。施用时应注意防止除草剂飘移，而伤害周围的非目标植物。其他类型的除草剂则很少施用。在实际应用中，如将物理机械灭除法和化学除莠法配合使用，效果最好。

对于管理粗放的公路护坡草坪而言，病害通常不会成为一个问题。但是，生物护坡草坪上常见的病害有锈病、叶斑病、叶疫病等，可在发病初期施用百菌清、多菌灵、代森锌等杀菌剂进行防治；常见的虫害有灰翅夜蛾（Spodopteramauritia）、黑边黄脊飞虱（Toya propingua）、棉蚜（Eriosomasp）、吹棉蚧（Iceryapurchasi）、螨类等，可用三唑磷水剂、多来宝悬浮剂、扑虱灵、三氯三螨醇等杀虫剂进行防治。此外，还常受到蜗牛、老鼠等小生物的危害，可通过施撒杀虫剂、捕捉、毒饵诱杀等方法加以防除。

对一些因受杂草危害或因局部绿化草退化而形成的边坡秃斑，应及时进行补栽，对退化或毁坏严重的草坪应采取更新措施，甚至更换新品种。既可用种子进行补栽，也可以用铺装草皮片或植生袋及移栽营养体的形式进行补栽，具体选用哪种方式，要视具体条件而定。

公路护坡草坪在不同的地段，养护管理强度也会有所不同。在接近城市附近的地段，公路及河湖堤岸护坡草坪的养护可以达到较高的强度，形成优美的景观质量。养护管理强度有时甚至可以达到优质庭院草坪的水平。

第七节　屋顶草坪的建植与管理

一、屋顶草坪

城市改造的进程日新月异，城市土地尤显珍贵。在城建用地和环境用地上，建筑与绿地的"争地"矛盾已十分突出，而"垂直绿化"和"屋顶绿化"自然就成了注目的焦点。利用屋顶这块尚未绿化的"空地"，开展绿化，尤其是发展屋顶草坪，较之屋顶花园更具技术上的可靠性、经济上的合理性和生态上的有效性。能大大地拓宽城市绿化的空间，改善城市屋顶景观，取得立竿见影的效果。

小草要在屋顶上生长并非易事。屋顶草坪绿化，首先要考虑屋顶生长植物较为困难的特殊情况。因为屋顶的生态环境因子与地面有明显的不同，光照、温度、湿度、风力等随着层高的增加而呈现不同的变化。屋顶的环境对于草坪的生长有利有弊，从光照上讲，屋顶比地面接受的太阳辐射、光照强度要大，光照时间要长，有利于草坪的生长，但由于屋顶钢筋混凝土等屋面材料经太阳辐射升温快，反射强，造成屋顶白天温度比地面高 3 ~ 5℃，晚上温度由于风力较大而比地面低 2 ~ 3℃，冷热变化大，暴冷暴热的屋顶又不太利于草坪的生长。再加上屋顶风力较大，水分散失很快，没有地下水分可利用，补充水分难。综合利弊，屋顶草坪生长在一个资源受限、生态环境相对较为恶劣、养护较为不便的生态环境中，对于草坪的生长不利。

此外，屋顶草坪生长的坪床也与地面截然不同。既要注意避免草坪的根系破坏房屋屋面结构，造成渗漏，又要考虑屋顶的负荷以及坪床对草坪生长所需的营养贮备和供给。因此，鉴于屋顶承受的负荷和草坪建植、管理的不便，屋顶常采用粗放、自然式的草坪。当然，也可以根据屋顶的实际承重和所需草坪的类型来建植精细的、适于观赏的草坪，要依据不同的需求而变化。

同地面草坪一样，屋顶草坪的建植可以采用直接播种在坪床上的方法，也可以采用培植好带泥土的草皮进行建植，还可以在有卵石的屋顶（下面有 2 ~ 3cm 的草皮层，上面有 1 ~ 2cm 的细卵石覆盖）上种植草坪。只是精细管理、适于观赏的草坪要求坪床厚度在 15 ~ 25cm，种植的品种为草地早熟禾、高羊茅以及黑麦草等。对坪床的土壤类型要求比较严格，一定坪床的土壤类型仅适合特定草坪种类。粗放、自然式的屋顶草坪坪床在 15cm 以下（包括卵石屋顶），常播种羊茅一类低矮的草坪草种，如具短匍匐茎的紫羊茅以及细弱羊茅、普通早熟禾等均为适宜的品种。另外，值得一提的是，粗放管理的草坪在草坪生长稀疏时，苔藓和景天科的植物易于侵入。在我国南方地区，用景天科的一些植物来绿化屋顶，其管理更加简单方便。例如：景天科植物佛甲草，已被广泛运用于深圳、长沙屋顶绿化。经上海市农科院环境科学研究所试验，佛甲草在上海地区完全可以作为屋顶绿化材料，只是有些季节性草色变化，绿色期长达 330 天。

对于在倾斜的屋顶上建植草皮，为了使草皮以及坪床在倾斜的屋顶上易于固定，采用一些特殊的措施是必要的。例如：在屋顶上铺设木条网格或带钩刺的塑料垫，也可使用重量轻、安全性高、便于铺设的材料作为草坪的底层结构。包括防水层、坡面屋顶固定盘、水分涵养层、坪床土壤基质层及草坪植物，防水层铺设在坡面屋顶上，防水层上面排列铺设坡面屋顶固定盘，固定盘呈内凹式的台阶状，向下的一侧为直面，向上的一侧为向上翘起的弧形面构成凹槽，固定盘上面铺设保水材料构成水分涵养层，在水分涵养层上面铺设坪床土壤基质层，并在坪床土壤基质层上种植草坪植物。此结构简单，实现容易，独特的坡面屋顶固定盘设计可有效减轻土壤基质中水分的下渗，并对草坪坪床基质起到有效的支撑作用，可以保持坡面屋顶坪床基质和水分的均匀分布，保证屋顶草坪的生长。在自然界中，有许多可以作为屋顶绿化的材料。要根据当地的生长条件，当地的物种资源，选择适合当地屋顶绿化用的材料。还可以利用生态学原理，形成屋顶绿化多种群落结构，多种草类和多种草花结合，让屋顶更美丽，更丰富多彩。

二、屋顶草坪的优点

屋顶草坪与以花木、假山、水池为特征的屋顶花园相比，具有以下优点。

1. 土层薄、负荷轻　过去试验的屋顶草坪坪床的土层厚度一般都不超过18cm，如浙江娄志平工程师现在采用的"薄层基质栽培法"，土层仅为4cm，加上草坪草在吸足水分的状况下每平方米的重量为68.80kg，而原先采用的屋顶架空层的水泥板重量为50.00kg/m²，加上垫脚的砖块2.25kg/m²，合计为52.25kg/m²。屋顶草坪的增重部分仅为6.55kg/m²。而上海屋顶绿化中采用的佛甲草草坪，其基质厚度仅为2cm，所占的重量更轻。相比之下，屋顶花园所用树木需要求厚得多的土层。此外，由于省去了建花园必需的石头、水池等设施，屋顶草坪负荷更小，多数平顶房都能承受。

2. 屋顶花园的大树和棚架易被大风刮倒，此外，不利于安全，而屋顶草坪则无此忧。

3. 屋顶草坪以其密集的茎叶与根系交织在一起，如同一张绿色的地毯覆盖在屋顶表面，既可阻挡阳光、风、霜、雨、雪等对屋顶原有防水层的破坏，又可隔热、隔音、防漏和夏季降温、冬季增温。特别在炎热的夏天，草坪植物强大的蒸腾作用，带走热量，提高空气湿度，增加凉爽舒适的感觉。由于城市"热岛效应"，市区的总体温度一般比周围郊区高5~7℃。草坪对市区辐射热有较高水平的散发作用。此外，草坪能释放氧气，吸附空气中的灰尘、有毒物质等，消除噪声，净化环境。

4. 施工简单，成本低　屋顶草坪的建造成本比屋顶花园节省一半以上，土建施工也相对简单，只要保证防漏和排水通畅就行了。屋顶草坪的建造和成坪分别只需二三个星期和一二个月，这都有利于屋顶草坪为大众所接受。

三、草种的选择

1. 佛甲草的生态学特性　佛甲草，是景天科佛甲草属多年生草本植物，属多浆植物。主茎匍匐生长，直径为3~4mm，高约250~400mm，着地后各节能长出不定根和分枝。凭此伏地蔓延可生出庞大的株丛。叶呈半圆柱状、条形，叶10~20mm，主根下部节短。根系不发达，是一种耐旱性极强的植物。生长适宜温度有摄氏范围80℃之多，其跨度可从-20~60℃，皆可生长存活。

2. 佛甲草的性能指标

（1）佛甲草的耐寒性能：试验结果表明，佛甲草在-15℃低温下仍表现良好，能保持生长的翠绿，无冻害现象。

（2）佛甲草的耐热、耐旱性能：佛甲草含水量极高，其叶、茎表皮的角质层具有超常的防止水分蒸发的特性，在试验中表现出很好的抗热特性，在38~45℃，27天试验后仍保持旺盛生命力。在高温和干旱（38~45℃，95d不浇水）的双重胁迫下仍能维持生命，草坪的外观基本不受影响，特别是45℃的高温干旱试验，土壤含水量已下降8%（平均值，最低的达5%）的情况下与佛甲草同时栽培的其他禾科草类早已干枯死亡，佛甲草却安然无恙，保持着勃勃生机的绿色。

（3）佛甲草的耐贫瘠性能：佛甲草在野外状况下多生长在土壤十分瘠薄的石头上，千万年的风霜雨雪已经造就了它的耐瘠薄、耐干旱的特性。我们将它种在砂石为主、土壤很少的环境下仍能生长；我们又在水泥地用3cm贫瘠土壤进行耐瘠、耐干旱试验，覆盖后半年不浇水、不施肥，仍能保持生长，只是叶色变黄而已。这种优异的耐瘠、耐旱性能，同样为今后管理强度和管理费用的降低提供了强有力的支持。

3. 环境改善作用

（1）覆盖率高供氧量大：佛甲草在环境恶劣的屋顶上生长，株距密集、枝繁叶茂，每平方米50～80株。四季常青，枝繁叶茂，实用绿化覆盖高达95%以上。特别是佛甲草的呼吸作用，经科学验证，与其他植物相反，晚上吸入二氧化碳，白天放出氧气，且能量比一般植物大30倍。大面积种植，对平衡大气中的氧气和二氧化碳能起到积极作用，它是适合屋顶绿化的最优秀的草种。

（2）隔热作用：经过绿化的屋顶，大部分太阳辐射热量和水分蒸发被植物吸收，并且由于种植层的阻滞作用这部分热量不会使屋顶表面温度升高。增加屋面的积水量，调节小气候，解决楼房隔热问题，在暑天尤为明显。在寒冬时保暖效果也好，温差较小，对建筑物本身的结构也有保护作用。可降低屋顶外表面温度8℃左右，室内温度5℃左右，降温节能效果明显。

（3）佛甲草的节水作用：从正常栽培管理的角度进行节水试验，将佛甲草和其他三种草进行浇水量的测定，结果表明，佛甲草在特定土层（5cm）上的耗水量仅为流行草种结缕草的1/5、夏威夷草的1/7，若以全市天台绿化600hm²计算，每年节水可600万t以上。这只是正常栽培管理的节省，若充分考虑其耐旱性能，节水幅度还可增加。同时水分的节约不只是水费的节省，更大意义在于环境保护：降低城市绿化对水的消耗，对于缓解我国多数城市水资源紧缺和生态系统的平衡有着不可忽略的重大意义。

管理简单粗放：佛甲草赖以生存的培养基质科技含量高，只有薄薄的一层，无需施肥，除种植初期为促进其尽快长满成形而需要科学管理外，之后几乎不需要管理。佛甲草在生长成园时，排列整齐，高矮基本一致（100～200mm），保持自然平整，给人以朴实之美感，无需修剪。佛甲草四季常绿，春夏两季开黄花，有较高的观赏价值。

第八节　停车场草坪

绿色草坪停车场就是建在草坪中的停车场，好处是车辆行驶超静音，无积水、无扬尘，生态自然；不产生地面反光，成倍增加驾驶安全。"隐形"的停车场既是绿地又可停车，经济节约，无需另辟场地，起到隐形停车场的作用！建设成本低，普通绿地改造为绿色隐形停车场，改建成本小，除可收取停车费用外，每年还可节约大笔草坪维护费用，经济效益明显。增加绿地的停车场普通露天停车场都可以改造成绿色隐形停车场，可为城市、居民小区大面积的提高绿化率（图10-8-1）。

一种草坪停车场，其特征在于：在建草坪停车场的地方开挖有3～6m深的坑，坑周砌有墙体，坑底浇筑有混凝土地面和支柱底座，底座上设有支柱，支柱间距为3～6m，支柱上部浇筑有过梁，过梁上设有水泥顶盖板层，支柱高为2.5～4m，顶盖板上设有20～50cm泥土层，并植有草坪植物，泥土层表平面坡度为0.03～0.05，停车场设有坡度为15°～30°的通道与行车道相连。

草坪格将植草区域变为可承重表面，适用于停车场、人行道、出入通道、消防通道、高尔夫球道、屋顶花园和斜坡，固坡护堤。尤其适合于设在各类居住小区、办公楼、开发区的停车场和车辆出入通道，也可在运动场周围、露营场所和草坪上建造临时停车场，草坪格又名植草板，草坪砖，植草砖，绿茵格。

图 10 - 8 - 1 停车场草坪

草坪格的特点：

（1）完全绿化：草格提供超过95％的植草面积，完全的绿化效果，可以吸音、吸尘，明显提升了环境的品质与品位。

（2）节约投资：草格使停车与绿化功能合二为一，在寸土寸金的都市，可大幅节约开发商的宝贵投资。平整完整草格独特而稳固的平插式搭接使整个铺设面连成一个平整的整体，避免局部凹陷，施工极其便捷。

（3）高强度、长寿命：草格采用专利技术的特殊材料，抗压能力超过200t／m²。远大于规范要求的消防登高面32t／m²。性能稳定性，抗紫外线、耐酸碱腐蚀、抗磨压。

（4）排水优良：碎石承重层提供了良好的倒水功能，方便多余降水的排出。

（5）保护草坪：碎石承重层提高提供了一定的蓄水功能，有利草坪生长，草根可生长到碎石层。

集中停车场宜采用草坪砖铺筑，最好每1.5～3个车位有一株乔木遮挡。大面积的树阵与草坪砖的结合，使绿地在特殊情况下可兼顾停车场的功能。

复习思考题

1. 高尔夫球场的果领、发球台、球道在北方常选用哪些草种，该区域如何管理？

2. 足球场草坪的坪床结构如何？赛前赛后该如何管理？

3. 草地网球场草坪的在北方常选用哪些草种？如何管理？

4. 草地网球场草坪的坪床结构如何？赛前赛后该如何管理？

5. 住宅区草坪选用哪些草种？如何管理？

6. 简述一下屋顶草坪的优点。

7. 怎样建植屋顶草坪？

8. 停车场草坪的功能有哪些？

9. 你对停车场草坪的建植有什么提议？

第十一章　草坪质量评价

【教学目标】
- 了解草坪质量评价的基础
- 掌握草坪质量评价体系与指标
- 掌握不同类型草坪质量评价体系与指标以及评价方法

草坪质量是指草坪在其生长和使用期内功能的综合表现，它体现了草坪的建植技术与管理水平，是对草坪优劣程度的一种评价，它是由草坪的内在特性与外部特征所构成。草坪质量评价是对草坪整体性状的评定，用来反映成坪后的草坪是否满足人们对它的期望与要求。草坪因其用途不同，其质量要求也不同，质量评价的指标及其重要性也各异。草坪质量评价指标体系是对草坪进行综合评价的前提与基础，它直接影响着评价结果的科学性、客观性与准确性。例如观赏草坪要求叶色喜人、质地纤细、均一整齐、绿色期长等特点，评价该类草坪的指标多为景观指标，主要有密度、色泽、质地、均一性、盖度、绿期等；运动场草坪则应具有耐践踏、耐频繁修剪和草坪损坏后快速恢复的特点，并满足不同运动项目的特殊要求，这类草坪质量评价的指标以性能指标为重，如足球场草坪应具有牢固的坪面、缓和冲击力的弹性、抗践踏和损坏之后的强烈再生力；保土护坡草坪要求具有强大的根系或匍匐茎、根状茎，同时要生长迅速、覆盖能力强、适应性广，评价该类草坪的主要指标有成坪速度、草坪强度、地下生物量等。由此可见，草坪的特点和使用目的与草坪质量密切相关，评定草坪质量的具体指标、内容和方法对于草坪充分发挥其生态效益，社会效益和经济效益就显得至关重要。

第一节　草坪质量评价指标

草坪质量评定是比较复杂的，因为评定的结果依草坪利用的目的、季节和评定所使用的方法及评定的重点不同而异，而且评定的指标和方法也未完全统一。近年来，国内外学者对草坪质量的评价研究在指标体系和评价方法等方面提出了有价值的成果：从草坪的坪用价值角度提出了"景观—性能—应用适合度"综合评价指标体系，适用于草种的选配及其应用前景的确立；从草坪的质量验收角度提出"草坪建植—坪床基础—草坪养护"评价指标体系，主要应用于草坪的招标发包和竣工验收；从草坪的养护管理角度提出了"外观—生态—使用"综合评价指标体系；但草坪质量的评价尚缺乏普遍适用的指标体系。但是构成草坪质量的基本因素是一致的，因此，根据草坪固有的特征特性，草坪的质量不仅包括外观和使用质量，还包括反映环境适应性的生态质量，这就是草坪质量的内涵。所以，对草坪进行质量评定可以客观地反映草坪的基本特性。

草坪的质量包括外观质量、生态质量和使用质量。外观质量评价的指标主要是景观指标，包括草坪的颜色、均一度、质地、高度、盖度等；生态质量评价的指标包括草坪的组成成分，草坪草的分枝类型，草坪草抗逆性、绿期和生物量等；使用质量评价的实用指标包括草坪的弹性、草坪滚动摩擦性能、草坪硬度和草坪滑动摩擦性能等。

一、草坪外观质量

（一）草坪颜色

1. 定义　草坪颜色是草坪自身反光特性的反映，是由植物内部组成和群体形态综合表现出来的反光特性，是对草坪反射光的测度。草坪颜色因草种、品种、生育期以及养护管理水平的不同而从浅绿到浓绿变化。草坪颜色不仅反映了草坪的观赏质量，也反映了草坪植物的生长状况和草坪的管理水平。同时在很大程度上决定了人们对其喜好的程度。

2. 测定方法　有目测法、实测法和植物效能分析仪法。

（1）目测法：包括直接目测法和比色卡法。直接目测法就是观测者根据主观印象和个人喜好给草坪颜色打分，评分方法有五分制、十分制和九分制，其中九分制较常用。在九分制中，9 分表示墨绿，1 分表示枯黄。比色卡法是事先格由黄到绿色的色泽范围内以 10% 的梯度逐渐增加至深绿色，并以此制成比色卡，把观测的草坪颜色与比色卡做比较来确定草坪颜色等级。在用目测法测定草坪颜色时，可在样地上随机选取一定面积的样方，以减少视觉影响，同时测定时间最好选在阴天或早上进行，避免太阳光太强造成的试验误差。

（2）实测法：包括叶绿素含量测定法和草坪反射光测定法。叶绿素含量的测定多采用分光光度计法。分光光度计法测定叶绿素含量的两个主要影响因素是叶绿素提取的溶剂和含量测定的波长。White（1989）等人在研究中采用 80% 的丙酮提取叶绿素，王钦等人（1993）也建议使用 80% 的丙酮作提取液，用波长为 663nm 和 645nm 的光波来测叶绿素的光吸收值（即光密度值，D），同时给出了叶绿素含量的换算方法：叶绿素 A：$CA = (12.7D663 - 2.69 D 645)$，叶绿素 B：$CB = 22.94D645 - 4.68D663$，叶绿素总含量：$CT = 0.5 (20.2D645 + 8.02D663)$，单位是 mg/g。

用叶绿素含量表示草坪颜色的方法有两种：单位面积土地上叶绿素的含量即叶绿素指数（CI）和单位鲜重的叶绿素含量。叶绿素含量依表示方法不同其含义和数值也不同，用叶绿素指数表示的叶绿素含量一般是指地上茎、叶的叶绿素总含量，是草坪颜色的整体表现；单位鲜重的叶绿素含量是叶片叶绿素含量与叶鲜重的比值，它主要侧重于对草坪的个体颜色的反映，但为了研究方便，一般情况下多用单位叶片鲜重的叶绿素含量来反映草坪颜色。国内外的一些研究人员也用照度计法测定作物和草坪的颜色状况。照度计法测得的结果为草坪反射光的强度和成分，它与人眼接受的光相同，它能较好地反映草坪整体颜色状况。照度计法测定草坪颜色的仪器有多波段光谱辐射仪和反射仪。在国外多采用手持式光谱辐射仪，在测定时手持仪器，尽力伸出，将仪器置于地面以上 1~2m 处测量草坪的反射量。草坪光反射量因太阳光强度的不同而不同，因此要在光线弱的条件下进行测定，为了减少误差要在较短的时间段内完成，一般选在阴天或早上（太阳高度角在 23°~31°）时进行测量。

（3）植物效能分析仪法：植物效能分析仪是一种野外手持式持续激发型的叶绿素荧

光分析仪。叶绿素荧光可以作为一种快速、可靠且无侵入的探测光化学的手段。一般认为在光合作用过程中有两种不同的光化学反应，这两种不同的反应发生在相关联的色基团中，这些基团被称为光系统 I（PSI）和光系统 II（PSII）。在正常的生理学温度下，接近95% 的被检测到的叶绿素荧光信号来源于与 PSII 相关的叶绿素分子。PEA 最具指导意义的参数就是 Fv/Fm。固定荧光（Fo）代表不参与 PSII 光化学反应的光能辐射部分；可变荧光（Fv）代表可参与 PSII 光化学反应的光能辐射部分，因而根据 Fv 在总的最大荧光（Fm = Fo + Fv）中所占的比例，即可简便地得出植物 PSII 原初光能转换效率，也可以根据它的大小来判断叶绿素的差异。

（二）草坪密度

1. 定义　草坪密度是指单位面积上草坪植物个体或枝条的数量。它与草坪强度、耐践踏性、弹性等使用特性密切相关。草坪的密度受草坪草遗传基础、自然环境以及养护管理措施等的影响；不同草坪植物在相同的播种量和相同的生长条件下，因其分枝类型的不同密度有很大的差异；同一种内，不同的品种或品系，其密度也有差异。同一品种播种量不同，密度也表现不同。自然环境恶劣，或草坪草生长过程中受到环境胁迫，都能降低其密度。但良好的养护管理可以在草坪种性范围内提高草坪的密度。同时以不同形式表示的草坪密度在实际应用中也有很大的不同，因此，在草坪评价系统中应统一密度的表示单位。

2. 测定方法　密度的测定方法有目测法和实测法两种。草坪在生长发育过程中个体间存在种内竞争，因此，草坪密度会随草坪建植后的时间而变化，随着竞争的缓和，草坪密度逐步稳定，草坪密度的测定应在草坪建植后密度稳定时进行。

（1）目测法：是以目测估计单位面积内草坪植物的数量，并人为划分一些密度等级，以此来对草坪密度进行分级或打分。草坪密度的目测打分多采用五分制，其中 1 表示极差，3 表示中等，5 表示优。

（2）实测法：是记数一定面积样方内草坪植物的个体数。通常样方面积为 50～100cm²。同时为了保证其准确性和代表性，要多次重复。由于草坪种植密集，进行草坪密度实测的工作量非常大，试验的重复次数可根据实际情况而定。在样方选定后，将地上植株齐地面剪下，记数其地上植株或茎、叶数。密度实测值的表示方法有单位面积株数、茎数或叶数。在一般情况下，草坪密度多用单位面积枝条数来表示，即用株/cm² 或枝条/cm² 来表示。

（3）扦取法：测定草坪草株数的方法。该法使用一个直径 8cm 的特制的杯状扦取器（面积近似为 50cm²），杯口具刃，插入草坪扦取出草皮块，便可点数出单位面积上的草坪草株数。

（三）草坪均一性

1. 定义　草坪的均一性是草坪外观的均一、平整程度，是草坪密度、质地、颜色差异程度的综合反映。它包括两个方面：一是草坪草群体特征均匀性，另一方面是草坪表面均匀性。草坪均匀性的这两个方面在不同用途草坪的评价中侧重点各不相同，在以观赏为主的草坪的评价中多侧重于草坪草叶的外部形态、颜色和草种的分布状况在草坪外貌上的反映；而运动场草坪则侧重于草坪表面的平坦性。草坪的均一性受草坪质地、密度、种类、颜色、杂草数量和修剪整齐度等多方面的影响，是一个模糊的评价指标。

2. 测定方法　在观赏草坪中，草坪的均一性可用某一草坪草类群在单位面积中所占的比例以及这一比例在不同样方中的变异程度来表示。具体的测定方法有样方法、目测法和均匀度法。

样方法就是计数样方内不同类群的数量，然后计算各自的比例和在整个草坪中的变异状况。在测定中样方多为直径 10cm 的样圆，重复次数依草坪面积而定。为了准确计算样方的变异程度，一般应在 30 次以上。但是，样方法重复次数较多，工作量大，在实际应用中具有一定的局限性，许多研究中多用目测法测定草坪均一性。一般采用九分制进行打分：9 分表示完全均匀一致，6 分表示均匀一致，1 分表示差异很大。

此外，刘及东等人（1999）用均匀度来表示草坪的均一性，即在草坪上按对角线或棋盘法布置样点，在样点上测定密度（D）、颜色（C）、质地（T），取得各组数据，运用统计公式，计算出标准差：SD，SC，ST；再计算出变异系数 CVD，CVC，CVT；最后根据 U = 1 −（CVD + CVC + CVT）/3 计算出均匀度（U）。

均匀度（U）= 1 −（CVD + CVC + CVT）/3。

在国外用均−性来表示运动场的平坦性，其方法是将 10 根有刻度的针间隔 20cm 等距离置于架子上，制成简易装置，其中针可以自由的上下移动，在测定中将该装置放在足球场上，读取各针的上下移动值，重复 3 次，计算标准差，用标准差的平均值表示均一性。

（四）草坪质地

1. 定义　草坪质地主要是指草坪草叶的宽窄与触感的量度，一般多指草坪植物叶片的宽度。质地的粗糙与纤细是指叶片的宽与窄，一般认为叶片越窄质地越好。通常认为草坪植物的叶片越窄草坪质地越好，但也有人对此提出异议。孙吉雄（1995）在草坪质地分级中提出最佳叶宽的概念，在其分级中质地最好的叶宽为 0.4cm，评价为很好，然后依次是 0.3 ~ 0.5cm 为好，0.3cm 或 0.5cm 为中等，0.2 ~ 0.3cm 和 0.5 ~ 0.6cm 为差。草坪草的叶宽主要是由其基因所决定，但是，同一草种，当栽培管理技术适当时，尤其是密度保持较高时，草坪质地会有所提高。质地也影响草坪种间混合播种时的兼容性。粗质地草种不宜同细质地草种混合播种，因为两者混合建坪，草坪外观表现，不均匀。对同一品种来说，密度和质地有相关性，密度增加，质地则变细。

2. 测定方法　国内草坪质地的测定方法较统一，多用草坪草叶的最宽处的宽度来表示，在叶宽的测定中要选叶龄与着生部位相同的叶片，测量叶片最宽处重复次数要大于 30 次。

（五）草坪盖度

1. 定义　草坪盖度是指草坪植物种群在地面所覆盖的面积比率，即种群实际所占据的水平空间的面积比。一般可分为投影盖度和基盖度，在草坪盖度测定时主要以投影盖度为准。盖度越大，草坪质量越高。一般采用针刺法，在样方中针插若干个方格点，计算草坪草的盖度。盖度是指种群在地面所覆盖的面积比率，即为种群实际所占据的水平空间的面积。

盖度是与密度相关的指标，但密度不能完全反映个体分布状况，而盖度可以表示植物所占有的空间范围。

2. 测定方法

（1）目测法：首先要制作一个面积为 1m² 的木架，用细绳分为 100 个 1cm² 的小格，测定时将木架放置在选定的样点上，目测计数草坪植物在每格中所占有的比例，然后将每格的观测值统计后，用百分数表示出草坪的盖度值。盖度值分级评价可采用五分制，盖度为 100% ~97.5% 记 5 分；97.5% ~95% 记 4 分；95% ~90% 记 3 分；90% ~85% 记 2 分；85% ~75% 记 1 分；不足 75% 的草坪需要更新或复壮。

（2）针刺法：针刺法是草地植被定量分析的常用方法之一。其方法是将细长的针垂直或成一定角度穿过草层，重复多次，然后统计植物种及全部植物种与针接触的次数和针刺总数，二者的比值即为某一植物种的盖度和植被的总盖度。在国内的许多研究中将这种方法发展为方格网针刺法，用做草坪盖度的研究。一般样方为 1m×1m 的正方形样方，将样方分为 100 个格，然后用针刺每一格，统计针触草坪植物的次数，以百分数表示盖度，一般重复 5 ~10 次。

（六）草坪高度

草坪高度是指草坪植物顶部（包括修剪后的草层平面）与地表的平均距离。一般采用人工测量，样本数应大于 30。草坪的修剪高度影响草坪的外观质量。不同草种所能耐受的最低修剪高度不同。这一特性在很大程度上决定了草坪草种的使用范围。

（七）成坪速度

成坪速度是指草坪从种植到完全形成，并可以正常管理、利用所需的时间。取决于草坪草的生长速度，是由草坪草自身的品种特性决定的，良好的管理可加快草坪的成坪速度。黑麦草 Lolium perenne、高羊茅 Festuca elata 等，成坪速度非常快，适宜的条件下，播种 1 个月就可成坪。为了达到水土保持的目的，需要生长快的品种。但生长速度快对于建成草坪的管理来说并非好事。生长快，维护强度大，成本高。

成坪速度测定用从播种到成坪之间所需要的时间表示。

二、草坪生态质量

（一）草坪组成

1. 定义 草坪组成是指构成草坪的植物种或品种以及它们的比例。这一特性与草坪的使用目的有关。观赏草坪要求种类单一，均一性好。对绿化草坪而言，适应性至关重要，因此，要求草坪有多个组成成分，以增加草坪的适应性，降低管理成本。一般情况下种内品种间混播草坪的均一性好，生态适应性小于种间混播，但大于单一品种的草坪。

2. 评定方法 对草坪组成成分评价的主要依据是草坪的使用目的，在此前提下，可根据草坪的其他质量特征来评定组成成分是否合理。在实际应用中可先确定草坪是由单种组成还是混播草坪，如果是混播草坪则要测出主要建坪草种及其频度和盖度，然后与设计要求对比，就目的、功能的要求进行对照，做分级评估，达到设计要求的给 5 分，每下降 5% 扣 1 分。

（二）草坪草分枝类型

1. 定义 草坪草分枝类型是指草坪草的枝条生长特性和分枝方式。这一特性与草坪的扩展能力和再生能力密切相关。在草坪质量评定中，草坪草的分枝类型主要是相对于草坪的使用目的而言的，主要决定于草种的选择。草坪草的分枝类型可以分为丛生型、根茎型和匍匐茎型 3 种。

2. 丛生型 丛生型草坪草主要是通过分蘖进行分枝。用这种草坪草建坪时在播种量充足的条件下，能形成均匀一致的草坪；但在播种量偏低时则形成分散独立的株丛，导致不均一的坪面，影响草坪的外观质量和使用质量，如多年生黑麦草、苇状羊茅等。丛生型草坪草形成的致密的坪面波状起伏较少，对于运动场草坪来说是较为理想的。

3. 根茎型 根茎型草坪草是通过地下根状茎进行扩展。根状茎蔓生于土壤中，具有明显的节与节间，节上有小而退化的鳞片叶，叶腋有叶芽，由此发育为地上枝，并产生不定根。这种草坪草在定植后扩展能力很强，并且地上枝条与地面趋于垂直，可形成均一的草坪。

4. 匍匐茎型 匍匐茎型草坪草是通过地上水平枝条扩展。匍匐茎是沿地表面方向生长的茎，其节上可产生不定根和与地面垂直的枝条和叶，与母枝分离后可形成新个体。这类草坪草的扩展能力与土壤质地密切相关，在沙质土壤上易形成新个体。匍匐茎是该类草坪草种的主要再生器官，因此，匍匐茎型草坪草耐低修剪性强。

（三）草坪抗逆性

1. 定义 草坪的抗逆性是指草坪草对寒冷、干旱、高温、水涝、盐渍及病虫害等不良环境条件以及践踏、修剪等使用、养护强度的抵抗能力。

草坪的抗逆性除受草坪草的遗传因素决定之外，还受草坪的管理水平和技术以及混播草坪的草种配比的影响。草坪的抗逆性是一个综合特征，评价它的指标主要有形态、生理、生化和生物指标。不同用途的草坪对抗逆性要求的侧重点不同，如运动场草坪要求耐践踏、耐修剪能力强，耐高强度管理；护坡保土草坪重点要求草坪草耐干旱能力强；观赏草坪则要求抗病虫害，绿期长。

2. 测定方法

（1）抗病性：是指草坪抵抗疾病（或感染病害的严重程度）能力的强弱。冷季型草坪草的疾病主要集中在晚春和盛夏发生，暖季型草坪草一般不易感病。许多研究结果表明，狗牙根在早春易感春季死斑病。对于冬季追播草坪的病害，则要综合考虑其发生的可能性。

抗病性测定：有病害发生，先观察相应的土壤湿度、温度等，观测生长发育过程中病虫害侵害程度，感病程度的大小可根据病灶数目的多少而定，有条件应做进一步鉴定。

（2）抗寒性：抗寒性测定：通常以目测法观察各种坪草的越冬及返青表现而定其抗寒性的强弱。而现代则以植物生态、生理指标鉴定其抗寒性能，以电导率法和含糖量测定法鉴定。电导率法：草坪草叶组织受冻害越重，而细胞膜内物外渗越多，同时测得电导率也越高。并且，电导率与植物组织抗寒性呈负相关，因此，通过电导率的测定进行评价；含糖量测定法：植物组织内糖分具有保护细胞原生质，增强抗寒性能的能力，植物组织含糖量与植物抗寒性呈正相关，通过测定含糖量惊醒评价。

抗寒性也可通过越冬率来确定，分 5 级：1 级越冬率 < 60%；2 级越冬率 60% ~ <70%；3 级越冬率 70% ~ 80%；4 级越冬率 80% ~ <90%；5 级越冬率 ≥90%。

（3）耐阴性：耐阴性测定：用照度计分别测定出在不同光照强度下，草坪草地上分蘖、分株和成活率优劣情况，并与对照相比较，从而确定其耐阴性好坏。

（4）抗旱性：是指草坪草在缺水条件下的表现。

抗旱性测定：通过测定叶片抗脱水能力来评定，即测定草坪草叶片离体条件下保持原有水分的能力。抽穗期剪取一定数量草坪草叶片离体于空气中自然脱水，一定时间后测定叶片含水量以反映草坪草抗旱性强弱。也可以采用目测法，有三种试验方法，萎蔫抗旱性：在严重萎蔫之前评价；休眠抗旱性：草坪草在干旱休眠时进行评价；恢复抗旱性：草坪草在干旱休眠后浇水或降雨，观察草坪草的恢复情况。

萎蔫：1 代表完全萎蔫，9 代表无萎蔫产生。

休眠：1 代表完全休眠，9 代表无休眠现象。

恢复：1 代表植物死亡，9 代表下雨或降水后完全恢复。

（5）耐热性：耐热性测定：夏季高温季节草坪草的休眠情况以叶片的失绿程度表示，叶片颜色正常（无休眠）表示抗热性强，叶片颜色变化超过 1 个比色等级表示较强，超过 2 个等级表示一般，超过 3 个等级表示差。

（6）耐盐性：采用层次分析法对草坪品种耐盐能力进行综合评价。按照 5 级制根据实测统计数据对草坪草各生理指标进行分级。标准分值的标定方法依据草种对盐胁迫反应性状的最高定量值与最低定量值之间的差值来确定分支等级。

（四）草坪绿期

草坪绿期是指草坪群落中 80% 的植物返青之日到 80% 的植物呈现枯黄之日的持续日数。绿期长者为佳。较高的养护管理水平可延长草坪的绿期，但草坪的绿期受地理气候和草种的影响较大。评价草坪绿期之前要获得不同草种在某地区绿期的资料，然后对被测草坪的绿期进行观测打分，达到标准值的计为 5 分，每缩短 3d 扣 1 分，如此确定草坪绿期的得分。

（五）草坪植物的生物量

草坪植物生物量是指草坪群落在单位时间内植物生物量的累积程度，是由地上部生物量和地下部生物量两部分组成。草坪植物生物量的积累程度与草坪的再生能力、恢复能力、定植速度、草皮生产性能有密切关系。

地下生物量是指草坪植物地下部分单位面积一定深度内活根的干重。地下生物量是草坪质量的内在指标，是草坪景观质量和使用质量的基础，是草坪质量能否持久保持和适用的关键。草坪植物多为须根系，其根系密集，在土壤中分布不深，在草坪地下生物量的测定时取土深度在 30cm 即可反映草坪的地下生物量的状况。草坪地下生物量的测定通常采用土钻法，土钻的直径一般为 7cm 或 10cm，取样深度为 30cm，可分三层取样。取样后用水冲洗清除杂质，烘干称干重。

地上生物量是草坪生长速度和再生能力的数量指标，一般以单位面积草坪在单位时间内的修剪量来表示。地上生物量可用样方刈割法测定，也可用剪下的草屑的体积来估测。

三、草坪使用质量

草坪的使用功能主要表现在作为运动场使用时所表现的特性。使用功能良好的草坪可以为许多运动项目提供理想的场地，同时对运动员与场地间的剧烈冲击有良好的缓冲作用，从而对运动员起到保护的效果。草坪使用质量的评价内容，一方面表现在草坪对运动项目的适应性；另一方面是运动员对草坪性能的感觉与要求。

（一）草坪弹性与回弹性

草坪弹性是指草坪叶片受到外力挤压变形、倒伏，消除应力后叶片恢复原来状态的能力，这是草坪的一个重要特性指标。回弹性是指草坪在外力作用时产生变形，除去外力后能够恢复其表面特征的能力。草坪弹性与回弹性受草坪草种、修剪高度、土壤物理形状等的影响。草坪弹性和回弹性主要是由草坪草叶片和侧枝产生的，是避免运动员受损伤的可靠保证。适宜范围的回弹性有助于球员准确判断并使其能控制住球。

草坪弹性与回弹性在实际中不易测定，一般用反弹系数间接表示弹性和回弹性。

反弹系数（％）＝反弹高度／下落高度×100

测定方法是将被测场地所使用的标准赛球在一定高度下落，目测或用摄像机记录第一次反弹高度，然后计算反弹系数。通常在不同运动类型场地应选用相应的测定用球。例如足球场草坪弹性与回弹性测定中，是在草坪刈割 4 天后，将标准比赛用球按国际足联规定，充气使球内气压为 $0.7kg/m^2$，在气温为 $23℃ ±2℃$，由 3m 高处自由下落，记录球接触草坪的第一次反弹高度。不同的运动项目对草坪反弹性的要求有所不同，其标准也各不相同。

（二）草坪滚动摩擦性能

草坪滚动摩擦性能是指草坪和与其接触的物体在接触面上发生阻碍相对运动的力。对草坪上进行的球类运动项目而言，草坪滚动摩擦性能主要用于评价球在草坪表面上滚动的性能。这一特征与草坪草的种类、草坪密度、质地关系密切。在实际测定中，球在一定高度沿一定角度的测槽下滑，从接触草坪起到滚动停止时的滚动距离来表示。通常采用的高度为 1m，角度多采用 45°或 26.6°，测定用球应为该草坪场地拟使用的标准赛球。由于草坪多具有一定的坡度，同时测定时会受风向的影响，因此，在测定中要正反两个方向各测一次。草坪滚动距离的计算公式为：

$$DR = 2S↑ · S↓ /(S↑ + S↓)$$

其中，DR 为滚动距离；S↑为迎坡滚动距离；S↓为顺坡滚动距离。

（三）草坪滑动摩擦性能

草坪滑动摩擦性能是指互相接触的物体在相对滑动时受到的阻碍作用。用于草坪质量评价时，主要反映运动员脚底与草坪表面之间的摩擦状况。滑动摩擦的测定方法较多，常用的有滑动距离和转动系数法。

滑动距离的测定采用标准测车以一定速度在草坪表面滑动的距离来反映草坪表面滑动摩擦性能。标准滑车的重量为 $45 ±2kg$，长 85mm，宽 60mm，底部测脚装有运动鞋鞋钉。鞋钉的材料、形状和数量应以草坪所适用运动项目中运动员所用的鞋钉为准。测定时将滑车置于一个长 150mm、高 870mm、斜边角度为 30℃的三角支架上使滑车下滑（滑车接触被测草坪表面地的速度应为 $2.0m/s ±0.02m/s$），直到滑车停止滑动，然后测量滑车在被测草坪表面的滑行距离，以此数值来表示草坪滑动摩擦性能。

转动系数的测定是采用一个重量为 $46 ±2kg$、直径为 $150 ±2mm$ 的圆盘，其底部装有运动鞋鞋钉，圆盘通过一个转动杆经固定衬套与扭力计连接，指示力矩数值，通过下列公式计算转动系数：

$$U = 3T/(W · D)$$

式中，U 为转动系数；T 为圆盘转动的力矩（N·m）；W 为圆盘的重力（N）；D 为圆盘的直径（m）。

（四）草坪强度

草坪强度是指草坪耐受外界冲击、拉张、践踏等的能力。草坪强度包含了草坪的耐践踏性。高强度的草坪对于运动场草坪极为重要。草坪的强度不仅取决于草坪草，还受栽培管理的影响。剪、压得当，肥水适度，整个草坪的植绒层发育良好，则草坪再生速度快，耐践踏能力强，使用寿命延长。草坪强度可以用草坪强度计测定，也可凭经验目测打分进行评价，一般分5级，分别为强、较强、中等、较弱与弱，依次记5～1分。草坪强度还可用0～50cm土层单位面积上的根质量来测定。

（五）草坪恢复力

草坪恢复力是指实用草坪在使用过程中受损坏后自行恢复到原来状态的能力。该指标除受草坪草种的影响之外，还受建植、管理、土壤、季节等影响。测定恢复力的方法有挖块法、抽条法，即在草坪中挖去10cm×10cm的草皮或抽出10cm宽、30～100cm长的草坯，然后填入壤土，任其四周或两边的草自行生长恢复，按照恢复快慢打分，或用一定时间内的恢复率表示恢复力。

（六）草坪硬度

草坪硬度是指草坪抵抗其他物体刻画或压入其表面的能力。草坪硬度与草坪的缓冲性能密切相关。由于草坪是由植物与表层土壤构成的复合体，对测量表面的确定有一定的困难，因此对草坪硬度的测量方法和表示方式较多。最简单的方法是在球赛后用直尺测定球员脚踏入土壤表面时所造成的凹陷的深度，也可利用测定土壤物理性状的仪器来评价草坪的硬度，如土壤针入度仪、土壤冲击仪等。

（七）光滑度

光滑度是指草坪表面对运动物体的阻力大小。它是运动草坪和高尔夫球场果领草坪质量的重要指标。光滑度可用美国高尔夫球协会发明的测速尺法测定。其方法是在专门的测速尺的槽上放置3个高尔夫球，并从一端缓缓抬起直至球开始滚动为止，测量出每个球在草坪上滚动的距离。然后再用同样方法从球的停止点向起始点方向做1次测定。最后将测出的6个数值平均得出该草坪的球滚距离。球滚距离的长短被用来反映草坪光滑度的高低。

（八）耐践踏性

耐践踏性是指草坪耐受践踏大小的能力。耐践踏性评价应该是耐磨损性、耐土壤紧实性及恢复能力的综合。一般可采用践踏器对草坪进行一定强度和频度的模拟践踏来测定。草坪耐践踏能力也可通过单位面积直立枝条数的测定来评价。草坪耐践踏能力可通过：①践踏后草坪的直观评价；②单位面积总细胞壁百分含量；③单位面积叶绿素含量；④单位面积直立枝条数等的测定来评价。

四、草坪基况质量

草坪基况主要是指草坪群落所着生的土壤条件和其所处的气候条件；由于草坪是一种人工植被，其基况受人为因素影响较大，如建植初期的覆盖、干旱时的灌溉和采用完全人工混合客土的坪床等。因此，草坪基况中的气候因素对草坪的影响要小于土壤因素的作用。当草坪定植后，人为因素对土壤影响逐渐减小，草坪基况中起主要作用的仍是土壤因素。

（一）土壤养分

土壤养分是指土壤中直接或经转化后能被植物根系吸收的矿质营养成分。起作用的程度取决于矿质营养成分的含量、存在状态和有效性。主要以单位重量土壤中各种矿质营养所占的百分比来表示。对草坪植物生长影响较大的矿质营养元素包括氮、磷、钾、钙、镁、硫、铁、锌、硼、铜和氯等。

（二）土壤质地

土壤质地指土壤中不同大小直径的矿物质颗粒的组合状况。土壤质地与土壤通气、保肥、保水状况有密切联系。土壤质地可分为沙土、壤土和黏土三类。

沙土的保水和保肥能力很差，养分含量少，土温变化较大，但通气透水良好，适用于高强度管理的草坪，如高尔夫球场的果领坪床。黏土的保水与保肥能力较强，养分含量较丰富，土温变化小，但通气透水性差，干时硬结，湿时泥泞，不利于草坪草的生长和草坪的管理。壤土是介于沙土与黏土之间的一种土壤类型。在性质上也兼有沙土和黏土的优点，通气透水能力强，保水能力较好，适于各种草坪草的生长，是建植草坪的理想土壤质地类型。

（三）土壤酸碱度

土壤酸碱度是反映土壤溶液中氢离子浓度和土壤胶体上交换性氢、铝离子数量状况的一种化学性质。土壤酸碱度的指标是 pH 值大小。测定土壤 pH 值通常用 pH 值计，也可用 pH 值指示剂或以试纸进行比色测定。根据土壤 pH 值的大小，可将土壤分 5 类：强酸性土壤 pH 值 <5.0；酸性土壤 pH 值为 5.0 ~ 6.5；中性土壤 pH 值为 6.5 ~ 7.5；碱性土壤 pH 值为 7.5 ~ 8.5；强碱性土壤 pH 值 >8.5。不同草坪草对土壤酸碱度的适应能力不同，但在建植草坪时一般以中性土壤为宜。

（四）土壤渗透排水能力

土壤的渗透排水能力主要决定于土壤的质地，沙土排水速度最快，然后是壤土，黏土的排水速度最慢。土壤排水能力对于开放草坪，尤其是运动场草坪是非常重要的，要求具有良好的排水能力。土壤渗透排水速度可用无底量筒做简易测定。将无底量筒插入草坪中铲出的裸地中，将一定量的水倒入无底量筒内，记录水渗透完毕所需的时间，然后计算出渗透排水速度（$V = ml/(cm^2 \cdot min)$），以此来评价草坪的土壤排水能力。

五、草坪工程质量

草坪工程质量评价是保证草坪建植和草坪管理走向科学化的重要一环。更为实用的草坪质量评价是草坪工程质量评价。草坪工程质量评价一般是在草坪建植完成以后和交付使用前由草坪建设单位或业主组织专家对草坪建植质量作出评价，以检验草坪建植单位或施工单位的施工质量是否达到业主或合同规定的要求。到现在为止我国还没有十分完善和适应地域条件的草坪质量标准，也没有较为简便易行的草坪工程质量评价方法和程序，因此，在草坪验收过程中常常造成甲、乙双方的矛盾，不利于草坪业的健康发展。进行草坪工程质量评价的目的是要分门别类的建立草坪质量评价指标体系并逐步完善草坪质量评价方法。

（一）草坪工程质量的评价指标

草坪工程质量评价是草坪质量评价的一部分，它与草坪环境质量评价不同，草坪工程质量评价更注重决定草坪外观质量的内在因素。草坪工程质量应从草坪建植状况、坪床基础和草坪外观质量三个方面进行评价。

1. 草坪建植状况　草坪的建植状况决定草坪的外观表现，它包括草种选配、草坪的均匀性、草坪密度、草坪盖度等方面。这些指标可从本质上反映草坪颜色、质地及均一性，从而决定草坪的建植是否达到要求。草种选择要因地制宜，以选择适合本地的草种为主。草种的配合使用要考虑各草种的颜色和质地，不能相差太大，否则无法获得均匀美观的草坪。草坪的密度和盖度主要决定于播种量和草坪草的生长特性。

2. 坪床基础　坪床是草坪赖以生存的基本保证，其质量的好坏直接影响草坪的前期生长、草坪的管理和草坪寿命。坪床基础可用坪床养分、质地、平整度等指标来衡量。坪床的质地对草坪的建植和以后的管理有较大的影响。壤土是普通草坪建植的理想基质，它既有良好的保水保肥能力，又有良好的通透性。但是，一些对草坪质量要求较高的工程，如高尔夫的果领区、运动场草坪，为了防止积水，影响比赛的进行，采用人工掺沙，将土壤改良为沙壤土。但是这种土壤保水保肥性差，需要加大灌水和施肥频率。因此，在草坪工程质量评价中，土壤质地的评价也要以草坪的用途和工程的要求而不同，不能用单一质量标准来衡量坪床的质地。坪床养分要合理搭配，养分的配比因草坪的用途、要求和管理强度不同而不同。养分过多则会增加管理强度，尤其是过多的氮肥会增加草坪的修剪次数；适量的磷钾肥可促进草坪草根系的发育，增加草坪的抗旱性；缺氮则会影响草坪的颜色。

坪床平整度可反映建坪过程中施工的精细度。坪床要求没有积水的区域，无大粒径石块等坚硬物质。在工程中如果要进行微地形景观的建造，要做到坡度合理、平滑一致，景观布局要结合地面排水设计，要避免有无法排水的死角。

3. 外观质量　草坪的外观质量不仅决定于草坪的建植状况和坪床质地，而且也受草坪的养护管理的影响。在草坪工程质量的评价中草坪的外观质量主要反映的是草坪在交付使用前的养护管理水平。任何草坪从建植到交付使用都要经过一定时期的管理养护。养护管理对草坪的外观质量影响较大。即使前期建植工作满足工程要求，如果后期管理不当则会造成草坪质量下降，达不到要求。而且良好的养护管理也可弥补建植和坪床处理中的一些不足。养护管理的措施有修剪、浇水、施肥、病虫害防治、杂草防除和覆土、滚压等。评价养护管理的指标有草坪颜色、盖度、草层高度、绿期、杂草数量、病斑出现率和面积。这些指标的测定方法与草坪质量评价中的相同。

（二）草坪工程质量的综合评价方法

草坪工程质量是多个评价指标的综合反映，需要通过综合评价以数量化的形式表示出草坪工程的质量。草坪工程质量的综合评价通常采用模糊综合评价法。在草坪工程质量的模糊综合评价方法中，质量评价是否准确关键在于评价指标的权重是否科学合理。苏德荣等人（2000年）从草坪建植工程的竣工验收角度提出草坪工程验收时质量评价的指标体系，利用层次分析法（AnalyticHierarchyProcess，AHP）经专家评议获得草坪工程质量评价指标的权重，其中在草坪建植、坪床基础和草坪养护三个方面的权重分配分别为

0.587，0.324，0.089。具体评价指标的权重可根据相同方法确定。草坪工程质量模糊综合评价的步骤与草坪质量的模糊综合评价方法相同。通过综合评价可获得草坪工程的等级或得分，可为草坪工程招标、竣工验收等工程提供合理、准确的衡量指标，为工程合同双方明确责任与义务提供了数量化的标准，有助于草坪工程的建设和管理逐步实现规范化。

第二节　绿化草坪评价

城市生态绿化是城市建设的重要组成部分，是城市现代化水平的重要标志之一，其意义重大，好处众多，已被各国所共识。尤以建设各类优美的高质量草坪更为重要，因草坪在维护生态平衡、美化生活环境、发展体育活动等方面具有不可替代的重要作用。

一、评定的指标和标准

绿化草坪包括种植于公园、广场、街头绿地、学校、医院、教堂、墓地、军营、政府机关、工业区、居住区、风景区、飞机场、别墅等地的草坪。国内外关于城市绿化草坪质量评价方面已有一些研究，但是还没有比较科学的评价标准和统一的评价方法。虽然绿化草坪种类较多，但是绿化草坪质量评价一般标准指标为：

1. 颜色　是人眼对草坪反射光的光谱特征作出的评价。当辐射能投射到草坪表面的时候，某些波长的辐射能被草坪草吸收，而其他一些波长的辐射则被反射。当波长范围在380~760nm 的反射光谱时，是被人眼所感受的草坪的颜色。而草坪颜色是表现草坪总体状况最好的指标之一。是表明草坪的绿色状况，是草坪表观特征的重要指标。在 NTEP（全美草坪评价体系）评比项目中采用 9 分制对草坪的颜色进行评估。其中淡黄色草坪为1 分；黄绿色草坪为 2~3 分；淡绿色草坪为 4~5 分；绿色草坪为 6~7 分；浓绿色草坪为 8~9 分。

2. 青绿期　是指从返青到枯黄的实际天数。以 60% 植株返青到 30% 的植株枯黄为止。草坪草的青绿期首先由基因型决定，其次是地理气候条件的影响，较高的养护管理水平可延长草坪的青绿期。但是由于不同地区气候条件的差异性，所以，在青绿期的分级标准上，要根据本地区的气候特点进行评定。分级标准以天数的多少进行评分。其中青绿期最长标准为 9 分，最短的标准为 1 分。共计 9 级分制。当青绿期小于或等于 170d 的为 1分；在 171~190d 为 2~3 分；在 191~210d 为 4~5 分；在 211~230d 为 6~7 分；大于或等于 231d 为 8~9 分。

3. 成坪速度　也叫成坪性，是指草坪建植后形成草坪的快慢。从草坪本身的质量来说，成坪性是评价绿化草坪质量最重要的指标。成坪速度取决于草坪草的生长速度，与草坪草种和品种的遗传特性有关，如黑麦草、高羊茅等，成坪速度非常快，适宜的条件下，播种 1 个月就可成坪；其次受到草坪养护管理水平和环境条件以及栽培的影响。成坪速度用从播种到成坪之间所需要的时间表示。

4. 均一性　均一性又称匀度，是对草坪平坦表示的总体评价，是草坪密度、质地、颜色差异程度的综合。均一性包括组成草坪的地上枝条在形态、长势上的均一和草坪表面平坦性的表观特征两相要素。均一性是球类运动场草坪质量评定的一个重要指标，均一性差的草坪会加大球滚动时的阻力。球场均一性不仅影响景观效果，同时均一性差的草坪会导致足球在滚动过程中球速和方向可能发生改变，使球员无法准确地对其进行判断，同时凸凹不平的草坪也会影响运动员跑动，甚至导致绊倒，影响其发挥或安全。草坪的均一性受质地、密度、草坪草种类、色泽、修剪高度等条件的影响。

均一性的测定方法有目测法、样圆法、均匀度法和标准差法。运动场草坪质量评价中可以采用目测法和均匀度法。用目测法时凭经验进行，分均匀、较均、中等、不均匀和参差五级，分别记 5～1 分；采用九分制进行打分时，9 表示完全均匀一致，6 表示均匀一致，1 表示差异很大。用均匀度法测定时，用草坪密度变异系数（CVD）、颜色变异系数（CVC）和质地变异系数（CVT）来计算均匀度。

5. 质地　是反映草坪叶片的细腻与光滑的程度，是人们对草坪叶片喜爱的指标。手感光滑舒适，叶片细腻的草坪质地最佳。手感不光滑，叶片宽粗糙草坪质地最差。按 9 级分制划分。其中叶片粗糙近革质（硬），宽度大于或等于 5mm 以上者为 1 分；叶片略近革质，宽度在 4～5mm 者为 2～3 分；叶片较光滑，宽度为 3～4mm 者为 4～5 分；叶片光滑、宽度为 2～3mm 者为 6～7 分；叶片柔较滑、细腻手感舒适，叶片宽度小于或等于 2mm 为 8～9 分。

6. 盖度　是指草坪草覆盖地面的程度，用一定面积上草坪植物的垂直投影面积与草坪所占土地面积的比表示。盖度越大，草坪品质越好，若能见到裸地，则表明草坪品质低下。杂草与裸地一样，不能列入盖度之中。

盖度的测定常用目测法和点测法，盖度值分级评价采用 5 分制，97.5%～100% 记 5 分；95%～97.5% 记 4 分；90%～95% 记 3 分；85%～90% 记 2 分；75%～85% 记 1 分；不足 75% 则需复壮或更新。

7. 密度　是反映草坪在建植后形成的致密程度。是草坪质量最重要的指标之一。草坪的密度随不同的草种、不同自然环境和不同的养护措施而有很大的不同。草坪滋生芽的密度与草坪草种和品种有关。增加播种量，可以使密度增加。同时，任何一种草坪品种的滋生芽密度也与草坪种植方式、环境条件及一年中的不同时期有关；但是，草坪最后的密度取决于养护管理水平和环境条件。草坪的密度可以通过测定单位面积上草坪植株或叶片的个数而定量测定，是在成坪后以 9 级分制为测评标准。其中叶量少，平时能见地表为 1 分；叶层薄，修剪后可见地表为 2～3 分；若叶层和茎枝层层次较分明为 4～5 分；若地上部为叶片、茎叶混杂覆盖为 6～7 分；若地上部几乎全为叶片覆盖者为 8～9 分。

8. 植物组成　是指草坪组成指构成草坪的植物种或品种以及它们的比例。绿化草坪建植时草种的选择和混配依据绿化草坪类型不同而异，同时受草坪草遗传特性、草坪养护管理措施、草坪建植立地条件以及环境条件等的影响。例如：在北方高寒地区可以用草地早熟禾进行播种，也可以利用紫羊茅和多年生黑麦草与草地早熟禾进行混播；在南方可以利用杂交狗牙根等草坪草进行单播等。因此对绿化草坪组成成分的评价主要是依据草坪的使用目的，在此前提下，可根据草坪的其他特征来评定组成成分是否合理。在实际应用中可先确定是单一种组成还是混播草坪，如果是混播草坪则要测出主要建坪草种及其频度和盖度，然后与设计要求对比，就目的、功能的要求进行对照，作分级评估，达到设计要求的给 5 分，每下降 5% 扣 1 分。

9. 抗逆性　是指草坪草对寒冷、干旱、高温、水涝、盐渍及病虫害等不良环境条件以及践踏、修剪等使用、养护强度的抵抗能力。草坪的抗逆性除草坪草的遗传因素决定以外，还受草坪的管理水平和技术以及混播草坪的草种配比的影响。

（1）抗寒性：例如：哈尔滨市属较寒冷地区。四季分明，最寒冷的月份一般在1~2月间。在4月初草坪草开始返青，5月份一般达到全绿。通过越冬情况可以反映草坪草抗低温的能力。并观测调查草坪草越冬率的情况，从而确定其抗寒性的强弱。一般计算越冬后与越冬前草坪盖度百分比，盖度用针刺法测定。其标准是当越冬率小于60%时为1分；当越冬率在60%~70%时为2~3分；当越冬率在70%~80%时为4~5分；当越冬率在80%~90%时为6~7分；当越冬率大于90%时为8~9分。

（2）越夏力：例如黑龙江省大庆市、哈尔滨市等，一般在7~8月份异常出现持续高温。草坪植物的蒸发量较大，天气比较炎热，气候干燥，并伴随有枯黄现象的发生。此时是衡量草坪草越夏强弱的临界期。所以在经过夏季高温酷热后，测定草坪草枯黄的覆盖度是比较合理，盖度用针刺法测定，以此衡量草坪草的越夏能力。根据质量评分标准，即计算越夏后与越夏前草坪枯黄盖度的百分比，当枯黄盖度大于或等80%时为1分；当枯黄盖度为60%~80%时为2~3分；当枯黄盖度为40%~60%时为4~5；当枯黄盖度为20%~40%时为6~7分；当枯黄盖度小于或等于20%时为8~9分。

（3）抗病性：是以单位面积感病植株占总植株的百分比（严重度）表示。经过测定草坪草：当感病率百分比大于40%为1分，当百分比在30~40%为2~3分；当百分比20~30%为4~5分；当百分比为10~20%为5~7分，当百分比小于10%为8~9分。

上述指标是评绿化草坪质量的常用指标，但在具体评定中，应根据设计要求和使用目的选择其中的几个进行评定，并且绿化草坪类型不同，评定的侧重点也有差异，各个指标所应占的权重也不尽相同，因此，在评定时需要明确和注意。

二、绿化草坪质量评定的方法和步骤

（一）利用 NTEP 评价体系进行评价

NTEP 评分法是一种外观质量评分法。评分因素考虑草坪颜色、质地、密度、均匀性和总体质量。NTEP 采用9分制评价草坪质量。9代表一个草坪能得到的最高评价，而1表示完全死亡或休眠的草坪。

1. 根据草坪的利用目的和要求确定评价的项目，并确定等级标准 应用 NTEP 评价体系，先对所评价的项目采用9分制评价草坪质量。1~2分为休眠或半休眠草坪；2~4分为质量很差；4~5分为质量较差；5~6分为质量尚可；6~7分为良好；7~8分为优质草坪；8分以上质量极佳。这是 NTEP 评分法的一般原则。

2. 对绿化草坪的草坪草适应性以及坪用性指标等进行评价记分 对绿化草坪适应性和坪用性进行综合评定和评分，适应性的综合评定以环境参数（EAP）表示；坪用性综合评定以坪用参数（TPP）表示，分别由下列（1）、（2）计算。

（1）环境适应参数（EAP）＝（Wh × Sh × GP × Dt）/9n-1

式中：Wh = 越冬力评分

Sh = 越夏力评分

GP = 青绿期评分

Dt = 抗病性评分

n = 测定适应性状的项数

（2）绿地型坪用参数（TPP）= 0.3T + 0.2D + 0.2C + 0.1Wt + 0.2Gr

式中：T = 质地评分，D = 密度评分，C = 颜色评分，wt = 青绿期评分，Gr = 成坪性评分。

3. 总分　将各要素评分合成总分，并给不同项目分配权重，进行最终评定。

（二）运用层次分析法的原理和模糊综合评价的方法

运用层次分析法的原理和模糊综合评价的方法，通过建立因素集、建立评价集、草坪质量评价指标权重的确定、综合评价等步骤进行草坪质量的综合评价。

1. 建立因素集　草坪质量评价指标根据其评价目的的不同可以分为外观质量指标，生态质量指标和使用质量指标。评价绿化草坪时，其草坪质量主要是评价其外观质量，而且只对部分草坪外观质量指标质量进行评价，包括密度、质地、颜色、均一性、草层高度和盖度；另外有生态质量指标为绿期；使用质量指成坪速度。由此可得因素集：

U = ｛密度、质地、颜色、均一性、草层高度、盖度、绿期、成坪速度｝。

2. 建立评价集　草坪质量评价一般采用 5 级制，即评价集 A = ｛很好、好、中等、差、很差｝。

3. 草坪质量评价指标权重的确定

（1）层次分析法方法简介：层次分析法（The analytic hierarchy process，简称 AHP 法）是 20 世纪 70 年代由运筹学家 T. L. Saaty 所提出的一种实用决策方法。其基本原理是：将评价系统的有案的各种要素分解成若干层次，并以同一层次的各种要素按照上一层要素为准则，两两比较并计算出各种要素的权重，根据综合权重按最大权重原则确定最优方案。这种 AHP 法有较强的实用性、简洁性和系统性，在许多领域得到广泛应用。

（2）基本原理及步骤：

①基本原理：

n 个要素的权重因子为 W：

$WT = [W1，W2，\cdots，Wn]$

通过对 n 个元素进行两两比较，得到相对重要矩阵 A：

$A = (aij)$

其中：$aij = Wi/Wj$　$aij = 1/aji$

于是，有：$AW = nW$

当 A 为一致性矩阵时，n 是 A 的特征值，W 是 A 的特征向量，

$AW = \lambda W$

$\lambda max \geqslant n$

②步骤：

a. 建立层次结构模型；

b. 针对测评指标体系中同一层次的各测评指标，用两两比较方法构造判断矩阵；

c. 类似对偶比较法求出每个评定指标的权重系数；

d. 相对重要程度计算；

e. 对权重系数进行一致性检验；

f. 综合重要度计算，得出各个评定指标相对整个体系的权重。

③综合评价：

根据绿化草坪质量评价各个指标的排序权值和分级评分计算总评分进行比较。

评分公式：

$$N = \sum_{\substack{i=1 \\ j=1.2}}^{6} WiRij$$

式中：N 为综合评分，W 为各指标权重，R 为各草坪质量指标分级评分。

第三节 观赏草坪评价

观赏性草坪是绿地建设中主要用于景观欣赏的草坪，美学价值高，也称装饰性草坪，专供欣赏用。该类草坪大多属于封闭式草坪，在园林设计中常用于城市中心广场作为供游人观赏的草坪，也用于广场雕像、喷泉、建筑纪念物等周围用作景前装饰或陪衬景观等。观赏性草坪是作为植物造景的艺术品供人们观赏而设计的高档草坪，因此，一般不允许游人入内游憩或践踏。由于观赏草坪的特殊使用用途和自身特有的特点，在草坪质量评价中，评价的重点在于观赏性草坪的景观价值和美观度。

一、评价的指标与标准

草坪质量评价指标体系的设置是对草坪进行综合评价的前提与基础，它直接影响着评价结果的科学性、可靠性与准确性。观赏草坪注重的是景观性状，为使选择的指标变量具有代表性和可操作性，对观赏草坪进行评价时选择草坪景观评价指标为密度、质地、色泽、均一性、绿色期、草层高度、盖度、成坪速度。观赏草坪中权重最高的指标为密度、质地、均一性及叶色，这四个性状为评价景观最常见的指标。

1. 密度 指单位面积上草坪的个体数或枝条数。密度良好的草坪，它的景观效果以及草坪强度、耐践踏性、弹性等性能相对较好。良好的养护管理可以提高草坪的密度。密度常见的测定方法有目测法、小样方法。由于草坪草多由地下分枝，上述两种方法不能用来测定单位面积的株数。Manteil. A 和 G. Stankill（1966）曾提出 1 种测定草坪草株数的方法。该法使用一个直径 8cm 的特制的杯状扦取器（面积近似为 50cm²），杯口具刃，插入草坪扦取出草皮块，便可数出单位面积上的草坪草株数。通常对草坪来讲用枝条数要比株数表示密度意义更大。

2. 质地 草坪质地主要是指草坪草叶的宽窄与触感的量度，一般多指草坪植物叶片的宽度。质地用于衡量草坪触感的柔软程度。它会影响草坪的一致性。通常认为草坪植物的叶片越窄草坪质地越好，质地越好的草坪品质越优。在栽培管理技术适当时（尤其是密度保持较高时），草坪质地会有所提高。质地测定采用观察法和实测法。主要观察草坪草光滑程度和宽度，叶片越光滑、越细，分值越高；测定时应选叶龄与着生部位相同的叶片，测量叶片最宽处，重复次数要大于 30 次，并求得平均值。

3. 颜色 草坪颜色是草坪植物反射日光后对人眼的颜色感觉。草坪颜色可反映草坪植物的生长状况和草坪的管理水平，是植株生长状况的重要指标。颜色的测定方法有目测法、实测法以及草坪反射光测定法（照度计法）。目测法是根据观测者主观印象和个人喜好给草坪打分，评分时有 5 分制、10 分制和 9 分制，常用的是 9 分制，其中分值越小表示质量越差；还可以利用比色卡法进行比较决定草坪颜色。实测法是利用分光光度计测定叶绿素的含量，一般多用单位叶片鲜重的叶绿素含量来反映草坪颜色。最简捷的方法是照度计法，测定的结果反映的是草坪整体颜色状况。测定时将照度计置于距草坪 1m 高度测定草坪光反射值及太阳光的入射值，用反射率 = 反射值/入射值，来表示颜色的深浅。由于反射率不受光强度变化的影响，所以较好地定量反映草坪颜色。

4. 均一性　均一性是指整个草坪的外貌均匀程度，是草坪上密度、颜色、质地差异程度的综合反映。均一性的测定方法有目测法、样圆法、均匀度法和标准差法。用数学统计方法以测得的密度、颜色、质地来综合表示草坪的均一性。单位用百分数表示。其公式为：

$$S_D = \sqrt{\sum_{i=1}^{n}(x_D - \bar{x}_D)^2/(n-1)}, S_C = \sqrt{\sum_{i=1}^{n}(x_C - \bar{x}_C)^2/(n-1)}$$

$$S_T = \sqrt{\sum_{i=1}^{n}(x_T - \bar{x}_T)^2/(n-1)},$$

用草坪密度变异系数（CVD）、颜色变异系数（CVC）和质地变异系数（CVT）来计算均匀度：U = 1-（CVD + CVT + CVC）/3。

5. 草层高度　草坪高度是指草坪植物顶部（包括修剪后的草层平面）与地表的平均距离。草坪高度由草坪草的遗传形状和生长发育性决定的，受草坪养护管理水平的影响。草坪的修剪高度影响着草坪的外观质量。草层高度的测定一般采用人工测量，样本数应大于 30。

6. 盖度　盖度是草坪草覆盖地面的面积与总面积之比。盖度大小与同化面积有密切关系。在密度相同的条件下，粗质地的草坪草要比细质地草坪草的盖度大。因此，对于质地要求较高的草坪，可不采用盖度指标。盖度的测定方法实测法：由 $1m^2$ 样方中均匀分成的 100 个交叉点测量，即可得到草坪的盖度百分数。

7. 绿期　草坪绿期指草坪群落中 80% 的植物返青之日到 80% 的植物呈现枯黄之日的持续日数。绿期长者为佳。较高的管理水平可延长草坪绿期，但草坪绿期受地理气候和草种的影响较大。评价草坪绿期之前要先获得不同草种在某地区绿期的资料，然后对被测草坪的绿期进行观测打分，达到标准值计为 5 分，每缩短 3d 扣 1 分，如此确定绿期的得分。

8. 成坪速度　成坪速度指草坪草坪从建植到投入使用之间的时间的长短。受草坪草种选择和管理水平影响较大。测定成坪速度之前必须要了解草坪草种的情况，以及设计的要求。然后根据草种的生长特性和设计要求综合打分。

二、观赏性草坪质量评定的方法和步骤

参照运动场草坪质量评定的方法和步骤。

第四节　运动场草坪评价

运动场草坪一般包括球类运动场草坪和竞技运动场草坪。前者包括高尔夫球场草坪、

足球场草坪、网球场草坪、棒球场草坪、保龄球场草坪、马球场草坪、板羽球和藤球场草坪；后者包括标枪、链球、射击、射箭和滑翔伞等运动草坪。另外还有赛马场、斗牛场草坪等。不同运动场草坪，质量要求不同，如足球场草坪应具有很强的耐践踏能力，且恢复速度快；网球场草坪则还需要有很好的弹性，高尔夫球场的果领和草地保龄球场的草坪草则需要耐低修剪和具有良好的均一性；田径场、赛马场及棒球场等草坪质量要求较低，只是主要发挥景观功能或安全保护功能。20 世纪 80 年代中期由国际足联（FIFA）和英国国家运动委员会（SportsCouncil）共同颁发了运动场草坪运动质量评价的统一标准，其主要质量评价指标包括：球的反弹率、球的滚动距离、球场表面硬度、球场表面滑动摩擦力、表面平整度等相关标准，其他场地标准尚未见报道。而国内对足球场草坪的研究开始于20 世纪 80 年代，对于运动场草坪质量的影响因素也进行了大量研究，但是所采用的质量评价标准大都是坪用质量或坪用价值，主要包括草坪盖度、叶片质地、绿期、再生能力、抗逆性、耐践踏性等。目前，有关运动场草坪质量评价体系主要集中在表面硬度、摩擦力、弹性、表面均一性等质量见表 11 - 4 - 1。

表 11 - 4 - 1   不同类型草坪草评价指标的权重

草坪类型	10 个坪用指标的权重									
	密度	质地	叶色	均一性	绿色期	草层高度	盖度	耐践踏性	成坪速度	草坪强度
观赏草坪	0.20	0.15	0.20	0.15	0.10	0.05	0.10	0	0.05	0
游憩草坪	0.10	0.10	0.10	0.10	0.10	0.10	0.10	0.15	0.05	0.10
运动草坪	0.10	0.05	0.10	0.10	0.05	0.10	0.05	0.20	0.05	0.20
保土草坪	0.10	0.05	0.10	0.10	0.10	0.05	0.10	0	0.20	0.20

一、评价的指标与标准

1. 草坪外观质量指标与标准

（1）密度：草坪密度指单位面积内容纳的草坪草个体数，反映了草坪植绒层的发育程度与草坪的其他质量性状，如强度、耐践踏性、弹性与回弹性等密切相关。优质的运动场草坪要求草坪密度越大越理想。草坪草的密度主要由基因型决定，取决于养护管理水平和环境条件。草坪建植过程中，往往采用大播种量以获得相当密度的草坪，但也会因种间竞争而固定在某一密度范围。充足的土壤水分、较低的修剪高度和施用氮肥通常会增加草坪的滋生芽密度。草坪的密度会随着草坪的生长发育逐渐稳定，因此，对于密度尚未稳定的草坪，不能作为草坪密度测定评价的对象。

密度的测定可用计数法、目测法或修剪后利用密度测定器，确定出密度等级并评分。

（2）质地：质地是对草坪叶片宽窄和触感的量度，一般多指草坪植物叶片的宽度，叶宽以 1.5～3.3mm 为优。通常认为叶越窄，品质越好。触感主要指叶的软、硬度，一般细叶型草种触感软，宽叶型草种触感硬。触感评定的方法，以手心触之，凭经验分为软、中、硬三级。

对同一品种草坪草来讲，质地与密度有一定的相关性，密度增加，质地则变细；质地影响着混合播种时草坪草之间的兼容性，如果用质地细腻与质地粗糙的草坪草混播，会产生一个表面极不一致的草坪，影响着草坪的均一性。

质地测定采用观察法和实测法。主要观察草坪草光滑程度和宽度，叶片越光滑、越细，分值越高；测定时应选叶龄与着生部位相同的叶片，测量叶片最宽处，重复次数要大于30次，并求得平均值。

（3）颜色：是对草坪反射光的测度，是草坪质量评价的重要指标。叶片色泽是决定草坪色泽的基础，是一项重要的景观和生长状态指标。草坪色泽影响着草坪的均一性。草坪颜色因草种、品种、生育期以及养护管理水平的不同而从浅绿到浓绿变化。颜色不仅反映了草坪的观赏质量，也反映了草坪的生育状况。

颜色的测定方法的有目测法、分光光度法及照度计法，另外还有植物效能分析仪。评定草坪颜色的传统方法是测定叶绿素的含量，也可使用比色卡。最简捷的方法是测定草坪地表上空1m处的光反射量，通常认为反光弱，品质好。涉及均一性的测定时，仍用目测法。综合评价时，以草坪颜色与草坪草正常生长状态的颜色相符为佳。

（4）均一性：均一性又称匀度，是对草坪平坦表示的总体评价，是草坪密度、质地、颜色差异程度的综合。均一性包括组成草坪的地上枝条在形态、长势上的均一和草坪表面平坦性的表观特征两项要素。均一性是球类运动场草坪质量评定的一个重要指标，均一性差的草坪会加大球滚动时的阻力。球场均一性不仅影响景观效果，同时均一性差的草坪会导致足球在滚动过程中球速和方向可能发生改变，使球员无法准确地对其进行判断，而凸凹不平的草坪也会影响运动员跑动，甚至导致绊倒，影响其发挥或安全。草坪的均一性受质地、密度、草坪草种类、色泽、修剪高度等条件的影响。

均一性的测定方法有目测法、样圆法、均匀度法和标准差法。运动场草坪质量评价中可以采用目测法和均匀度法。用目测法时凭经验进行，分均匀、较均、中等、不均匀和参差五级，分别记5～1分；采用九分制进行打分时，9表示完全均匀一致，6表示均匀一致，1表示差异很大。用均匀度法测定时，用草坪密度变异系数（CVD）、颜色变异系数（CVC）和质地变异系数（CVT）来计算均匀度。

（5）盖度：是指草坪草覆盖地面的程度，用一定面积上草坪植物的垂直投影面积与草坪所占土地面积的比表示。盖度越大，草坪品质越好，若能见到裸地，则表明草坪品质低下。杂草与裸地一样，不能列入盖度之中。

盖度的测定常用目测法和点测法，盖度值分级评价采用5分制，97.5%～100%记5分；95%～97.5%记4分；90%～95%记3分；85%～90%记2分；75%～85%记1分；不足75%则需复壮或更新。

（6）绿期：是指草坪群落中60%的植物返青之日到75%的植物呈现枯黄之日的持续日数。绿期长着为佳。草坪草的绿期首先由基因型决定，其次是地理气候条件的影响，较高的养护管理水平可延长草坪的绿期。因此，草坪草的实际绿期比较复杂。评定时，要取得不同草种在建坪地区绿期的资料，然后以此为对照，测定该草坪的绿期并打分，达到标准者为5分，每缩短5d，扣1分。

2. 草坪坪用质量的指标和标准

（1）草坪强度：是指草坪耐受机械冲击、拉张、践踏等的能力，包含了耐践踏性。运动场草坪的主要功能是运动，运动就会对草坪造成不同程度的践踏。高强度的草坪对于运动场草坪极为重要。因而草坪强度是所有运动场草坪品质评定的最主要指标之一。草坪强度取决于草坪草种，也受管理条件的影响。草坪强度可以用草坪强度计测定，也可用草坪强度可用 0~50cm 土层单位面积上的根质量来测定。此外，凭经验目测评分进行打分，一般 5 级，分别为强、较强、中等、较弱与弱，依次记 5~1 分。

（2）光滑度：是草坪的一项表面特征，是运动场草坪品质评价的重要评定因子。尤其是球类运动场草坪，要求甚高。因为光滑度差的草坪，会降低球滚动的速度和持续时间。对足球场来讲，表面过滑，球员在跑动和踢球过程中易滑倒，同时对足球的控制和技术的发挥也产生不利影响。光滑度主要由草坪草茎、叶表面状态和草坪植绒层的厚度、枯枝层状态等决定。因此，既与选用的草种有关，又与栽培管理系统有关。光滑度的测定，还没有完善、快速、准确的测定方法。可用目测法估计，但准确的方法是球旋转测定器法，即将球在具有一定高度、长度和高度的滑道上让球向下自由滚动，记录滚动过草坪表面的球运动状态，测定滚动的距离和速度及持续时间，以此确定草坪的光滑度。在测定中可选用具有代表性的几个点，多次重复，求平均值。还可用红外线速度测量仪测定球在草坪表面滚动的速度，测定出球在各个时间点的速度，计算出减速度，以确定草坪光滑性。最后，将测定结果分级、打分。

（3）弹性与回弹性：弹性是指外力消失后草坪恢复原状态的能力。回弹性是指草坪在外力作用时保持其表面特征的能力。二者对运动场草坪是非常重要的。网球场草坪要求有足够的回弹力，以保持球的规则运动状；高尔夫球场果领应该具有足够的回弹力，以保持一个恰当的定向击球；足球场草坪的回弹力可以防止运动员受伤和保持草坪平面平整。弹性和回弹性与草坪草的刚性有关，受草坪草叶片和滋生芽特性的影响，主要受草坪草生长介质的影响。如冬季有霜冻时，草坪弹性与回弹性下降，应禁止体育活动，进行封场，气候变暖，草坪恢复弹性与回弹性后再行开放。

测定方法一般是凭经验目测评估，或者用相对简易的测定方法，即将被测场地所使用的标准比赛用球置于一定高度（3m）做自由落体运动，测定球落地后回弹的高度，计算反弹系数。将测定结果分级、评分。

（4）刚性：是指草坪草茎、枝（蘖）和叶的抗压性。它与草坪的抗磨损性、弹性与回弹性议及耐践踏能力有关，是运动场草坪评定的一个重要指标。草坪草的刚性大小与草坪植物组成的化学成分、植株发育状况、水分、湿度以及植株密度相关，因此测定时应注意植株的生育状况，在密度、含水量、温度等项相同的条件下进行。草坪的刚性可以用草坪的柔软性来描述。

日本开发研制出一种刚性测定仪，该仪器模仿人的脚掌来测定草坪刚性。我国体育界流行的一种测草坪刚性的简易方法是"前脚掌转碾法"，测试者穿磨平了底的旧运动鞋，右脚向前半步，踮起脚跟，使重心落于前脚掌，然后使劲，将右脚前脚掌向左旋转 900，再反方向旋转 1 800。于是被脚掌转碾的草坪呈现 1、2、3 三个区域，碾损的程度 1 区 >2 区 >3 区。不同的人、同一人的不同时期其着力度都会有差异，因此，每次测定，应由一人做完，且一块草坪应随机抽取多个样点，重复多次进行。其测定结果具有一定的参考价值，根据各区的损坏程度评定等级并评分（表 11-4-2）。

表 11 - 4 - 2　刚性测定转碾损害程度评定等级

评定标准	等级		分数
若所有区域几无损坏	刚性	极强	5
若 1 区部分损坏	刚性	强	4
若 1 区损坏，2 区无损坏	刚性	中等	3
若 1、2 区均损坏，3 区几无损坏	刚性	差	2
若 1、2、3 区均损坏，至少 1 区的草烂枯	刚性	极差	1

（5）耐践踏性：耐践踏性是指草坪耐受践踏大小的能力。各种运动场草坪都要求草坪草耐践踏。耐践踏性是评价运动场草坪质量的一个最为重要的指标。草坪的耐践踏性是一个复合性状。草坪的耐践踏性与草坪的弹性和反弹性、刚性、耐磨性以及草坪草的再生能力有关。就地上部分而言，草坪的耐践踏性主要表现为耐磨损性与再生能力的综合。就地下部分而言，生根量反映了根系忍受土壤通透性下降的能力，根及根系的发育在极大程度上决定了草坪的强度，因而影响草坪的耐践踏性。草坪耐践踏性主要受草坪草种遗传特性的影响，此外，还与草坪密度、修剪高度、坪床类型及其周围环境等因素有关。

一般可采用践踏器对草坪进行一定强度和频度的模拟践踏来测定。草坪耐践踏能力可通过单位面积直立枝条数的测定来评价，或取同等栽培条件下的小区或分区的定量践踏作对比试验。

（6）恢复力：指草坪受到病原物、昆虫、交通、踏压、利用等伤害后恢复原来状态的能力。对运动场草坪来讲，主要是指草坪在受到剧烈的踏压后或磨损后自行恢复的能力，这一点对于运动场草坪尤为重要。因为运动场草坪经常遭受剧烈的踏压和损坏，若自行修复能力弱，势必影响利用次数，提高养护费用。草坪草的恢复能力受草坪草种的遗传特性、养护管理水平、土壤以及环境条件的影响。

测定方法为挖块法或抽条法，即在草坪中挖去 10cm × 10cm 的草皮或抽出宽为 10cm、长位 30 ~ 100cm 的草条，然后填入壤土，任其四周或两边的草自行生长恢复，根据所需时长短打分，时间短者为佳，最快者得 5 分，以后每增加 1d，扣 1 分。

（7）草坪硬度：是指草坪抵抗其他物体刻划或压入其表面的能力。球场草坪表面要有一个适宜的硬度，如果硬度太大，草坪吸收外力的能力减小，缓冲性能下降，球员在比赛中因受到场地的冲击力过大而导致受伤；相反，如果球场表面太软，球员在跑动和踢球过程中，易产生疲劳感，严重时腿部可能出现痉挛现象。因此，草坪硬度也是运动场草坪质量评价的一个重要指标。

测定方法是在球赛后用直尺测定球员脚踏入土壤表面时所造成的凹陷得深度，也可以利用测定土壤物理性状的仪器来评价草坪的硬度，如土壤硬度计、土壤冲击仪等。

上述指标是评定运动场草坪质量的常用指标，但在具体评定中，应根据设计要求和使用目的选择其中的几个进行评定，并且依用途不同，评定的侧重点也有差异，各个指标所应占的权重也不尽相同，这都是在评定时需要明确和注意的。

二、运动场草坪质量评定的方法和步骤

运动场草坪质量评价采用的方法是"草坪质量模糊综合评价方法",可以按照以下步骤进行。

1. 根据草坪的利用目的和要求确定综合评价的项目,并确定等级标准和分级记分值 在运动场草坪中由于各个草坪用途和利用目的不同,在实际应用过程中草坪质量评价的各国指标所起的作用不同,因此,在实际草坪质量平价工作中,选取若干个能较好地反映本草坪使用目的和要求的指标即可。此外,对于有特殊要求的草坪,还应选取体现这种要求的指标如青绿度、成坪速度、草层高度等。将参评项目的测值分为5级,确定各级标准,记1~5分,5分为最佳。

2. 根据草坪的利用目的和要求确定参评各指标的权重分配 所谓权重分配是指依据各种草坪不同的利用目的,对评价草坪的各质量项目,按重要程度给以相应的权重,加权后衡量。运动场草坪中,草坪用途不同,则相同指标在草坪质量评价时权重分配不一样。如足球场草坪首要的质量项目为强度、弹性与回弹性、盖度、匀度、密度、光滑程度、硬度等,因此,相应的权重分配就大;而竞技场草坪主要是发挥草坪的生态功能,因此生态质量指标权重分配就大。即哪些因素应重点考虑,其权重要相对大些;哪些因素可放在次要地位,其权重就小些。一般要求同一水平的权重之和为1。目前尚无统一的权重分配标准,实际工作中应根据利用目的和要求,征求多方意见后来确定。

3. 确定草坪质量评价指标的测定方法 草坪质量评价指标的测定方法对草坪质量评定的真实性和准确性有重要影响。指标的测定方法必须统一、标准,具有科学性和实践的可行性,同时测定程序要规范。对一些无法用已有的标准仪器测量的指标可采用大家公认的仪器或装置进行测定。

4. 草坪质量评价指标实测值的获得 各个质量评价指标实测值根据其测定方法规范地测定草坪质量评价指标值。进行实测时,一般采用现场调查评定的方法进行。一般由多个经验丰富的评审员同时进行。人手一份事先制定的"草坪质量评定调查表格"。评定时,采用直观目测、触感与定量测定相结合的方法,根据分级标准,为各个项目评分(1~5分),直至将所有参评项目进行完毕。对于需取样后室内测定分析的,也按分级标准评分(表11-4-3)。

表 11-4-3 草坪质量评价调查表

草坪位置:
草坪面积:
建立日期:
成坪日期:
质量评估调查日期:
质量评估参加者(签名):
1. 草种或草种组成 若为单播草坪应记录建坪草种盖度(%);若混合草坪应估计各草坪草种盖度(%),并说明优势草坪草种,记录草种名称(盖度%)。例如:
结缕草( )、中华结缕( )、假俭草( )、狗牙根( ) …………
评分__,权重。

2. 绿期__天，评分__，权重__。

3. 均一性：均匀（　　），较匀（　　），中等（　　），不匀（　　），参差（　　），评分，权重。

4. 盖度：__%，评分__，权重__。

5. 密度：密（　　），较密（　　），中等（　　），较稀（　　），稀疏（　　），评分__，权重__。

6. 质地：极细（　　），细（　　），中等（　　），粗（　　），极粗（　　），评分__，权重__。

7. 色泽：深绿（　　），绿（　　），淡绿（　　），黄绿（　　），蓝绿（　　），评分__，权重__。

8. 高度：cm，（说明：留槎高度和剪草时高的平均值），评分__，权重__。

9. 生物量评分：__（说明：），权重__。

10. 弹性与回弹性评分：__（说明：__），权重__。

11. 草坪刚性：极强（　　），强（　　），中（　　），差（　　），极差（　　）。

12. 光滑度评分：__（说明：__），权重。

评分__，权重__。

13. 自行恢复能力：长满10cm² 空地天，计分，权重__。

14. 其他：填写"项目（情况说明）"，例如：

越夏（存株率约90%），越冬（存株率100%），

苔藓（盖度约0.5%，葫芦藓为主），

化肥烧伤（约1%面积，施肥不均，成因待查）。

5. 进行数据的统计分析，得出草坪质量综合评定的结果　由于采用5分制，即5种评价，结果的表示方法以优、良、中、差、很差表示。根据评审人员用记分办法反映意见的集中离散程度，定出评定对象级别。

第五节　水土保持草坪评价

水土保持草坪是指在公路两边，堤岸及陡坡等地建立的具有水土保持功能的草坪。这草坪具有一定绿化美化作用，但重要性还是在于其水土保持能力，是管理较为粗放的一种草坪。水土保持草坪是一种已保护坡面地表土壤以及坡地环境为目的绿化，通过建植草坪，利用草坪草的覆盖作用将土壤表面覆盖起来，借助草坪根系束缚表土层，防止土沙移动、滑落，借助草坪密集的茎叶抵挡雨水对坡地的击打，起到固土护坡的作用。因此，与其他类型的草坪相比，水土保持草坪对外观质量要求相对较低，重要的是草坪草要有发达的根系、较强的适应性和抗逆性，以及较强耐低的养护管理。

一、评价的指标与标准

在进行水土保持草坪质量评价时除选用密度、质地、颜色、均一性、盖度外，还选择抗逆性、植物组成等一些重要的生态质量指标，并且评价时所占权重要大。对于草坪质量评价的外观质量指标密度、质地、颜色、均一性、盖度，在前面的绿化草坪以及运动场草坪评价中已做过论述，这里主要介绍体现水土保持草坪功能和特点的根本形状指标。

1. 防冲蚀性　是反映水土保持草坪固土护坡和预防土壤被冲蚀程度的主要指标。水

土保持草坪坪面与普通绿化草坪以及运动场草坪平面相比，一般都是处在地形起伏的地区、高速公路的两侧、河湖水库堤岸的平地或坡地，不可避免地会造成土壤侵蚀，滑坡，降水和灌溉水易引起土壤水土流失和灾难。因此，防冲蚀性是评价水土保持草坪质量的一个重要指标。

测定是利用测定侵蚀模数值来表示防冲蚀能力的水平。在需评价的草坪上取 $1m^2$ 的样方，在样方上 1m 高度引自来水模仿暴雨对样方表面进行冲刷，降雨强度 $0.05mm/m^2 \cdot s$，持续冲刷 15min。待地表稍干后立即收集小区下方被冲出的所有"冲积物"和泥土，风干后称重记载。用 g/m^2 作量度单位。按下列五级标准评分。模数值 < 100 得 5 分；100 ~ 199 得 4 分；200 ~ 299 得 3 分；300 ~ 399 得 2 分；400 ~ 499 得 1 分。

2. 综合抗逆性 是指草坪草对不良环境条件以及践踏、修剪等使用、养护强度的抵抗能力。是反映草坪植物对外界不良环境适应程度的指标。草坪的抗逆性除草坪草的遗传因素决定以外，还受草坪的管理水平和技术以及混播草坪的草种配比的影响。在水土保持草坪质量评价中主要是考察草坪草耐干旱、耐瘠薄和耐粗放管理的能力。

测定采用自然状态锻炼法，即在成坪后，40d 内，不灌水，不追肥，不修剪，不喷药，完全顺其自然。一定时期后，根据观测指标，分五级评分。锻炼期内，最后一周，植物叶色变淡，草丛下部叶片少量枯黄，生长正常者，评 5 分；叶色橙黄，草丛中下层叶片有少部分枯黄，生长基本正常评 4 分；叶色发黄；少量叶缘枯萎、草丛中下部叶片有少量枯死轻微受害，评 3 分；植株上部叶片已有少量枯黄，草丛中下部叶片已有 10% 左右死亡，受害已较严重，评 2 分；上部叶片死亡率近 10%，中下部叶片死亡量近 30%，受害已达危险程度，评 1 分。

3. 越冬性 是反映植物抵御冬季严寒程度的指标，也是保证草坪地被可经年持续利用的基本性状。一般用返青植株占测试总株数的百分比来表示。草坪草的返青率在植物生长第二年返青时在定点样方上测定，一般于上年秋季草坪内设 $0.1 \times 0.1 = 0.01m^2$ 的样方。把越冬性能按下列五级标准划分后评分。越冬率 > 90% 得 5 分；81% ~ 90% 得 4 分；71% ~ 80% 得 3 分；60% ~ 70% 得 2 分；< 60% 得 1 分。

4. 绿色期 是反映草坪植物一年内生长和利用时间长短的指标。一般用实测的天（d）数表示。依据天数按下列五级标准评分。评定时，要取得不同草种在建坪地区绿期的资料，然后以此为对照，测定该草坪的绿期并打分，达到标准者为 5 分，每缩短 5d，扣 1 分。

5. 植物组成 是指草坪组成指构成草坪的植物种或品种以及它们的比例。水土保持草坪具有其独特的功能特点，在建植时草坪草的选择主要依据当地的土壤和环境条件进行选择，当地野生植物是最好的选择，另外就是选择根系发达、分生能力强、耐瘠薄、抗性强的草坪植物或其他地被植物，例如：草地早熟和、野牛草、普通狗牙根、细羊茅等，可以单播也可以配合使用。因此，对水土保持草坪植物组成进行评价时先确定是单一种组成还是混播草坪，如果是混播草坪则要测出主要建坪草种及其频度和盖度，然后与设计要求对比，就目的、功能的要求进行对照，作分级评估，达到设计要求的给 5 分，每下降 5% 扣 1 分。

6. 成坪速度 成坪速度指草坪草坪从建植到投入使用之间的时间的长短。受草坪草种选择和管理水平影响较大。测定成坪速度之前必须要了解草坪草种的情况，以及设计的要求。然后根据草种的生长特性和设计要求综合打分。

7. 草皮强度　是指草坪耐受外界冲击、拉张、践踏等的能力。主要根据草坪的固土能力决定。由于草坪草绝大多数根系分布于 0~50cm 的土层内，因此，本文利用沙培法培植待试材料，并根据其在 0~50cm 土层内单位茎节所产生的根量来估测草坪强度。

防冲蚀性，综合抗逆性和植被密度是决定斜面草坪固土护坡性能的根本性状。权重系数分别为 0.4、0.3 和 0.2，占全部构成的 90%。越冬性和绿色期也有一定的作用，权重系数占构成比重的 10%。

二、水土保持草坪质量评价的方法和步骤

根据草坪自身质量的内涵与构成，从草坪养护管理角度建立草坪外观质量、生态质量和使用质量综合评价指标体系，按照"统一评价，项目加权，分类比较"的原则，进行水土保持草坪质量综合评分法。

1. 水土保持草坪质量评价指标体系的建立及其指标评分标准　草坪质量综合评分法是将草坪外观质量、生态质量和使用质量作为草坪综合质量评定的一级指标。

（1）首先建立统一测定方法下的草坪质量评分标准：草坪质量评价时要遵循"统一评价，项目加权，分类比较"的原则。统一评价是指按相同方法、相同标准进行评价。目前草坪指标测定的方法多样，如颜色的测定方法有直接目测法、比色卡法、分光光度法和照度计法等；密度的测定方法有目测法、样方法、扦取法等。为了使测定方法标准化，从而使草坪评定结果具有可比性，建议采取既简便易行、又符合实际的测定方法。草坪质量指标的评分有三级制、五级制、九级制和十级制等多种形式。较常使用的是五级制评分方法。草坪质量指标评分标准与相应的测定方法见表 11-5-1。其中，1 表示极差，2 表示很差，3 表示一般，4 表示良好，5 表示优。

表 11-5-1　草坪质量指标测定值与评分标准

| | | 评 分 | | | | |
		5	4	3	2	1
颜色	目测法	墨绿	深绿	绿	浅绿	黄绿
密度	样方法（根/cm²）	≥4.5	4.0~4.5	3.5~4.0	3.0~3.5	≤3
均一性	样方法	0.9~1.0	0.8~0.9	0.7~0.8	0.6~0.7	≤0.6
质地	直接测量法（mm）	≤3	3~4	4~5	5~6	≥6
盖度	针刺法（%）	90~100	80~90	70~80	60~70	≤60
草坪高度	直接测量法（m）	≤4	4~6	6~10	10~14	≥14
绿期（d）		≥300	250~300	200~250	150~200	≤150
生物量	干重（g/cm²）	≤0.05	0.051~0.060	0.061~0.070	0.071~0.080	≥0.090
抗病性	（%）	0	<1/5	1/5~1/2	1/2~1/3	>2/3
叶片抗拉力		极难断裂	难断裂	易断裂	较易断裂	极易断裂
成坪速度	（d）	≥50	50~40	40~30	30~20	≤20
草坪弹性	足球自由反弹法	0.9~1.2	0.8~0.9 或 1.2~1.3	0.7~0.8 或 1.3~1.4	0.6~0.7 或 1.4~1.5	<0.6 或 >1.5

		评 分				
		5	4	3	2	1
颜色	目测法	墨绿	深绿	绿	浅绿	黄绿
草坪强度	干重（g/cm²）	≤0.02	0.021~0.030	0.031~0.040	0.041~0.050	≥0.050
草坪光滑度	比赛（m）	3.2	2.9	2.6	2.3	2.0
	非比赛	2.6	2.3	2.0	1.7	1.4
养护管理费用	（元/m²·年）	≥20	15~20	10~15	5~10	<5

（2）指标权重的确立：对不同功能类型的草坪进行评价时，评价指标侧重点必然不同，指标权重也不尽相同。水土保持草坪有一定的绿化美化作用，故外观质量权重仍较大；此外，它还要有较强的水土保持能力，因而其表征环境适宜性和抵抗性的生态质量权重也应较大。在进行确定评价指标的权重时，首先确定一级指标草坪质量评价中的权重（表11-5-2），其次运用同样的道理得出二级指标的权重（表11-5-3）。采用层次分析法（AHP）来计算权重值。采用层次分析法基本原理见绿化草坪质量评价中的介绍。

表11-5-2 一级指标的权重

	草坪外观质量	草坪生态质量	草坪使用质量
观赏草坪	0.59	0.13	0.28
游憩草坪	0.54	0.16	0.30
运动草坪	0.45	0.10	0.45
保土草坪	0.65	0.28	0.12

表11-5-3 二级指标权重

	色泽	密度	均一性	质地	盖度	草层高度	绿期	生物量	抗逆性	耐践踏性	草坪弹性	草坪强度	草坪光滑度	养护管理费用
观赏草坪	0.22	0.22	0.22	0.22	0.38	0.12	0.38	0.12	0.12	0.10	0.10	0.10	0.19	0.51
游憩草坪	0.22	0.22	0.22	0.22	0.29	0.29	0.13	0.29	0.44	0.11	0.23	0.11	0.11	
运动草坪	0.22	0.22	0.22	0.12	0.29	0.22	0.29	0.13	0.29	0.25	0.25	0.24	0.13	0.13
保土草坪	0.24	0.22	0.24	0.12	0.27	0.15	0.09	0.09	0.55	0.06	0.35	0.35	0.12	0.12

（3）指标数值的计算：一级指标数值（Vi）是根据其所属二级指标所得评分（Qi）乘以各自权重计算而得，其计算公式为：

$$Vi = \sum_{i=1}^{m} Qiwi$$

式中：Qi 为某二级指标所得评分；

Wi 为该二级指标所属一级指标的权重；

m 为该二级指标所属一级指标的项数。

（4）根据项目加权的方法计算草坪综合指数：草坪综合指数（LCI）是将各一级指标

经归一化处理后的数值乘以各自的权重，再进行一次加和，计算公式如下：

$$LCI = \sum_{i=1}^{n} ViWi$$

式中：Vi 为一级指标经归一化处理后的数值；

      Wi 为某个一级指标的权重；

      n 为一级指标的项数。

复习思考题

1. 草坪外观质量评价因素包括哪些？如何测定？

2. 草坪生态质量的评价因素有哪些？如何测定？

3. 草坪使用质量的评价因素有哪些？如何测定？

4. 何谓草坪草的颜色、密度、均一性、质地、盖度、高度、成坪速度？

5. 何谓草坪弹性、回弹性、滚动摩擦性能、滑动摩擦性能、草坪强度、草坪恢复力、草坪？

6. 硬度、光滑度、耐践踏性？

7. 如何理解何谓草皮强度、平滑度、生长型、生长速率？

8. 何谓草坪组成、草坪草分枝类型、草坪抗逆性、草坪绿期、草坪植物的生物量？

9. 草坪工程质量的评价指标包括哪些？

10. 绿化草坪质量评价主要指标有哪些？

11. 绿化草坪质量评定的方法和步骤包括哪些？

12. 简述运动场草坪坪用质量评价的指标及标准。

13. 叙述运动场草坪质量评价的方法和步骤。

14. 简述水土保持草坪质量评价的指标与标准以及评价方法。

第十二章　人造草坪的生产与应用

【教学目标】
- 掌握人造草坪发展历程
- 掌握人造草坪的类型
- 能够独立进行人造草坪的建造
- 能独立制定人造草坪养护管理计划，并能解决生产问题

第一节　人造草坪概述

一、人造草坪的发展

美国是最早研发和生产人造草的国家，自 20 世纪 60 年代就开始致力于人造草技术的研发，经过他们的不断推广，在 20 世纪 80 年代其他国家逐渐接受人造草产品。最初使用的人造草都是聚丙烯草纤维，重点用于曲棍球场。

随着人造草在欧美等地的普及，到 20 世纪 90 年代中期，我国开始引进人造草，很快就被各体育机构接受并迅速发展，从而拉开了人造草业在中国发展的序幕。随着运动人造草在国内的迅速推广使用，大批国外人造草品牌纷纷大举进入中国市场。在此环境下，国内也逐步出现了通过国外强大设备与技术支持，建立了大规模现代化生产基地的集人造草坪生产、销售于一体的民族企业，与此同时，也孕育出像爱奇得富（Acturf）、百橙（BS米）这些早已得到业内外人士一致认可和推崇的、高品质的人造草知名品牌。

优良的特性使人造草坪在中国迅速发展，尽管它在中国的流行比欧洲晚了 10 年，不过用户在很短的时间内便接受了它。1990 年，我国只有近 $1hm^2$ 的人造草坪运动场，自 1997 年全面进入中国到 1999 的两年间应用面积增长到 $50hm^2$，2000～2001 年应用面积迅速发展达到 $150hm^2$。2002～2003 年应用面积达到 300 多 hm^2，其发展曲线与塑胶跑道如出一辙，并很快的和塑胶跑道一起成为学校运动场地的新标准。以北京、天津、上海、广州、深圳等大城市为先导，政府的教育、体育部门已经制定了计划对人造草坪进行大力推广。除了学校之外，我国许多专业体育中心，如：北京的先农坛、东单、地坛、朝阳等都先后使用了人造草坪作为主运动场。

人造草坪大约经历了以下发展过程。

第一代：（1962～1977 年）PP 纤维产品，不填沙，无弹性层，对皮肤有灼伤，养护耗水量大；价格昂贵；长度在 10～12mm 之间。

第二代：（1975 年至今）PP 纤维产品，开始填充石英砂，对皮肤有灼伤，养护耗水量大；长度转为 25mm。

第三代：（1982～1985 年）含原纤维的 PP 纤维草，填沙，无弹性层，质硬，对皮肤有灼伤。

第四代：（1985 年至今）含原纤维的 PP 或 PE 纤维草，填沙，底部有弹性缓冲层，质较硬，对皮肤有灼伤；高度提升到 50～60mm。

第五代：每根草茎为 PE 单独单纤维长丝，填沙/橡胶粒，质软，对皮肤灼伤小，草纤维抗 UV 性能佳。

第六代：每根草茎为开网单纤维长丝，质软，基本无皮肤灼伤，草纤维抗 UV 性能佳，整个系统的弹性垫层＋密实的填充物，增加对运动的缓冲，酷似天然草。

二、人造草坪特点

（一）人造草与天然草的特性比较分析

1. 草皮对球员的影响特性要求

（1）吸震性能：天然草皮要求在 50%～70% 之间，人工草皮要求在 55%～70% 之间。

（2）变形性能：对于天然草皮来说，浸水的泥泞草皮变形很大，而干燥的草皮则很小或没有变形；人工草皮变形程度在 1～7mm 之间。

（3）防滑性能：天然草皮要求在 0.6～1.0，人工草皮要求在 0.6～1.0。

（4）阻力：天然草皮阻力数值为 25～50N·m（N·m：力的单位和距离的单位的乘积）；人工草皮阻力数值为 35～45N·m。

（5）滑行距离：天然草皮滑行距离为 0.20～0.55m；人工草皮滑行距离为 0.25～0.45m。

2. 草皮对球的影响

（1）垂直弹跳高度：天然草皮的数值为 25%～45%；人工草皮的数值为 30%～42%。

（2）球的滚动速度：天然草皮的数值为 4～10m；人工草皮的数值为 4～10m。

（3）不同角度球的弹跳情况：以 25 度角落地，弹起速度 50km/h，高度 60%～80%。

3. 场地测试

（1）坡度 <1.0%。

（2）平坦度（宏观）3m 内小于 10mm。

（3）平坦度 300mm 内小于 2mm。

（4）地基渗透性能大于 180mm/h。

（二）人造草坪与天然草坪特点对比见表 12－1－1

表 12－1－1　人造草坪与天然草坪特点对比

项目	聚乙烯纤维的人造草坪	天然草坪
使用频率	可全天候高频率使用	需定期维护保养，使用频率低
天气适应性	雨停后 20 分钟	雨停后 3～5 小时
耐用程度	不受任何影响	耐用度极低，维护跟不上就易黄土朝天
耐用年限	5 年以上	视维护保养的程度而定

续表

项目	聚乙烯纤维的人造草坪	天然草坪
使用限制	无特别影响	尖跟高跟鞋、钩状钉鞋、脚踏车、机动车等尖硬物体不易在上使用
人为破坏后维修与处理	维护处理简单，使用单位可自行维修；修补处无色差及痕迹，维修速度快且费用低廉	须迅速由专业人员植草及防病虫害，维护费用昂贵且草生长的时间较长
环保因素	对环境和空气无任何毒害，废料均可回收再利用	使用大量的水资源并且喷洒农药会造成水的污染，同时滋生昆虫和细菌
造价	$80 \sim 150$ 元/m^2	$20 \sim 30$ 元/m^2
维护成本	1.5 元/m^2 左右	$10 \sim 15$ 元/m^2

第二节 人造草坪的类型

人造草坪依采用的材料、叶形和结构不同，通常有如下类型。

1. 绒面草坪 人造草坪的最下部是致密的土壤层，其上填充一定厚度的卵石，在卵石层之上敷以有良好排水性能的沥青层，沥青层的致密性可以防止水分向下渗入和渗入土壤水污引起的冻涨作用。这三层构成人造草坪的下垫层，是人造草坪的基础层。第二层是缓冲层，亦沥青层上的胶粘层，一般用闭孔人造橡胶泡料在一种化学气流的作用下，将乳胶或塑料溶胶结合而制成。

人造草皮的最上层，通常由宽度 $3.6 \sim 4.5m$ 的草坪编织板构成。草坪编织板具有由500 但尼尔（Clenels）的 $6 \sim 6$ 尼龙丝带编织成的高强度涤纶叶面，宽度 $3.6 \sim 4.5mm$，通过粘结缝合技术连接成整体。

2. 圆环形卷曲状尼龙丝草坪 该草坪的底垫由厚约 16 毫米的聚氨基泡沫塑料构成的缓冲层，下面用特殊的氨基甲酸乙酯将其与沥青基层粘接在一起，上面亦用氨基甲酸乙酯将厚 13mm 圆环形卷曲状的尼龙丝毯粘接，该草坪的特点是具有十分平整光滑的表面。

3. 叶状草坪 叶状草坪亦由三部分构成，最底层与圆环形卷曲状尼龙丝草坪相同，由闭孔泡沫材料制作成具缓冲功能的下垫面，中间是由固体原乙烯材料构成的对冲击力具传递作用的夹层，最上层为聚丙烯缔结的表面层，该层的特点是叶状纤维似草叶，并较上两种草坪长。

4. 透水草坪 透水草坪是在可渗透的无胶粘沥青面上用粘合草毯的方法完成，所采用的特殊渗透材料可使水通过草坪向下渗入，然后通过粘合的基层排出。应用这种草坪设施与特殊的编织毯结合制成的透水草坪建造的户外足球和曲棍球草坪，可以利用多年。这种草坪的优点是在比赛中可以防止土壤、水分和砂粒进入到草坪表面。由于这种渗透装置可由四周边沿的压条固定，所以，避免了种草坪使用金属钉固定的弊病。为了保持草坪的湿润，这类草坪应与自然草坪场一样，设置灌溉供水设备和排水系统。

5. 充沙草坪 充沙草坪由蓬松分布于沥青基层上的缓冲下垫层和其上的地毯层组成。这种人造草坪与它种无沙草坪的区别是表面的人工叶长要更长，叶间的空隙要填充硅砂。硅砂的厚度以距编织物叶顶6mm为度，这样就能使人工草叶保持直立状态。充沙草坪的草毯一般是用长 25mm 的 10 000 但尼尔的聚丙烯丝编织而成，由于充砂的重量，故铺设中不使用黏合剂。这种草坪与其他人造草坪相比，更接近于自然草坪。

世界人造草坪发展很快，一些有名的产品在 1970～1980 年的 10 年间，先后进入草坪生产市场，部分人造草坪及其特性见表 12-2-1。

表 12-2-1　部分人造草坪一览表

草坪名称	特性描述
All-Pro 草坪	宽 3.6m，由聚丙烯丝和合成纤维编织而成
体育馆表面草坪	宽 4.5m，由 500 但尼尔的尼龙丝构成
Clur 草坪	聚丙烯织物草坪
Grass. Sport500 草坪	聚丙烯织品，聚丙烯底垫
Grass 草坪	尼龙纶制品，合成纤维编织而成
Instant 草坪	合成纤维
Laner 草坪	适合于轻度运动，聚丙烯或乙烯织品编织
Omnitarf 草坪	1m 长的 10 000 但尼尔尼龙丝织成，聚丙烯构成，叶片为聚丙烯丝
PlayField 草坪	聚丙烯丝
Poligras 草坪	粘干沥青的聚丙烯丝
Poly 草坪	尼龙-6，橡胶基底
Super 草坪	聚丙烯、合成纤维编织
Maraleni-Toray GS-2 草坪	尼龙-6 涤纶丝

第三节　人造草坪施工与管理

一、人造草坪的建造

（一）概述

人造草坪是以非生命的塑料化纤产品为原料，采用人工方法制作的拟草坪。它是解决利用强度过高、生长条件极端不利等天然草坪不易生长而不宜建植草坪的一种重要途径。与天然草坪相比，人造草坪具有非常明显的优缺点。如可以全天候使用，受雨、雪天气影响小；维护简单，养护费用低；材质环保，表面层可回收再利用等优点，是天然草坪所不可替代的。因此，人造草坪非常适用于使用频率较高的中小学运动场或各种训练场。但是，由于人造草坪采用的是化学纤维材料，而且以沥青或混凝土作为基层，所以其表面硬度大，缓冲性能较差，极易导致运动员脚踝及膝关节受伤；同时其表面温度变化幅度大，尤其是在夏季，最高温度可达 52℃，如此高的温度对运动员的竞技状态及环境都会造成很大的影响。近年来，随着人造草坪建造技术不断更新以及纤维材料和填充材料的发展，使得人造草坪的诸多缺点，如表面硬度大、缓冲性能差等逐渐得以改善，当然这些都是以正确选择草坪材料及保证科学合理的建造技术和质量的前提下，才能得以实现的。

人造草坪在建造之前，应主要考虑以下几个因素：人造草坪类型、所用人造草坪的纤维材料（PP 或 PE）；填充物质的类型（硅砂、橡胶粒或二者的混合）及填充深度；排水设计等。

1. 人造草坪类型的选择人造草坪的草坪面可分为两种类型 镶嵌型和编织型。编织型草坪采用尼龙编织，成品成毯状。与镶嵌的束簇型草坪相比，编织人造草坪制作程序复杂，价格相对昂贵，草坪表面硬度大，缓冲性能不好，但草坪均一性好，结实耐用，非常适用于网球、曲棍球、草地保龄球等运动。镶嵌式草坪与编织型草坪相比，叶状纤维长度较长且变化较大，可以从 12~55mm 不等，而且可以根据特殊需要进行调整。草丛间填充石英砂、橡胶粒或二者的混合物等，外观与性状表现也与天然草坪较为接近，室内室外均可安装，适用于足球、橄榄球、棒球等。

2. 人造草坪的制作材料及选择人造草坪的制作材料一般有两种 聚丙烯（Polypropylene，PP）和聚乙烯（Polyethylene，PE）。PP 材料的人造草坪坚实，缓冲力较小，一般适用于冲击力较小的运动项目如网球等。而 PE 材料的人造草坪质地柔软，缓冲性能良好，对运动员的伤害作用小，适用于冲击力较大的运动项目如足球、橄榄球等。也可以将两种材料混合制作人造草坪，如此可以综合二者的优点，满足特殊比赛的需要。对于一些高强度的运动比赛，为了提高比赛质量和尽量减少运动员的损伤，在选择人造草坪时，一般要选择高度相对较高的纤维材料，通常为 25~50mm，而且要选择 PE 人造草坪或 PE/PP 混合材料的人造草坪。建造人造草坪运动场，在选择人造草坪的高度时，一般要考虑球场的总体预算，高度相对较高的人造草坪，其建造和养护费用相对也较高，在欧洲许多学校运动场常选择高度为 19mm 的草坪，25~32mm 高度的人造草坪就完全可以提供一个高质量的运动场，而一些专业运动场的人造草坪高度通常选择在 50~55mm，这个高度通常也被认为是理想人造草坪的上限。美国一些橄榄球运动场，人造草坪的高度更高，约 70mm，但一般情况下，如此高的人造草坪运动场并不多见。

3. 人造草坪的填充

（1）填充材料的选择：人造草坪的填充材料一般为沙或橡胶颗粒，有时也将二者混合使用，在混合使用时，二者的比例依具体情况而定，通常的混用比例为 70% 橡胶颗粒 +30% 沙。过去常使用 100% 的沙作为填充材料，为的是增加草坪基部的稳定性，但是随着人造草坪制造工艺的日益成熟，其基础制造相对已十分完善，所以，过去以填充沙来稳定草坪的做法已逐渐被淘汰，现在使用较多的填充方式为 100% 橡胶颗粒。填充的沙或橡胶颗粒多为中等大小，而且在填充之前一定要将其洗净。对于一些冲击强度较大的运动项目如橄榄球、足球等，应适当增加橡胶颗粒的比例，尽量减少运动员的损伤。对那些冲击强度小或几乎没有冲击作用的运动场地如网球场等，只要场地硬度均一即可，对缓冲性的要求不高，因此，在填充材料的选择上余地较大。

（2）填充深度：人造草坪中石英砂或橡胶颗粒的填充深度可根据使用目的和所选择的草坪束高度而定。对于冲击强度较大的运动，可选用叶束较长的人造草坪且填充较深的填充物，一般人造足球场草坪适宜的填充深度为离叶尖 5mm；而对于要求平整度高、均一性好的运动如曲棍球，叶束可适当降低，填充深度可升高，甚至可以与草坪面持平。美国宾夕法尼亚州立大学研究表明，人造足球场草坪上，足球的反弹及球场表面硬度，在某种程度上可以由填充物类型和填充深度来控制。

4. 人造草坪排水设计　有的人造草坪设计有排水系统，草坪垫层具有渗透性，基础层中设计有排水管道，此类草坪的建造结构较复杂，造价较高。但也有的系统没有设计排水系统，那就要依靠表面自然坡度排水，因此，对表面建造要求较高。

在人造草坪建造之前，为了保证草坪质量及经济有效，以上四个因素是应主要考虑的。除了这四条主要因素外，还有其他的一些因素如基层的处理、粘结用胶的选择等。总之，在实际工程建造中，应该将各项因素与投资方的经济投入、草坪实际使用特点等因素充分结合，以科学的理论与技术为依托，最大程度的实现经济、适用、有效原则。

人造草坪适用于足球场、网球场、篮球场、高尔夫球场、曲棍球场、建筑屋顶、游泳池、庭院、托儿所、宾馆、田径场地等多种场合。

以标准足球场为例讲述人造草坪的建造。

（二）人造草坪的选择

1. 品牌　品牌本身代表着品质、价格、服务，而品质主要由原材料、生产工艺、生产设备三者决定，因此，在选择人造草品牌的时候应该先了解该品牌发展的历史，拥有国内外权威机构检测和认证，一个好的品牌同时必须具有稳定的质量保证和完善的、专业的服务体系。

2. 产品

（1）外观：色泽明亮，无色差；草苗平整，簇绒均匀，一致性好；底衬用胶量适中并渗透进底衬，整体平整，针距均匀，无跳针。

（2）手感：手指梳理草苗柔软顺滑，手掌轻压草苗反弹性好，底衬不易撕裂。

（3）草丝性能：开网整洁，无毛刺；切口平整，无明显收缩。

（4）使用专业设备生产，并且通过国际权威机构检测和认证。

（5）使用高档材料和高品质生产工艺是非常重要的。

（6）样品的代表性不强，一般应考察样板工程。

3. 服务

（1）好的产品必然配备优质放心的服务。

（2）提供专业化的行业和产品培训。

（3）提供项目所需的各种国内外权威认证和检测资料，并能针对操作中项目提出建设性的方案。

（4）提供专业的施工设备和专业施工技术支持。

（5）完善的售后服务体系。

（三）场地基础选择

从客观上来说，人造草坪并不是完全不需要维护、永远都不会坏的产品，其典型的生命周期为6~10年。确切地说，它不仅仅是草坪，更应该是一个的"人造草系统工程"，其主要由场地设计、人造草产品的选择、施工服务、维护保养四个部分组成，而每个部分也互相联系，密不可分。场地设计主要包含场地基础和场地面层两个部分的设计。在国内主要有以下四类基础用于人造草场地。

（1）沥青基础：稳定、耐用、易控制，成本高。

（2）水泥基础：较稳定、耐用、技术要求严格、成本较高。

（3）水泥石粉基础，造价适中、施工技术较易控制、使用较多。

（4）碎石基础，造价便宜、施工便捷、但稳定性较差，一般使用在使用要求条件不高的场地。

因为经济和环境的因素，现在大多数用户都采用第2、3项基础。而一些要求较高的学校则采用沥青基础。现将一种"性价比"较高且较适合学校人造草场地建设的专用基础向大家推介，基础构造如下（图12－3－1）。

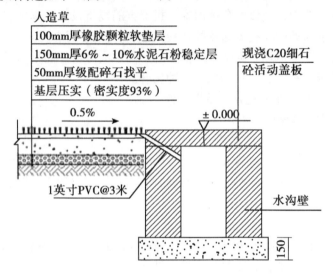

图12－3－1　人造草场地基础图（引自《人造草坪网站图》）

图中所示，其中10cm厚的橡胶颗粒软垫层起着增强球场弹性、保护身体安全的重要作用。

还要注意的是，在场地面层的设计过程中应多了解校方和学生的需求，作为多功能场地或者单一足球场地、缓冲面积、既要考虑标准场地和满足训练的要求，又要针对每个项目做好规划和准备。

（四）标准足球场地人造草坪建造

1. 建设原则　当建造一个新体育场时，首先要考虑它的位置和比赛场地的方向。一般应选择在阳光充足、空气新鲜、地势较高易于排水的地方，同时场地的纵轴应选定南北方向，以便使运动员、观众和其他人员尽可能远离强烈阳光的照射；力求体育场周围有足够空间，便于将来的发展；有靠近城市的公路和铁路，使观众来去方便。另外，要考虑和谐的周边环境，并体现安全和舒适的原则。

2. 建设要求　足球比赛场地必须绝对平整、自然，应当装有完整的排水系统。

（1）场地线：比赛场地线至挡网的最短距离：距离边线6m，距离球门线7.5m。在比赛场地边线外应当有不小于1.5m宽的草皮边缘。

（2）下水道：比赛场地必须有排水系统，以免因大雨而影响比赛进行。

（3）急救通道：具有救护车、消防车等直达场地的急救通道。

（4）场地周围广告牌：当建筑新的体育场时，必须注意场地周围广告牌的放置不可阻挡观众的视线。一般广告牌的最大高度是 90cm，比赛场地线和广告牌之间的最小距离是：边线外 5m、球门线后，角旗处为 2m；球门区线相交处为 3.5m。

（5）旗杆：体育场至少需安装五根旗杆，或是配置至少能悬挂五面旗帜的相关设施。

3. 足球场地规格　足球比赛场地是长方形，其长度不得大于 120m 或小于 90m，宽度不得大于 90m 或小于 45m。在任何情况下，长度必须超过宽度。国际足联（FIFA）对认可场地的规格要求为 105×68 米。标准比赛场地长度的线称为边线，标准比赛场地宽度的线称为端线。整个比赛场地由两连条边线和两条端线围成，各条线的宽度（12cm）都包括在场地内（图 12－3－2），并且周围的缓冲区不少于 2m。

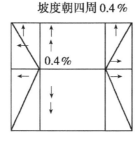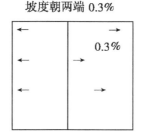

图 12－3－2　足球场规格示意图

4. 地面要求　比赛场地地面应是龟背形倾斜，草坪场地倾斜度为 0.4%～0.5%，这都有利于排水。为运动员比赛创造较好条件，使他们在比赛和训练中做出合理冲撞的高难度动作时不发生伤害事故。

人造草坪的基础建议采用经济实惠的 c25 型水泥混凝土，厚度 180～200mm。

5. 人造草坪对水泥基础的质量要求

（1）平整度：合格率在 96% 以上，5 米直尺误差 3mm。

（2）坡度：弯道 8‰，直道 5‰，表面应平坦光滑，保证排水。

（3）强度和稳定性：表面均匀坚实．无裂缝无烂边，接缝平直光滑，以 6 000mm×6 000mm 左右切块为好。垫层压实，密实度大于 96%，在中型碾压机压过后，无显著轮迹、浮土松散、波浪等现象。

（4）隔水层：采用新加厚隔水薄膜，搭接处应大于 200mm，边沿余量大于 150mm。

（5）保养期：基础保养期为 3～4 周。

6. 足球场地尺寸见图 12－3－3（单位：m）

7. 场地铺装流程及验收标准　以一个标准人造草足球场的建造为例（图 12－3－4）。

（1）在人造草产品进场施工前，首先要对场地基础的平整度、坡度和表面观感进行检测，其中平整度的误差不得超过 3 米直尺 3mm，根据气候特点，场地的排水坡度不得少于 0.7%，如平整度和坡度达不到上述指标，则需要对场地基础进行整改，在达到上述要求后，方可进场施工。

（2）放线（测量），找出场地的中心点和两个半圆圆心，并根据此三个定位点拉尺放线，定出场地中线和边线交点，然后以勾股定理定出场地中角、点、线的准确位置，进而定出各功能点、线的位置；并用墨线或漆线弹出。

（3）将草皮搬入场地沿一条边线的方向摊开，并确保 A1 卷草中所织的白线与底线相

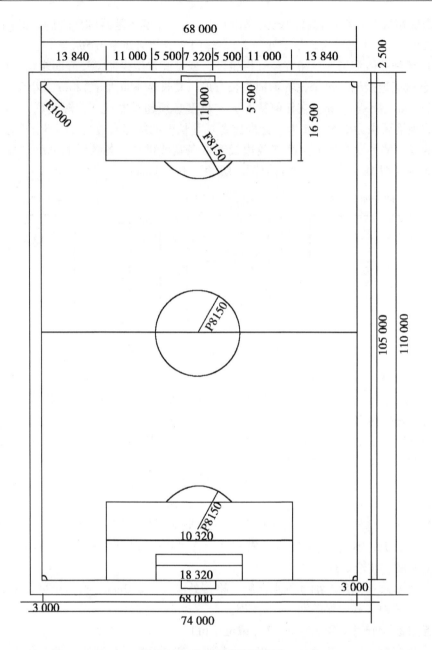

图 12 - 3 - 3   足球场规格图

吻合，然后各卷草皮依次由一端的底线向另一端推进，同时，需确保 A14 或 A15 卷草皮中的白线与中线相吻合，使 A28 卷草皮中的白线与另一条底线相吻合，在草皮摊开过程中，尽量减少折皱的出现。

（4）将另外编织的白色草皮部分，则必须以手工裁剪成宽度为 120mm 的白线条，放置一边待用。

（5）将绿色草皮各接缝处搭接 2～3cm，用裁草推刀从搭接处中央切开，使两边的草皮尽可能搭接紧凑，然后以裁纸刀进行修剪。

图 12 – 3 – 4　标准人造足球场的建造

（6）将 20 或 30cm 宽的连接带沿草皮接缝处铺开，放入草皮下面，尽量使草皮的接缝位于连接带的中央（如果被雨水打湿，需晾晒半天使之干燥），然后将万能胶水用橡皮刮板均匀地涂刮在连接带上，再把两边的草皮拼合，胶粘于连接带上，并用橡胶锤捶打，务求使结合部分粘接紧密。如果拉直后拼合处缝隙较大，可在此处隔 2 ~ 5cm 割开一道，向接口处拉伸，以确保外形美观。

（7）在草皮基本拼接完毕后，再次拉线定出各功能线、点的准确位置，以裁纸刀切开，抽出切下的草条，将连接带放入，刮涂胶水，把原先预备好的白色草线放回，胶结后，用橡胶锤反复捶打，务求连接部分黏结紧密。

（8）当草皮摊铺拼接完毕后，草皮上摺折的部分需要以裁纸刀开口，拉直对接，切除重叠的部分，然后胶结。

（9）草皮全部粘接完毕后，开始用刷草机进行梳理：第一遍用刷草机将全场的倒伏的草线梳立起来。

（10）至此草皮的铺装施工全部完成。

（11）辅料填注方式：

①按 4m × 4m 的规格对全场进行放点，按不同草高的每平方米注砂公斤数将石英砂均匀的摊铺到规定区域内，用刷草机将石英砂散布均匀并将草线梳起，并纵横梳理一次。

②按 4m × 4m 的规格对全场进行放点，按不同草高的每平方米注胶粒公斤数将胶粒均匀的摊铺到规定区域内，用刷草机将胶粒散布均匀并将草线梳起，并纵横梳理一次。

③填充全部完成后，再用刷草机纵横梳理草纤各一次。

④工作完成后，依照人造草面层的质量要求进行检测和清场，对不合格处进行整改。

（12）完工验收。

8. 人造草场地验收

（1）施工技术验收标准：

①外观：

a. 人造草草色均匀一致，边线、底线及点位线镶嵌平滑、顺直，颜色均匀一致、无色差。

b. 各功能线、点位线宽度尺寸及定位准确，功能区大小符合标准。

c. 两幅草皮接缝之间无明显间隙，粘结紧凑不开胶。

d. 填注的砂和胶粒表面洁净，充注饱满，场地平整度误差范围不得超过 3 米直尺 1 厘米。

②辅料和填充物厚度：

50mm 的人造草需要以下辅料见表 12 – 3 – 1。

表 12 – 3 – 1 50mm 的人造草需要辅料表

辅料类别	粒径（目）	高度	用量（kg/m²）
石英砂	40 ~ 60	约 20mm	约 20
黑色胶粒	16 ~ 20	约 10mm	约 6
胶 水	BS 专用粘接胶水		
黑色连接带	25cm 宽、138g		
备 注	所有填充物填充完毕后，填充物的高度应超过 3cm，草纤维应露出 2cm		

③平整度、坡度

由于人造草皮的厚度由草长决定，而草长是固定的，所以，在基础的平整度、坡度验收完后，无须再进行人造草平整度和坡度的检测。

④各点位线距离尺寸精度

对各种功能线、点位线的标记颜色和尺寸均要符合国际足联规则的要求，误差不得超过 2cm。

a. 场地外观：

草坪颜色一致，各种功能线颜色均匀一致、鲜艳、无色差；

各功能线、点位线宽度尺寸及定位准确，功能区大小符合标准；

两幅草坪接缝之间无明显间隙，粘结紧凑不开胶；

填注的砂和橡胶表面洁净，充注饱满，无明显高低差；

不匀许场地地面出现任何诸如起拱、裂隙或脱胶等现象。

b. 填充物厚度：

根据草茎的实际长短决定，草毛大约比橡胶颗粒高出约 5mm。

c. 平整度：

人造草的机床验收以平整度为主，原则上应控制在 3m 直尺 5mm 的误差范围。

d. 各点位线距离精确度：

各部尺寸、标线符合图纸要求，公差在规定范围内。对各种功能线、点位线的标记颜色和尺寸均要符合国际足联规则的要求。

9. 运动性能验收标准见表 12 - 3 - 2。

表 12 - 3 - 2　运动性能验收标准表

	特　性	要　求
草皮对球员的影响	1. 吸震性能	天然草皮要求在 50% ~70% 之间； 人工草皮要求在 55% ~70% 之间
	2. 变形性能	对于天然草皮来说，浸水的泥泞草皮变形很大而干燥的草皮则很小或没有变形
	3. 防滑性能	天然草皮要求在 0.6 ~1.0μ 人工草皮要求在 0.6 ~1.0μ
	4. 阻力	天然草皮阻力数值为 25 ~50N·m； 人工草皮阻力数值为 35 ~45N·m
	5. 滑行距离	天然草皮滑行距离为 0.20 ~0.55m； 人工草皮滑行距离为 0.25 ~0.45m
草皮对球的影响	1. 垂直弹跳高度	天然草皮的数值在 25% ~45% 之间； 人工草皮的数值在 30% ~42% 之间
	2. 球的滚动速度	天然草皮的数值为 4 ~10m； 人工草皮的数值为 4 ~10m
	3. 不同角度球的弹跳情况	以 25°角落地，弹起速度 50km/h，高度 60% 到 80%
场地测试	1. 坡度	<1.0%
	2. 平坦度（宏观）	3m 内小于 10mm
	3. 平坦度	300mm 内小于 2mm
	4. 地基渗透性能	大于 180mm 每小时

二、人造草坪的养护管理

样土壤有效氮水平下，草坪植物对氮素营养常有不同反应。与天然草坪相比，人造草坪的维护和保养较简单，花钱也少。我们知道，适当的维护和保养可以提高人造草坪的实用性和美观度。以下内容是维护人造草坪的要点。

①保持场地干净；

②控制对场地的使用；

③提供足够的垃圾箱；

④在场内竖立"禁止吸烟"、"严禁携带食物进场"的标识；

⑤及时修补小的损坏；

⑥遵守保养和清洁程序。

（一）维护保养的基本要求

当运动场人造草皮安装完成后，至少需要 2 周的时间用于稳固草纤维。这段时间虽然可以利用新场地举行体育赛事，但建议所有的重型器械和不必要的交通车辆不要进入运动场，以减少对草坪的重压。在这段时间内，要把清扫的次数降到最低限度，并且不要在高温时清扫。

另外，人造草皮不像天然草地，它往往需要几个星期的使用和风化后，其运动性能才能达到最佳状态。这段时间不仅要求草纤维稳固，而且要求颗粒填充适度，以达到舒适、宜于长期运动的理想状态。

（二）清洁及除污

雨是人造草最好的清洁工，它能轻柔地清洗掉草纤维上的灰尘、花粉以及空中散播的其他污染物质。但无论如何，人造草场地需要及时清除垃圾，并注意以下问题。

（1）放置足够的垃圾箱以免使垃圾外溢。

（2）划出专用停车道，以减少运动场上的泥土和车印。

（3）强调无烟环境。

（三）小规模的清扫

在赛后用吸尘器及时清扫纸屑、花生壳、瓜子、胶带等会比较容易，一台性能良好的吸尘器能清除掉碎纸、食物残渣和表面的灰尘等。

当使用这些机器时，应注意以下内容。

1. 刷子类型　清洁机须具有类似于尼龙或聚烯烃之类的合成纤维毛刷，刷子最小的长度为 2.5 吋，刷子不能含有金属或金属线。

2. 刷子安装　刷子的安装值得特别注意，因为正确使用清洁机，才不会携带走填充在草皮中的橡胶颗粒。具体的安装方法取决于清洁机的型号。当安装的刷子几乎不能碰到草纤维的顶端时，清洁机将工作的非常好，不要将刷子安装过低以防伸进草纤维、填充物或衬垫物里，损伤草皮和影响填充物。建议不要用清洁机清除泥土。

3. 温度限制　在夏季，如果温度超过 33℃，请不要使用清洁机。

4. 车辆气体排放　为了防止着火或者因为温度过高熔化草纤维，不要将没有熄火的车辆停置在草皮上。不论使用何种车辆都不要将车辆的气体排放在运动场内。

5. 溢油等　在清扫期间要防止润滑油、润滑脂、液体等溢出或滴到草皮表面上，因为这些液体会使草纤维变色，一定不要将类似于电池的酸性液体溢流到草地上。

6. 频率　一般在需要的时候才清扫松散的垃圾。在人造草地使用较为频繁的时期，清扫一般为 1 个月 2 次。

（四）清除污点及其他瑕疵的程序

在大多数抗污纤维中，聚乙烯是被人们熟知的。多数污点的产生是因为潮湿，但聚乙烯本身并不吸潮。因此，聚乙烯纤维上的"污点"用清水或肥皂水清洗就行了。人造草上的污点在变干、变硬之前是非常容易清洗的。清除固体或油状污点得先用刮刀刮除，然后用手巾等织物或纸张将液体吸干。

1. "水状"渣滓　"水状"污点最好用性质温和的颗粒状家用清洁剂清除。可用以下方法清除"水状"污点。

①用坚固的纤维刷扫除渣滓；

②先用肥皂水擦洗，然后用清水彻底冲洗有肥皂水的地方；

③若有必要，可用吸水力强的毛巾吸干。

2. 顽渍或者油渍　碳棒、家具污点、口红、金属擦亮剂、食用油、橡胶擦痕、鞋油、防晒油、圆珠笔油等，可用海绵蘸上全氯乙烯擦拭，再用吸附力强的毛巾吸干；

油漆、涂料等应及时清除，可用松节油或油漆去除剂擦拭，用清洁剂和水除污，再用冷水冲洗清洁剂，并用力擦拭，用海绵蘸上全氯乙烯擦拭，必要时再重复一遍；

指甲油，可用丙酮擦拭；

石蜡，用力擦拭或用海绵蘸上全氯乙烯擦拭；

柏油和沥青，用力擦拭或用海绵蘸上全氯乙烯擦拭。

注意：矿物油漆和其他含有石油的溶剂属易燃性物质，使用时不要在靠近容器或溶液附近吸烟或者点火，确保场地有良好的通风力。

3. 口香糖，可用氟里昂喷射成小块后再清除残渣。

4. 真菌或霉点，可用1%过氧化氢倒入水中，擦拭完后用水彻底浸泡。

注意：不要用超过300Pa的强力喷射枪射水，这将对草地有损害。

复习思考题

1. 人造草坪的类型有哪些？

2. 人造草坪如何建设？

3. 人造草坪应注意的事项有哪些？

4. 怎样养护人造草坪才能延长寿命？

5. 人造草坪该如何管理？

草坪学实训指导

实训一　草坪草种子识别与检验

一、实训目的

1. 熟悉并掌握草坪草及地被植物不同属间草种的基本特点。
2. 掌握草坪草种的一般质量鉴定方法。

二、实训材料和工具

草坪草种子标本、小镊子、毫米尺、滤纸、体式显微镜、放大镜、电子天平、坐标纸

三、实训内容与方法

1. 实训内容：种子属间识别与鉴定：通过观测种子间的形态、大小、附属物特征等，对早熟禾、羊茅、黑麦草、剪股颖、白三叶、偃麦草、冰草、狗牙根、结缕草、马蹄金等各草坪草进行属间特征的观察与鉴定。

（1）种子的长度：即种子先端至末端的长度。
（2）背腹扁：种子宽度大于厚度。
（3）两侧扁：种子厚度大于宽度。
（4）腹面形状：不同种类的植物其种子腹面各不相同，大体有平凸、凸、平坦、具沟、凹陷等。
（5）立体轮廓：梭形、长梭形、纺锤形、心形等。
（6）千粒重。

2. 实训方法：形态显微观察、实体称量。
3. 实训要求：
（1）按照实训内容逐步进行观察。
（2）概念准确，描述到位。

四、实训步骤

（1）把草地早熟禾、羊茅、紫羊茅、高羊茅、黑麦草、翦股颖、白三叶、红三叶、冰草、狗牙根、结缕草、马蹄金、野牛草、百麦根、小冠花等草坪草种子放在坐标纸上置

于体式显微镜下进行种子长度、背腹扁、两侧扁、腹面形状、立体轮廓的观察。

（2）在电子天平上进行千粒重的称量。

（3）观察总结：整理观察结果，完成不同属间草坪草形态表，表的格式如下。

实训表 1-1

草种科属	草种名称	英文名	种子长度	两侧扁	背腹扁	腹面形状	立体轮廓	芒	色泽	千粒重	种子标本

五、考核标准

（1）概念准确，描述到位。可用绘图的方式描绘各种草种的特征。

（2）草坪种子结构与各部分名称所指要明确。

总分（100分）＝种子的形态特征描述（50分）＋种子形态绘制（50分）

优秀：态度认真，概念准确，描述到位，绘图形象，能准确的识别草坪草种15种以上，总分90分以上。

良好：态度端正，概念基本准确，描述到位，绘图较形象，能准确的识别草坪草种10～15种，总分80～89分。

及格：态度端正，在教师指导下能完成形态描述，绘图基本形象，能准确的识别草坪草种5～10种，总分60～79分。

不及格：态度不端正，不能完全理解概念，描述不到位，绘图部形象，在教师提示下识别草坪草种5种以下，总分60分以下。

实训二　草坪草种类识别及形态特征观测

一、实训目的

1. 熟悉并掌握不同属间草坪草的基本特点（禾本科草坪草与杂草，阔叶草地植被）。
2. 能根据这些特点进行识别与观察草种的生长与适应的环境。
3. 掌握草坪草与不同草地植被的应用。

二、实训材料和工具

草坪类植物：草地早熟禾、黑麦草、羊茅、高羊茅、紫羊茅、翦股颖、偃麦草、无芒雀麦、白三叶、萹蓄、白屈菜、蒲公英、菁草、连钱草。

三、实训内容与方法

1. 实训内容：
（1）禾本科植物通过观察叶片、叶舌、叶耳、叶环、叶鞘、花序、根颈等进行识别。
（2）阔叶观赏地被植物通过观察花絮、叶片及植株形态等进行识别。
2. 实训方法：形态特征观察法。
3. 实训要求：
（1）概念准确，描述到位。可用绘图的方式描绘各种草种的特征。
（2）注意野生草地植被的自然生长环境及其应用。

四、实训步骤

（1）营养体观测与描绘：进行草地早熟禾、黑麦草、羊茅、高羊茅、紫羊茅、剪股颖、偃麦草、无芒雀麦等禾本科草坪草的观察。包括叶舌、叶耳、叶环的有无及形态类型；叶鞘的分裂方式；叶片的形状、长度、宽度、质地；叶脉的特征；草的分生形式（根颈、匍匐茎、丛生型）等。
（2）观察阔叶观赏地被植物的叶片形状；花序的类型、大小、形态等。
（3）记录观赏地被植物的生长环境及其景观效果。
（4）完成下面两个表格。

实训表 2－1　禾本科草坪草形态观察表格

草坪草名称	叶舌	叶耳	叶环	叶鞘	叶片	叶脉

实训表 2－2　观赏地被植物的形态观察

名称	叶片形状	株高	花序类项	花颜色	花朵大小	生长环境	应用

五、考核标准

总分（100 分）＝禾本科草坪草形态特征描述（40 分）＋观赏地被植物形态描述（40 分）＋应用（20 分）

优秀：态度认真，概念准确，描述到位，能准确的识别禾本科草坪草及观赏地被植物 10 种以上，总分 90 分以上。

良好：态度端正，概念基本准确，描述到位，能准确的识别禾本科草坪草及观赏地被植物 8 ~ 10 种，总分 80 ~ 89 分。

及格：态度端正，在教师指导下能完成形态描述，能准确的识别禾本科草坪草及观赏地被植物 8 ~ 5 种，总分 60 ~ 79 分。

不及格：态度不端正，不能完全理解概念，描述不到位，在教师提示下能识别禾本科草坪草及观赏地被植物 5 种以下，总分 60 分以下。

实训三　草坪草种子发芽试验

一、实训目的

通过实验区分发芽率与发芽势，并正确掌握草坪草种子发芽力测定技术，并在此基础上明确不同草坪草种子的发芽情况，这对种子经营和生产具有重要的指导作用。

二、实训材料和工具

培养皿、人工气候室、恒温培养箱、草坪种子、镊子、滤纸。

三、实训内容与方法

1. 实训内容：种子的发芽力是指种子在适宜条件下能发芽并能长成正常种苗的能力。种子发芽力通常以发芽势和发芽率表示。发芽实验是测定种子的最大发芽潜力，可以比较不同种子的质量，也可以估测田间播种量。种子播种前做好发芽实验，可根据发芽率的高低计算播种量，这既可以防止劣种下田，又可保证田间苗齐苗全，为高产优质打下基础。

2. 实训方法：模拟自然条件在室内播种测定种子发芽率。

3. 实训要求：

（1）每组 2 人测定一种草坪草种的发芽率。

（2）各组合理安排，如实记录小组成员的表现情况，作为实训表现评分依据。

四、实训步骤

1. 以滤纸作为发芽床，进行发芽力测试：

（1）从待测草种中随机取 3 次重复，每次重复取 100 粒种子。

（2）把圆形的滤纸放置在培养皿中，用蒸馏水润湿滤纸，保证各重复间发芽床含水量一致。

（3）把取出的种子均匀分布在润湿的发芽床上，每粒种子间隔距离为种子直径的 5 倍以上。

（4）保证每粒种子充分接触水分，使发芽一致。

（5）在培养皿的侧面贴上标签纸，注明日期、样品编号、草坪草种名称等，盖好培养皿盖。

（6）把各个培养皿放置人工气候室内，调整好人工气候室的温、湿度，暗培养。

（7）每天检查记录发芽状况，发芽床要始终保持湿润。

（8）记录第 10 天和终期 1 天的发芽情况，计算发芽势及发芽率。

发芽势 = 发芽实验规定日期内正常出苗数/供试种子数 ×100%

发芽率 = 发芽实验终期正常出苗数/供试种子数 ×100%

2. 注意事项：

（1）为防止种子发霉和互相感染，应保证种子间保持足够的生长空间。

（2）如有种子发霉，应取出洗涤后放回原处，当霉烂种子超过 5% 时，应交换发芽床，防止传播，并对腐烂种子作剔除记录。

五、考核标准

总分（100 分）＝实验期间的管理（40 分）＋实验数据（40 分）＋个人表现（20 分）

优秀：态度认真，操作准确、实验期间按时观察记录，总分 90 分以上。

良好：态度端正，操作较准确，实验期间基本能及时观察记录，总分 80～89 分。

及格：态度端正，在教师指导下能完成操作，实验期间不能很及时观察记录，总分 60～79 分。

不及格：态度不端正，不会操作，实验期间不观察记录，总分 60 分以下。

实训四　草坪质量评价报告的制定

一、实训目的

草坪质量是评价草坪优劣的综合指标；草坪质量评价是对草坪整体性状的评定，用来反映成坪后的草坪是否满足人们对它的期望与要求。通过制定草坪质量评价报告，要求学生了解评价草坪质量的具体指标、内容和方法以及评分标准；掌握草坪质量评价的方法、原理和评价报告的制定和撰写。

二、实训材料和工具

实验用草地。

三、实训内容和方法

1. 实训内容：草坪质量的评价因草坪的利用目的不同所采用的评价指标也不相同，各指标在不同用途的草坪评价中的重要性也不相同，指标的分级也不同。因此，在制定草坪质量评价报告时，要首先明确草坪的用途，确定草坪评价中的主要评价指标、测定方法、指标分级以及权重，其次就是采用一个科学完整的评价方法。

2. 实训方法：加权评分法、模糊综合评价法、灰色系统理论关联度分析法和层次分析法。

3. 实训要求：

（1）不同用途草坪质量评价报告的制定，应根据设计要求和使用目的选择主要的指标进行评定，侧重点不同。

（2）草坪质量评定指标评定的结果统计，根据所采用的方法不同，草坪质量评价报告的制定与撰写不同。

四、实训步骤

制定草坪质量评价报告的程序：

（1）确定不同用途草坪质量评价的指标和各指标的评定标准：草坪质量评价指标体系的设置是对草坪进行综合评价的前提与基础，它直接影响着评价结果的科学性、可靠性与准确性。虽然草坪利用目的不同，但是构成不同用途草坪的基本因素是一致的。为使选择的指标变量具有代表性和可操作性，例如对观赏草坪进行评价时选择密度、质地、颜色、盖度、均一性、绿期等评价指标；对运动场草坪进行评价，除了上述几个指标外，再选择弹性和回弹性等指标作为反应该类型草坪特点的指标。并且明确各个指标测定标准。指标的测定方法必须统一、标准、具有科学性和实践的可行性，同时测定程序要规范。对一些无法用已有的标准仪器测量的指标可采用大家公认的仪器或装置进行测定。

（2）确定不同用途草坪评价指标的权重分配：相同的指标在不同用途的草坪质量评价中其权重也不相同。草坪质量评价的指标和权重可通过研究资料，统计分析获得，也可通过专家评定来确定。一般要求同一水平的权重和为1。实际工作中要根据草坪用途和要求，征求多方意见，统计分析确定草坪质量评价各指标的权重。

实训表 4-1　草坪质量评定指标和方法

项目	测定方法（单位）	备注
草种组成	针刺样方法（%）	分种记录
盖度	点测法（%）	
密度	样方刈草法（株/cm²）	
成坪速度	样方法（盖度达75%时所需天数）	
均一性	样线法（杂染度）（%）或观察法	
质地	平均叶宽（量度法）（mm）	分种记录
生育型	观察法	疏丛型 密丛型 根茎密丛型 根茎疏丛型

续表

项目	测定方法（单位）	备注
草坪弹性（光滑度）	球旋转测定器法（压强为 0.7kg/cm² 的足球，从 45°的斜面、高 1m 处自由下滑）	
绿度（色泽）	比色卡法或分析法	
恢复力	刈草法（平均日生长高度）（cm/d）	分种记录
有机质层	剖面法（厚度）（cm）	
夏枯	样方法（60%植株 50%部位枯黄）	记录枯黄所占的百分数
病害	观测法	
虫害	观测法	
杂草	观测法	
践踏能力	测定法	草坪强度计测定
绿期	60%变绿至 75%变黄（天数）	春季返青到冬季休眠的天数
分蘖	单株测定（分蘖/株）	分种记录

（3）确定草坪质量综合评价的标准：草坪质量综合评价的方法不同其评价的标准也不同。在加权评分法中要确定评价指标的分级和加权平均数的分级。在模糊综合评价法中只需确定各指标的分级。确定草坪质量综合评价的标准受主观影响较大。在确定中要尽力包括从差到优的所有可能的情况。质量评价指标的分级一般为 3 级制和 5 级制两种。

实训表 4－2　草坪质量性状评定标准

性状	级别（评分）				
	V（＜60）	IV（60～70）	III（71～80）	II（81～90）	I（＞90）
密度（枝数/cm²）	＜0.5	0.5～1.0			
质地（cm）	＞0.50	0.40～0.50			
色泽	黄绿	浅绿/灰绿			
均一性	杂乱	不均一			
青绿期（d）	＜200	201～230			
抗病害性（受害%）	＞60	50～60			
盖度	大面积地面裸露	部分地面裸露	零星地面裸露	枝条清晰可见	草坪成一整体
叶片抗拉力	极易断裂	较易断裂	易断裂	难断裂	极难断裂
成坪速度（d）	＞60	59～50	49～40	39～30	＜30

实训表 4 – 3　四种草坪类型部分草坪质量评价指标的权重

草坪类型	10 个坪用指标的权重									
	密度	质地	叶色	均一性	绿色期	草层高度	盖度	耐践踏性	成坪速度	草坪强度
观赏草坪	0.20	0.15	0.20	0.15	0.10	0.05	0.10	0	0.05	0
游憩草坪	0.10	0.10	0.10	0.10	0.10	0.10	0.10	0.15	0.05	0.10
运动场草坪	0.10	0.05	0.10	0.10	0.05	0.10	0.05	0.20	0.05	0.20
水土保持草坪	0.10	0.05	0.10	0.10	0.10	0.05	0.10	0	0.20	0.20

（4）草坪质量评价指标实测值的获得：采取现场调查评定的方法进行。评审员在进行评定时，按照事先制定的"草坪质量评定调查表"进行现场调查评定。对所有的评定指标采用直观目测、触感以及定量测定的方法，根据指标评定标准，进行现场评定给分。

（5）进行数据的统计分析，得出草坪综合评价的结果：草坪质量综合评价的数理统计方法主要有加权评分法、模糊综合评价法、灰色系统理论关联度分析法和层次分析法进行数据的整理和统计分析。根据综合评定所得结果以优良、满意、中等、差或较差表示或计算出被测草坪的得分。

实训表 4 – 4　草坪质量评价调查表

草坪位置：
草坪面积：
建立日期：
成坪日期：
质量评估调查日期：
质量评估参加者（签名）：

1. 草种或草种组成：若为单播草坪应记录建坪草种盖度（%）；若混合草坪应估计各草坪草种盖度（%），并说明优势草坪草种，记录草种名称（盖度%）。例如：

结缕草（　　）、中华结缕（　　　）、假俭草（　　　）、狗牙根（　　　）……
评分____，权重____。

2. 绿期：天，评分____，权重____。

3. 均一性：均匀（　　　），较匀（　　　　），中等（　　　），不匀（　　　），参差（　　），评分____，权重____。

4. 盖度：____%，评分____，权重____。

5. 密度：密（　　），较密（　　　），中等（　　　），较稀（　　　），稀疏（　　　），评分____，权重____。

6. 质地：极细（　　），细（　　　），中等（　　　），粗（　　），极粗（　　），评分____，权重____。

7. 色泽：深绿（　　），绿（　　　），淡绿（　　　），黄绿（　　），蓝绿（　　），评分____，权重____。

8. 高度：cm（说明：留茬高度和剪草时高的平均值），评分____，权重____。

9. 生物量评分：____（说明：　　　），权重____。

10. 弹性与回弹性评分：____（说明：　　　），权重____。

11. 草坪刚性：极强（　　），强（　　），中（　　），差（　　），极差（　　），

12. 光滑度评分：____（说明：　　　），权重____。

评分____，权重____。

13. 自行恢复能力：长满 $10cm^2$ 空地____天，计分，权重____。

14. 其他：填写"项目（情况说明）"，例如：

越夏（存株率约90%），越冬（存株率100%），

苔藓（盖度约0.5%，葫芦藓为主），

化肥烧伤（约1%面积，施肥不均，成因待查）。

实训表 4-5　草坪质量等级标准

等级	质量评价得分	质量评估等级
Ⅰ	100～90	优秀
Ⅱ	89～80	良好
Ⅲ	79～70	一般
Ⅳ	69～60	较差
Ⅴ	＜60	差

（6）草坪质量评价报告的制定与撰写：

实训表 4-6　草坪质量评价结果

项目	测定方法	结果	评定等级
草种组成	针刺样方法（%）		
盖度	点测法（%）		
密度	样方刈草法（株/cm^2）		
成坪速度	样方法（盖度达75%时所需天数）		
均一性	样线法（杂染度）（%）或观察法		
质地	平均叶宽（量度法）（mm）		
生育型	观察法		
草坪弹性（光滑度）	球旋转测定器法（压强为0.7kg/cm^2足球，从45°的斜面、高1m处自由下滑）		
绿度（色泽）	比色卡法或分析法		
恢复力	刈草法（平均日生长高度）（cm/d）		
有机质层	剖面法（厚度）（cm）		
夏枯	样方法（60%植株50%部位枯黄）		
病害	观测法		
虫害	观测法		
杂草	观测法		
践踏能力	测定法		
绿期	60%变绿至75%变黄（天数）		
分蘖	单株测定（分蘖/株）		

（7）根据草坪质量评价结果，进行统计，综合评定，撰写出草坪质量评价程序和报告。

五、考核标准

总分（100 分）＝实验方法（40 分）＋实验数据（40 分）＋个人表现（20 分）

优秀：态度认真，操作准确，数据准确，熟练掌握各种方法，总分 90 分以上。

良好：态度端正，操作较准确，数据较准确，能够掌握各种方法，总分 80～89 分。

及格：态度端正，在教师指导下能完成操作，数据较准确，在教师指导下掌握各种方法，总分 60～79 分。

不及格：态度不端正，不会操作，数据不准确，不能掌握各种方法，总分 60 分以下。

实训五　草坪基础整地技术

一、实训目的

了解草坪建植时对基础整地的要求，通过对草坪坪床土地的整理了解基础整地的程序，掌握草坪坪床基础整地的方法。

二、实训材料和工具

运输机械/平板车/箩筐、锹、耙、镢头、旋耕机、免耕机、坪床土地、有机肥、石灰、石膏粉、平齿耙、弹齿耙。

三、实训内容与方法

1. 实训内容：
（1）坪床的清理。
（2）土地翻耕。
（3）坪床平整。
（4）土壤改良。
（5）排灌系统铺设。
（6）施肥。
2. 实训方法：实际操作法。
3. 实训要求：基础整地技术应根据草坪的用途和所要求的质量以及养护管理技术进行合理调节。

四、实训步骤

（1）坪床的清理：

①树木清理：清除乔木和灌木以及倒木、树桩和树根等。树桩及树根则应用推土机或其他的方法挖除，以避免残体腐烂后形成洼地，破坏草坪的一致性，也可防止菌类的发生。

②岩石和巨砾的清理：要认真清理坪床表土以下60cm以内层的大石砾。耙除20cm层内的小石块和瓦砾。或将小岩石或石块埋藏在地面35cm以下。直径小于2cm的普通石块可不除，但含有有害化学成分的必须清除，如石灰、水泥小块等。石块的量不是太多，等幼苗根系扎牢后可用手捡或用耙移走；若石块太多，种植前必须用筛筛除或换土。

③建植前杂草的防治：有物理方法与化学方法两种。在土壤化冻后，对10cm左右的土层进行耕翻，并浇水，促杂草生长，待其出苗后进行铲除或喷施除草剂。经过2~3次相同的处理后，大部分杂草可基本除掉。如果地温过低，草坪面积较小，可以考虑用地膜覆盖提高低温，促进杂草萌发，然后利用铲除或喷施除草剂防除杂草。

此外，通过耕作措施让植物地下器官（如根茎等）暴露在地表层，使这些器官暴露于干燥的空气中脱水，也是消灭杂草的好办法。对于多年生阔叶杂草，用涂抹器涂抹除草剂于叶片上。

（2）土地翻耕：耕地的目的在于改善土壤的通透性，提高持水能力，减少根系刺入土壤的阻力，增强抗侵蚀和践踏的表面稳定性。首先是犁地，将土壤翻转；其次是耙地，使土形成颗粒和平滑床面，为种植作准备。对于小面积坪床可以利用旋耕机进行旋耕。翻耕作业最好在秋季和冬季较干燥时进行，使翻转的土壤在冷冻作用下碎裂，利于有机质分解。

（3）平整：

①粗平整：指床面的等高处理。挖掉突起部分和填平低洼部分。操作时时把标桩钉在固定的坡度水平之间，整个坪床设一个理想的水平面。

②细平整：在小面积上人工平整，用一条绳拉一个钢垫进行；大面积平整使用土壤犁刀、耙、重钢垫（糖）、板条大耙和钉齿耙等进行平整。细平整在播种前进行，目的是防止表土的板结，同时应注意土壤湿度。

（4）土壤改良：

①加客土：方法是先设置好排灌系统、平整床面、然后将其他地方肥沃的农田或菜园耕层熟土拉来铺到待建坪床面上，一般铺土厚度约20~30cm。或者将坪床原土和肥沃的农田耕层熟土按一定比例混合均匀作为坪床土壤。

②加土壤改良剂：加泥炭和锯屑：不仅可以改善土壤的通气透水性能和保水保肥能力，还可以大大提高土壤有机质含量和肥力。也可以用人工合成的复合改良剂。

石灰粉：当土壤酸性太强时可加一定量的石灰粉以提高pH值，这在南方建坪时较常见。加石灰粉不仅能改良酸性，也很有利于水稳性团粒结构的形成；北方土壤碱性太强时，除反复水洗灌泡和施酸性肥料外，还可加入一些碱土改良剂，如硫酸亚铁，石膏等。

（5）设置排灌系统：当新的场地基础平整好后，就可以配置排灌系统。排水可采用地表排水和非地表排水为两种方式。

砂槽地面排水系统：挖宽6cm，深25~37.5cm的沟，沟间距60cm并与地下排水沟垂直。将细砂或中砂填满沟后，用拖拉机轮或碾磙压实。

排水管式排水系统：排水管铺设在草皮表面以下40~90cm处，间距5~20m。

（6）施肥：在肥料中，磷肥有助于草坪草根系的生长发育，钾肥有助于草坪草越冬；土壤中若富含氮素，将产生多汁、色绿、叶茂的草坪草。可通过混合肥或复合肥做基肥来提供。如每平方米草坪，在建坪前可施含5~10g硫酸铵，30g过磷酸钙，15g硫酸钾的混合肥做基肥。每公顷施足充分发酵的有机肥22 500~37 500kg，并配施一定量化学磷肥做基肥。

五、考核标准

总分（100分）=坪床整地的程序（40分）+整理方法（40分）+个人表现（20分）

优秀：态度认真，深刻了解坪床整地程序、熟练掌握坪床整地方法，总分90分以上。

良好：态度端正，了解坪床整地程序，掌握坪床整地方法，总分80~89分。

及格：态度端正，简单了解坪床整地程序，在教师指导下能掌握坪床整地方法，总分60~79分。

不及格：态度不端正，不了解坪床整地程序，不能掌握坪床整地方法，总分60分以下。

实训六　种子播种法建植草坪的技术

一、实训目的

通过利用种子播种的方法建植草坪，强化从坪床清理、土壤改良、整地、草种选择、播种以及新坪养护等一系列操作技术，同时要求掌握各种种子播种繁殖的方法及播种器械的使用。

二、实训材料和工具

草坪播种机、锹、平齿耙、弹齿耙、镇压滚、草坪种子。

三、实训内容和方法

1. 实训内容：
（1）草坪建植前的土壤准备。
（2）坪床周围环境与草种选择。

（3）草坪种子播种建植的基本程序。

（4）新坪保护。

2. 实训方法：实际操作法。

3. 实训要求：

（1）坪床准备不必拘泥于形式，应根据实际用途与养护条件合理安排。

（2）播种量确定的原则以及影响播种量的因素。

（3）撰写一份种子播种法建植草坪的操作技术报告。

四、实训步骤

（1）坪床清理：

①树木清理：包括乔木和灌木以及倒木、树桩和树根。残留的树桩和树根用锹挖掉，这样不会发生地下残留物腐烂的问题，也不会对地形造成影响。也可防止某些菌类的发生。

②岩石和巨砾的清理：要认真清理坪床表土以下60cm以内层的大石砾。耙除20cm层内的小石块和瓦砾。或将小岩石或石块埋藏在地面35cm以下。直径小于2cm的普通石块可不除，但含有有害化学成分的必须清除，如石灰、水泥小块等。石块的量不是太多，等幼苗根系扎牢后可用手捡或用耙移走；若石块太多，种植前必须用筛筛除或换土。

③真菌的处理：在有真菌发生的地段，仔细检查菌丝扩展范围，将病原真菌挖出，并换上无草坪病菌的混合土壤。

④杂草（在草坪建植前有充足的时间）：在土壤化冻后，对10cm左右的土层进行耕翻，并浇水，促杂草生长，待其出苗后进行铲除或喷施除草剂。经过2~3次相同的处理后，大部分杂草可基本除掉。如果地温过低，草坪面积较小，可以考虑用地膜覆盖提高低温。此外，通过耕作措施让植物地下器官（如根颈等）暴露在地表层，使这些器官暴露于干燥的空气中脱水，也是消灭杂草的好办法。对于多年生阔叶杂草，用涂抹器涂抹除草剂于叶片上。

（2）设置排灌系统：灌溉系统若采用喷灌，则排灌系统应设置在表层土壤以下50~100cm之间，一般在土壤冻层以下，以防止冬季冻裂管道。

（3）整地：在场地平整后，播种的前1~2d，将场地全面灌透水一次，使土壤湿润达到10~15cm以下。

（4）播种程序：

①拌种，将杀虫杀菌剂适量，溶解于清洁水中，均匀喷雾，同时搅拌草种。

②将拌后草种阴干，备用。

③选择无风天气，细整地，既在坪床湿度适宜时，重新拉松表土，精细平整播种表面。并将坪床划分成若干小区。

④计算单位小区的草种播量，称量并装入纸袋。

⑤将相应种子均匀播入坪床。（混种或定量、播种机调节播量）

⑥用细齿耙，往返拉松表土面，使种子与0.5~1cm厚的表土层均匀混合。并进行镇压。

⑦覆盖，可以选择无纺布、遮荫网、薄草苫、稻草碎屑等。

⑧浇水，喷灌为主，灌溉速度要小于坪床土壤的渗水速度。至出苗后一周以内，保持草坪坪床土壤 2~5cm 深土层湿润。

五、考核标准

总分（100 分）＝播种程序（40 分）＋播种方法（40 分）＋个人表现（20 分）

优秀：态度认真，深刻了解播种程序、熟练掌握播种方法，总分 90 分以上。

良好：态度端正，了解播种程序，掌握播种方法，总分 80~89 分。

及格：态度端正，简单了解播种程序，在教师指导下能掌握播种方法，总分 60~79 分。

不及格：态度不端正，不了解播种程序，不能掌握播种方法，总分 60 分以下。

实训七　草皮铺设法建植草坪的技术

一、实训目的

通过利用草皮铺植的方法建植草坪，强化从坪床清理、土壤改良、整地、草皮的采收、运输、保存、铺植以及铺植后养护管理等一系列操作技术，同时要求掌握草皮铺设法建植草坪的技术操作过程及其植后管理技术。

二、实训材料和工具

起草皮机、起草皮铲、锹、平齿耙、弹齿耙、镇压滚、木板、坪床土地。

三、实训内容与方法

1. 实训内容：

（1）草皮铺植前的场地准备。

（2）草皮的切取、运输和贮藏等。

（3）草皮铺植的基本程序。

（4）草皮铺植后的管理。

2. 实训方法：实际操作法。

3. 实训要求：

（1）坪床准备应根据草坪的用途和所要求养护管理条件合理进行。

（2）掌握草皮铺植所采用的方法。

（3）撰写一份草皮铺植法建植草坪的操作技术报告。

四、实训步骤

（1）坪床清理：

①树木清理：包括乔木和灌木以及倒木、树桩和树根。残留的树桩和树根用锹挖掉，这样不会发生地下残留物腐烂的问题，也不会对地形造成影响。也可防止某些菌类的发生。

②岩石和巨砾的清理：要认真清理坪床表土以下 60cm 以内层的大石砾。耙除 20cm 层内的小石块和瓦砾。或将小岩石或石块埋藏在地面 35cm 以下。直径小于 2cm 的普通石块可不除，但含有有害化学成分的必须清除，如石灰、水泥小块等。石块的量不是太多，等幼苗根系扎牢后可用手捡或用耙移走；若石块太多，种植前必须用筛筛除或换土。

③真菌的处理：在有真菌发生的地段，仔细检查菌丝扩展范围，将病原真菌挖出，并换上无草坪病菌的混合土壤。

④杂草（在草坪建植前有充足的时间）：在土壤化冻后，对 10cm 左右的土层进行耕翻，并浇水，促杂草生长，待其出苗后进行铲除或喷施除草剂。经过 2~3 次相同的处理后，大部分杂草可基本除掉。如果地温过低，草坪面积较小，可以考虑用地膜覆盖提高低温。此外通过耕作措施让植物地下器官（如根颈等）暴露在地表层，使这些器官暴露于干燥的空气中脱水，也是消灭杂草的好办法。对于多年生阔叶杂草，用涂抹器涂抹除草剂于叶片上。

（2）设置排灌系统：灌溉系统若采用喷灌，则排灌系统应设置在表层土壤以下 50~100cm 之间，一般在土壤冻层以下，以防止冬季冻裂管道。

（3）整地：进行床土的耕作、施肥和床土改良。对坪床进行滚压和浇水，使坪床沉降，并反复平正。在场地平整后，铺植当天再喷一次水，保持床土湿润。

（4）准备草皮：人工起草皮：草皮规格为长度 30cm，宽度 30cm，厚度 1.5~2.5cm。机械起草皮：草皮规格为长度 60~180cm，宽 30~45cm，厚度 1.5~2.5cm。

（5）草皮铺植程序：

①铺植：铺草皮时，将草坪草按规定间隔排列好，用碌子（250kg 以下）镇压或者用拍土板敲击，使草紧密附着在土壤上。在坡地，如指定用签子时，在每块草皮四周钉 2 根以上的签子，用以固定草皮，而后再镇压。铺草皮时需特别注意使草坪草一定要紧密附着在地表土壤上。

②浇水滚压：铺植后立即浇水，促进根系萌发。稍干后用 0.5~1.0t 重的碌筒或木夯压紧和压平，使草皮与坪床牢固接触。

（6）新坪的养护：

①修剪（轧草）：新建草坪应及时进行修剪管理，当新枝条高达 5cm 时就可以开始修剪，严格遵循"1/3 规则"，新建的公共草坪修剪高度为 3~4cm。修剪应该在土壤较硬时进行，最好在下午进行，避免过重的修剪机械。

②施肥：草坪在第一次修剪后，应立即施肥。采用液面喷式的方式进行，频率依土壤质地和草坪草的生长状况而定。

③灌溉：当天然降雨满足不了草坪生长需要时，就应该进行人工灌溉。使用喷灌强度

较小的喷灌系统，以雾状喷灌，灌水应持续到土壤 2.5~5cm 深完全浸润为止。

④表施土壤：表施土壤通常是用筛子筛过的细土。覆土时应使一半草叶埋在土中。留有缝隙时，应在凹下去的缝隙中填入足够的土，使地表均匀平整。

⑤草坪保护：防治新建草坪的杂草和病虫害。

五、考核标准

总分（100 分）= 草皮铺设程序（40 分）+ 草皮铺设方法（40 分）+ 个人表现（20 分）

优秀：态度认真，深刻了解草皮铺设程序、熟练掌握草皮铺设方法，总分 90 分以上。

良好：态度端正，了解草皮铺设程序，掌握草皮铺设方法，总分 80~89 分。

及格：态度端正，简单了解草皮铺设程序，在教师指导下能掌握草皮铺设方法，总分 60~79 分。

不及格：态度不端正，不了解草皮铺设程序，不能掌握草皮铺设方法，总分 60 分以下。

实训八　植生带建植草坪技术

一、实训目的

1. 了解植生带的生产工艺。
2. 植生带法建植草坪的原理和方法。
3. 掌握用植生带法建植草坪的程序和标准。

二、实训材料和工具

锄头、铁耙、钢丝扫帚、塑料绳、滚筒，喷雾喷头，植生带等。

三、实训内容与方法

1. 实训内容：
（1）学习植生带的生产工艺及储运。
（2）学习植生带建坪的步骤及技术要求。
（3）学习植生带草坪施工准备与现场管理。
（4）学习植生带法草坪养护管理和技术要领。
2. 实训方法：一般采用动手操作、现场观察、询问机械维护人员及查阅网络、书籍等措施达到实训目的。
3. 实训要求：
（1）认真听老师讲解实训内容和要求，完成植生带建坪方案，提前做好各项实训准备工作。

（2）各组合理安排人手，如实记录小组成员分工情况和实训全过程的表现情况，作为实训表现评分依据。

（3）从建植开始，全程记录每天的工作内容及植物生长情况，工作日志是评分的重要依据，必须如实填写。

（4）实训期间严格按操作规程使用各种机具，注意人身安全以及机具安全。

（5）组长和小组成员都应伯仲之间训中学会施工现场的组织与管理，保证施工现场一切工作有条不紊地进行。

四、实训步骤

1. 课前准备：教师提前一周下达实训任务书，强调实训着装；学生阅读教材相关内容或学习说明书，做好各项准备工作。

2. 组织教学：

（1）指导老师 2 名，其中主导老师 1 人，辅导老师 1 人。

（2）主导老师要求。

①全面组织现场教学及考评；

②讲解实训目的、意义及要求；

③讲解植生带建坪步骤及技术要求；

④现场指导，并随时回答学生的各种问题。

（3）辅导老师要求：

①协助同学准备植生带实训用具；

②协助主导老师进行教学及管理；

③示范有关操作规程，强调有关注意事项和学生实训安全；

④现场随时回答学生的各种问题。

（4）学生分成 10 人 1 组，以组为单位进行剪草实训。

（5）实训过程：师生实训前的各项准备工作，教师现场讲解、示范、答疑，学生现场施工、记录、拍照，填写工作日志，资料整理、完成实训报告，全班课堂交流、教师点评、总结。

3. 现场实训：

（1）精整场地：用五齿耙按东西、南北向四周向中心耙耧场地，达到中间高四周低，平整而细实的要求。

（2）铺设：要仔细认真，接边、搭头均按植生带的有效部分搭接好，以免漏播。

（3）覆土：覆土要细碎、均匀，一般覆土 0.5 ~ 1.0cm。覆土后镇压用滚筒镇压一遍，使植生带与土壤接密。

（4）浇水：第一次要浇足水，以后每天视天气情况浇水 2 ~ 3 次，保持土表呈湿润状至齐苗。

4. 实训总结：整理实训记录，完成实训报告。

5. 汇报交流：实训结束后，以组为单位，把实训情况制作成 ppt 文稿，向教师和全班同学汇报并回答同学的提问。

五、考核标准

总分（100 分）＝植生带草坪建植熟练情况（50 分）＋对问题的解决能力（50 分）

优秀：态度认真，熟练、准确的建植植生带草坪，熟练、准确的解决实训教师指出的重要环节的注意事项，总分 90 分以上。

良好：态度端正，熟练、准确的建植植生带草坪，基本能熟练、准确的解决实训教师指出的重要环节的注意事项，总分 80～89 分。

及格：态度端正，在教师指导下建植植生带草坪、解决实训教师指出的重要环节的注意事项，总分 60～79 分。

不及格：态度不端正，不能建植植生带草坪，在教师提示下勉强说出机械重要环节的注意事项，总分 60 分以下。

实训九　草坪修剪机的使用

一、实训目的

1. 了解旋刀式剪草机的简单构造。
2. 熟悉旋刀式剪草机的操作步骤及注意事项。
3. 掌握草坪机械的清洁与保养。

二、实训材料和工具

旋刀剪草机有很多种类型，教师可根据具体型号调整操作步骤。本款剪草机为日本本田 HRU215MSU 剪草机。汽油、机油、毛巾、刷子等，实训草坪或绿地草坪。

三、实训内容与方法

1. 实训内容：
（1）学习旋刀式剪草机的主要构造。
（2）学习旋刀式剪草机的操作方法。
（3）学习草坪机械的日常清洁与保养。
2. 实训方法：一般采用动手操作、现场观察、询问机械维护人员及查阅网络、书籍等措施达到实训目的。
3. 实训要求：
（1）认真听老师讲解和示范剪草机的构造和操作，每个同学都要动手操作并熟练掌握。

（2）各组合理安排，如实记录小组成员的表现情况，作为实训表现评分依据。

（3）实训期间必须严格按操作规程使用剪草机，务必注意人身安全以及机具安全。

四、实训步骤

1. 课前准备：教师提前一周下达实训任务书，强调实训着装；学生阅读教材相关内容或学习说明书，做好各项准备工作。

2. 组织教学：

（1）指导老师2名，其中主导老师1人，辅导老师1人。

（2）主导老师要求：

①全面组织现场教学及考评；

②讲解实训目的、意义及要求：

③讲解剪草机的主要构造及工作原理；

④讲解剪草机的操作步翻及注意事项：

⑤现场指导，并随时回答学生的各种问题。

（3）辅导老师要求：

①准备剪草机等实训用具。

②协助主导老师进行教学及管理。

③示范剪草机的操作步骤，强调有关注意事项和学生实训安全。

④现场随时回答学生的各种问题。

（4）学生分组10人1组，以组为单位进行剪草实训。

（5）实训过程：师生实训前的各项准备工作，教师现场讲解、示范、答疑，学生现场练习、提问，学生完成实训报告。

3. 现场实训：

（1）着装要求：操作剪草机，务必穿长裤、长袖衣服、防滑保护鞋，戴手套、防护眼镜、耳塞，绝对不可以穿短裤、凉鞋，或大裤脚裤子，影响操作，危及自身安全。

（2）教师讲解旋刀式剪草机的简单构造：

①发动机部分：如发动机、汽油加入口、机油加入口、火花塞、空气滤清器、油门、电路开关、燃油阀门、阻风门、启动绳等。

②机械操作部分：如刀片、集草袋、剪草高度调节装置、行走速度调节阀门等。调查以组为单位，组织学生到草坪现场进行草坪基本情况调查。随着季节变化，进行杂草基本情况调查、杂草防除情况调查。

4. 现场操作及注意事项：

①检查场地及机器：

a. 剪草前，一定要先检查场地内是否有石头、砖块、树枝、电线、骨头等异物，如果有，务必要清理出场，否则它们可能被剪草机的刀片碰着后甩出，对操作者或被允许留在现场的其他人造成严重的人身伤害。

b. 启动剪草机之前，一定要先检查机油、汽油是否充足，空气滤清器是否干净，刀片是否损坏、螺栓是否锁紧、火花塞帽是否已装在火花塞上等。

c. 注意：必须先检查、后开机，否则，可能毁坏机器，危及人身安全。

机油油面不要超过"高位"标志；一般，首次操作 2h 后更换机油，以后每工作 25h 要更换机油一次。

加油需在停车状态下、通风良好的地方进行，不能在草坪上加油，以防油料泄漏在草坪上危害草坪生长。切勿在汽油机运转时加注燃油！加注燃油必须等汽油机彻底冷却之后进行。

刀片不锋利时务必及时更换，否则影响修剪质量。

在剪草作业周围，应立警示牌，提醒行人注意避让。

②启动剪草机：

a. 启动前，应根据草坪修剪的 1/3 原则调节剪草高度。

b. 剪草机启动的具体操作如下：首先，将化油器上的燃油阀门打开；再将节流杆（油门扳手）推至阻风门位置；然后，提起启动索，快速拉动。

c. 注意：不要让启动索迅速缩回，而要用手送回，以免损坏启动索。启动后，要将节流器（油门）扳至"低速"，预热两三分钟，使发动机平稳运转。

③剪草：

a. 将离合器杆靠紧手柄方向扳动时，剪草机会自动前进；将油门扳到"高速"位置，即可剪草；剪草时必须保持直线行走，当然弧线修剪例外；松开离合器杆时，剪草机会停止。

b. 注意：若剪草机出现不正常震动或发生剪草机与异物撞击时，应立即停车。不小心跌倒时，要立即松开剪草机的扶手。重新调节剪草高度时须停止发动机。

剪草时，要将节流杆（油门）置于"高速"的位置，以发挥发动机的最佳性能。另外，剪草时，只许步走前进，不得跑步，不得退步。换挡杆有两种位置"快速"和"慢速"可使剪草机的刀片以两种旋转速度切割草坪，但是，行进间不能进行换挡！

如果行走时歪歪扭扭，会留下难看的纹路。此外，不要漏剪，也不要重复修剪。

取集草袋时应等刀片完全停稳。

④关机：

缓慢将节流杆推至"停止"位，再将化油器的燃油阀门关闭，即可关机。

⑤清洁机具：

a. 剪草作业结束后，应用毛巾或刷子将剪草机里里外外清理干净。集草袋也务必清理干净。机身外壳一般倒是不会忽视。有风枪的单位，可用风枪对剪草机进行彻底清扫。比如底盆的刀片及刀片周围是容易被人忽视的地方，一定要清理干净，并将刀片等部位上油（轻机油或汽油机机油）保护。

b. 每季度至少一次用轻机油或汽油机机油润滑皮带轮子及轴承。排草挡板和后排草盖两边的扭力弹簧和转动点也应用轻机油进行润滑，防止生锈并保持安全装置挡板始终正常工作。每季度至少一次用轻机油对刀片控制横杆、刹车钢索和剪草高度调节杆的转动部位进行润滑。

c. 清理之前首先一定要将火花塞帽取下来，以免误启动，伤害操作者。将剪草机置于地面，空气滤清器一面朝上，固定好剪草机后进行清扫作业。

d. 空气滤清器要拆下来清理，一般每工作 100h，应更换新的空气滤清器。工作满

200h 要更换一次火花塞，机器每运转 50h 要调整一次火花塞间隙（0.762m）。

e. 剪草机一定要放在干燥通风阴凉处，以延长机器寿命。千万不能和腐蚀性的物品放在一起。

5. 故障分析：剪草机不能启动的原因可能有：

①是否汽油或润滑油没有了？是否汽油已失效？（加注汽油或润滑油，或将旧油放干净，换上新鲜汽油）

②是否燃油器开关没打开？是否电路开关没打开？（打开燃油器开关，打开电路开关）

③是否火花塞帽没有盖或没有拧紧？是否火花塞出现故障？（拧紧火花塞帽，清洁火花塞，调节火花塞间距，或更换火花塞）

④是否空气滤清器太脏？（清洗或更换空气滤清器）

⑤是否保险丝断了？（重新换保险丝）

⑥是否离合杆没压下？（压下手杆）

⑦是否化油器呛油了？（油门扳到最大位里，连续拉动汽油机）

请严格按照操作规程进行操作，根据说明书进行故障分析与排除，千万不要自己进行维修，而要打电话请专业人员检修。

6. 实训总结：整理实训记录，完成实训报告。

7. 汇报交流：实训结束后，以组为单位，把实训情况制作成 ppt 文稿，向教师和全班同学汇报并回答同学的提问。

五、考核标准

总分（100 分）= 草坪修剪机熟练情况（50 分）+ 对问题的解决能力（50 分）

优秀：态度认真，熟练、准确的操作草坪修剪机，熟练、准确的解决实训教师指出的机械结构与说出工作原理，总分 90 分以上。

良好：态度端正，熟练、准确的操作草坪修剪机种，基本能熟练、准确的解决实训教师指出的机械结构与说出工作原理，总分 80~89 分。

及格：态度端正，在教师指导下操作草坪修剪机、解决实训教师指出的机械结构说出工作原理，总分 60~79 分。

不及格：态度不端正，不能操作草坪修剪机，在教师提示下勉强说出机械结构和工作原理，总分 60 分以下。

实训十　草坪打孔机的使用

一、实训目的

1. 了解打孔机的简单构造。

2. 熟悉打孔机的操作步骤及注意事项。

3. 掌握草坪机械的清洁与保养。

二、实训材料和工具

打孔机、汽油、机油、毛巾、刷子等，草坪的栽培现场。

三、实训内容与方法

1. 实训内容：

（1）学习打孔机的主要构造。

（2）学习打孔机的操作方法。

（3）学习草坪机械的日常清洁与保养。

2. 实训方法：一般采用动手操作、现场观察、询问机械维护人员及查阅网络、书籍等措施达到实训目的。

3. 实训要求：

（1）认真听老师讲解和示范打孔机的构造和操作，每个同学都要动手操作并熟练掌握。

（2）各组合理安排，如实记录小组成员的表现情况，作为实训表现评分依据。

（3）实训期间必须严格按操作规程使用打孔机，务必注意人身安全以及机具安全。

四、实训步骤

1. 课前准备：教师提前一周下达实训任务书，强调实训着装；学生阅读教材相关内容或学习说明书，做好各项准备工作。

2. 组织教学：

（1）指导老师 2 名，其中主导老师 1 人，辅导老师 1 人。

（2）主导老师要求：

①全面组织现场教学及考评。

②讲解实训目的、意义及要求。

③讲解打孔机的主要构造及工作原理。

④讲解打孔机的操作步骤及注意事项。

⑤现场指导，并随时回答学生的各种问题。

（3）辅导老师要求：

①准备打孔机等实训用具。

②协助主导老师进行教学及管理。

③示范打孔机的操作步骤，强调有关注意事项和学生实训安全。

④现场随时回答学生的各种问题。

（4）学生分成 10 人 1 组，以组为单位进行剪草实训。

（5）实训过程：师生实训前的各项准备工作，教师现场讲解、示范、答疑，学生现场练习、提问，学生完成实训报告。

3. 现场实训：以组为单位，组织学生到草坪现场进行现场讲解。

（1）着装要求：操作打孔机，务必穿长裤、长袖衣服、防滑保护鞋，戴手套、防护眼镜、耳塞，绝对不可以穿短裤、凉鞋，或大裤脚裤子，影响操作，危及自身安全。

（2）教师讲解打孔机的简单构造：

①发动机部分如发动机、汽注入口、机油加入口、火花塞、空气滤清器、油门扳手、电路开关、燃油阀门、阻风门、启动绳等。

②机械操作部分如打孔锥、加压板等。

4. 现场操作及注意事项：

①检查场地及机器打孔前，一定要先检查场地内是否有石头、砖块等硬物，如果有，务必要清理出场。

启动打孔机之前，一定要先检查机油、汽油是否充足，空气滤清器是否干净，打孔锥是否干净，螺栓是否锁紧、火花塞帽是否已装在火花塞上等。

注意：必须先检查、后开机。机油油面不要超过"高位"标志；一般，新机工作满20h要更换机油一次，以后每工作满100h要更换一次。加油需在停车状态下、通风良好的地方进行，不能在草坪上加油，以防油料泄漏在草坪上危害草坪生长。在打孔作业周围，应立警示牌，提醒行人注意避让。

②启动打孔机：首先，打开燃油开关、电路开关，阻风阀视情况可全关、半关、全开（但启动后则必须把阻风阀放在全开位置）；然后，适当加大油门，迅速拉动起动手把将汽油机启动。

注意：打孔机必须在手把拉起、孔锥脱离地面的状态下启动。不要让启动索迅速缩回，而要用手送回，以免损坏启动索。

③打孔汽油机需在低转速下运转 2～3min 进行暖机。然后加大油门，使汽油机增速。慢慢放下打孔机手把，双手扶紧握手把，跟紧打孔机前进，即可进行草坪打孔作业。

注意：若打孔机行走速度太快，操作者跟不上时，可适当将油门关小，以保证操作者安全。不要重复打孔，也不要漏打。直线行走以保证打孔质量和工作效率。

④关机工作完毕，先将打孔机操纵手把拉起，减小油门，让汽油机在低速状态下运转 2～3min 后，再将电路开关关上，汽油机即熄火，最后，将燃油开关关上。

⑤清洁机具：打孔完后，要用毛巾或刷子将打孔机时里里外外清理干净。空气滤清器要拆下来清理，一般每工作 40h，应更换新的空气滤清器。火花塞帽要从火花塞上取下来，以防止误启动。火花塞每运转 100h 要从汽油机上取下并清洁。打孔锥里的土条要清理干净，否则干硬后不好清理。打孔机一定要放在干燥通风阴凉处，以延长机器寿命。

5. 故障分析：打孔机不能启动的原因可能有：

①是否汽油或润滑油没有了？（加油）

②是否汽油已失效？（换油）

③是否燃油器开关没打开？（打开）

④是否电路开关没打开？（打开）

⑤是否火花塞帽没有盖或没有拧紧或太脏？（盖上、拧紧、清洁）

⑥是否空气滤清器太脏？（清洁）

请严格按照操作规程进行操作，根据说明书进行故障分析与排除，千万不要自己进行维修，而要打电话请专业人员检修。

6. 实训总结：整理实训记录，完成实训报告。

7. 汇报交流：实训结束后，以组为单位，把实训情况制作成 ppt 文稿，向教师和全班同学汇报并回答同学的提问。

8. 现场实训。

9. 课后作业：牢牢记住打孔机的操作步骤及注意事项，高度重视机器的清洁与保养。

10. 说明：打孔机有很多种类型，教师可根据具体型号调整操作步骤。

五、考核标准

总分（100 分）＝草坪修剪机熟练情况（50 分）＋对问题的解决能力（50 分）

优秀：态度认真，熟练、准确的操作草坪修剪机，熟练、准确的解决实训教师指出的机械结构与说出工作原理，总分 90 分以上。

良好：态度端正，熟练、准确的操作草坪修剪机种，基本能熟练、准确的解决实训教师指出的机械结构与说出工作原理，总分 80～89 分。

及格：态度端正，在教师指导下操作草坪修剪机、解决实训教师指出的机械结构说出工作原理，总分 60～79 分。

不及格：态度不端正，不能操作草坪修剪机，在教师提示下勉强说出机械结构和工作原理，总分 60 分以下。

实训十一　草坪养护管理计划调查报告

一、实训目的

1. 了解公园、庭院、道路、工厂、飞机场、高尔夫场及护坡等地的草坪生长现状，日常养护管理管理内容与安排。

2. 学会根据实际情况，制定草坪年管理计划。

二、实训内容与方法

1. 实训内容：

（1）调查草种及品种、草坪面积、管理人数。

（2）按草坪质量评价标准，描述草坪生长现状并作出评价。

（3）调查草坪管理方法和管理时间安排。

（4）学会根据某块草坪的生长现状，制定科学的养护管理计划，并能指导、实施。

2. 调查方法：一般采用实地勘察、询问及网络调查法。

3. 实训要求：

（1）调查前要认真听实训老师讲解调查方法和要求。

（2）实地调查时要认真观察草地生长现状和景观效果，向一线管理人员询问管理方法和时间安排。每人要有现场记录和相关照片等材料。

（3）实训期间一定要注意人身安全。并要求实习学生带回实训单位对其在实训期间表现的评定材料。

三、实训步骤

1. 组织教学：实训指导教师对实训学生分组，下达调查任务，确定调查地点，帮助学生联系调查单位并开具学校介绍信。

2. 制定调查方案：实训学生根据调查地点和调查任务，搜集资料并制定调查方案。

3. 实地调查：以组为单位，到实地独立完成调查任务。

4. 调查总结：整理调查记录，完成调查报告。调查报告题目自拟，主要包括调查时间、调查地点、草地面积、调查内容、调查方法、管理人数、质量评价、养护方案评价、养护过程中存在的问题及改进建议等内容。

5. 汇报交流：实训结束后，以组为单位，把调查情况制作成 ppt 文稿，向教师和全班同学汇报并回答同学的提问。

四、考核标准

总分（100 分）＝现场记录（20 分）＋调查单位意见评语（20 分）＋调查报告（60 分）

优秀：调查详细，态度认真，方案科学并独立完成，总分 90 分以上。

良好：调查详细，态度端正，方案合理并能独立完成，总分 80～89 分。

及格：调查内容不全，态度端正，方案合理，在教师指导下进行，总分 60～79 分。

不及格：调查内容不全，态度不端正，方案不合理，总分 60 分以下。

实训十二　草坪杂草识别与防除

一、实训目的

1. 了解当地草坪杂草的主要种类及危害程度。
2. 掌握常见草坪杂草的识别要点和防除方法。
3. 学会根据生产实际制订草坪杂草综合防除的最佳实施方案。

二、实训材料和工具

标本夹、放大镜、剪刀、铲子、镊子、卷尺、各种除草剂、喷雾器、量筒、天平、水桶、草坪修剪机及植物志。草坪的栽培现场。

三、实训内容与方法

1. 实训内容：

（1）草坪基本状况调查：草坪类型、建坪草种及品种、草坪面积、草坪建植时间、生长状况及草坪的管理情况。

（2）杂草基本情况调查：杂草类型、主要杂草种类、发生面积、发生季节及危害程度等。

（3）杂草防除情况调查：防除方法、除草剂的应用情况即除草剂种类、浓度、次数、用药时间及防除效果等。

2. 实训方法：一般采用实地勘察、询问及查阅网络、书籍等措施进行调查。

3. 实训要求：

（1）实施季节性调查，采集并压制标本，收集杂草生长发育过程的图片。

（2）实地调查时要认真记录相关信息；作药剂防除试验，定期观察防除效果并记录。

（3）药剂防除时，一定要注意人身安全。

四、实训步骤

1. 组织教学：实训指导教师对实训学生分组，确定调查地点，组织学生对杂草进行季节性的调查、记载并采集标本和图片。

2. 现场调查：以组为单位，组织学生到草坪现场进行草坪基本情况调查。随着季节变化，进行杂草基本情况调查、杂草防除情况调查。

3. 室内鉴定：对于较为常见的杂草种类可现场鉴定确认，并作标本。现场难以识别的种类，需要压好标本带到实验室，查阅相关资料，完成进一步的调查鉴定工作。

4. 制定防除方案并实施：通过人工拔除、机械除草和化学防除等试验的实施，比较不同方案的优缺点，制定杂草防除的最佳方案。

5. 调查总结：整理整个年度的调查记录，完成调查报告，具体格式见实训表 12 - 1。

实训表 12 - 1

杂草名称	所属科	发生程度	主要危害季节	防除情况
蒲公英	菊科	重	春季	喷洒 2，4-D、麦草畏，结合人工拔除和修剪
马齿苋	马齿苋科	轻	夏季	喷洒麦草畏，结合修剪

注：①草坪类型及品种，　②建坪时间，　③调查时间。

6. 汇报交流：实训结束后，以组为单位，把调查情况制作成 ppt 文稿，向教师和全班同学汇报并回答同学的提问。

五、考核标准

总分（100 分）＝杂草标本制作（30 分）＋杂草识别（30 分）＋防除方法（40 分）

优秀：态度认真，标本压制全面，能准确的识别杂草 50 种以上，防除方法科学、有效，总分 90 分以上。

良好：态度端正，标本压制全面，能准确的识别杂草 35～50 种，防除方法科学、有效，总分 80～89 分。

及格：态度端正，在教师指导下标本压制合格，能准确的识别杂草 20～34 种，防除方法效果较好，总分 60～79 分。

不及格：态度不端正，标本压制不全，在教师提示下识别杂草 19 种以下，防除方法无效，总分 60 分以下。

实训十三　草坪病害识别与防治

一、实训目的

1. 了解当地草坪病害的主要种类及危害程度。

2. 掌握常见草坪病害白粉病、锈病、褐斑病、炭疽病、斑枯病等病害的症状特点、病原类型和防治方法。

3. 学会根据生产实际制订草坪病害综合防治的最佳实施方案。

二、实训材料和工具

标本夹、放大镜、剪刀、镊子、显微镜、挑针、刀片、盖玻片、载玻片、笔记本及有关资料。草坪的栽培现场。

三、实训内容与方法

1. 实训内容：

（1）草坪基本状况调查：草坪类型、建坪草种及品种、草坪面积、草坪建植时间、生长状况、杂草情况、地势及草坪的管理情况。

（2）病害基本情况调查：病害类型、发生面积、危害程度及主要病害种类等。

（3）病害防治情况调查：防治方法、杀菌剂的应用情况即杀菌剂种类、浓度、次数、用药时间及防治效果等。

2. 实训方法：一般采用实地勘察、询问及查阅网络、书籍等措施进行调查。

3. 实训要求：

（1）实施季节性调查，收集病害标本和图片。

（2）实地调查时要认真记录相关信息；作药剂防治试验，定期观察防治效果并记录。

四、实训步骤

1. 组织教学：实训指导教师对实训学生分组，确定调查地点，组织学生对草坪病害进行季节性的调查、记载并采集标本和图片。

2. 现场调查：以组为单位，组织学生到草坪现场进行草坪基本情况调查。随着季节变化，进行病害基本情况和防治情况调查。

3. 室内鉴定：对于较为常见的病害种类可现场鉴定确认，并搜集标本和图片。现场难以识别的种类，需要压好标本带到实验室，查阅相关资料，完成进一步的调查鉴定工作。

4. 制定防治方案并实施：通过物理机械防治和化学防治试验的实施，比较不同方案的优缺点，制定病害防治的最佳方案。

5. 调查总结：整理整个年度的调查记录，完成调查报告，具体格式见实训表 13 – 1。

实训表 13 – 1

病害名称	危害程度	主要发生条件	防治情况
白粉病	重	温度为 15 ~ 20℃、湿度大	喷洒粉锈宁或注意通风透光

注：①草坪类型及品种， ②建坪时间， ③调查时间。

6. 汇报交流：实训结束后，以组为单位，把调查情况制作成 ppt 文稿，向教师和全班同学汇报并回答同学的提问。

五、考核标准

总分（100 分）＝病害识别（50 分）＋防治方法（50 分）

优秀：态度认真，能准确的识别病害 10 种以上，防治方法科学、有效，总分 90 分以上。

良好：态度端正，能准确的识别病害 6 ~ 9 种，防除方法科学、有效，总分 80 ~ 89 分。

及格：态度端正，在教师指导下识别病害 3 ~ 5 种，防除方法效果较好，总分 60 ~ 79 分。

不及格：态度不端正，在教师提示下识别病害 3 种以下，防除方法无效，总分 60 分以下。

实训十四　草坪机械维护

一、实训目的

1. 了解常见草坪机械种类。
2. 熟悉常见草坪机械结构如旋耕机、播种机、剪草机、打孔机及切边机等。
3. 掌握常见草坪机械维护要点和保养常识。

二、实训材料和工具

草坪剪草机、播种机、打孔机，扳子，钳子、润滑油及汽油等。

三、实训内容与方法

1. 实训内容：熟悉草坪机械的结构和工作原理，通过实训，在教师的指导下，熟悉草坪机械的哪些部位会经常出现问题，该如何进行维修和保养，并进行实际操作。

2. 实训方法：一般采用动手操作、现场观察、询问机械维护人员及查阅网络、书籍等措施达到实训目的。

3. 实训要求：

（1）在操作现场，认真听实训教师讲解，积极动手操作。

（2）实训过程中要注意人身安全。

四、实训步骤

1. 组织教学：实训指导教师对实训学生分组，确定维修机械，组织学生对需要维修的机械结构进行观察、拍照。

2. 现场指导：以组为单位，组织学生现场听从和观看教师对草坪机械结构、工作原理的讲解和操作。

3. 现场操作：每组一种机械，熟悉其结构和各个部件的工作原理，针对实训教师提出的问题现场寻找答案。而后，组与组之间互换，并相互指导。

4. 实训总结：整理实训记录，完成实训报告。

5. 汇报交流：实训结束后，以组为单位，把实训情况制作成ppt文稿，向教师和全班同学汇报并回答同学的提问。

五、考核标准

总分（100分）＝机械结构与原理熟悉情况（50分）＋对问题的解决能力（50分）

优秀：态度认真，熟练、准确的描述4种机械结构与原理，熟练、准确的解决实训教师指出的机械故障，总分90分以上。

良好：态度端正，熟练、准确的描述3种机械结构与原理，熟练、准确的解决实训教师指出的机械故障，总分80～89分。

及格：态度端正，在教师指导下描述2种机械结构与原理、解决实训教师指出的机械故障，总分60～79分。

不及格：态度不端正，在教师提示下勉强描述1种机械结构与原理，总分60分以下。

附表1

常见冷季型草坪植物一览表

种名	英文名	拉丁名
草地早熟禾	Kentucky bluegrass	*Poa pratensis* L.
加拿大早熟禾	Canada bluegrass	*Poa compressa* L.
林地早熟禾	Largeleaf bluegrass	*Poa nemoralis* L.
一年生早熟禾	Annual bluegrass	*Poa annua* L.
多年生黑麦草	Perennial ryegrass	*Lolium perenne* L.
一年生黑麦草	Annual ryegrass	*Lolium mutilflorum* L.
高羊茅	Tall fescue	*Festuca arundinaacea* Schreb.
紫羊茅	Red fescue	*Festuca rubra* L.
羊茅	Sheep fescue	*Festuca ovina* L.
硬羊茅	Hard fescue	*Festuca ovina* var. *durivscula* L.
草地羊茅	Meadow fescue	*Festuca elatior* L.
细羊茅	Fine fescue	*Festuca rubra* var. *commutata*
匍匐翦股颖	Creeping bentgrass	*Agrostis stolonifera* L.
细弱翦股颖	Colonial bentgrass	*Agrostis tenuis* Sibth.
绒毛翦股颖	Velvet bentgrass	*Agrostis canina* L.
美国海滨草	American coast grass	*Ammophila breriligulate* Fernald
欧洲海滨草	Europe coast grass	*Ammophila arenaria*（L.）Link.
猫尾草	Timothy	*Phleum pratense* L.
蓝茎冰草	Smith elytrigia	*Agropyron smithii* Rydb.
扁穗冰草	Manyflowered wheatgrass	*Agropyron cristantum*（L.）Gaertn.
无芒雀麦	Smooth brome	*Bromus inermis* Leyss.
偃麦草	Quack grass	*Elytrigia repens* L.
卵穗苔草	Eggspike sedge	*Carex duriuscula* C. A. Mey
异穗苔草	Heterostachys sedge	*Carex heterostachya* Bunge.
白颖苔草	Rigescent sedge	*Carex rigescens*（Franch.）Krecz.
白三叶	White clover	*Trifolium repens* L.
红三叶	Red clover	*Trifolium praterse*
杂三叶	Alsike clover	*Trifolium incarnatum* L.
小冠花	Crown vetch	*Coronilla varia* L.
鸭茅	Orchardgrass	*Dactylis glomerata* L.
紫花苜蓿	Alfalfa	*Medicago sativa* L.
百脉根	Birds foot	*Lotus corniculatus* L.
萹蓄	Common knotweed	*Polygonum aviculare* L.
委陵菜	Chinese cinquefoil	*Potentilla chinensis* Ser.
车前草	Asiatic plantain	*Plantago asiatica* L.
蒲公英	Mongolian dandelion	*Taraxacum mongolicum* Hand. Mazz

附表 2

常见暖季型草坪植物一览表

种名	英文名	拉丁名
野牛草	Buffalograss	*Buchloë dactyloides*（Nutti.）Engelm.
结缕草	Japanese lawngrass	*Zoysia japonica* Steud.
中华结缕草	Chinese lawngrass	*Zoysia sinica* Hance.
大穗结缕草	Largespike lawngrass	*Zoysia macrostachya* Fanch. et Savat
细叶结缕草	mascarengrass	*Zoysia* Willd. ex Trin
沟叶结缕草	Manilagrass	*Zoysia*（L.）Merr.
狗牙根	Bermudegrass	*Cynodon dactylon*（L.）Pers.
画眉草	India lovegrass	*Eragrostis pilosa*（L.）Beauv.
弯叶画眉草	Weeping lovegrass	*Eragrostis curvula*（Shrad.）Ness.
止血马唐	Smooth crabgrass	*Digitaria ischaemum*（Schreb.）Muhlenb.
地毯草	Carpetgrass	*Axonopus compressus*（Sw.）Beauv
铺地狼尾草	West Africa pennisetum	*Pennisetum clandestinum* Hochst
钝叶草	St. Augustgrass	*Stenotaphrum secumdatum*（Walt.）Kuntze.
竹节草	Aciculate chrysopogon	*Chrysopogon aciculatus* Trin.
格马兰草	Glue grama	*Bouteloua gracilts*（H. B. K.）Lag. ex Steud
马蹄金	Creeping dichorda	*Dichondra repens* Fost.
巴哈雀稗	Bahiagrass	*Paspalum notatum* L.
两耳草	Knotgrass	*Paspalum coryugatum* Bergius.
洋狗尾草	Crested dogtailgrass	*Cynosurus cristatus* L.
假俭草	Common centipedegrass	*Eremochloa ophiuroides*（Munro.）Hack.
沿阶草	Dwarf Lilyturf Tuber	*Ophiopogon japonicus* Ker-Gawl.

参考文献

［1］曹仁勇，顾立新，蒋为民．长江中下游地区天堂草328与黑麦草套种技术初探［J］．江苏林业科技，2002，（4）

［2］陈宝书等．草原学与牧草学实习实验指导书．兰州：甘肃科学技术出版社，1991

［3］陈传强主编．草坪机械使用与维护手册．北京：中国农业出版社，2002

［4］陈志明．草坪建植与养护．北京：中国林业出版社，2003

［5］陈志明．草坪建植技术．北京：中国农业出版社，2001

［6］陈志一．草坪栽培与管理大全．北京：中国农业出版社，2003

［7］迟德富等．城市绿地植物虫害及其防治．北京：中国林业出版社，2000

［8］崔乃然．植物分类学．北京：中国农业出版社，1995

［9］韩烈保，田地，牟新待主编．草坪建植与管理手册．北京：中国林业出版社，1999

［10］韩烈保，丁波，［澳］大卫·奥尔底斯主编．运动场草坪．北京：中国林业出版社，1999

［11］韩烈保等主编．草坪草种及其品种．北京：中国林业出版社，1999

［12］黄东兵．园林绿地规划设计．北京：高等教育出版社，2006

［13］黄复瑞等．现代草坪建植与管理技术．北京：中国农业出版社，1999

［14］胡林，边秀举，阳新玲．草坪科学与管理．北京：中国农业大学出版社，2001

［15］胡先祥，肖琼霞，黄芳．足球场草坪建植与养护技术．湖北林业科技，2005，（04）

［16］鲁朝辉，张少艾主编．草坪建植与养护．重庆：重庆大学出版社，2006

［17］李国怀，伊华林，夏仁学．百喜草在我国南方生态农业建设的应用效应［J］．中国生态农业学报，2005，13（4）：197～199

［18］李军乔．鹅绒委陵菜的生态适应性及栽培技术研究［J］．中国野生植物资源，2005，24（4）36～37

［19］李尚志，赖桂芳，李发友等编著．实用草坪与造景．广州：广州科技出版社，2002年5月

［20］刘发民等．草坪科学与研究．兰州：甘肃科学技术出版社，1998

［21］刘建秀．草坪．地被植物．观赏草．南京：东南大学出版社，2001

［22］潘文明主编．草坪建植与养护．北京：高等教育出版社，2005

［23］强胜．杂草学．北京：中国农业出版社，2001

［24］孙吉雄．草坪学．北京：中国农业出版社，2003

［25］孙吉雄．草坪绿地实用技术指南．北京：金盾出版社，2002

［26］孙吉雄．草坪绿地规划设计与建植管理．北京：科学技术文献出版社，2002

［27］孙吉雄主编．草坪技术指南．北京：中国科学技术出版社，2001

［28］孙晓刚．草坪建植与养护．北京：中国农业出版社，2002

［29］沈国辉．草坪杂草防除技术．上海：上海科学技术文献出版社，2002

［30］顺师文．新编现代草坪科学种植、病害防治及草坪工程要点实用手册．北京：中国农业科技出版社，2005

［31］首都绿化委员会办公室主编．草坪病虫害．北京：中国林业出版社，2000

［32］谭继清等．新编中国草坪与地被．重庆：重庆出版社，2000

［33］谭淑端，杨知建，胡利珍．过渡带地区狗牙根草坪交播早熟禾优良组合筛选［J］．湖北农业科学，2007 年 01 期

［34］王文和等．草坪与地被植物．北京：气象出版社，2004

［35］翁启勇等．草坪病虫草害．福州：福建科学技术出版社，2002

［36］薛光等．草坪杂草及化学防除彩色图谱．北京：中国农业出版社，2001

［37］熊顺桂．基础土壤学．北京：中国农业大学出版社，2001

［38］叶恭银．植物保护学．杭州：浙江大学出版社，2006

［39］周兴元等．草坪建植与养护．北京：高等教育出版社，2006

［40］张青文等．草坪虫害．北京：中国林业出版社，1999

［41］赵燕主编．草坪建植与养护．北京：中国农业大学出版社，2007

［42］赵美琦等．草坪病害．北京：中国林业出版社，1999

［43］中国数字植物标本馆《中国植物志》，中国科学院生物标本馆网络信息系统 2007 版

［44］Thomas W，Malcolm C S. Controlling Turfgrass Pests. Fermanian Roscoe Randell. USA：Prentice-Hal Inc 1997